Die Anstalten zur technischen Untersuchung von Nahrungs- und Genußmitteln sowie Gebrauchsgegenständen,

die

im Deutschen Reiche

bei der Durchführung des Reichsgesetzes vom 14. Mai 1879 und seiner Ergänzungsgesetze von den Verwaltungsbehörden regelmäßig in Anspruch genommen werden.

Statistische Erhebungen

im Auftrage der Freien Vereinigung Deutscher Nahrungsmittelchemiker

unter Mitwirkung von

Geh. Med.-Rat Prof. Dr. **H. Beckurts-Braunschweig**, Direktor Dr. **A. Beythien-Dresden**, Direktor Dr. **A. Bujard-Stuttgart**, Prof. Dr. **K. Farnsteiner-Hamburg**, Prof. Dr. **J. Mayrhofer-Mainz**, Prof. **G. Rupp-Karlsruhe** und Direktor Prof. Dr. **R. Sendtner-München**

bearbeitet von

Dr. J. König,
Geh. Reg.-Rat, Univ.-Professor u. Vorst. der Versuchsstation Münster i. W.

und

Dr. A. Juckenack,
Professor, Vorst. der staatl. Nahrungsmittel-Untersuchungsanstalt in Berlin.

Berlin.
Verlag von Julius Springer.
1907.

ISBN 978-3-642-50573-7 ISBN 978-3-642-50883-7 (eBook)
DOI 10.1007/978-3-642-50883-7

Softcover reprint of the hardcover 1st edition 1907

Vorrede.

Bereits die im Jahre 1877 im Kaiserlichen Gesundheitsamte zur Beratung des Reichsgesetzes vom 14. Mai 1879, betreffend den Verkehr mit Nahrungsmitteln, Genußmitteln und Gebrauchsgegenständen, zusammengetretene Kommission gab ihrer Überzeugung dahin Ausdruck, daß zur erfolgreichen Bekämpfung der auf dem Gebiete des Nahrungsmittelverkehrs bestehenden Mißstände die Errichtung einer hinreichenden Zahl technischer Untersuchungsanstalten erforderlich sei. In den seit dem Erlaß dieses Gesetzes verflossenen 27 Jahren ist eine größere Zahl von Anstalten eingerichtet worden, die bei der Durchführung sowohl dieses Gesetzes als auch seiner Ergänzungsgesetze von den Verwaltungsbehörden ständig in Anspruch genommen werden.

Die Grundlagen, auf denen diese Anstalten aufgebaut sind, sind recht verschiedenartig. Das Einschlagen vollkommen verschiedener Wege ist darauf zurückzuführen, daß reichsgesetzlich eine einheitliche Regelung der Beaufsichtigung des Verkehrs mit Nahrungs- und Genußmitteln nicht besteht. Eine derartige reichsgesetzliche Regelung ist zwar vom Reichstag verschiedentlich angeregt und auch von den Regierungen vorübergehend ernstlich beabsichtigt gewesen (vergl. § 10 des Weingesetzes vom 24. Mai 1901), scheint aber vorläufig nicht zu erwarten zu sein, weil gerade in den letzten Jahren in verschiedenen Bundesstaaten vollkommen verschiedenartige Wege zum Ausbau der Lebensmittelkontrolle beschritten worden sind.

Nicht um Kritik an dieser oder jener Einrichtung zu üben, sondern lediglich in dem Bestreben, einen klaren, rein objektiven Überblick über die zurzeit im deutschen Reiche bestehenden einschlägigen Verhältnisse zu gewinnen, beschloß die „Freie Vereinigung deutscher Nahrungsmittelchemiker" am 26. Mai 1906 auf ihrer 5. Jahresversammlung in Nürnberg Erhebungen über die Verhältnisse der Anstalten anzustellen.

Zu diesem Zwecke wurden an sämtliche Anstalten Fragebogen verschickt, deren Beantwortung die Unterlage für die Bearbeitung bildete. Nur in einzelnen

Fällen sind die gemachten Angaben nach den im Kaiserlichen Gesundheitsamte bearbeiteten Jahresberichten ergänzt worden.

Um jede Ungenauigkeit zu vermeiden, ist ferner vor der Drucklegung jedem Anstaltsleiter ein Korrekturabzug, soweit er die von ihm geleitete Anstalt betraf, zur Durchsicht und Änderung bezw. Ergänzung übermittelt worden.

Nach dem Ergebnis der Erhebungen kommen für die regelmäßige amtliche Nahrungsmittelkontrolle im deutschen Reiche zurzeit 174 Anstalten in Frage. Von diesen sind 27 lediglich aus staatlichen, 49 lediglich aus kommunalen Mitteln, 10 von Landwirtschaftskammern (Korporationen des öffentlichen Rechts) und 88 aus privaten Mitteln errichtet worden. Letztere werden zum Teil aus öffentlichen Mitteln subventioniert und haben zum Teil auch den Charakter staatlicher, kommunaler oder öffentlicher Anstalten in widerruflicher Weise erhalten. Außer diesen Anstalten werden gelegentlich auch noch einige andere Einrichtungen von Verwaltungsbehörden für die Nahrungsmittelkontrolle in Anspruch genommen.

Im ganzen sind auf dem Gebiete der amtlichen Nahrungsmittelkontrolle zurzeit etwa 485 Chemiker tätig, von denen etwa 345 den Befähigungsausweis als Nahrungsmittelchemiker besitzen.

Bei jedem Bundesstaat sind die wichtigsten in bezug auf die Nahrungsmittelkontrolle erlassenen landesrechtlichen Verordnungen der Übersicht über die Anstalten vorausgeschickt.

Aus verschiedenen Gegenden des deutschen Reiches sind ferner Tarife in die Statistik übernommen worden, um auch nach dieser Richtung die Verschiedenartigkeit der Verhältnisse darzutun und Unterlagen für eine etwa hier und da beabsichtigte Neuregelung der Gebührenfrage zu bieten. Am Schluß der Statistik ist zu diesem Zweck auch der vor mehreren Jahren unter Vorsitz des Kaiserlichen Gesundheitsamtes von einer Kommission deutscher Nahrungsmittelchemiker beratene „Entwurf von Gebührensätzen" zum Abdruck gebracht worden.

Um auch den Bedürfnissen der Studierenden der Nahrungsmittelchemie Rechnung zu tragen, haben wir ein Verzeichnis aller Anstalten gebracht, an denen die drei Semester praktischer Laboratoriumstätigkeit bis jetzt zurückgelegt werden können. und außerdem die Prüfungsvorschriften für Nahrungsmittelchemiker aufgenommen.

Für die bereits tätigen Nahrungsmittelchemiker dürften die Erhebungen über die Bezüge an den Untersuchungsanstalten von besonderem Wert sein. Denn diese sind nicht nur sehr verschieden, sondern, wie wir hervorzuheben nicht verfehlen wollen, auch vielfach noch recht dürftig. Wenn man einerseits erwägt. welche großen Anforderungen die Prüfungsvorschriften an die Ausbildung der Nahrungsmittelchemiker stellen, andererseits in Betracht zieht, wie aufreibend eine Tätigkeit zur Aufrechterhaltung von Gesetzen ist, die sich gegen Verschlechterungen und Fälschungen von Gebrauchswaren aller Art richten, mit welchen Mitteln hier und da gegen eine tatkräftige Lebensmittelkontrolle gearbeitet wird, so kann man sich des Eindruckes nicht erwehren, daß die Tätigkeit der Nahrungsmittelchemiker vielfach noch nicht die Würdigung findet, die sie im allseitigen öffentlichen Interesse verdient.

Nur durch eine angemessene Besoldung lassen sich für die allgemein als notwendig anerkannte Lebensmittelkontrolle tüchtige arbeitsfreudige und unabhängige Sachverständige gewinnen und dauernd festhalten. Die vorliegenden Erhebungen bieten für die Behörden und die engeren Fachgenossen verschiedentlich Anhaltspunkte, wie und wo die wirtschaftliche Lage der Nahrungsmittelchemiker gehoben werden kann und muß.

Dieser Teil der Erhebungen dürfte auch die auf anderen Gebieten beschäftigten Chemiker interessieren, weil er ihnen einen Einblick in die Verhältnisse der für Behörden tätigen Fachgenossen gestattet.

Nicht minder dürften die Erhebungen den Behörden und Fachgenossen in außerdeutschen Staaten, die sich mehr oder weniger an die deutsche Nahrungsmittelgesetzgebung angelehnt haben oder diesem Zweige der öffentlichen Gesundheitspflege eine besondere Aufmerksamkeit zuwenden, willkommen sein, um sich über die Einrichtungen, die im deutschen Reiche für die Durchführung der einschlägigen Gesetze und Bestrebungen getroffen sind, zu unterrichten.

Möge daher die Schrift dazu beitragen, die Stellung und die wirtschaftlichen Verhältnisse der Nahrungsmittelchemiker zu heben.

September 1907.

Die Verfasser:

J. König,
Münster i. Westf.

A. Juckenack,
Berlin.

Inhalt.

Die mit * versehenen Anstalten sind als öffentliche Anstalten im Sinne des § 17 des Reichsgesetzes vom 14. Mai 1879 anerkannt worden, doch unterliegt die Frage der Anerkennung zurzeit bei einer größeren Zahl von preußischen Anstalten infolge der Neuregelung der Nahrungsmittelkontrolle in Preußen noch der Nachprüfung seitens der zuständigen Instanzen.

I. Deutsches Reich.

II. Preußen.

A. Staatliche Anstalten:

D. Von Chemikern aus privaten Mitteln eingerichtete Anstalten, die z. T. als öffentliche Anstalten gemäß § 17 des Reichsgesetzes vom 14. Mai 1879 anerkannt sind, z. T. den Charakter kommunaler Anstalten haben, z. T. lediglich ständig mit einschlägigen Untersuchungen von Verwaltungsbehörden betraut werden:

Anhang zu II D.

V. Württemberg.

A. Staatliche Anstalten:

B. Kommunale Anstalt:

D. Von Chemikern aus privaten Mitteln eingerichtete Anstalten:

1. Als städtische Anstalten charakterisierte Anstalten:

2. Lediglich private Anstalten:

VI. Baden.

A. Staatliche Anstalt:

B. Kommunale Anstalten:

D. Von Chemikern aus privaten Mitteln eingerichtete Anstalten:

Seite

VII. Hessen.

B. Kommunale Anstalten:

D. Von Chemikern aus privaten Mitteln eingerichtete Anstalten:

Als städtische Anstalten charakterisiert:

VIII. Mecklenburg-Schwerin.

A. Staatliche Anstalt:

IX. Sachsen-Weimar.

A. Staatliche Anstalt:

X. Mecklenburg-Strelitz.

XI. Oldenburg.

D. Aus privaten Mitteln errichtete und als städtische Anstalt charakterisierte Anstalt:

XII. Braunschweig.

XIII. Sachsen-Meiningen.

XIV. Sachsen-Altenburg.

D. Aus privaten Mitteln eingerichtete und als städtische Anstalt charakterisierte Anstalt:

I. Deutsches Reich.

Auf Grund der Reichsverfassung vom 16. April 1871, Artikel 4, Ziffer 13 und 15, welche lauten:

„Der Beaufsichtigung seitens des Reichs und der Gesetzgebung desselben unterliegen die nachstehenden Angelegenheiten:

Die gemeinsame Gesetzgebung über das gesamte bürgerliche Recht, das Strafrecht und das gerichtliche Verfahren;

Maßregeln der Medizinal- und Veterinärpolizei;“

ist das Reich neben den einzelnen Bundesstaaten für die Regelung und Überwachung des Verkehrs mit Nahrungs- und Genußmitteln sowie Gebrauchsgegenständen zuständig. Nach Artikel 2 der Reichsverfassung gehen die Reichsgesetze den Landesgesetzen vor. Ein Reichsgesetz betreffend einheitliche Regelung der Lebensmittelkontrolle und Errichtung öffentlicher Anstalten zur technischen Untersuchung von Nahrungs- und Genußmitteln (vergl. § 17 des Nahrungsmittelgesetzes vom 14. Mai 1879) ist bisher nicht erlassen worden.

Als beratende Fachbehörde für den Reichskanzler (Reichsamt des Innern) auf dem Gebiete der Medizinal- und Veterinärpolizei ist im Jahre 1876 das

(1) Kaiserliche Gesundheitsamt

errichtet worden, welches nach der dem Etat beigegebenen Denkschrift die Aufgabe erhielt, das Reichsamt des Innern

„sowohl in der Ausübung des ihm verfassungsmäßig zustehenden Aufsichtsrechts über die Ausführuug der in den Kreis der Medizinal- und Veterinär-Polizei fallenden Maßregeln, als auch in der Vorbereitung der weiter auf diesem Gebiete in Aussicht zu nehmenden Gesetzgebung zu unterstützen, zu diesem Zwecke von dem hierfür in den einzelnen Bundesstaaten bestehenden Einrichtungen Kenntnis zu nehmen, die Wirkungen der im Interesse der öffentlichen Gesundheitspflege ergriffenen Maßnahmen zu beobachten und in geeigneten Fällen den Staats- und Gemeindebehörden Auskunft zu erteilen, die Entwickelung der Medizinalgesetzgebung in außerdeutschen Ländern zu verfolgen, sowie eine genügende medizinische Statistik für Deutschland herzustellen.“

Das Kaiserliche Gesundheitsamt ist in mehreren seiner Bedeutung entsprechenden umfangreichen und schön ausgestatteten Gebäuden in Berlin, N.W. 23, Klopstockstraße Nr. 18, würdig untergebracht. Das Amt besitzt ein großes Verwaltungsgebäude, sowie Gebäude für Laboratorien und umfangreiche Einrichtungen und Anlagen für bakteriologische und physiologische Forschungen in Dahlem bei Steglitz. Sämtliche Einrichtungen für wissenschaftliche und technische Versuche sind nach jeder Richtung mustergültig ausgestattet.

Unter der Mitwirkung des Kaiserlichen Gesundheitsamtes sind unter anderm das Reichsgesetz vom 14. Mai 1879, betreffend den Verkehr mit Nahrungsmitteln, Genußmitteln und Gebrauchsgegenständen, sowie die später hierzu erlassenen Ergänzungsgesetze und Kaiserlichen Verordnungen zustande gekommen. Neben dem Kaiserlichen Gesundheitsamte steht dem Reichsamt des Innern seit dem Jahre 1900 zur Unterstützung des Kaiserlichen Gesundheitsamtes der Reichs-Gesundheitsrat zur Seite, dessen Geschäfte vom Kaiserlichen Gesundheitsamt mit geleitet werden.

An der Spitze des Kaiserlichen Gesundheitsamtes steht als Präsident ein juristisch vorgebildeter Verwaltungsbeamter. In dem Amt sind außerdem tätig: 3 Direktoren, 1 Abteilungsvorsteher, 16 Mitglieder (Regierungsräte), 11 ständige Mitarbeiter (zum Teil als technische Räte charakterisiert) und zahlreiche nicht etatsmäßig angestellte wissenschaftliche Hilfsarbeiter sowie 26 ständige Bureaubeamte, 7 ständige Kanzleibeamte und die erforderlichen Bureau- und Kanzleihilfsarbeiter, Unterbeamten und Diener.

Der Etat des Amtes beträgt für 1907 694 560 Mark.

Die etatsmäßigen Gehälter betragen:

für den Präsidenten: 15 000 Mark und Dienstwohnung;

für die Direktoren: 7500—10 000 Mark (in 12 Jahren) und 1200 Mark Wohnungsgeldzuschuß;

für die Mitglieder: 4500—7500 Mark (in 15 Jahren) und 900 Mark Wohnungsgeldzuschuß (1 Mitglied als Abteilungsvorsteher 1000 Mark Zulage);

für die ständigen Mitarbeiter: 2400—5600 Mark (in 24 Jahren) und 900 Mark Wohnungsgeldzuschuß;

für die Bureaubeamten: 2100—4200 Mark (in 18 Jahren) und 540 Mark Wohnungsgeldzuschuß;

für die Kanzleisekretäre: 1800—3000 Mark (in 21 Jahren) und 540 Mark Wohnungsgeldzuschuß.

Außer dem Präsidenten ist auch 1 Mitglied Jurist. Die übrigen Mitglieder sowie die ständigen Mitarbeiter und die wissenschaftlichen Hilfsarbeiter sind zum Teil Mediziner, zum Teil Chemiker und Tierärzte.

Zur Zeit ist Präsident: Geheimer Oberregierungsrat Franz Bumm (vorher vortragender Rat im Reichsamte des Innern).

Direktor der chemisch-hygienischen Abteilung, in der u. a. die Angelegenheiten betreffend die Nahrungsmittel-Untersuchungsanstalten bearbeitet werden, ist: Geheimer Regierungsrat Dr. W. Kerp (Chemiker).

Die außerordentlich umfangreiche Tätigkeit des Kaiserlichen Gesundheitsamtes ist hinreichend aus den „Arbeiten“, „Veröffentlichungen“, „Merkblättern“, „Denkschriften“, Werken usw. bekannt, so daß nach dieser Richtung von weiteren Ausführungen Abstand genommen werden kann. Bemerkt sei noch, daß das Kaiserliche Gesundheitsamt zu den staatlichen Anstalten zur technischen Untersuchung von Nahrungs- und Genußmitteln gehört, an denen im Sinne des § 16, Abs. 1, Nr. 4 der

Vorschriften, betreffend die Prüfung der Nahrungsmittel-Chemiker, vom 22. Februar 1894, die Ausbildung der Chemiker zwecks Ablegung der Hauptprüfung der Nahrungsmittelchemiker stattfinden kann.

II. Preußen.

Landesrechtliche Verordnungen.

a) **Erlaß vom 26. Juli 1893, betr. öffentliche Anstalten zur technischen Untersuchung von Nahrungsmitteln etc.** Bereits in dem Erlasse vom 31. Juli 1880[1]) haben die damaligen Minister des Innern und der geistlichen, Unterrichts- und Medizinal-Angelegenheiten angedeutet, daß zur wirksamen Durchführung des Gesetzes vom 14. Mai 1879, betreffend den Verkehr mit Nahrungsmitteln, Genußmitteln und Gebrauchsgegenständen — R.-G.-Bl. S. 145 —, die Errichtung öffentlicher technischer Untersuchungsanstalten erforderlich sein werde. Das Bedürfnis nach solchen Anstalten hat sich inzwischen mehr und mehr verstärkt, nachdem das genannte Gesetz durch eine Reihe von Sondergesetzen ergänzt und erweitert worden ist. Als solche sind namentlich hervorzuheben:

1. Das Gesetz vom 25. Juni 1887, betreffend den Verkehr mit blei- und zinkhaltigen Gegenständen, — R.-G.-Bl. S. 273 —,

2. das Gesetz vom 25. Juli 1887, betreffend die Verwendung gesundheitsschädlicher Farben bei der Herstellung von Nahrungsmitteln, Genußmitteln und Gebrauchsgegenständen, — R.-G.-Bl. S. 277 —,

3. das Gesetz vom 12. Juli 1887, betreffend den Verkehr mit Ersatzmitteln für Butter — R.-G.-Bl. S. 375[2]) —, und

4. das Gesetz vom 20. April 1892, betreffend den Verkehr mit Wein, weinhaltigen und weinähnlichen Getränken, — R.-G.-Bl. S. 597[2]).

Um allen diesen Gesetzen den Erfolg, den man sich von ihnen versprochen hat, zu sichern, genügt es nicht, daß etwa den Behörden und dem Publikum tüchtige Privatchemiker mit gut eingerichteten Laboratorien zu Gebote stehen, das erhoffte Ziel wird sich vielmehr nur dann erreichen lassen,

---

1) Dieser Erlaß ist nicht veröffentlicht worden.

2) Die unter Nr. 3 und 4 aufgeführten Gesetze sind am 1. Oktober 1897 bezw. am 1. Oktober 1901 außer Kraft getreten und durch folgende ersetzt worden:

3a. Das Gesetz vom 15. Juni 1897, betreffend den Verkehr mit Butter, Käse, Schmalz und deren Ersatzmitteln, — R.-G.-Bl. S. 475 —,

4a. Das Gesetz vom 24. Mai 1901, betreffend den Verkehr mit Wein, weinhaltigen und weinähnlichen Getränken, — R.-G.-Bl. S. 175 —.

Ferner sind inzwischen folgende Gesetze erlassen worden:

5. Das Gesetz vom 6. Juli 1898, betreffend den Verkehr mit künstlichen Süßstoffen, — R.-G.-Bl. S. 919 —. Dieses Gesetz trat am 1. April 1903 außer Kraft und an seine Stelle trat

5a. Das Süßstoffgesetz vom 7. Juli 1902, — R.-G.-Bl. S. 253 —.

6. Das Gesetz vom 3. Juni 1900, betreffend die Schlachtvieh- und Fleischbeschau, — R.-G.-Bl. S. 547 —.

7. Das Brausteuergesetz vom 3. Juni 1906, — R.-G.-Bl. S. 675 —.

Außerdem kommen noch in Betracht:

8. Kaiserliche Verordnung vom 24. Februar 1882, betreffend das gewerbsmäßige Verkaufen und Feilhalten von Petroleum, R.-G.-Bl. S. 40 —, und

9. Kaiserliche Verordnung vom 1. Februar 1891, betreffend das Verbot von Maschinen zur Herstellung künstlicher Kaffeebohnen, — R.-G.-Bl. S. 11 —.

wenn zur technischen Untersuchung der den Bestimmungen der Gesetze unterliegenden Gegenstände leistungsfähige Anstalten in hinreichender Zahl vorhanden sind, die von der Obrigkeit geleitet und beaufsichtigt werden.

Zur sachgemäßen Prüfung der Gegenstände bedarf es umfangreicher Einrichtungen, deren Kosten meist die Mittel einzelner Personen übersteigen, und die daher in der Regel nur von größeren öffentlichen Körperschaften getroffen werden können. Sodann ist neben der gehörigen Befähigung auch die persönliche Zuverlässigkeit der Sachverständigen von großer Bedeutung. Die Gutachten von Privatchemikern werden in den beteiligten Kreisen oft mit Mißtrauen aufgenommen, da die Erfahrung gelehrt hat, daß sie nicht selten zu begründeten Bedenken Anlaß gegeben haben. Die tun ichste Gewähr dafür, daß jede Beeinflussung durch die Interessenten ausgeschlossen ist, kann nur dann geboten werden, wenn die mit den Untersuchungen zu betrauenden Personen sich in amtlicher Stellung befinden.

Nach dem Erlaß des Gesetzes vom 14. Mai 1879 sind zwar schon an manchen Orten öffentliche Untersuchungsanstalten ins Leben gerufen worden; soweit wir zu übersehen vermögen, genügt aber ihre Anzahl noch lange nicht, um das vorhandene Bedürfnis nur annähernd zu decken.

Staatsmittel zur Errichtung der Anstalten können nicht zur Verfügung gestellt werden, und es wird um so weniger vom Staate zu beanspruchen sein, Beihilfen zu diesem Zwecke zu gewähren, als die Anstalten in erster Linie örtlichen Bedürfnissen dienen und dem Interesse der Eingesessenen derjenigen Kommunen zugute kommen, von welchen sie errichtet werden.

Unter diesen Umständen ersuchen wir Euer Hochwohlgeboren ergebenst, Ihren Einfluß gefälligst dahin geltend zu machen, daß geeignete größere Stadtgemeinden des dortigen Regierungsbezirks, in denen es an solchen Anstalten fehlt, sich ihre Errichtung angelegen sein lassen.

Nach § 17 des Gesetzes vom 14. Mai 1879 sollen, wenn für den Ort der Tat eine öffentliche Untersuchungsanstalt besteht, die auf Grund des Gesetzes auferlegten Geldstrafen, soweit sie dem Staate zustehen, der Kasse zufallen, welche die Kosten der Unterhaltung der Anstalt trägt. Dieselbe Bestimmung findet bei Zuwiderhandlungen gegen die Vorschriften aller übrigen genannten Gesetze Anwendung. Werden schon hiernach die aus dem Betriebe der Anstalt erwachsenden Einnahmen unter Umständen recht bedeutend sein, so vermehren sie sich noch durch die Gebühren, die von auswärtigen Polizeibehörden und von Privatpersonen für die von ihnen veranlaßten Untersuchungen zu entrichten sind. Daher wird die dauernde Unterhaltung der Anstalten, wenn auch, wie erwähnt, ihre erste Einrichtung einen ansehnlichen Kostenaufwand verursacht, besonders hohe Zuschüsse vermutlich nicht erheischen. Für diese Annahme spricht überdies die Tatsache, daß die bestehenden Privatanstalten ähnlicher Art, obgleich ihnen keine Strafgelder zufließen, durch ihre Einnahme sich nicht allein selbst unterhalten, sondern auch einen oft erklecklichen Gewinn abwerfen. Die in Betracht kommenden Stadtgemeinden möchten sich um so eher bereit finden lassen, der Anregung Euer Hochwohlgeboren Folge zu leisten, wenn sie hierbei auf die im Vorstehenden dargelegten Gesichtspunkte aufmerksam gemacht werden.

Im übrigen stellen wir Euer Hochwohlgeboren ergebenst anheim, die Anregung nicht auf geeignete Stadtgemeinden zu beschränken, sondern sie auf einzelne Kreiskommunalverbände auszudehnen, wenn Sie sich hiervon Erfolg versprechen sollten.

Binnen Jahresfrist wollen Uns Euer Hochwohlgeboren gefälligst berichten, an welchen Orten des dortigen Regierungsbezirks bereits jetzt öffentliche Untersuchungsanstalten bestehen, und zu welchem Erfolge Ihre Bemühungen wegen der Errichtung weiterer solcher Anstalten geführt haben.

D. Minist. d. Innern. D. Minist. d. geistl. etc. Angelegenheiten.

An sämtliche Herren Regierungspräsidenten.

b) Runderlaß vom 27. Mai 1899, betr. die Berücksichtigung geprüfter Nahrungsmittelchemiker bei Anstellungen in öffentlichen Untersuchungsanstalten.

Der durch Erlaß vom 10. Mai 1895 — Zentralbl. f. d. ges. Unterr. Verw. S. 433 — bekannt gegebene Beschluß des Bundesrats vom 22. Febr. 1894, wonach bei der Auswahl der Arbeitskräfte für die öffentlichen Anstalten zur Untersuchung von Nahrungs- und Genußmitteln denjenigen Chemikern eine vorzugsweise Berücksichtigung zuteil werden soll, welche den Befähigungsausweis als Nahrungsmittelchemiker erworben haben, findet nicht überall Beachtung.

Es wird deshalb den Kommunen, welche für die von ihnen errichteten Anstalten gedachter Art die Beilegung des Charakters als „öffentliche Anstalten" nachsuchen, in Zukunft bei Genehmigung ihres Antrages als Verpflichtung oder Bedingung auferlegt werden, daß sie bei diesen Anstalten lediglich Chemiker beschäftigen, welche den Befähigungsausweis als Nahrungsmittelchemiker beizubringen vermögen.

Außerdem ist den bereits als öffentliche anerkannten Nahrungsmitteluntersuchungsanstalten unter Hinweis auf das den Verwaltungsbehörden zustehende Widerrufsrecht aufzugeben, staatlich geprüfte oder denselben gleichstehende Nahrungsmittelchemiker in ihrem Betriebe anzustellen. Dies muß in allen Fällen geschehen, in denen es sich um die Neubesetzung einer solchen Stelle handelt, ist aber auch mit Nachdruck zu erstreben, wenn sich die angestellten Chemiker als unbefähigt erweisen sollten.

Übrigens bemerken wir, daß die Anerkennung einer Nahrungsmitteluntersuchungsstation als einer öffentlichen im Sinne des § 17 des Gesetzes vom 14. Mai 1879 — R.-G.-Bl. S. 145 — und eventuell auch der Widerruf dieser Anerkennung der Entscheidung der Zentralinstanzen vorbehalten bleibt.

Der Finanz-Minister. Der Minister der geistl. etc. Angeleg. Der Justiz-Minister.

Der Minister des Innern. Der Minister für Handel u. Gewerbe.

An die Herren Regierungs-Präsidenten und den Herrn Polizei-Präsidenten in Berlin.

c) Runderlaß vom 22. Februar 1904, betr. Verfälschung von Nahrungs- und Genußmitteln.

In neuerer Zeit ist mehrfach darüber Klage geführt worden, daß die Polizeibehörden bei der Vorbereitung der strafrechtlichen Verfolgung von Verfälschungen von Nahrungsmitteln geeignete Sachverständige nicht in dem erforderlichen Maße zuzögen. Unter anderem sollen die über die Zusammensetzung der Ware gehörten Chemiker öfter auch als berufene Gutachter über gleichzeitig zu entscheidende auf medizinischem Gebiet oder auf dem Gebiete von Handel und Verkehr liegende Fragen angesehen und es soll von der Anhörung ärztlicher und gewerblicher Sachverständiger Abstand genommen worden sein. Ein solches Verfahren entspricht nicht den bestehenden Bestimmungen. Nach dem unten abgedruckten Erlaß vom 14. September 1883 soll sich die gutachtliche Anhörung der Chemiker auf die Frage der chemischen Zusammensetzung der Ware beschränken, und die Begutachtung der weiteren Fragen, ob die Ware in der festgestellten Zusammensetzung gesundheitsschädlich und ob sie „zum Zwecke der Täuschung im Handel und Verkehr" (§ 10 des Nahrungsmittelgesetzes) verfälscht ist, ärztlichen bezw. gewerblichen, speziell mit den Gewohnheiten des betreffenden Industriezweiges vertrauten Sachverständigen unterstehen. Die Zuziehung solcher Sachverständigen soll in allen irgendwie zweifelhaften Fällen erfolgen.

Besonderer Wert muß darauf gelegt werden, daß die Polizeibehörden die erforderlichen Gutachten von geeigneter Stelle einholen. Zu dem Ende haben sie für Fragen auf dem Gebiete von Handel und Verkehr die amtlichen Handelsvertretungen um Benennung geeigneter Sachverständiger, geeignetenfalls um direkte Abgabe eines Gutachtens zu ersuchen.

Wir ersuchen Sie, den Polizeibehörden den genannten Erlaß in Erinnerung zu bringen und sie dabei auf die vorgedachten Punkte besonders hinzuweisen.

Den Handelsvertretungen wird dieser Erlaß direkt mitgeteilt werden.

Der Minister für Handel und Gewerbe.	Der Minister der geistl. etc. Angelegenh.

Der Minister des Innern.

An die Herren Regierungs-Präsidenten und den Herrn Polizeipräsidenten in Berlin.

Berlin, den 14. September 1883.

Nach einer Mitteilung des Herrn Reichskanzlers wird von seiten mehrerer Handelskammern darüber Klage geführt, daß die Handhabung des Gesetzes über den Verkehr mit Nahrungsmitteln usw. vom 14. Mai 1879 (R.-G.-Bl. S. 145) den gewerblichen und Handelskreisen erhebliche Nachteile zufüge. Die Beschwerden richten sich hauptsächlich gegen diejenigen Bestimmungen im § 10 des Gesetzes, durch welche die Verfälschung von Nahrungs- oder Genußmitteln zum Zwecke der Täuschung im Handel und Verkehr, sowie das Verkaufen verfälschter Nahrungs- oder Genußmittel mit Strafe bedroht wird. Man klagt darüber, daß der Begriff der Verfälschung von den Polizei- und Justizbehörden verschieden und teilweise so rigorös aufgefaßt werde, daß selbst ganz unbedenkliche und allgemein übliche Manipulationen zu Bestrafungen führen könnten.

Aus Anlaß dieser Beschwerden machen wir Ew. Hochwohlgeboren namentlich auf folgende zwei Punkte aufmerksam:

1. Als Sachverständiger wird meist nur ein Chemiker, und zwar gewöhnlich der nächste Apotheker gehört. Die Untersuchung einer Anzahl von Nahrungs- und Genußmitteln, z. B. von Bier und Wein, ist aber in den meisten Fällen so schwieriger Art, daß sie zweckmäßigerweise nur solchen Chemikern anvertraut werden kann, welche ausreichende Erfahrungen gerade auf den in Rede stehenden Gebieten besitzen. Der Chemiker hat aber auch ferner nur die Aufgabe, darüber Auskunft zu geben, wie die von ihm untersuchten Waren chemisch zusammengesetzt sind, wogegen die weiteren Fragen: ob die Ware in solcher Zusammensetzung gesundheitsschädlich und ob sie „zum Zwecke der Täuschung im Handel und Verkehr" (§ 10 des Gesetzes) verfälscht ist, nicht zu seiner Beurteilung stehen.

Es ist daher erforderlich, daß diese Fragen in allen irgend zweifelhaften Fällen nur nach Anhörung von ärztlichen, bezw. von gewerblichen, speziell mit den Gewohnheiten des betreffenden Industriezweiges vertrauten Sachverständigen entschieden werden.

2. Als im Jahre 1877 wirksamere Maßregeln gegen die Fälschung von Nahrungs- und Genußmitteln vorbereitet werden sollten, wurde im Reichsgesund-

heitsamt auf Grund der Beratungen einer Sachverständigen-Kommission eine Denkschrift ausgearbeitet, um das Bedürfnis nachzuweisen und die Richtung anzugeben, in welcher vorzugehen sein würde. Die Denkschrift behandelte in 13 Abschnitten die hauptsächlich in Frage kommenden Kategorien von Nahrungsmitteln usw. und gab am Schlusse eines jeden Abschnittes ein Resümee, in welchem die vom ärztlich-chemischen Standpunkte aus als unzulässig anzusehenden Manipulationen kurz charakterisiert wurden. Diese Denkschrift ist demnächst als Anlage zu den Motiven des Entwurfs zum Nahrungsmittelgesetze veröffentlicht worden. („Materialien zur technischen Begründung eines Gesetzentwurfes gegen die Verfälschung der Nahrungs- und Genußmittel und gegen die gesundheitswidrige Beschaffenheit anderweitiger Gebrauchsgegenstände." — Drucksachen des Reichstags, 4. Legislaturperiode II. Session 1879 Nr. 7 S. 29 ff.). Sie hat infolgedessen das Ansehen eines autoritativen Interpretationsmittels gewonnen, an welches die Gerichte und die Sachverständigen sich um so bereitwilliger halten, als die an der Hand des Gesetzestextes zu entscheidenden Fragen nicht selten unter den Technikern selbst streitige sind. Zu den Beratungen der erwähnten, im Jahre 1877 tätig gewesenen Sachverständigen-Kommission sind aber Vertreter von Handel und Gewerbe nicht zugezogen worden, und die Denkschrift trägt den Anforderungen der letzteren denn auch nur wenig Rechnung.

Das Nahrungsmittelgesetz will aber nach dem Wortlaut des § 10 nur solche Verfälschungen bestrafen, welche „zum Zwecke der Täuschung in Handel und Verkehr", d. h. den berechtigten Gewohnheiten von Handel und Gewerbe zuwider vorgenommen werden. Die Interpretation des § 10 führt, wenn sie sich ausschließlich auf die von ganz anderen Gesichtspunkten ausgehende Denkschrift stützt, nicht selten weit über diese wichtige und sachgemäße Schranke hinaus.

Bei der hohen Wichtigkeit, welche der Gegenstand für die gewerblichen und industriellen Kreise hat, dürfen bei der Handhabung des Nahrungsmittelgesetzes die vorstehend angedeuteteten Gesichtspunkte nicht außer acht gelassen werden.

Ew. Hochwohlgeboren ersuchen wir daher ergebenst, die Ihnen unterstellten Polizeibehörden gefälligst dahin zu instruieren, daß sie bei der Vorbereitung der strafrechtlichen Verfolgung von Verfälschungen von Nahrungs- und Genußmitteln in allen zweifelhaften Fällen nach Maßgabe der vorstehend bezeichneten Grundsätze verfahren.

Wir machen Ew. Hochwohlgeboren jedoch hierbei zur weiteren Instruierung der Polizeibehörden zugleich darauf ergebenst aufmerksam, daß es nicht in der Absicht liegt, die strafrechtliche und polizeiliche Verfolgung wirklich gesundheitsschädlicher Verfälschungen von Nahrungs- und Genußmitteln einzuschränken.

Die Justizbehörden sind seitens des Herrn Justizministers mit gleicher Anweisung versehen worden.

Der Minister für Handel und Gewerbe. — Der Minister des Innern.

Der Minister der geistlichen, Unterrichts- und Medizinal-Angelegenheiten.

An die Königlichen Regierungspräsidenten in den Provinzen Ost- und Westpreussen, Brandenburg, Pommern, Schlesien, Sachsen und in Sigmaringen, an die Königlichen Regierungen bezw. Landdrosteien, sowie an den Königlichen Polizeipräsidenten in Berlin.

d) Erlaß vom 20. September 1905, betr. Nahrungsmittelkontrolle.

Aus den Berichten der Regierungspräsidenten über die Organisation und über die Erfolge der Nahrungsmittelkontrolle haben wir ersehen, daß die Beaufsichtigung des Verkehrs mit Nahrungs- und Genußmitteln sowie mit Gebrauchsgegenständen im Rahmen des Reichsgesetzes vom 14. Mai 1879 und der dazu ergangenen Ergänzungsgesetze die für eine nachhaltige Bekämpfung von Verfälschungen und Gesundheitsschädigungen erforderliche Ausgestaltung nicht gleichmäßig gefunden hat.

Zur Herbeiführung einer wirksamen Beaufsichtigung bedarf es, wie die Erfahrung gelehrt hat, - einer bestimmten Organisation der Nahrungsmittelkontrolle, wie sie in den Provinzen Schleswig und Brandenburg, sowie in den Regierungsbezirken Merseburg und Lüneburg mit gutem Erfolge bereits eingerichtet ist und zurzeit besteht.

Ew. Exzellenz ersuchen wir daher, eine den örtlichen Verhältnissen angepaßte ähnliche Organisation auch für die dortige Provinz ins Leben zu rufen, indem wir hierzu folgendes bemerken:

In erster Linie ist erforderlich, daß eine bestimmte Anzahl von Proben jährlich entnommen und, soweit deren Verfälschung oder Verdorbenheit nicht bereits anderweit genügend erkennbar ist, einer Untersuchungsanstalt zur technischen Prüfung übergeben wird. Ob die Zahl der zu entnehmenden Proben nach der Kopfzahl der Bevölkerung, wie in der Provinz Schleswig und in den Regierungsbezirken Lüneburg und Merseburg, oder nach der Anzahl der Verkaufsstellen zu bemessen ist, wollen Ew. Exzellenz unter Berücksichtigung der örtlichen Verhältnisse selbst entscheiden. Auch stellen wir dem Ermessen Ew. Exzellenz anheim, zu veranlassen, daß in gewissen, namentlich in industriellen Teilen der Provinz die Mindestzahl der Probeentnahmen, sei es durch den Regierungspräsidenten für den Bezirk oder durch den Landrat für den Kreis, auf dem Wege der besonderen Anordnung über das Durchschnittsmaß hinaus erhöht werden kann. Überhaupt wird bei dieser allgemeinen Regelung der Organisation stets zu beachten sein, daß nur die Mindestforderungen für die Vornahme der Kontrolle festgelegt werden sollen, während darüber hinaus der Initiative der Polizeibehörden die Wahlbestimmung sonstiger Gegenstände für die technische Prüfung, insbesondere hinsichtlich der aus den Kreisen der Bevölkerung etwa eingelieferten Nahrungsmittel usw., vorbehalten bleiben muß.

Die Festlegung eines bestimmten Mindestmaßes der Probeentnahme wird umsomehr die gewünschte günstige Rückwirkung auf die Durchführung der Nahrungsmittelgesetze ausüben können, wenn die erforderlichen chemischen Untersuchungen in durchaus zuverlässiger Weise ausgeführt werden. Hierfür bedarf es gut ausgerüsteter, einer amtlichen Aufsicht unterstellter Laboratorien, deren Leiter wissenschaftlich erprobte, von der Privatindustrie unabhängige Nahrungsmittelchemiker sein müssen. Diesen Anforderungen entsprechen in erster Linie die als öffentlich anerkannten Untersuchungsanstalten. Es ist daher dringend zu erstreben, daß die Vornahme der einschlägigen Untersuchungen tunlichst in diesen Anstalten stattfindet.

Dementsprechend wollen Ew. Exzellenz vor der Herbeiführung einer intensiveren Kontrolle Verhandlungen mit den Gemeinden über die Zuweisung derselben zu dem Zuständigkeitsbezirk bestimmter öffentlicher Anstalten, soweit dies noch nicht geschehen ist, in die Wege leiten und demnächst entsprechende Anträge an uns, die mitunterzeichneten Minister der Medizinalangelegenheiten und des Innern, stellen. Andererseits wird auch die Errichtung einer derartigen geeigneten Anstalt, soweit eine solche dortseits bei gebührender Berücksichtigung der bestehenden Anstalten für erforderlich erachtet werden muß, erneut in Anregung zu bringen sein. Die bisher in einzelnen Bezirken seitens der Gemeinden gegen die Errichtung von Untersuchungsämtern geltend gemachten Bedenken dürften, sofern die vorerwähnte gleichmäßige Organisation hinsichtlich der Zuführung einer festen Anzahl von Proben zur gebührenpflichtigen Untersuchung geschaffen wird, als beseitigt gelten. Da derartigen Anstalten auf Grund der festgesetzten Regelung ein entsprechender Umfang der Tätigkeit und somit ein sicherer Einnahmefonds von vornherein garantiert sind, ist ein finanzielles Risiko für den Unternehmer ausgeschlossen, sofern nur darauf Bedacht genommen wird, daß die Zuständigkeitsbezirke ausreichend groß gestaltet werden. In erster Linie wird hierbei in Frage kommen, daß größere Städte oder andere öffentliche Korporationen wie die Landwirtschaftskammern die Einrichtung von Untersuchungsanstalten ihrerseits übernehmen, indem sie sich erforderlichenfalls zugleich die Zuweisung einer die Rentabilität des Betriebes gewährleistenden Zahl von Untersuchungen aus den benachbarten Polizeibezirken durch Vermittelung der Staatsbehörden sichern. Gegebenenfalls empfiehlt sich der Zusammenschluß einer Anzahl benachbarter Städte oder Gemeinden zum Zwecke der Errichtung einer gemeinschaftlichen öffentlichen Untersuchungsanstalt etwa nach dem Beispiele der Polizeibehörden im Regierungsbezirke Gumbinnen. Aus dem angeschlossenen Vertrage wollen Ew. Exzellenz die Einzelheiten hinsichtlich des dortigen Vorgehens entnehmen und zugleich ersehen, daß in dem Vertrage die wichtige Frage einer geeigneten Art der Probeentnahme durch Beauftragung der Beamten der Anstalten eine nachahmenswerte Regelung gefunden hat. Auch möchten wir nicht unterlassen, auf die Vorteile der hier wie auch in den Provinzen Schleswig und Brandenburg getroffenen Festsetzung eines Durchschnittspreises für jede Untersuchung an Stelle von Einzelgebühren nach Maßgabe eines vereinbarten Tarifs hinzuweisen. Durch einen derartigen Vertrag wird einer übermäßigen Belastung kleinerer Gemeinden zweckentsprechend vorgebeugt.

Ähnliche Einrichtungen wie im Regierungsbezirke Gumbinnen dürften sich mit gutem Erfolg auch in der Weise treffen lassen, daß die vereinigten Verbände ein Untersuchungsamt selbst begründen und in eigene Verwaltung nehmen, den Leiter der Anstalt als ihren Beamten anstellen und die Kosten im Verhältnis zu der Zahl der veranlaßten Untersuchungen unter entsprechender Berücksichtigung der auf Grund des Nahrungsmittelgesetzes und des Ergänzungsgesetzes vom 29. Juni 1887 einzuziehenden Straf- und Untersuchungsgelder unter sich verteilen. Die bisher anderweit gesammelten Erfahrungen berechtigen, wie schon in dem gemeinschaftlichen Runderlaß unserer, des Ministers der Medizinalangelegenheiten und des Innern, Herrn Amtsvorgänger vom 26. Juli 1893 hervorgehoben ist, zu der Erwartung, daß die Einnahmen aus den Untersuchungs- und Strafgeldern die Ausgaben für die Gründung und Unterhaltung der Anstalten zum mindesten decken, wenn nicht überschreiten werden. Unter diesen Umständen wird es voraussichtlich nur der geeigneten Anleitung und Belehrung seitens der Behörden bedürfen, um geeignete Untersuchungsanstalten auch für diejenigen Bezirke zu schaffen, in welchen solche gegenwärtig noch fehlen.

Sollte wider Erwarten die dortseits etwa für erforderlich erachtete Neuerrichtung eines Untersuchungsamts bei den beteiligten Gemeinden auf Schwierigkeiten stoßen, so wollen Ew. Exzellenz trotzdem an der Durchführung der verschärften Kontrolle durch regelmäßige Probeentnahme festhalten und alsdann einstweilen die Ausführung der chemischen Untersuchung einer anderweiten vorläufigen Regelung unterziehen.

Einem ausführlichen Bericht über das Veranlaßte und über den Erfolg der dortseitigen Bemühungen wollen wir binnen einem Jahre entgegensehen.

Der Minister der geistl. usw. Angeleg.	Der Minister für Handel usw.	Der Minister für Landw. usw.

Der Minister des Innern.

An die Herren Oberpıäsidenten (mit Ausnahme von Potsdam und Schleswig).

Anlage.

Die Ortspolizeibehörden der Städte sowie einiger Amtsbezirke des Regierungsbezirks ..... sind darüber übereingekommen, zur Wahrnehmung der Nahrungsmittelkontrolle in Gemäßheit des § 17 des Reichsgesetzes vom 14. Juni 1879, betreffend den Verkehr mit Nahrungsmitteln, Genußmitteln und Gebrauchsgegenständen, ein Nahrungsmittel-Untersuchungsamt zu errichten und die Kosten desselben nach dem Verhältnis der in jedem Ortspolizeibezirke vorgenommenen Untersuchungen zu tragen. Das Amt soll in N. seinen Sitz haben.

Der landwirtschaftliche Zentralverein hat sich bereit erklärt, das vorstehend erwähnte Nahrungsmittel-Untersuchungsamt für den Regierungsbezirk .... einzurichten, das Laboratorium seiner agrikultur-chemischen Versuchsstation für die Zwecke dieses Nahrungsmittel-Untersuchungsamts zur Verfügung zu stellen und dafür Sorge zu tragen, daß stets ein Chemiker in der Station beschäftigt ist, der die Prüfung als Nahrungsmittelchemiker bestanden hat. Dieser Beamte wird vom Zentralverein beauftragt werden, die Untersuchungen vorzunehmen.

Die unterzeichnete Ortspolizeibehörde bezw. Gemeinde zu .... schließt daher mit dem Zentralverein folgenden

Vertrag.

§ 1. Der Zentralverein übernimmt die Verpflichtung, für den Bezirk der unterzeichneten Ortspolizeibehörde bezw. Gemeinde .... durch das einzurichtende Nahrungsmittel-Untersuchungsamt:

1. alle chemischen, physikalischen, bakteriologischen und mikroskopischen Untersuchungen von Nahrungsmitteln, Genußmitteln, Gebrauchsgegenständen und sonstigen derartigen Stoffen den Anforderungen der Wissenschaft entsprechend ausführen zu lassen;

2. über das Ergebnis der Untersuchungen aufs Gewissenhafteste schriftliche Gutachten abgeben zu lassen;

3. die Geschäfte, in denen Nahrungsmittel oder Genußmittel feilgehalten werden, revidieren zu lassen;

4. den Markt- und Milchverkehr revidieren zu lassen;

5. Gutachten, Auskünfte usw., welche die öffentliche Gesundheitspflege und ähnliche Fragen betreffen, und im Bereich der Tätigkeit des Untersuchungsamts liegen, abgeben zu lassen.

§ 2. Für den Ortspolizeibezirk bezw. Gemeinde .... sollen mindestens .... Untersuchungen vorgenommen werden. Für jede dieser Untersuchungen einschließlich der persönlichen Kosten der dazu erforderlichen Probeentnahme und der Revisionen durch den Nahrungsmittelchemiker wird eine Entschädigung von 4 Mark gewährt, insgesamt also mindestens ..... Mark jährlich, welche halbjährlich zum 1. Oktober und 1. April bis mindestens je . . . . . Mark an den landwirtschaftlichen Zentralverein in N. einzusenden sind.

Die Auslagen für die angekauften Proben hat die Ortspolizeibehörde bezw. Gemeinde . . . . zu tragen.

Führt eine Untersuchung, deren Kosten nach dem Entwurfe von Gebührensätzen für Untersuchungen von Nahrungsmitteln und Genußmitteln sowie Gebrauchsgegenständen vom 5. Januar 1901 den Durchschnittsatz von 4 Mk. übersteigen, zur rechtskräftigen Verurteilung, und werden die vorstehend genanntem Entwurfe entsprechenden Kosten beigetrieben, so erhält der Zentralverein denjenigen Betrag, um welchen die Kosten der Analyse den Betrag von 4 Mark übersteigen.

§ 3. Dieser Vertrag gilt vom 1. April 1904 ab für unbestimmte Dauer, jedoch steht jedem Teil eine Kündigung mit halbjähriger Kündigungsfrist vom 1. Oktober oder 1. April zu.

§ 4. Die Kosten dieses Vertrages trägt die unterzeichnete Ortspolizeibehörde bezw. Gemeinde.

Diesem Erlaß sind noch die nachfolgenden Anlagen beigegeben:

Schleswig, den 25. März 1898.

Nahrungsmittel-Untersuchungsamt für die Provinz Schleswig-Holstein in Kiel.

Zum 1. April d. J. geht die chemische Untersuchung von Nahrungs- und Genußmitteln, sowie von Gebrauchsgegenständen im hiesigen Regierungsbezirke auf die von der Landwirtschaftskammer für die Provinz Schleswig-Holstein unter der Bezeichnung „Nahrungsmittel-Untersuchungsamt für die Provinz Schleswig-Holstein (Abteilung der Landwirtschaftskammer für die Provinz Schleswig-Holstein)“ errichtete Anstalt in Kiel über. Mit demselben Tage geht die bisherige, derzeit unter der Leitung des Dr. Reese in Kiel stehende Untersuchungsanstalt für Schleswig-Holstein in Kiel ein.

Die beteiligten Polizeibehörden werden wegen Übersendung etc. von Proben von Nahrungs- und Genußmitteln sowie Gebrauchsgegenständen an die Anstalt der Landwirtschaftskammer zum Zwecke der Untersuchung mit der erforderlichen Anweisung versehen werden. Ausgenommen hiervon ist der Polizeibezirk Altona, für welchen in dem Altonaer städtischen Nahrungsmittel- usw. Untersuchungsamt eine besondere Anstalt bereits besteht.

Amtsblattbekanntmachung.

Abschrift übersende ich den Ortspolizeibehörden mit der Anweisung, alle zur chemischen Untersuchung entnommenen Proben — mit Ausnahme derjenigen von Petroleum, für welche es bei den bisher diesseits bekannt gegebenen Untersuchungen sein Bewenden behält — vom 1. April d. J. ab dem „Untersuchungsamt für die Provinz Schleswig-Holstein (Abteilung der Landwirtschaftskammer für die Provinz Schleswig-Holstein)“ in Kiel zum Zwecke der Ausführung der erforderlichen Prüfung zuzusenden.

Die von den Polizeiverwaltungen in dieser Hinsicht zu überwachenden Gegenstände sind bezeichnet in

1. dem Reichsgesetz, betr. den Verkehr mit Nahrungsmitteln, Genußmitteln und Gebrauchsgegenständen vom 14. Mai 1879, R.-G.-Bl. S. 145;

2. dem Reichsgesetz, betr. den Verkehr mit blei- und zinkhaltigen Gegenständen vom 25. Juni 1887, R.-G.-Bl. S. 273 und 22. März 1888, R.-G.-Bl. S. 114;

3. dem Reichsgesetz, betr. die Verwendung gesundheitsschädlicher Farben bei der Herstellung von Nahrungsmitteln, Genußmitteln und Gebrauchsgegenständen vom 5. Juli 1887, R.-G.-Bl. S. 277;

4. der Kaiserlichen Verordnung, betr. den Verkehr mit Arzneimitteln, vom 27. Januar 1890, R.-G.-Bl. S. 9, und der Polizeiverordnung über das Anpreisen und den Verkauf von Geheimmitteln vom 7. November 1894, Amtsbl. S. 521, mit Berichtigung vom 16. Januar 1895, Amtsbl. S. 29;

5. dem Reichsgesetz, betr. den Verkehr mit Wein, weinhaltigen und weinähnlichen Getränken, vom 20. April 1892, R.-G.-Bl. S. 597;

6. der Polizeiverordnung, betr. die Einrichtung und Benutzung von Bierdruckvorrichtungen, vom 23. November 1886, Amtsbl. S. 1223, 28. Februar 1892, Amtsbl. S. 67, und 18. Mai 1895, Amtsbl. S. 210;

7. der ministeriellen Polizeiverordnung über den Handel mit Giften vom 24. August 1895, Extrabeilage zu Stück 54 des Amtsblattes;

8. der Polizeiverordnung, betr. den Betrieb von Mineralwasserfabriken, vom 18. Mai 1895, Amtsbl. S. 209;

9. dem Reichsgesetz, betr. den Verkehr mit Butter, Käse, Schmalz und deren Ersatzmitteln, vom 15. Juni 1897, R.-G.-Bl. S. 475.

Außerdem haben die Ortspolizeibehörden im öffentlichen Interesse die Wahl und Bestimmung sonstiger Gegenstände für die Prüfung durch das Untersuchungsamt, insofern dieselbe notwendig oder zweckmäßig erscheint, frei. Insbesondere bezieht sich dies auch auf aus dem Publikum eingelieferte Gegenstände, welche zu dem Verdachte einer Verfälschung Anlaß bieten.

Der Durchschnittspreis für jede Untersuchung — mit Ausnahme der Weinuntersuchungen — wird bis auf weiteres auf sechs Mark bestimmt. Der Preis für jede nach der Anweisung des Bundesrats vom 16. Juni 1896 auszuführende Weinuntersuchung wird mit Rücksicht auf die schwierigen und zeitraubenden hierfür geltenden Untersuchungsmethoden bis auf weiteres wie bisher auf 25 Mk. festgesetzt.

Unter Zugrundelegung der Ergebnisse der Volkszählung vom 2. Dezember 1895 ist aus den Städten auf je 200, aus den Landdistrikten auf je 400 Einwohner 1 Probe einzusenden. $^1/_{25}$stel, also 4 % sämtlicher Proben, haben aus Weinproben zu bestehen.

Für die Stadtkreise Kiel und Flensburg beträgt hiernach die einzusendende Probenzahl 428 bezw. 204 (hiervon 17 bezw. 8 Weinproben), in den übrigen Kreisen wird die Verteilung der Probenzahl auf die einzelnen Ortspolizeibezirke durch die Herren Landräte bewirkt.

Die polizeiliche Kontrolle des Verkehrs mit Nahrungsmitteln, Genußmitteln und Gebrauchsgegenständen ist das ganze Jahr hindurch gleichmäßig zu handhaben, damit die Wirksamkeit derselben jederzeit vorhanden ist.

Es darf also keineswegs die Einsendung sämtlicher Proben an das Untersuchungsamt auf längere Zeiträume oder gar bis gegen den Schluß des Jahres verschoben werden.

Am Schlusse des Etatsjahres, spätestens bis zum 1. Mai, ist ein Verzeichnis der zur Untersuchung gelangten Gegenstände nach Maßgabe des anliegenden Schemas an die Herren Landräte einzureichen.

In diesem Verzeichnis sind diejenigen Untersuchungen, welche nur seitens der Polizeiorgane vorgenommen sind (ad II), von denjenigen streng zu scheiden, bei welchen eine technische Prüfung durch das Nahrungsmittel-Untersuchungsamt in Kiel stattgefunden hat (ad I).

In das Verzeichnis sind unter III auch die nach Maßgabe der Verfügung vom 14. August 1883, Amtsblatt S. 517, vorzunehmenden Untersuchungen des Petroleums auf seine Entflammbarkeit aufzunehmen.

Die Polizeibehörden haben darauf besonderen Wert zu legen, daß zur technischen Prüfung nur solche Gegenstände dem Untersuchungsamt eingesandt werden, deren Verfälschung usw. nur mittels besonderer Technik zu ermitteln ist. Gegenstände, deren Verfälschung oder Verdorbenheit etc. anderweit bereits genügend erkennbar ist, sind lediglich im Polizeiwege zur Untersuchung und geeignetenfalls zur Strafverfolgung zu bringen.

(Unterschrift.)

An die Ortspolizeibehörden des Bezirks (mit Ausnahme von Altona).

Verzeichnis

der Ergebnisse der im Jahre ...... vorgenommenen Untersuchungen von Nahrungs- und Genußmitteln sowie Gebrauchsgegenständen.

Laufende Nummer	Name und Wohnort des Gewerbetreibenden	Datum der Revision	Name des Revidierenden	Gegenstand der Untersuchung	Ergebnisse der Untersuchung	Bezugsquelle der betreffenden Ware (Name und Wohnort des Lieferanten)	Getroffene Verfügung	Angabe des etwaigen gerichtlichen Urteils	Angabe der Kasse, welcher die etwa festgesetzte Geldstrafe zugefallen ist.	Sonstige Bemerkungen
1	2	3	4	5	6	7	8	9	10	11

I. Technische Untersuchungen durch das „Nahrungsmittel-Untersuchungsamt für die Provinz Schleswig-Holstein“.
(Abteilung der Landwirtschaftskammer für die Provinz Schleswig-Holstein) in Kiel.

II. Untersuchungen, welche nur seitens der Polizeiorgane vorgenommen sind.

III. Untersuchungen von Petroleum auf seine Entflammbarkeit.

Ort, Datum und Unterschrift.

Der Oberpräsident
der Provinz Brandenburg.

Potsdam, den 30. November 1902.

Euer Hochwohlgeboren ersuche ich hiernach zunächst versuchsweise, bis weitere Erfahrungen vorliegen, dahin Bestimmung zu treffen, daß in Ortschaften mit weniger als 2000 Einwohnern in jeder Verkaufsstelle für Nahrungs- und Genußmittel in 2- bis 3-jährigen Zwischenräumen eine Probe zu entnehmen und einer von der Aufsichtsbehörde als öffentlich anerkannten für ihren Bezirk bestehenden Untersuchungsanstalt zur Untersuchung zu überweisen ist, während in den größeren Ortschaften in jeder solchen Verkaufsstelle jährlich mindestens einmal eine Probe zu entnehmen und zu untersuchen ist, daß aber bei vorliegendem Verdacht oder nachgewiesener Unzuverlässigkeit des Geschäftsinhabers häufigere Untersuchungen zu veranlassen sind. Dabei wird besonderer Wert darauf zu legen sein, daß schon die Auswahl und Entnahme der Proben möglichst von Sachverständigen (Beamten des Untersuchungsamtes) vorgenommen wird.

Die genaue Festsetzung der hiernach von den örtlichen Polizeiverwaltungen pflichtmäßig vorzunehmenden Untersuchungen wird zweckmäßig in Landkreisen dem Landrat zu überlassen sein.

Ferner wird es zweckmäßig sein, wie es am Schlusse des Berichtes in Aussicht genommen scheint, das Nahrungsmittelamt zu veranlassen, vierteljährlich der Kreisbehörde eine Nachweisung der vorgenommenen Untersuchungen und der Auftraggeber einzureichen, damit von dort aus kontrolliert werden kann, in welchem Umfange die örtlichen Polizeibehörden die Nahrungsmittelkontrolle ausüben.

Ich stimme schließlich auch dem dortseitigen als zweckmäßig anzuerkennenden Vorschlage bei, daß — soweit es nicht etwa auch künftig die Kreise tun — die Polizeibehörden Vereinbarungen mit der Landwirtschaftskammer treffen, um sich den billigen Preis von 3 Mk. für eine Untersuchung zu sichern, und ersuche auch in dieser Hinsicht das Erforderliche zu veranlassen.

Schließlich mache ich noch darauf aufmerksam, daß ich den Herrn Minister der geistlichen, Unterrichts- und Medizinal-Angelegenheiten gebeten habe, im Hinblick auf die jetzt getroffenen Anordnungen über die Inanspruchnahme der vom Staate als öffentlich anerkannten Untersuchungsanstalten bei der polizeilichen Nahrungsmittelkontrolle darauf hinzuwirken, daß für die nächste Zeit davon Abstand genommen wird, die staatliche Anerkennung als öffentliche Untersuchungsanstalt weiteren Instituten zuteil werden zu lassen. Der Schlußsatz der Rundverfügung vom 28. August d. J., welcher mit der hier ausgesprochenen Absicht in Widerspruch steht, wird daher auch einer Modifikation bedürfen.

Über das Ergebnis der dortseitigen Anordnungen ersuche ich um gefälligen Bericht innerhalb Jahresfrist.

(Unterschrift.)

An den Herrn Regierungspräsidenten in Potsdam.

Der
Königliche Regierungspräsident.

Merseburg, den 17. April 1897.

Die zufolge meiner Verfügung vom 16. November v. J. erstatteten Berichte haben ergeben, daß es in manchen Orten den Polizeiverwaltungen aus dem Grunde nicht möglich gewesen ist, eine wirksame Kontrolle der Nahrungsmittel eintreten zu lassen, weil es ihnen für die Untersuchung an geeigneten Chemikern fehlt.

Ich habe infolgedessen mit dem hygienischen Institut der Universität Halle, welches bereits die in der Stadt Halle notwendigen Nahrungsmitteluntersuchungen nach einem festen Kontrakt ausführt, Verhandlungen angeknüpft, welche zu dem Ergebnis geführt haben, daß sich der Direktor genannten Instituts, Professor Dr. Fraenkel, bereit erklärt hat, auch die aus anderen Städten des Regierungsbezirks ihm übersandten Nahrungsmittelproben im Institut untersuchen zu lassen und den einsendenden Polizeiverwaltungen über das Ergebnis der Untersuchung Auskunft zu geben. Die Kosten der Untersuchung sollen vorläufig betragen:

a) für einfachere Untersuchungen, wie Milch, Butter, Mehl, Wasser (qualitativ), mikroskopische Gewürzprüfungen etc.

6 (sechs) Mark für jede eingelieferte Probe,

b) für langwierigere Untersuchungen, wie Wein, Bier, Wasser (quantitativ) etc., namentlich wenn dieselben mit der Erstattung eines umfangreichen Gutachtens verbunden sind:

verschieden, je nach der notwendig werdenden Arbeitszeit, jedoch soll ein mäßiger Preisansatz gemacht werden.

Indem ich den Polizeiverwaltungen von diesem Angebot Kenntnis gebe, ersuche ich, von der hiernach gebotenen Gelegenheit, Nahrungsmittel in durchaus zuverlässiger Weise zu einem verhältnismäßig niedrigen Preissatze untersuchen zu lassen, in möglichst weitgehendem Umfange Gebrauch zu machen. Das Abkommen ist vorläufig nur für das laufende Jahr getroffen und wird sich nur aufrecht erhalten lassen, wenn in genügendem Umfange davon Gebrauch gemacht wird, es ist dann aber vielleicht auch möglich, den Preisansatz für die einzelne Untersuchung noch zu ermäßigen.

Um meinerseits den Fortgang der Sache kontrollieren zu können, ersuche ich, mir in Zukunft bis zum 1. Februar jeden Jahres eine Nachweisung über sämtliche im Vorjahr vorgenommenen Nahrungsmitteluntersuchungen nach dem beiliegenden Formular — ohne Begleitbericht — einzureichen.

In Vertretung.

An sämtliche städtische Polizeiverwaltungen des Bezirks exkl. Halle.

Abschrift zur Kenntnisnahme mit dem Ersuchen, auch die ländlichen Polizeiverwaltungen dahin anzuweisen, daß sie in vorkommenden Fällen die Untersuchungen in Halle ausführen lassen. Einer besonderen Berichterstattung Ihrerseits bedarf es nicht mehr.

I. V.: (Unterschrift.)

An sämtliche Landräte des Bezirks.

Der
Regierungspräsident.

Merseburg, den 25. April 1903.

Im Anschluß an die Rundverfügung vom 17. April 1897, betr. Nahrungsmitteluntersuchungen.

Die alljährlich eingereichten Berichte und Nachweisungen zeigen, daß die Nahrungsmittelkontrolle immer noch recht ungleichmäßig ausgeübt wird. Während einzelne Polizeiverwaltungen sich eine möglichst ausgedehnte Prüfung aller Nahrungs- etc. mittel angelegen sein lassen, genügen die Untersuchungen in anderen Städten kaum den bescheidensten Anforderungen. Wenn die Nahrungsmittelprüfungen eine dem Zweck entsprechende Wirkung haben sollen, ist es erforderlich, daß wenigstens von den gebräuchlichsten Lebensmitteln alljährlich mehrere Proben zur chemischen oder sachverständigen mikroskopischen Untersuchung gebracht werden.

Die Polizeiverwaltungen ersuche ich deshalb, soweit es noch nicht geschehen ist, dahin Anordnung zu treffen, daß in den Städten bis zu 2500 Einwohnern jährlich mindestens je 2 verschiedene Proben Butter, Milch, Mehl und Margarine, in größeren Städten Proben davon in entsprechend höherer Anzahl zur Untersuchung gelangen. Daneben sind auch die übrigen Nahrungs- etc. mittel, Fleischwaren, Kolonialwaren, Gewürze usw. in ausreichender Zahl von Zeit zu Zeit der Untersuchung zu unterwerfen. In den Kreis der Untersuchung ist alle Milch einzubeziehen, die zum Verkaufe bestimmt ist, also nicht nur diejenige von Händlern, sondern g. F. auch solche aus landwirtschaftlichen Betrieben.

Die Anzahl der untersuchten Proben ersuche ich in der vorgeschriebenen Nachweisung bei jedem Gegenstande in besonderer Spalte zu vermerken.

In Vertretung.

An die städtischen Polizeiverwaltungen des Bezirks d. d. betr. Herren Landräte.

Abschrift zur Kenntnis mit dem Ersuchen, auch in den ländlichen Ortschaften auf eine ausreichende Nahrungsmitteluntersuchung hinzuwirken.

I. V.: (Unterschrift.)

An die Herren Landräte des Bezirks.

Der Regierungspräsident.

Lüneburg, den 15. November 1904.

An die Herren Landräte in

a. Bleckede. b. Dannenberg. c. Harburg.
d. Lüchow. e. Lüneburg. f. Soltau.
g. Oldenstadt. h. Winsen.
i. den Herren landrätlichen Hilfsbeamten in Neuhaus,
die Magistrate in
k. Dannenberg. l. Lüchow.
m. die Polizeidirektion in Lüneburg.
n. die Magistrate in Ülzen. o. Winsen a. d. L.

In Verfolg meiner Verfügung vom 2. Juli d. J. ersuche ich, in Zukunft

zu a:	am 18. April jeden Jahres	12	Proben,	
„ b:	„ 4. Januar und 4. Juli jeden Jahres je	7	„ ,	
„ c:	„ 19. Januar, 19. Mai, 19. Juli je	12	„	und
„	„ 19. Dezember jeden Jahres . .	13	„ ,	
„ d:	„ 14. März und 14. September je .	10	„	und
„	„ 14. Dezember jeden Jahres . .	9	„ ,	
„ e:	„ 21. Juni	10	„	und
„	„ 21. September jeden Jahres . .	11	„ ,	
„ f:	„ 3. März und 3. November jeden Jahres je	10	„ ,	
„ g:	„ 28. Februar, 28. April, 28. Juni und 28. August jeden Jahres je	10	„	und
	„ 28. November	8	„ ,	
„ h:	„ 8. April und 8. Dezember jeden Jahres je	13	„ ,	
„ i:	„ 18. Oktober jeden Jahres . . .	8	„ ,	
„ k:	„ 6. Dezember jeden Jahres . . .	4	„ ,	
„ l:	„ 13. April jeden Jahres . . .	6	„ ,	
„ m:	„ 2. Februar, 2. Mai, 2. August 2. Oktober und 2. Dezember jeden Jahres je	10	„ ,	
„ n:	„ 30. Juni und 30. Dezember jeden Jahres je	9	„ ,	
„ o:	„ 8. Juni jeden Jahres	8	„ ,	

von Nahrungs- und Genußmitteln oder Gebrauchsgegenständen im dortigen Polizeibezirke entnehmen zu lassen und dem öffentlichen Untersuchungsamte für Nahrungsmittel der Stadt Harburg zur Untersuchung einzusenden.

Etwa 14 Tage vor jedem Termine wird der technische Leiter des Untersuchungsamtes Ihnen (dem usw.) eine Mitteilung über die von ihm gewünschte Art der Proben, über die Menge, in welcher sie zu entnehmen und die Art, in welcher sie zu entnehmen und zu verpacken sind, zugehen lassen.

Ich ersuche die in dieser Beziehung geäußerten Wünsche, soweit irgend möglich, zu berücksichtigen.

Zum 15. Februar jeden Jahres, zuerst zum 15. Februar 1906, sehe ich einem Bericht über die im Vorjahre ausgeführten Untersuchungen, das Ergebnis derselben, sowie über erfolgte Bestrafungen entgegen. Der Bericht ist vor seiner Absendung dem zuständigen Kreisarzte, dessen etwaige Äußerung beizufügen ist, zur Kenntnisnahme vorzulegen.

I. V.: (Unterschrift.)

e) Runderlaß vom 23. Mai 1907, betr. die Tätigkeit der Medizinal-Untersuchungsämter bei der Nahrungsmittelkontrolle.

Berlin W. 64, den 23. Mai 1907.

Der Minister der geistlichen, Unterrichts- u. Medizinal-Angelegenheiten.
M. Nr. 1443.

Auf den Bericht vom 18. April d. J., V., 19. April 1907.

Euer Hochwohlgeboren erwidere ich ergebenst, daß nach dem Wortlaut meiner Erlasse vom 22. Juli 1903, M. 3849 und 27. März d. Js., M. 4362 U I — Untersuchungen von Nahrungs- und Genußmitteln, welche auf Grund des Reichsgesetzes, betr. den Verkehr mit Nahrungs- und Genußmitteln, vom 14. Mai 1879 erforderlich werden, nicht Aufgabe der Medizinal-Untersuchungsämter bezw. der Medizinal-Untersuchungsstellen sind. Diese Untersuchungen fallen vielmehr den für diese Zwecke errichteten besonderen Nahrungsmittel-Untersuchungsämtern anheim. Die Untersuchung von Nahrungsmitteln und Gebrauchsgegenständen ist von den Medizinal-Untersuchungsämtern nur auszuführen, wenn gegründeter Verdacht zu der Annahme vorliegt, daß die betreffenden Gegenstände zur Verbreitung einer übertragbaren Krankheit Anlaß gegeben haben oder wenn eine Aufklärung über gesundheitsgefährliche Zersetzung durch Mikroorganismen erforderlich ist.

(Unterschrift.)

An den Herrn Regierungs-Präsidenten in Köslin.

Abschrift übersende ich Ew. Hochwohlgeboren zur gefälligen Kenntnisnahme ergebenst.

(Unterschrift.)

An die Herren Regierungs-Präsidenten (mit Ausnahme von Köslin) und den Herrn Polizei-Präsidenten in Berlin.

Abschrift übersende ich Ew. Exzellenz zur gefälligen Kenntnisnahme ergebenst.

I. A.: (Unterschrift.)

An die Herren Ober-Präsidenten.

A. Staatliche Anstalten.

(2) Bentheim.

1. Verhältnisse der Anstalt:

a) **Amtsbezeichnung:** Chemisches Laboratorium der Kgl. Auslandsfleischbeschaustelle in Bentheim.

b) **Amtsbezirk:** Durch Erlaß der zuständigen Ministerien wurde der Anstalt vom 1. Januar 1906 ab die Nahrungsmittelkontrolle für die fünf westlichen Kreise des Regierungsbezirkes Osnabrück (Aschendorf, Bentheim, Hümmling, Lingen, Meppen), sowie für die Städte mit eigener Polizeiverwaltung (Lingen und Papenberg) und außerdem die Weinkontrolle für die Kreise Bentheim und Lingen übertragen.

c) **Charakter der Anstalt:** Staatliche Anstalt. Die Anstalt ist nicht öffentliche Anstalt im Sinne des § 17 des Reichsgesetzes vom 14. Mai 1879.

d) **Errichtung und geschichtliche Entwickelung:** Die Anstalt wurde am 1. April 1903 zunächst nur für die Auslandsfleischbeschaustelle von der Kgl. Regierung zu Osnabrück errichtet. Im Jahre 1906 wurde ihr noch der oben unter 1 b angegebene Wirkungskreis überwiesen.

e) **Aufsicht:** Die Kgl. Regierung zu Osnabrück.

f) **Unterhaltung:** Die Anstalt wird vom Staat unterhalten. Für die Städte mit eigener Polizeiverwaltung und für Analysen, die nicht für den Staat ausgeführt werden, werden die Gebühren vorläufig nach dem Gebührentarif des Lebensmitteluntersuchungsamtes in Osnabrück berechnet.

2. Verhältnisse der Beamten:

a) **Leiter:** Dr. phil. Karl Fischer, Vorsteher, 38 Jahre alt, leitet die Anstalt seit ihrem Bestehen. Im preußischen Dienst seit 1. April 1903 (vorher im Kais. Gesundheitsamt). Gehalt 5000 Mk., keine Pensionsberechtigung, vereidigt seit Mai 1903.

b) **Technische Mitglieder:** Zwei Assistenten; I. Assistent 3400 Mk., II. Assistent 2400 Mk. jährliche Remuneration. Einer der beiden Assistenten ist geprüfter Nahrungsmittelchemiker, der andere beabsichtigt demnächst die Nahrungsmittelchemiker-Prüfung abzulegen.

c) **Sonstige Hilfskräfte:** 1 Diener.

3. Tätigkeit der Anstalt:

Die Proben für die Nahrungsmittelkontrolle werden von Polizeibeamten entnommen. Es ist von der Regierung verfügt worden, daß in Städten und Ortschaften mit mehr als 3000 Einwohnern auf je 1000 Einwohner jährlich mindestens je zwei Proben, im übrigen auf je 1000 Einwohner jährlich mindestens eine Probe entnommen werden sollen. Im Jahre 1906 sind 2357 Proben untersucht worden. Von diesen entfallen 1989 auf die Auslandsfleischbeschau. Die Entnahme der Proben erfolgt erst regelmäßig seit Juni 1906.

(3) Berlin.

1. Verhältnisse der Anstalt:

a) **Amtsbezeichnung:** Staatliche Anstalt zur Untersuchung von Nahrungs- und Genußmitteln, sowie Gebrauchsgegenständen für den Landespolizeibezirk Berlin. Berlin C. 25, Alexanderstraße 3—6.

b) **Amtsbezirk:** Landespolizeibezirk Berlin, das ist der Bezirk der Städte Berlin, Charlottenburg, Schöneberg, Rixdorf und Wilmersdorf.

c) **Charakter der Anstalt:** Staatliche Anstalt (auch im Sinne des § 16 des Bundesratsbeschlusses vom 22. 2. 1894, betreffend die Vorschriften für die Prüfung der Nahrungsmittelchemiker) und zugleich öffentliche Anstalt im Sinne des § 17 des Reichsgesetzes vom 14. 5. 1879 für den unter b angegebenen Amtsbezirk.

d) **Errichtung und geschichtliche Entwickelung:** Die Überwachung des Verkehrs mit Nahrungsmitteln, Genußmitteln und Gebrauchsgegenständen gehört im Landespolizeibezirk Berlin zu den Aufgaben der Kgl. Polizei-Verwaltungen. Diese ließen früher die erforderlichen Untersuchungen zum Teil in privaten Laboratorien (in Berlin, Charlottenburg und Schöneberg), zum Teil in dem Nahrungsmittel-Untersuchungsamt der Landwirtschaftskammer für die Provinz Brandenburg (vergl. Nr. 45) (in Rixdorf und Wilmersdorf) ausführen. Durch Erlaß der Minister der geistlichen, Unterrichts- und Medizinal-Angelegenheiten, des Innern, für Landwirtschaft, Domänen und Forsten, für Handel und Gewerbe, der Finanzen und der Justiz vom 26. 10. 1900 wurde, zunächst probeweise auf drei Jahre, die Genehmigung zur Errichtung einer dem Kgl. Polizei-Präsidium zu Berlin (als Landespolizei-Verwaltung) anzugliedernden staatlichen Anstalt zur Untersuchung von Nahrungs- und Genußmitteln, sowie Gebrauchsgegenständen für den Landespolizeibezirk Berlin genehmigt. Zur Einrichtung und Leitung dieser Anstalt wurde der derzeitige Leiter zum 1. Januar 1901 berufen. Die Eröffnung konnte bereits am 1. 4. 1901 stattfinden. Zunächst wurden lediglich die Untersuchungen für das Kgl. Polizei-Präsidium in Berlin ausgeführt. Im Jahre 1903 wurden auch die Untersuchungen für die Kgl. Polizei-Direktionen Charlottenburg, Schöneberg und Rixdorf, sowie für die in diesem Jahre in Berlin errichtete Kgl. Auslandsfleischbeschaustelle übernommen. Im Jahre 1907 kamen nach Einverleibung der Stadt Wilmersdorf in den Landespolizeibezirk Berlin die Untersuchungen für die Polizei-Verwaltung dieser Stadt, die dem Polizei-Präsidenten zu Schöneberg unterstellt ist, hinzu.

Außer von den vorgenannten Behörden, die die regelmäßigen Auftraggeber der Anstalt sind, wird die Anstalt auch noch von anderen Behörden (Zentralbehörden, Staatsanwaltschaften, Gerichten usw.) gelegentlich in Anspruch genommen. Für Privatpersonen, insbesondere Gewerbetreibende, ist die Anstalt nicht tätig. Private, die sich geschädigt fühlen, können bei der zuständigen Polizeiverwaltung Untersuchungen von einschlägigen Gegenständen beantragen. Erachtet die Polizei ein öffentliches Interesse für vorliegend, so beauftragt sie ihrerseits die Anstalt mit einer Untersuchung, durch die den betreffenden, vermeintlich geschädigten Privatpersonen Kosten nicht erwachsen.

Die Anstalt ist im Polizeidienstgebäude in Berlin am Alexanderplatz in mehreren von der Stadt Berlin gemieteten Räumen untergebracht.

Sie besteht räumlich zurzeit aus einem Laboratorium für Lebensmitteluntersuchungen mit 120 qm Flächenraum, einem Laboratorium für physikalische Untersuchungen und Wägungen mit 45 qm Flächenraum, einem Laboratorium für toxikologische, bakteriologische und photochemische Untersuchungen mit 45 qm Flächenraum, einem Arbeitszimmer des Leiters mit 30 qm und einem Bureauraum mit 25 qm Flächenraum, sowie den erforderlichen Nebenräumen (Registratur, Schwefelwasserstoffraum, Boden, Keller, Dunkelraum usw.).

e) **Aufsicht:** Die unmittelbare Aufsicht führt der Polizei-Präsident zu Berlin als Chef des Landespolizeibezirkes. Mittelbar beaufsichtigen die Tätigkeit der Anstalt die zuständigen Ressortminister.

f) **Unterhaltung:** Die Unterhaltung der Anstalt wird aus verschiedenen Titeln des Staatsetats bestritten. Einnahmen sind nicht vorhanden. Der Staatskasse stehen jedoch gemäß § 16 (vergl. auch Reichsgesetz vom 29. 6. 1887) und § 17 des Reichsgesetzes vom 14. 5. 1879 die den rechtskräftig Verurteilten auferlegten Untersuchungsgebühren und Geldstrafen zu, soweit der Landespolizeibezirk Berlin als Ort der Tat in Frage kommt. Außerdem fließen die Kosten für die für andere nicht vorgesetzte Behörden ausgeführten Untersuchungen in die Staatskasse, soweit eine Berechnung dieser Kosten das Polizei-Präsidium zu Berlin für angemessen hält.

2. Verhältnisse der Beamten:

a) **Leiter:** Dr. phil. Adolf Juckenack, Nahrungsmittelchemiker, 37 Jahre alt, Vorsteher, 10 Jahre im Staatsdienst. Auszeichnung: Prädikat Professor.

Das etatsmäßige (pensionsberechtigte) Gehalt des Leiters beträgt 4000 bis 6000 Mk. (in dreijährlichen Zulagen von je 400 Mk. steigend) und 900 Mk. Wohnungsgeldzuschuß. Der derzeitige Vorsteher bezieht eine pensionsfähige Zulage von 1000 Mk., die im Jahre 1913 fortfällt (bis dahin erhält er dafür keine Alterszulagen). Er ist als Beamter und als Sachverständiger des Kammergerichtes und der Gerichte in den Landgerichtsbezirken I, II und III Berlin allgemein beeidigt.

b) **Technische Mitglieder:** 4 Assistenten sind pensionsberechtigt mit 2400 bis 4200 Mk. Gehalt und 900 Mk. Wohnungsgeldzuschuß angestellt. Der I. Assistent Dr. phil. H. Prause erhält außerdem als Vertreter des Leiters jährlich 600 Mk. Zulage. Die übrigen 6 Assistenten erhalten eine Remuneration, die mit 2400 Mk. für das Jahr beginnt und nach der Zeit ihrer Beschäftigung an der Anstalt (auf die auch die Tätigkeit an anderen Anstalten Anrechnung finden kann) steigt. Sämtliche Assistenten werden vereidigt und müssen den Befähigungsausweis als Nahrungsmittelchemiker erworben haben. Außer Assistenten können zwecks Ausbildung Hilfsarbeiter angenommen werden, die jedoch zur Erledigung amtlicher Arbeiten nicht Verwendung finden.

c) **Sonstige Hilfskräfte:** 1 expedierender Sekretär mit 1800—4200 Mk. pensionsfähigem Gehalt und 540 Mk. Wohnungsgeldzuschuß, 2 Kanzleisekretäre mit 1650—2700 Mk. pensionsfähigem Gehalt und 540 Mk. Wohnungsgeldzuschuß, 2 Diener (mit 1200 Mk. jährlicher Remuneration beginnend) und Scheuerfrauen. (Die Kanzleiarbeiten werden zum erheblichen Teil der Hauptkanzlei des Polizei-Präsidiums zur Erledigung überwiesen.)

3. Tätigkeit der Anstalt:

Die Nahrungsmittelkontrolle geschieht im allgemeinen (abgesehen bei Wein und in besonders schwierigen Fällen) durch Beamte der Markt- (Gewerbe-) Polizei. Diese sind besonders vorgebildet und versehen ausschließlich diesen Dienst. Infolgedessen besitzen sie auf wichtigeren Gebieten besondere praktische und technische Erfahrungen. Bei der öffentlichen Milch- und Butterkontrolle finden Vorprüfungen statt. Außerdem werden aber auch hier regelmäßig ohne Wahl Proben entnommen, damit geschicktere Verfälschungen, die bei Vorprüfungen nicht zu ermitteln sind, der Kontrolle nicht entgehen. Für geheime Ankäufe stehen besonders zuverlässige Frauen zur Verfügung, die von Beamten begleitet werden. Alle Beamte versehen ihren Dienst in Zivilkleidung. Für die Weinkontrolle ist ein besonderer Chemiker an der Anstalt angestellt.

Der Umfang der Tätigkeit der Anstalt ergibt sich aus folgenden Zahlen:

In den Jahren	1902	1903	1904	1905	1906
Zahl der für Behörden (ausgenommen die Auslandsfleischbeschaustelle) untersuchten Proben	7419	9843	12216	11905	12056
Für die Auslandsfleischbeschaustelle .	—	2487	2652	3691	2851
Zusammen	7419	12330	14868	15596	14907.

Die Zahl der erstatteten Gutachten und Berichte läßt sich nicht angeben, weil diese nicht besonders registriert wurden. Die Zahl der oben geschilderten polizeilichen Vorprüfungen von Milch und Butter beträgt im Jahre 17000 bis 20000.

Die Anstalt ist nicht nur auf dem Gebiete der Nahrungsmittelchemie tätig, sondern erledigt auch die für die Sanitäts-, Medizinal-, Gewerbe-, Feuer- und Kriminal-Polizei erforderlichen chemischen, mikroskopischen etc. Untersuchungen.

Die außerdem ausgeführten wissenschaftlichen Arbeiten sind zum Teil in der Zeitschrift für Untersuchung der Nahrungs- und Genußmittel sowie Gebrauchsgegenstände veröffentlicht.

(4) **Beuthen** (O.-Schl.).

1. Verhältnisse der Anstalt:

a) **Amtsbezeichnung:** Kgl. Hygienisches Institut in Beuthen. Abteilung zur Untersuchung von Nahrungs- und Genußmitteln.

b) **Amtsbezirk:** Stadtkreis Beuthen.

c) **Charakter der Anstalt:** Staatliche Anstalt, durch Erlaß der Zentralbehörden vom 12. 4. 1907 als öffentliche Anstalt gemäß § 17 des Reichsgesetzes vom 14. 5. 1879 für den Stadtbezirk Beuthen mit Rückwirkung vom 1. 4. 1907 ab anerkannt.

d) **Errichtung und geschichtliche Entwickelung:** Das Kgl. Hygienische Institut besteht seit dem 1. April 1906 als Ausgestaltung der seit dem Jahre 1900 bestehenden hygienischen Station. Die Abteilung zur Untersuchung von Nahrungs- und Genußmitteln ist am 1. April 1907 errichtet worden und hat ihre Tätigkeit am 16. Mai 1907 begonnen.

e) **Aufsicht:** Der Kgl. Regierungspräsident zu Oppeln als Kurator.

f) **Unterhaltung:** Das Institut wird aus staatlichen Mitteln unterhalten. Für die Untersuchungen für die Polizei-Verwaltung zu Beuthen erfolgt keine Entschädigung, weil die Stadt Beuthen einen Teil der Kosten der Errichtung des Institutes getragen hat.

2. Verhältnisse der Beamten:

a) **Leiter:** Direktor des Kgl. Hygienischen Institutes: Prof. Dr. med. Walter v. Lingelsheim, 40 Jahre alt. Gehalt 3600—6600 Mk. und Wohnungsgeldzuschuß. Vorsteher der Abteilung zur Untersuchung von Nahrungs- und Genußmitteln: Dr. phil. Gustav Schütz, 36 Jahre alt, vorläufig auf 1/4-jährliche Kündigung mit 3000 Mk. jährlicher Remuneration angestellt.

b) **Technische Mitglieder:** Vorläufig keine.

c) **Sonstige Hilfskräfte:** 2 Diener des Hygienischen Instituts.

3. Tätigkeit der Anstalt:

Die Probeentnahme und Kontrolle der Stadt Beuthen hat am 16. Mai 1907 begonnen und wird durch Polizeibeamte ausgeführt.

(5) Bonn.

1. Verhältnisse der Anstalt:

a) **Amtsbezeichnung:** Nahrungsmittelchemische Abteilung des Chemischen Institutes der Kgl. Universität Bonn.

b) **Amtsbezirk:** Stadtkreis Bonn.

c) **Charakter der Anstalt:** Die Anstalt ist eine Abteilung des Chemischen Instituts der Kgl. Universität. Durch Ministerialerlaß vom 31. März 1899 wurde die Anstalt den staatlichen Anstalten im Sinne der Prüfungsvorschriften für Nahrungsmittelchemiker (vom 22. 2. 1894, § 16) gleichgestellt.

d) **Errichtung und geschichtliche Entwickelung:** Das Chemische Institut der Universität Bonn führt laut Vertrag vom Jahre 1898 nahrungsmittelchemische Untersuchungen für die Stadt Bonn und laut Vertrag vom Jahre 1899 auch für die Bürgermeisterei Poppelsdorf aus. Die Bürgermeisterei Poppelsdorf wurde im Jahre 1904 in Bonn eingemeindet. Aus diesem Grunde wurde ein neuer Vertrag geschlossen, nach dem jährlich bis auf weiteres für die Polizeibehörde in Bonn 1490 Proben einschlägiger Gegenstände zur Untersuchung gelangen.

e) **Aufsicht:** Der Kurator der Kgl. Universität.

f) **Unterhaltung:** Für die vertraglich festgesetzte Zahl von Untersuchungen war früher eine Pauschgebühr vereinbart. Diese betrug im Jahre 1903 für die Untersuchung von 915 Proben aus Bonn 1600 Mk. und für 250 Proben aus der Bürgermeisterei Poppelsdorf 500 Mk. Am 1. April d. Js. ist ein neuer Vertrag mit der Stadt Bonn in Kraft getreten, nach dem für die Untersuchung und Begutachtung der Proben von Nahrungs- und Genußmitteln sowie Gebrauchsgegenständen je 6 Mk. an die Universitätskasse zu zahlen sind.

2. Verhältnisse der Beamten:

a) **Leiter:** Oberleitung: Prof. Dr. phil. Anschütz, Direktor des chemischen Instituts der Universität. Verantwortlicher Vorsteher der nahrungsmittelchemischen Abteilung: Prof. Dr. phil. C. Kippenberger, Dozent für angewandte Chemie mit dem Lehrauftrag für Nahrungsmittelchemie an der Universität, vereidigter Chemiker für den Landgerichtsbezirk Bonn und die Handelskammer Bonn.

b) **Technische Mitglieder:** 1 Hilfsassistent.

c) **Sonstige Hilfskräfte:** Diener des Chemischen Instituts.

3. Tätigkeit der Anstalt:

Die Proben werden durch die Polizeibehörde entnommen. Nur in besonderen Fällen wird bei der Probeentnahme ein sachverständiger Chemiker zugezogen.

Es wurden untersucht:

In den Jahren .	1903	1904	1905	1906
Proben	1165	1155	1490	1237

(6) Cleve.

1. Verhältnisse der Anstalt:

a) **Amtsbezeichnung:** Staatliches chemisches Untersuchungsamt für die Auslandsfleischbeschau in Cleve.

b) **Amtsbezirk:** Zollstelle für die Auslandsfleischbeschau.

c) **Charakter der Anstalt:** Staatliche Anstalt. Die Anstalt ist nicht öffentliche Anstalt im Sinne des § 17 des Reichsgesetzes vom 14. Mai 1879.

d) **Errichtung und geschichtliche Entwickelung:** Vom 1. April bis 31. Dezember 1903 war das Amt ein Privatlaboratorium, welches vom Staate laufende Aufträge erhielt. Am 1. Januar 1904 ging die Anstalt in den Besitz des Staates über.

e) **Aufsicht:** Kgl. Regierung zu Düsseldorf.

f) **Unterhaltung:** Die Anstalt wird vom Staat unterhalten.

2. Verhältnisse der Beamten:

a) **Leiter:** Dr. phil. Friedrich Martin Fritzsche, Nahrungsmittelchemiker, 34 Jahre alt, Gehalt 4400 Mk. jährlich (nicht pensionsberechtigt). Vereidigt.

b) **Technische Mitglieder:** 2 Assistenten, davon 1 geprüfter Nahrungsmittelchemiker. Gehalt: I. Assistent 4000 Mk., II. Assistent 2100 Mk. jährlich (nicht pensionsberechtigt).

c) **Sonstige Hilfskräfte:** 1 Laboratoriumsdiener.

3. Tätigkeit der Anstalt:

Die Proben werden durch den Leiter der Anstalt oder durch die Assistenten entnommen. Die Tätigkeit der Anstalt erhellt aus folgenden Zahlen:

In den Jahren	1904	1905	1906
Anzahl der untersuchten Proben .	2344	2416	1607

Es waren außerdem zahlreiche Berichte zu erstatten.

(7) Duisburg-Ruhrort.

1. Verhältnisse der Anstalt:

a) **Amtsbezeichnung:** Staatliches chemisches Untersuchungsamt für die Auslandsfleischbeschau in Duisburg-Ruhrort.

b) **Amtsbezirk:** Die verschiedenen Zollstellen für die Auslandsfleischbeschau in Duisburg-Ruhrort und den Hafenanlagen.

c) **Charakter der Anstalt:** Staatliche Anstalt, die sich vorläufig nur mit den in Ausführung des Fleischbeschaugesetzes in ihrem Bezirk nötig werdenden chemischen Untersuchungen befaßt. Sie ist nicht öffentliche Anstalt im Sinne des § 17 des Gesetzes vom 14. Mai 1879.

d) **Errichtung und geschichtliche Entwickelung:** Die Anstalt wurde aus staatlichen Mitteln am 1. Januar 1907 errichtet. Die einschlägigen Untersuchungen wurden bis dahin durch den Leiter des öffentlichen Untersuchungsamtes in Duisburg-Ruhrort, Dr. Großmann in Ruhrort (s. Nr. 63), im Privatvertragsverhältnis ausgeführt.

e) **Aufsicht:** Kgl. Regierung zu Düsseldorf.

f) **Unterhaltung:** Die Anstalt wird gänzlich vom Staate unterhalten.

2. Verhältnisse der Beamten:

a) **Leiter:** Dr. phil. Hans Wagner, 27 Jahre alt, Vorsteher, 2 1/2 Jahre im Staatsdienst, vereidigt im Jahre 1904 durch den Landrat in Cleve. Anfangsgehalt: 3600 Mk. (nicht pensionsberechtigt), bis zur definitiven Anstellung vierteljährliche Kündigungsfrist.

b) **Technische Mitglieder:** 1 Assistent (geprüfter Nahrungsmittelchemiker). Gehalt 2400 Mk. (nicht pensionsberechtigt, vereidigt, Kündigungsfrist wie zu 2 a).

c) **Sonstige Hilfskräfte:** 2 Diener und 1 Putzfrau.

3. Tätigkeit der Anstalt:

Die Proben werden nach den Vorschriften des Gesetzes vom 3. Juni 1900 teils durch den Leiter, teils durch den vereideten Assistenten entnommen. Die Kontrolle erstreckt sich auf das aus dem Ausland eingehende Fett und zubereitete Fleisch nach den Vorschriften des Fleischbeschaugesetzes.

(8) Emmerich.

1. Verhältnisse der Anstalt:

a) **Amtsbezeichnung:** Staatliches chemisches Untersuchungsamt für die Auslandsfleischbeschau. Emmerich. (Zugleich Nahrungsmittel-Untersuchungsanstalt der Stadt Emmerich.)

b) **Amtsbezirk:** Kreis Rees und Stadt Emmerich.

c) **Charakter der Anstalt:** Die Anstalt ist seit dem 30. Mai 1903 öffentliche Anstalt im Sinne des § 17 des Reichsgesetzes vom 14. Mai 1879. Diese öffentliche Anstalt wurde am 1. Juli 1904 durch Übergang des Laboratoriums in den Besitz des Staates mit dem staatlichen Laboratorium in der Person des Vorstehers verbunden (s. unten).

d) **Errichtung und geschichtliche Entwickelung:** Die Anstalt wurde am 1. März 1903 von dem jetzigen Vorsteher aus eigenen Mitteln errichtet, gleichzeitig wurde ihr von der Stadtverwaltung Emmerich die inzwischen beschlossene ständige Kontrolle der Lebensmittel für den Stadtkreis, sowie im Mai 1904 auch die Kontrolle für die Landgemeinden des Kreises Rees übertragen. Am 1. Juli 1904 übernahm der Staat die Anstalt zwecks Ausführung der in Verfolg des Reichsgesetzes vom 3. 6. 1900, betr. die Schlachtvieh- und Fleischbeschau, nötig gewordenen chemischen Untersuchungen. Dem Vorsteher der Anstalt wurde gestattet, nebenamtlich die Nahrungsmittelkontrolle für die unter 1 b angegebenen Bezirke weiter auszuüben.

e) **Aufsicht:** Kgl. Regierung zu Düsseldorf. In bezug auf die Lebensmittelkontrolle für die Stadt Emmerich untersteht die Anstalt der Gesundheitskommission dieser Stadt.

f) **Unterhaltung:** Die Anstalt wird vom Staat unterhalten. Sie erhält keine vertragsmäßigen Beiträge von Gemeinden. Nahrungsmitteluntersuchungen für kommunale Behörden werden zu einem Einheitssatz von 6 Mk. für jede Probe von dem Vorsteher übernommen.

2. Verhältnisse der Beamten:

a) **Leiter:** Dr. phil. Aloys Olig, Nahrungsmittelchemiker, 31 Jahre alt, Vorsteher, seit März 1903 vereidigt.

b) **Technische Mitglieder:** 2 Assistenten, von diesen ist einer geprüfter Nahrungsmittelchemiker; beide sind vereidigt.

c) **Sonstige Hilfskräfte:** Aushilfsweise 1 Schreiber, ferner 2 Diener.

3. Tätigkeit der Anstalt:

Die Entnahme der Nahrungsmittelproben (100—130 Proben im Jahr) erfolgt für die Stadt Emmerich durch Angestellte der Anstalt, für den Kreis Rees (50—60 Proben im Jahre) durch Polizeibeamte. In der Zeit vom 1. April bis 31. Dezember 1903 wurden im ganzen 1960 Proben untersucht; von diesen entfielen auf die Auslandsfleischbeschaustelle 1873, auf die Polizeibehörde zu Emmerich 56, auf Privatpersonen 31. Im Jahre 1904 belief sich die Zahl der untersuchten Proben auf 2987; von diesen betrafen 2685 Proben die Auslandsfleischbeschau. Die entsprechenden Zahlen für das Jahr 1905 sind: 2522 und 2418.

(9) Frankfurt a. M.

1. Verhältnisse der Anstalt:

a) **Amtsbezeichnung:** Chemisches Laboratorium der Kgl. Auslandsfleischbeschaustelle in Frankfurt a. M.

b) **Amtsbezirk:** Stadt- und Landkreis Frankfurt a. M. und die Zollstelle für die Auslandsfleischbeschau.

c) **Charakter der Anstalt:** Staatliche Anstalt; die Anstalt ist nicht öffentliche Anstalt im Sinne des § 17 des Gesetzes vom 14. Mai 1879.

d) **Errichtung und geschichtliche Entwickelung:** Die Anstalt wurde am 1. Januar 1907 zur Ausführung der chemischen Untersuchungen für die Kgl. Auslandsfleischbeschaustelle errichtet und gleichzeitig mit den chemischen Untersuchungen für die Nahrungsmittelpolizei im Stadt- und Landkreise Frankfurt a. M. beauftragt.

e) **Aufsicht:** Die Kgl. Regierung zu Wiesbaden und der Polizei-Präsident zu Frankfurt a. M.

f) **Unterhaltung:** Die Anstalt wird vom Staat unterhalten. Die Gebühren für die nahrungsmittelchemischen Untersuchungen werden nach dem unter Mitwirkung des Kaiserlichen Gesundheitsamtes bearbeiteten Entwurf von Gebührensätzen („Vereinbarungen" Band III) berechnet.

2. Verhältnisse der Beamten:

a) **Leiter:** Dr. phil. Heinrich Willeke, Nahrungsmittelchemiker, 32 Jahre alt, Vorsteher, seit 6 Jahren im Staatsdienst. Jahreseinkommen 4200 Mk. (nicht pensionsberechtigt); als gerichtlicher Sachverständiger allgemein vereidigt.

b) **Technische Mitglieder:** 3 Assistenten, sämtlich geprüfte Nahrungsmittelchemiker. Gehalt: I. Assistent 3600 Mk., II. und III. Assistent je 2400 Mk. jährlich (nicht pensionsberechtigt).

c) **Sonstige Hilfskräfte:** 1 Bureaubeamter, 1 Diener.

3. Tätigkeit der Anstalt:

Die Proben werden vorläufig durch ausgebildete Beamte der einzelnen Polizeireviere entnommen.

Die Anstalt befindet sich in der Entwickelung, ihre Organisation ist daher noch nicht abgeschlossen.

(10) Goch.

1. Verhältnisse der Anstalt:

a) **Amtsbezeichnung:** Staatliches chemisches Untersuchungsamt für die Auslandsfleischbeschau zu Goch.

b) **Amtsbezirk:** Zollstelle für die Auslandsfleischbeschau.

c) **Charakter der Anstalt:** Staatliche Anstalt; die Anstalt ist nicht öffentliche Anstalt im Sinne des § 17 des Reichsgesetzes vom 14. Mai 1879.

d) **Errichtung und geschichtliche Entwickelung:** Die Anstalt ist auf Veranlassung des Landwirtschaftsministeriums am 1. Januar 1904 als Chemisches Untersuchungsamt für die Auslandsfleischbeschau errichtet. Ihr Leiter erhielt die Erlaubnis zur Ausübung der Nahrungsmittelkontrolle für benachbarte Behörden.

e) **Aufsicht:** Kgl. Regierung zu Düsseldorf.

f) **Unterhaltung:** Die Anstalt wird vom Staat unterhalten.

2. Verhältnisse der Beamten:

a) **Leiter:** Dr. phil. H. Sprinkmeyer, Nahrungsmittelchemiker, 30 Jahre alt, seit Errichtung der Anstalt im Staatsdienst, 4400 Mk. nicht pensionsberechtigtes Jahreseinkommen, als Beamter vereidigt.

b) **Technische Mitglieder:** 1 Assistent, geprüfter Nahrungsmittelchemiker, Jahreseinkommen 2700 Mk. (nicht pensionsberechtigt), vereidigt.

c) **Sonstige Hilfskräfte:** 1 Diener.

3. Tätigkeit der Anstalt:

Die Tätigkeit erstreckt sich auf die Kontrolle der aus dem Auslande eingehenden Fleisch- und Fettwaren, soweit diese unter das Reichsgesetz vom 3. 6. 1900 fallen. Außerdem werden für benachbarte Gemeinden Lebensmittelproben regelmäßig untersucht.

(11) Halle a. S.

1. Verhältnisse der Anstalt:

a) **Amtsbezeichnung:** Chemisches Untersuchungsamt des Hygienischen Instituts der Kgl. Universität.

b) **Amtsbezirk:** Stadtkreis Halle; ferner seit Januar 1907 die Kreise Delitzsch, Saalkreis, Bitterfeld, Torgau, Schweinitz, Liebenwerda, Mansfelder Gebirgskreis und Wittenberg. Diese umfassen zusammen etwa 700000 Einwohner.

c) **Charakter der Anstalt:** Die Anstalt ist eine staatliche Einrichtung und wurde Juni 1898 den staatlichen Anstalten im Sinne des § 16 der Prüfungsvorchriften für die Nahrungsmittelchemiker vom 22. 2. 1894 gleichgestellt.

d) **Errichtung und geschichtliche Entwickelung:** Die Anstalt ist mit dem hygienischen Institut der Universität zu Halle a. S. verbunden.

Bis zum Jahre 1895 wurden die für die Polizeiverwaltung der Stadt Halle notwendigen Untersuchungen in Privatlaboratorien ausgeführt. Dann trat die Stadt an das Hygienische Institut mit der Anfrage heran, ob es bereit wäre, gegen entsprechende Entschädigung alle für die polizeiliche Kontrolle der Nahrungsmittel, Genußmittel und Gebrauchsgegenstände erforderlichen chemischen Untersuchungen zu übernehmen. In dem darauf abgeschlossenen Vertrage verpflichtete sich das Institut für eine Pauschalsumme von 2000 Mk. jährlich 500 derartige Untersuchungen auszuführen.

Bald darauf kam ein ähnlicher Vertrag mit dem Regierungsbezirk Merseburg zustande, nach dem das Institut die für die einzelnen Behörden und Gemeindevorstände des Regierungsbezirks notwendigen Untersuchungen übernahm und zwar gegen eine Pauschalsumme von 6 Mk. für jede Untersuchung. Für Privatpersonen werden keine Untersuchungen ausgeführt, falls nicht ein öffentliches Interesse vorliegt. Diese Fälle sind jedoch sehr selten.

Im Jahre 1901 genügte die für die Stadt Halle vorgeschriebene Zahl von Untersuchungen nicht mehr, weil die Einwohnerzahl durch Einverleibung mehrerer Vororte wesentlich gestiegen war; infolgedessen wurde die Zahl der jährlichen Untersuchungen auf 1000 erhöht und die vertragsmäßige Entschädigung entsprechend verdoppelt.

Weitere Auftraggeber des Amtes sind die Kgl. Regierung zu Merseburg, die Gerichte und Staatsanwaltschaften, sowie mehrere Verwaltungen. Im Januar 1907 wurde der Regierungsbezirk Merseburg in zwei Bezirke geteilt und ein städtisches Untersuchungsamt in Merseburg errichtet. Das Chemische Untersuchungsamt des Hygienischen Instituts der Universität Halle erhielt hierbei den oben angegebenen Amtsbezirk zugewiesen. Ferner wurden die Analysengebühren und die Probeentnahme von der Kgl. Regierung neu geregelt, und zwar soll für jede Probe eine Gebühr von 6 Mk. (für Wein aber 25 Mk.) erhoben werden. Auf je 200 städtische und 400 ländliche Einwohner soll im Jahre eine Probe entfallen.

e) **Aufsicht:** Die Aufsicht über die Anstalt führt der Direktor des Hygienischen Instituts.

f) **Unterhaltung:** Die festen Zuschüsse der Stadt betragen zurzeit jährlich 4750 Mk. Die weiteren Einnahmen aus dem Regierungsbezirk und sonstiger Tätigkeit belaufen sich im Jahre auf ungefähr 9000 Mk. Nahrungsmitteluntersuchungen werden nach einem Einheitssatz von 6 Mk. ausgeführt (bei Wein 25 Mk.). Für Wasseranalysen werden 20—30 Mk. berechnet. Im übrigen gelten die Sätze des unter Mitwirkung des Kaiserlichen Gesundheitsamtes herausgegebenen Entwurfs von Gebührensätzen (siehe „Vereinbarungen“ Bd. III).

2. Verhältnisse der Beamten:

a) **Leiter:** Dr. med. C. Fraenkel, Direktor des Hygienischen Instituts der Universität, o. ö. Universitäts-Professor, Geheimer Medizinalrat, bezieht als Leiter des Amtes kein besonderes Gehalt.

Abteilungsvorsteher: Dr. phil. Max Klostermann, Nahrungsmittelchemiker, 39 Jahre alt, Gehalt 5000 Mk. (nicht pensionsberechtigt) bei vierteljährlicher Kündigungsfrist, allgemein vereidigt von der Kgl. Regierung zu Merseburg, für die Gerichte des Landgerichtsbezirkes Halle a. S. und die Stadt Halle a. S.

b) **Technische Mitglieder:** 2 Assistenten mit je 1200 Mk. und eine Hilfsassistentin mit 600 Mk. jährlicher Remuneration.

c) **Sonstige Hilfskräfte:** 1 Diener.

3. Tätigkeit der Anstalt:

Die Lebensmittelproben werden ausschließlich durch Beamte der Polizei entnommen, die Wasserproben durch Beamte der Anstalt.

Der Umfang der Tätigkeit des Amtes erhellt aus folgender Tabelle:

In den Jahren . . .	1901 u. 1902	1903	1904	1905	1906
Untersuchte Proben .	1666	1943	2415	2504	2926
Ausführliche Gutachten	—	32	25	36	29

In der Anstalt werden außerdem sehr viele bakteriologische Untersuchungen (Wasser usw.), ferner Abwasseruntersuchungen für Kläranlagen zur Feststellung von Flußverunreinigungen und ähnliche Arbeiten ausgeführt. Auch Wasseruntersuchungen für das Oberbergamt, Helligkeitsmessungen in Schulen und sonstige hygienische Untersuchungen gehören zur Tätigkeit des Amtes.

(12) Posen.

1. Verhältnisse der Anstalt:

a) **Amtsbezeichnung:** Kgl. Hygienisches Institut, Chemische Abteilung.

b) **Amtsbezirk:** In bezug auf die Nahrungsmittelkontrolle hat das Institut keinen besonderen Amtsbezirk. Es hat auch nach dieser Richtung keine Verträge mit Polizei-Verwaltungen abgeschlossen.

c) **Charakter der Anstalt:** Durch Ministerialerlaß vom 6. Februar 1900 ist das Kgl. Hygienische Institut den staatlichen Anstalten zur technischen Untersuchung von Nahrungs- und Genußmitteln im Sinne der Prüfungsordnung für die Nahrungsmittelchemiker gleichgestellt worden.

d) **Errichtung und geschichtliche Entwickelung:** Das Institut ist im Jahre 1899 errichtet worden. Es liegen ihm außer seinen medizinischen Pflichten folgende Aufgaben ob: Freie wissenschaftliche Forschung auf dem Gebiete der Nahrungsmittel- und pharmazeutischen Chemie sowie Vorlesungen auf diesen Gebieten; außerdem Untersuchungen und Beurteilung von Nahrungs- und Genußmitteln, Wasser etc. auf Ersuchen von Behörden.

Ständige und regelmäßige Untersuchungen in Ausübung der Nahrungsmittelkontrolle (s. 1 b) finden vorläufig nicht statt. Bis jetzt wurden die wenigen nahrungsmittelchemischen Untersuchungen für die Polizei in Posen teils durch einen Apotheker, teils durch das hygienische Institut erledigt. Es ist beabsichtigt, die chemische Abteilung des letzteren weiter auszugestalten, und es ist daher bereits für das Etatsjahr 1907/1908 eine Assistentenstelle mit 1600—2400 Mk. jährlicher Remuneration vorgesehen.

Die chemischen Untersuchungen für die Kgl. Auslandsfleischbeschaustelle in Posen werden bereits seit mehreren Jahren von dem Vorsteher der chemischen Abteilung ausgeführt.

e) **Aufsicht:** Der Oberpräsident der Provinz Posen.

f) **Unterhaltung:** Das Institut wird vom Staat unterhalten. Bei einschlägigen Untersuchungen für Polizei-Verwaltungen wird den Kostenberechnungen der Entwurf von Gebührensätzen (Anlage zu Bd. III der „Vereinbarungen") zugrunde gelegt.

2. Verhältnisse der Beamten:

a) **Leiter:** Direktor des Kgl. hygien. Instituts: Dr. med. Erich Wernicke, Professor, Geh. Med.-Rat, 49 Jahre alt, Ritter des Griech. Erlöserordens

III. Kl., des Ordens vom Zähringer Löwen III. Kl. mit Eichenlaub und des preußischen Kronenordens IV. Kl. Gehalt 7200 Mk. und Wohnungsgeldzuschuß. Vorsteher der chemischen Abteilung: (kommissarisch) Dr. phil. Emil Woerner, Nahrungsmittelchemiker, 41 Jahre alt. Das Gehalt der Stelle beträgt 3600—5700 Mk. und 660 Mk. Wohnungsgeldzuschuß [1]).

b) **Technische Mitglieder:** In der chemischen Abteilung 1 Assistent, Remuneration 1600—2400 Mk. jährlich.

c) **Sonstige Hilfskräfte:** Diener des Instituts.

3. Tätigkeit der Anstalt:

Vergleiche hierzu die Ausführungen oben unter Nr. 1 b—d. Im Jahre 1905 sind 151 Lebensmittelproben untersucht worden. Von diesen betrafen 31 die Auslandsfleischbeschau.

(13) Stettin.

1. Verhältnisse der Anstalt:

a) **Amtsbezeichnung:** Chemisches Laboratorium der Kgl. Auslandsfleischbeschaustelle Stettin.

b) **Amtsbezirk:** Stadtbezirk Stettin.

c) **Charakter der Anstalt:** Staatliche Anstalt. Die Anstalt ist nicht öffentliche Anstalt im Sinne des § 17 des Reichsgesetzes vom 14. Mai 1879, es sind ihr jedoch nicht nur die Untersuchungen für die Auslandsfleischbeschaustelle, sondern auch die bei der Durchführung des Nahrungsmittelgesetzes erforderlichen chemischen Untersuchungen vom Kgl. Polizei-Präsidium übertragen worden.

d) **Errichtung und geschichtliche Entwickelung:** Errichtet wurde die Anstalt im Jahre 1904 von der Königlichen Regierung zu Stettin.

e) **Aufsicht:** Der Polizei-Präsident und die Königliche Regierung zu Stettin.

f) **Unterhaltung:** Die Anstalt wird vom Staat unterhalten. Untersuchungen für Privatpersonen gegen Entgelt werden nicht ausgeführt.

2. Verhältnisse der Beamten:

a) **Leiter:** Dr. phil. Bernhard Kühn, Vorsteher, 48 Jahre alt, leitet die Anstalt seit ihrem Bestehen; Gehalt 5000 Mk. (nicht pensionsberechtigt); von den Kgl. Gerichten in Stettin allgemein vereidigt und vom Kgl. Polizei-Präsidium als Sachverständiger für Revisionen der Margarine- und Speisefettfabriken sowie der Weinhandlungen vereidigt.

b) **Technische Mitglieder:** 4 Assistenten, davon 3 geprüfte Nahrungsmittelchemiker. Remuneration: I. und II. Assistent je 3600 Mk., III. und IV. Assistent je 2400 Mk. jährlich (nicht pensionsberechtigt). Der I. Assistent ist als gerichtlicher Sachverständiger sowie als Sachverständiger im Sinne des Reichsgesetzes vom 15. Juni 1897 allgemein vereidigt.

c) **Sonstige Hilfskräfte:** 1 Laboratoriumsdiener und eine Hilfskraft aus dem Bureau der Auslandsfleischbeschaustelle für schriftliche Arbeiten.

3. Tätigkeit der Anstalt:

Die Entnahme der Proben wird durch die Polizei bewirkt. Es wurden im Jahre 1905 6917 und im Jahre 1906 6916 Proben untersucht, davon je

---

1) Das Gehalt ist das der vollbesoldeten preußischen Kreisärzte. Die Gehaltszulagen betragen nach 3 Jahren 600 Mk., nach je weiteren 3 Jahren 500 Mk. bis zum Höchstgehalt von 5700 Mk.

über 6000 Milchproben. Außerdem wurden im Jahre 1905 5 und im Jahre 1906 34 größere Gutachten und Berichte erstattet. Bisher konnten nur wenige allgemeine wissenschaftliche Arbeiten ausgeführt werden.

(14) Wilhelmshaven.

1. Verhältnisse der Anstalt:

a) **Amtsbezeichnung:** Chemische Abteilung der hygienischen Untersuchungsstation des Sanitätsamtes der Marinestation der Nordsee in Wilhelmshaven.

b) **Amtsbezirk:** Stadt Wilhelmshaven und Kreis Wittmund.

c) **Charakter der Anstalt:** Da die Marine ein Interesse daran hat, über die Vorgänge im Nahrungsmittel-Verkehr in der Stadt Wilhelmshaven und im Kreise Wittmund unterrichtet zu sein, so ist zur Zeit dem Leiter der chemischen Abteilung der hygienischen Untersuchungsstation des Sanitätsamtes der Marinestation der Nordsee die Ausübung der öffentlichen Nahrungsmittelkontrolle übertragen worden. Für die Ausführung der Untersuchungen wird das chemische Laboratorium des Sanitätsamtes mitbenutzt.

d) **Errichtung und Entwickelung:** Das Laboratorium besteht seit Errichtung eines Marine-Lazaretts in Wilhelmshaven.

e) **Aufsicht:** —

f) **Unterhaltung:** Die Unterhaltung des Laboratoriums liegt dem Marinefiskus ob.

Für die Arbeitsleistung des Chemikers werden 75 Prozent der unter Mitwirkung des Kaiserl. Gesundheitsamtes aufgestellten Gebührensätze (siehe Anhang zu den „Vereinbarungen") vergütet.

2. Verhältnisse der Beamten:

a) **Leiter:** O. Nebel, 42 Jahre alt, Marine-Oberstabsapotheker und geprüfter Nahrungsmittelchemiker.

b) **Technische Mitglieder:** Keine.

c) **Sonstige Hilfskräfte:** 1 Diener.

3. Tätigkeit der Anstalt:

Die Probenentnahme findet durch Beamte der Polizei unter Berücksichtigung der Vorschläge des Laboratoriums statt. Die Zahl der Proben betrug durchschnittlich für Wilhelmshaven jährlich 80; für den Kreis Wittmund dürften noch 30—40 für das Jahr in Frage kommen.

Außer den polizeilichen Proben wurden im Laboratorium noch 600 bis 700 Proben untersucht, von denen etwa 250 technische Gegenstände betrafen.

Anhang zu II. A.

Die Polizeiverwaltung zu (15) **Steglitz** bei Berlin läßt die einschlägigen Untersuchungen durch das **Pharmazeutische Institut der Kgl. Universität zu Berlin in Steglitz-Dahlem** ausführen. Direktor des Institutes ist Universitäts-Professor Dr. phil. Hermann Thoms. Das Pharmazeutische Institut ist in erster Linie ein Unterrichtslaboratorium und hat daher die angegebenen Untersuchungen für Unterrichtszwecke übernommen. Es ist also im übrigen nicht auf dem Gebiete der polizeilichen Nahrungsmittelkontrolle tätig.

B. Kommunale (von Gemeinden oder Gemeindeverbänden aus öffentlichen Mitteln errichtete) Anstalten.

(16) Aachen.

1. Verhältnisse der Anstalt:

a) **Amtsbezeichnung:** Chemisches Untersuchungsamt der Stadt Aachen.

b) **Amtsbezirk:** Stadtkreis Aachen und einige Landkreise.

c) **Charakter der Anstalt:** Die Anstalt wurde aus städtischen Mitteln errichtet. Der Leiter derselben ist gleichzeitig Vorsteher der städtischen Apotheke. Durch Ministerialerlaß vom 23. Juli 1905 wurde die Anstalt als öffentliche Anstalt im Sinne des § 17 des Reichsgesetzes vom 14. Mai 1879 anerkannt, und durch Beschluß des Staatsministeriums vom 21. Oktober 1905 den staatlichen Anstalten im Sinne des § 16 der Prüfungsvorschriften für die Nahrungsmittelchemiker gleichgestellt.

d) **Errichtung und geschichtliche Entwickelung:** Die Anstalt wurde am 1. November 1903 für die Untersuchungen der Kgl. Auslandsfleischbeschaustelle Aachen von der Stadt errichtet, und am 1. Juni 1904 wurde ihr von der Kgl. Polizeidirektion zu Aachen die Nahrungsmittelkontrolle übertragen. Außerdem sind ihr übertragen alle einschlägigen Arbeiten im städtischen Interesse, die fortlaufenden Untersuchungen der für die städtischen Anstalten und Krankenhäuser gelieferten Nahrungsmittel, die Arbeiten für das städtische Wasserwerk, für die Gasanstalt und die Kläranlage sowie die Kontrolle der Aachener Thermalwässer.

e) **Aufsicht:** Der Oberbürgermeister der Stadt Aachen.

f) **Unterhaltung:** Die Unterhaltung der Anstalt geschieht durch die Stadt Aachen. Durch Vertrag werden jährlich gegen eine Pauschalgebühr von 3000 Mk., — deren Erhöhung zu erwarten ist —, die Nahrungsmitteluntersuchungen für die Kgl. Polizeidirektion ausgeführt. Hierbei wird jede Milchprobe mit 2 Mk., jede andere Probe (ausschl. Wein) mit 5 Mk. berechnet. Die Gebühren für Analysen, welche von anderen Behörden oder Privaten beantragt werden, werden nach dem unter Mitwirkung des Kaiserl. Gesundheitsamtes herausgegebenen Entwurfe von Gebührensätzen (siehe „Vereinbarungen“, Bd. III) berechnet. Die Einnahmen aus den Untersuchungen für die Kgl. Auslandsfleischbeschaustelle betrugen bisher jährlich ungefähr 8000 Mk.

2. Verhältnisse der Beamten:

a) **Leiter:** Dr. phil. Theodor Schumacher, Apotheker und Nahrungsmittelchemiker, 37 Jahre alt, Stadtchemiker, seit 15. April 1903 im Dienst; pensionsberechtigtes Gehalt 4000—7000 Mk. nebst freier Wohnung, keine Nebeneinnahmen. Der Leiter ist allgemein als Sachverständiger vereidigt für die Gerichte des Landgerichtsbezirks und von der Handelskammer zu Aachen.

b) **Technische Mitglieder:** 2 Assistenten, von denen der I. Assistent stets geprüfter Nahrungsmittelchemiker ist. Die Gehälter betragen für den I. Assistenten 3000—4500 Mk. und für den II. Assistenten 2400—3600 Mk. jährlich. Falls der II. Assistent nicht geprüfter Nahrungsmittelchemiker ist, erhält er nur 1800—2100 Mk. jährlich.

c) **Sonstige Hilfskräfte:** 1 Diener zum Spülen etc., sowie ein Fräulein für die Bureauarbeiten.

3. **Tätigkeit der Anstalt:**

Die Probeentnahme erfolgt von einem durch den Leiter der Anstalt unterwiesenen Polizeibeamten. Der Umfang der Tätigkeit des Amtes ergibt sich aus folgender Übersicht:

In den Jahren	1904	1905	1906
Gesamtzahl der Proben . .	1256	3453	3613
Davon Nahrungsmittel . .	274 [1])	742	2023 [2])
Zahl der erstatteten Gutachten und Berichte	84	280	302

(17) Altona.

1. **Verhältnisse der Anstalt:**

a) **Amtsbezeichnung:** Chemisches Untersuchungsamt der Stadt Altona.

b) **Amtsbezirk:** Polizeibezirk Altona (umfassend den Stadtkreis Altona sowie die Gemeinden Lockstedt und Stellingen-Langenfelde).

c) **Charakter der Anstalt:** Die Anstalt ist aus städtischen Mitteln errichtet und seit ihrer Errichtung öffentliche Anstalt im Sinne des Reichgesetzes vom 14. Mai 1879. Seit dem 15. Juli 1898 ist das Amt den staatlichen Anstalten zur technischen Untersuchung von Nahrungs- und Genußmitteln im Sinne des § 16 der Prüfungsvorschriften für Nahrungsmittel-Chemiker vom 22. Februar 1894 gleichgestellt.

d) **Errichtung und geschichtliche Entwickelung:** Die Anstalt wurde am 1. Mai 1896 durch die städtischen Kollegien errichtet. Zugleich wurde ihr von dem Polizeiamt Altona mit Genehmigung der Königlichen Regierung in Schleswig die Nahrungsmittelkontrolle für den Polizeibezirk Altona übertragen. Am 1. April 1903 wurde sie mit den chemischen Untersuchungen der Auslandsfleischbeschau betraut und mußte daher bedeutend vergrößert werden.

e) **Aufsicht:** Die Aufsicht über die Anstalt führen die städtischen Kollegien in Altona.

f) **Unterhaltung:** Die Einnahmen aus Honoraranalysen sowie aus sonstiger Tätigkeit beliefen sich im Jahre 1905/06 auf 73 443,50 Mk. Die Gebühren für die Analysen werden nach einem Tarif berechnet, der sich mit dem unter Mitwirkung des Kaiserlichen Gesundheitsamtes herausgegebenen Entwurf von Gebührensätzen (vergl. „Vereinbarungen“, Bd. III), deckt.

2. **Verhältnisse der Beamten:**

a) **Leiter:** Dr. phil. A. Reinsch, 44 Jahre alt, Direktor, pensionsberechtigt angestellt mit einem Gehalt von 5000—6800 Mk. und 400 Mk. persönlicher pensionsfähiger Zulage. Der Direktor ist als gerichtlicher Sachverständiger allgemein vereidigt.

---

[1]) Vom 1. Juni 1904 ab.

[2]) Von diesen entfallen 1626 Proben auf die Kgl. Polizeidirektion in Aachen und 397 auf die Stadt und Private.

b) **Technische Mitglieder:** 4 Assistenten, davon 3 geprüfte Nahrungsmittelchemiker. Gehälter: I. Assistent 3000—4280 Mk. (pensionsberechtigt angestellt), II. und III. Assistent 2400—3000 Mk., IV. Assistent 1800 bis 2400 Mk. Remuneration.

Geprüfte Nahrungsmittelchemiker erhalten sofort 2400 Mk. jährliche Remuneration.

c) **Sonstige Hilfskräfte:** 1 Bureaubeamter, 2 Laboratoriumsdiener, 1 Scheuerfrau.

3. **Tätigkeit der Anstalt:**

Die Proben von Nahrungs- und Genußmitteln werden ausschließlich durch Polizeibeamte entnommen. Der Umfang der Tätigkeit der Anstalt erhellt aus folgenden Zahlen:

In den Jahren . .	1900	1901	1902	1903	1904	1905	1906
Zahl der untersuchten Proben	2656	2670	2662	6506	7942	9723	10344

Die Anstalt beschäftigt sich u. a. auch mit der regelmäßigen (täglichen) bakteriologischen Kontrolle der Wirksamkeit der städtischen Wasserfiltrationsanlage und der Ausführung zahlreicher technischen Untersuchungen für die städtischen Gas- und Elektrizitätswerke.

(18) Berlin.

1. **Verhältnisse der Anstalt:**

a) **Amtsbezeichnung:** Untersuchungsamt der Stadt Berlin für hygienische und gewerbliche Zwecke (Berlin C. 2).

b) **Amtsbezirk:** Das Untersuchungsamt ist nicht für die polizeiliche Nahrungsmittelkontrolle bestimmt (vergl. hierfür Nr. 3), sondern es soll die Untersuchungen von Nahrungs- und Genußmitteln sowie Gebrauchsgegenständen für die städtische Verwaltung sowie auf Antrag von Behörden, Korporationen und Privaten ausführen.

c) **Charakter der Anstalt:** Die Anstalt ist aus städtischen Mitteln errichtet und als öffentliche Anstalt im Sinne des § 17 des Gesetzes vom 14. Mai 1879 gedacht. Die Anerkennung als öffentliche Anstalt liegt noch nicht vor; die Ausgestaltung des Amtes ist noch nicht abgeschlossen. Das Untersuchungsamt soll, abgesehen von den unter b angegebenen Aufgaben, auf Erfordern des Magistrates Gutachten über hygienische Angelegenheiten erstatten und befugt sein, in diesen Angelegenheiten Anträge zu stellen.

d) **Errichtung und geschichtliche Entwickelung:** Die städtischen Behörden haben sich schon früher wiederholt mit der Frage der Errichtung eines städtischen Nahrungsmittel-Untersuchungsamtes beschäftigt. Im Jahre 1901 wurde der Bau einer derartigen Anstalt beschlossen. Inzwischen ist das stattliche Gebäude an der Fischerbrücke (gegenüber der städtischen Sparkasse) vollendet und seiner Bestimmung entsprechend eingerichtet worden. Der Termin für die Eröffnung des Amtes ist noch nicht festgesetzt.

e) **Aufsicht:** Der Magistrat der Kgl. Haupt- und Residenzstadt Berlin.

f) **Unterhaltung:** Die Anstalt wird aus städtischen Mitteln unterhalten. Ein eingehender Etat liegt noch nicht vor.

2. **Verhältnisse der Beamten:**

a) **Leiter:** Bernhard Proskauer, Direktor, Professor, Geh. Regierungsrat,

56 Jahre alt, bisher Abteilungs-Vorsteher am Kgl. Institut für Infektionskrankheiten in Berlin. Als Anfangsgehalt sind jährlich 10000 Mk. bei lebenslänglicher pensionsberechtigter Anstellung vorgesehen. Nebenbezüge werden nicht gewährt. Die Übernahme von Nebenämtern sowie die Ausübung von Privatpraxis wird nicht gestattet.

b) **Technische Mitglieder:** Die Organisation der Anstalt ist nach dieser Richtung noch nicht abgeschlossen. Es soll beabsichtigt sein, 2 Abteilungsvorsteher und eine entsprechende Zahl von Assistenten anzustellen.

Unter dem 21. Juni 1907 hat der Magistrat die beiden Abteilungsvorsteherstellen, und zwar für die chemische und die bakteriologische Abteilung, zur Besetzung öffentlich ausgeschrieben. Das Anfangsgehalt beträgt je 6000 Mk. Die Anstellung erfolgt auf Privatdienstvertrag mit sechsmonatlicher Kündigung. Die Versorgung bei Dienstunfähigkeit, sowie die Witwen- und Waisenversorgung regelt sich nach dem Gemeindebeschluß vom 9. Mai 1901, betreffend die Bewilligung von Ruhegeld und Hinterbliebenen-Versorgung für die ohne Pensionsberechtigung im Dienste der Stadt dauernd beschäftigten Personen. Die Übernahme von Nebenämtern sowie die Ausübung von Privatpraxis sind nicht gestattet. Für den Vorsteher der chemischen Abteilung wird die Ablegung der Nahrungsmittelchemikerprüfung verlangt.

Während der Drucklegung ist Zeitungsnachrichten zufolge zum Vorsteher der chemischen Abteilung gewählt worden: Dr. phil. Georg Fendler, Nahrungsmittelchemiker und Apotheker, zur Zeit I. Assistent und Leiter der Abteilung für Nahrungsmittelchemie am Pharmazeutischen Institut der Universität Berlin (vergl. Nr. 15).

c) **Sonstige Hilfskräfte:** Nach Bedarf.

3. **Tätigkeit der Anstalt:**

Vergl. die Ausführungen unter 1 b—d.

(19) Bochum.

1. **Verhältnisse der Anstalt:**

a) **Amtsbezeichnung:** Städtisches Untersuchungsamt für Nahrungsmittel, Genußmittel und Gebrauchsgegenstände zu Bochum.

b) **Amtsbezirk:** Stadt- und Landkreis (8 Polizeiverwaltungen) Bochum.

c) **Charakter der Anstalt:** Die Anstalt ist aus städtischen Mitteln errichtet.

d) **Errichtung und geschichtliche Entwickelung:** Das Untersuchungsamt wurde am 21. November 1892 eröffnet; es diente vorerst nur der Nahrungsmittelkontrolle im Stadtkreise Bochum. Vom Jahre 1895 ab umfaßte sein Wirkungskreis auch den Landkreis Bochum ohne Witten. Im Jahre 1897 wurde auch die Stadt Witten an das Amt angeschlossen, jedoch ist in dieser Stadt seit kurzem eine besondere Untersuchungsanstalt.

e) **Aufsicht:** Der Oberbürgermeister und 4 Ausschußmitglieder der Stadt Bochum.

f) **Unterhaltung:** Die Einnahmen und Untersuchungsgebühren beliefen sich im Jahre 1904/05 auf 14222 Mk. Die Berechnung der Analysengebühren erfolgt soweit als möglich nach einer von der Stadtverwaltung herausgegebenen (jetzt aber veralteten) „Gebühren-Aufstellung des städtischen Untersuchungsamtes“. Die Sätze dieser sind im ganzen niedriger als die des unter Mitwirkung des Kaiserl. Gesundheitsamtes herausgegebenen Entwurfes von Gebührensätzen („Vereinbarungen“, Heft III). Der Landkreis Bochum erhält auf diese Gebühren Rabatt.

2. Verhältnisse der Beamten:

a) **Leiter:** Wilhelm Schulte, Stadtchemiker, 60 Jahre alt, Gehalt 5600 Mk. steigend bis 5900 Mk. jährlich, pensionsberechtigt angestellt und seit 15 Jahren im Dienst. Auszeichnungen: Kriegsdenkmünze 1870/71 für Nichtkombattanten, Erinnerungsmedaille Kaiser Wilhelms 1897.

b) **Technische Mitglieder:** 2 Assistenten, welche beide geprüfte Nahrungsmittelchemiker sind und ein Anfangsgehalt von 2100 Mk. erhalten. Die Anstellungsverhältnisse sind noch nicht geregelt. Der Vorsteher und beide Assistenten sind für die Ausübung der Kontrolle von Weingeschäften als Sachverständige vereidigt.

c) **Sonstige Hilfskräfte:** 1 Laboratoriumsdiener.

3. Tätigkeit der Anstalt:

Die Probeentnahme erfolgt im Innern der Stadt durch die Angestellten der Anstalt, im übrigen durch Polizeibeamte.

Der Umfang der Tätigkeit der Anstalt erhellt aus folgenden Zahlen:

In den Jahren . .	1900/01	1901/02	1902/03	1903/04	1904/05	1905/06
Zahl der untersuchten Proben .	1320	1581	1772	2646	3201	3658

Zahl der erstatteten Gutachten und Berichte: Zwischen 300 und 500.

Der Vorsteher des Amtes veröffentlichte 1896 in der Zeitschrift „Stahl und Eisen“ eine neue Methode zur Bestimmung des Schwefels im Eisen, ferner Verbesserungen dieser Methode in derselben Zeitschrift 1897 und 1906.

(20) Breslau.

1. Verhältnisse der Anstalt:

a) **Amtsbezeichnung:** Chemisches Untersuchungsamt der Stadt Breslau.

b) **Amtsbezirk:** Breslau Stadt- und Landkreis, Brieg Stadt- und Landkreis, sowie die Kreise Wohlau, Ohlau, Namslau, Trebnitz, Gr. Wartenberg, Steinau, Guhrau, Militsch und Neumarkt.

c) **Charakter der Anstalt:** Die Anstalt ist aus städtischen Mitteln errichtet. Am 13. Juni 1881 wurde der Anstalt durch Reskript der Kgl. Regierung der Charakter einer öffentlichen Anstalt im Sinne des § 17 des Reichsgesetzes vom 14. Mai 1879 erteilt. Die Zuständigkeit als öffentliche Anstalt erstreckt sich auch auf die vorher genannten Kreise nach definitiver Übernahme der Nahrungsmittelkontrolle daselbst. Durch Verfügung des Herrn Ministers der geistlichen etc. Angelegenheiten wurde die Anstalt im Jahre 1894 den staatlichen Anstalten im Sinne des § 16 der Prüfungsvorschriften der Nahrungsmittelchemiker gleichgestellt.

d) **Errichtung und geschichtliche Entwickelung:** Die Anstalt wurde am 2. Mai 1881 eröffnet. Sie erfuhr in den Jahren 1889, 1893, 1896, 1906 und 1907 bedeutende Erweiterungen und füllt nunmehr zwei Geschosse eines Gebäudes aus. An Räumen stehen unter anderem ein Hörsaal mit 90 bis 100 Sitzplätzen zur Verfügung. Die Leitung des Amtes hatte bis zu seinem im Jahre 1889 erfolgten Tode Prof. Dr. Gscheidlen und von 1889 bis Oktober 1905 Prof. Dr. Bernhard Fischer inne. An Stelle des letzteren wurde im Juni 1906 der jetzige Direktor berufen. Seit dem 1. April 1903 ist der Anstalt die chemische Untersuchung des aus dem Auslande eingeführten Fleisches und Fettes seitens der Kgl. Regierung übertragen worden. Im Herbst 1906 wurde eine Filialstation auf dem Wasserwerk errichtet mit der Aufgabe, die chemische und bakteriologische Kontrolle der städtischen Wasserversorgung auszuüben. Am 1. April 1907 erfuhr das Untersuchungsamt durch Hinzunahme weiterer 7 Räume eine Vergrößerung um fast das Doppelte. Es stehen nunmehr 15 Arbeitsräume zur Verfügung; die Filialstation umfaßt 4 Räume.

e) **Aufsicht:** Die Aufsicht über die Anstalt hat ein vom Magistrat eingesetztes Kuratorium, in welchem der Direktor Sitz und Stimme hat.

f) **Unterhaltung:** Die Einnahmen des Untersuchungsamtes setzen sich zusammen aus den Gebühren für Analysen und aus den Summen, welche auf Grund besonderer Verträge der Stadt mit den Polizeiverwaltungen der Gemeinden, sowie den Kreisverwaltungen vereinbart worden sind. Im Jahre 1905 belief sich die Gesamteinnahme auf 29430 Mk. Die Analysengebühren werden nach dem nachstehenden, vom Magistrat der Stadt herausgegebenen Gebührenverzeichnis berechnet.

Gebührenverzeichnis des Chemischen Untersuchungsamtes der Stadt Breslau.

Bier.	Mk.
1. Alkohol	3
2. Extrakt	3
3. Mineralbestandteile	3
4. Phosphorsäure	6—9
5. Stickstoff	6
6. Zucker	5
7. Dextrin und Gummi	6
8. Glycerin	8
9. Kohlensäure	6
10. Künstliche Süßstoffe (qualitativ)	5
11. Salicylsäure (qualitativ)	3
12. Bestimmung der wichtigeren Bestandteile	20—30
13. Gesamtanalyse	60—100

Branntwein und Liköre.	
1. Alkohol	3—6
2. Zucker	5
3. Extrakt	3
4. Fuselöle	10—20
5. Gesundheitsschädliche Bestandteile	6—20
6. Künstliche Süßstoffe (qualitativ)	5
7. Prüfung auf denaturierten Spiritus	5—10
8. Prüfung auf scharfe Pflanzenstoffe	5—10

Brennmaterialien.	Mk.
1. Bestimmung des Heizwertes	
a) durch Elementaranalyse	20
b) in der kalorischen Bombe	10
2. Vollständige Analyse	30—40
3. Calciumcarbid, Ausbeute von Acetylen	10
4. Heizkraft von Gasen:	
a) im Gaskalorimeter	10
b) durch Absorptionsanalyse	30
5. Analyse von Gasen	20—40

Brot, Backwaren, Mehl, Stärke.	
1. Wassergehalt	4
2. Mineralbestandteile	4
3. Mineralische Zusätze	4
4. Mikroskopische Untersuchung	3—12
5. Backfähigkeit	3—6
6. Alaunzusatz	2
7. Mutterkorn, chem. Nachweis	5
8. Säuregehalt	3
9. Proteinbestimmung	6
10. Fettbestimmung	5

Butter und Margarine.	
1. Wassergehalt	4
2. Fettgehalt	6
3. Kochsalz	4
4. Hehners Zahl	6

	Mk.
5. Köttstorfers Zahl	4
6. Wollnys Zahl	4
7. Fremde Beimischungen (Stärke, Borsäure etc.)	3—12
8. Säuregrad	3
9. Prüfung auf Sesamöl	1—2

Essig.

1. Gehalt an Essigsäure durch Titrieren	3
2. Fremde Säuren	3—5
3. Fremde Bestandteile (Metallgifte, scharfe Pflanzenstoffe)	5—10

Farben und gefärbte Gegenstände,

soweit nicht an anderer Stelle erwähnt	3—15

Fette und Öle.

1. Wassergehalt	4
2. Schmelzpunkt	3
3. Erstarrungspunkt	3
4. Erstarrungspunkt der Fettsäuren (Talgtiter)	6
5. Säuregrad	3
6. Köttstorfers Zahl	4
7. Jodzahl	8
8. Acetylzahl	10
9. Bestimmung von Mineralfett in Fetten, Ölen	4—10

Fleisch, Wurst, Konserven.

1. Wassergehalt	4
2. Fett	6
3. Stickstoff	6
4. Mineralbestandteile	4
5. Phosphorsäure	6—9
6. Stärke (qualitativ)	2
7. Stärke (quantitativ)	6—10
8. Farbstoffe u. Konservierungsmittel	2—6
9. Nachweis von Pferdefleisch	
a) durch Glykogenreaktion	3
b) durch Jodzahl des Fettes	8
10. Gesundheitsschädliche Metalle	5—10

Fruchtsäfte, Fruchtgelees und eingekochte Früchte.

1. Wassergehalt	4
2. Zuckergehalt	5—10
3. Stärkezucker	10
4. Fremde Farbstoffe oder Zusätze	5—10
5. Künstliche Süßstoffe (qualitativ)	5
6. Konservierungsmittel (Salicylsäure etc.), qualitativ	3

Futtermittel.

	Mk.
1. Wassergehalt	4
2. Protein	6
3. Fett	5
4. Kohlenhydrate	5—10
5. Rohfaser	12
6. Verdauliches Eiweiß	12
7. Mikroskopische Prüfung	3—12

Gespinste, Polsterhaare.

Prüfung auf fremde Bestandteile	3—12

Gewürze.

1. Mineralbestandteile	4
2. Sand	2
3. Extraktausbeute	6
4. Ausbeute an ätherischem Öl	6
5. Mikroskopische Prüfung	3—20

Gummiwaren, Spielwaren.

Prüfung im Sinne des Gesetzes vom 25. Juni bezw. 5. Juli 1887	3—15

Hefe.

1. Wasser	4
2. Mineralbestandteile	4
3. Gärkraft	6
4. Mikroskopische Untersuchung	3—12

Honig.

1. Wassergehalt	4
2. Mineralbestandteile	4
3. Polarisation	3
4. Prüfung auf Reinheit	10—20

Käse.

1. Wassergehalt	4
2. Mineralbestandteile	4
3. Fett	6
4. Stickstoff	6
5. Gesundheitsschädliche Metalle	3—5
6. Nachweis von fremden Fetten	6

Vergl. auch unter Butter.

Kaffee, Tee.

1. Prüfung auf Havarie	3—6
2. Farbstoffe	3—6
3. Mineralbestandteile	4
4. Kaffeeglasur (Zucker, Paraffin)	3—6
5. Mikroskopische Prüfung	3—12
6. Extrakt	4
7. Coffeinbestimmung	15

Kaffeesurrogate, Zichorie.

1. Mineralbestandteile	4
2. Wassergehalt	4
3. Mikroskopische Prüfung	3—12

Kakao und Schokolade.

		Mk.
1.	Fett	5
2.	Zucker:	
	a) polarimetrisch	3
	b) gewichtsanalytisch	5—10
3.	Mineralbestandteile	4
4.	Phosphorsäure	6—9
5.	Fremde Fette	10—20
6.	Rohfaser	12
7.	Stickstoff	6
8.	Theobromin (quantitativ)	15
9.	Mikroskopische Untersuchung	3—12
10.	Wassergehalt	4
11.	Vollständige Analyse	60—100

Konditorwaren.

1.	Prüfung auf Gelatine, Leim	5—10
2.	Giftige Farbstoffe	5—10
3.	Künstliche Süßstoffe (qualitativ)	5

Milch.

1.	Fett nach Gerber	2—3
2.	Trockenrückstand	4
3.	Fett (gewichtsanalytisch)	5
4.	Stickstoffsubstanz	6
5.	Bestimmung der wichtigeren Bestandteile	15
6.	Milchzucker	5
7.	Konservierungsmittel	3—10
8.	Keimgehalt	5

Mineralfette.

1.	Säuregrad	3
2.	Entzündungspunkt	3—5
3.	Viscosität	6—10
4.	Kältepunkt	10
5.	Nachweis von Pflanzenfett	4—10

Papier, Tapeten, künstliche Blumen.

Prüfung im Sinne des Gesetzes vom 5. Juli 1887	3—15

Petroleum.

1.	Spezifisches Gewicht und Entflammungspunkt	4
2.	Fraktionierte Destillation	6
3.	Kältepunkt	10
4.	Schwefelgehalt	10
5.	Leuchtkraft	10—20

Seife.

		Mk.
1.	Wassergehalt	4
2.	Fettsäuren	6
3.	Mineralstoffe	4
4.	Füllstoffe	3—6
5.	Gesamtanalyse	12—20

Spiritus, denaturiert.

Bestimmung des Alkoholgehaltes:	
a) durch das spez. Gewicht, direkt	1
b) durch Destillation	6

Wasser.

1.	Chemische Prüfung	15
2.	Mikroskop. Untersuchung	5
3.	Prüfung auf Verwendbarkeit als Kesselspeisewasser	10—30
4.	Gesamtanalyse	60
5.	Bestimmung der Keimzahl	5
6.	Bestimmung der zur sachgemäßen Reinigung des Kesselspeisewassers erforderlichen Zusätze	20

Wein, Weinessig, weinähnliche Getränke (Obstwein etc.).

1.	Alkohol	3
2.	Extrakt	3
3.	Phosphorsäure	6—9
4.	Zucker:	
	a) direkt	5
	b) nach der Inversion	10
5.	Glycerin	8
6.	Mineralbestandteile	3
7.	Gesamtsäure	3
8.	Flüchtige Säuren	4
9.	Fremde Farbstoffe	3—5
10.	Künstliche Süßstoffe (qualitativ)	5
11.	Konservierungsmittel (qualitativ)	3
12.	Prüfung auf grobe Verfälschungen:	
	a) bei Weißweinen	15—25
	b) bei Rot- und Süßweinen	15—30
13.	Gesamtanalyse	60

Wurst

siehe unter Fleisch.

Anmerkungen:

1. Für die Untersuchung und Begutachtung solcher Gegenstände, welche in dem Tarif nicht ausdrücklich aufgeführt sind, wird in Gemäßheit der §§ 2 und 3 des Gesetzes vom 1. Juli 1875 eine Gebühr von 3 Mark für die Arbeitsstunde berechnet, einschl. der verbrauchten Reagenzien und Gefässe.

Bei umfangreicheren Arbeiten können die Gebühren nach Vereinbarung festgesetzt werden.

2. Für Untersuchungen zu gerichtlichen und medizinalpolizeilichen Zwecken ist der § 8 des Gesetzes vom 9. März 1872 bezw. die Gebührenordnung vom 30. Juni 1878 maßgebend.

Breslau, den 22. Januar 1906.

Der Magistrat
hiesiger Königlichen Haupt- und Residenzstadt.

2. Verhältnisse der Beamten:

a) **Leiter:** Dr. phil. H. Lührig, 38 Jahre alt, Direktor, etwa $1^1/_2$ Jahre im Dienste der Stadt Breslau, im ganzen seit ungefähr 14 Jahren mit amtlicher Nahrungsmittelkontrolle beschäftigt. Das pensionsfähige Gehalt beträgt 6000 bis 8000 Mk. Die Anstellung erfolgt auf Lebenszeit. Der Direktor ist allgemein vereidigt als gerichtlicher Sachverständiger für den Landgerichtsbezirk Breslau, vom Polizeipräsidium auf die Ausübung der Weinkontrolle und von der Steuerbehörde auf das Zollinteresse.

b) **Technische Mitglieder:** 3 Assistenten, außerdem 2 wissenschaftliche Hilfsarbeiter. Zwei der Assistenten sind geprüfte Nahrungsmittelchemiker. Der erste Assistent ist mit vierteljährlicher Kündigung pensionsberechtigter Beamter der Stadt, im übrigen vereidigt wie der Direktor.

Ein anderer Assistent ist Abteilungsvorsteher und Leiter der Filialstation. Die Gehälter betragen: I. Assistent 2700—5100 Mk. (z. Z. 4800 Mk.), Filialleiter 3900—5100 Mk. (pensionsberechtigt), II. Assistent 2400—3000 Mk., III. Assistent und die Hilfsarbeiter je 1800 Mk. jährlich.

c) **Sonstige Hilfskräfte:** 2 Bureaubeamte, 2 Diener.

3. Tätigkeit der Anstalt:

Die Probeentnahme ist ausschließlich Sache des Kgl. Polizeipräsidiums und wird durch Schutzleute bewirkt. Bei besonderen Anlässen, wie Revisionen der Weihnachtsmärkte, Tapetengeschäfte, Bierdruckapparate und beim Ankauf von blei- und zinkhaltigen Gegenständen sind Beamte des Untersuchungsamtes zugegen. Außerdem kontrollieren Sachverständige des Amtes in Begleitung von Schutzleuten die Milch allmonatlich an den Toren der Stadt. Privatuntersuchungen werden nicht ausgeführt, wenn der Verdacht besteht, daß die ausgefertigten Gutachten zu Reklamezwecken mißbraucht werden könnten. Als Auftraggeber des Amtes kommen in Betracht: das Kgl. Polizeipräsidium, Gerichte und andere Behörden, Magistrat der Stadt Breslau, Private, das Auslandsfleischbeschauamt, die Steuer- und Zollbehörden und die Verwaltungen der zugewiesenen Kreise und Gemeinden. Eine neuzeitliche Reform der Nahrungsmittelkontrolle in der Stadt Breslau ist angebahnt. Die Anzahl der Aufträge betrug:

In den Jahren	1900	1901	1902	1903	1904	1905	1906
Proben	2435	2875	2721	2926	3311	2737	2430
Gutachten, Berichte etc. .	3558	4134	4086	4327	4767	4103	6615

(21) Crefeld.

1. Verhältnisse der Anstalt:

a) **Amtsbezeichnung:** Chemisches Untersuchungsamt der Stadt Crefeld.

b) **Amtsbezirk:** Vorläufig: Stadtkreis Crefeld, Landgemeinden St. Tönis, Oedt,

Huls, St. Hubert aus dem Kreis Kempen. Der Anschluß anderer Gemeinden steht in Aussicht.

c) **Charakter der Anstalt:** Die Anstalt gehört der Stadt Crefeld. Sie ist durch Verfügung der Kgl. Regierung vom 25. Februar 1888 als öffentliche Anstalt im Sinne des § 17 des Reichsgesetzes vom 14. Mai 1879 anerkannt und in neuester Zeit durch Erlaß der Ministerien der geistlichen, Unterrichts- und Medizinalangelegenheiten und des Innern vom 7. Mai 1907 als solche bestätigt worden.

d) **Errichtung und geschichtliche Entwickelung:** Die Anstalt wurde im Jahre 1877 von Dr. E. Königs aus privaten Mitteln errichtet. Der jetzige Leiter war seit 1898 Besitzer und trat die Anstalt am 1. April 1907 an die Stadt Crefeld ab. Im Jahre 1903 wurden dem Untersuchungsamt von der Kgl. Regierung die chemischen Untersuchungen für die Auslandsfleischbeschaustelle Crefeld übertragen.

e) **Aufsicht:** Der Oberbürgermeister der Stadt Crefeld.

f) **Unterhaltung:** Die Einnahmen setzen sich zusammen aus den Gebühren für die Untersuchungen für die Auslandsfleischbeschau (7000 Mk.), den Gebühren für Nahrungsmittel- etc. Untersuchungen [a) aus festen Abschlüssen 1600 Mk., b) aus Einzeluntersuchungen 400 Mk.] und aus den Gebühren für technische Untersuchungen (6500 Mk.), sowie aus ungefähr 1500 Mk. Strafgeldern. Die Gebühren für Nahrungsmittel- etc. Untersuchungen werden nach dem unter Mitwirkung des Kaiserlichen Gesundheitsamtes herausgegebenen Entwurf von Gebührensätzen (siehe „Vereinbarungen", Heft III) berechnet; für technische Analysen wird ein besonderer Tarif herausgegeben.

2. **Verhältnisse der Beamten:**

a) **Leiter:** Dr. phil. Karl Schwabe, 36 Jahre alt, Direktor, seit April 1898 Inhaber der Anstalt, seit April 1907 im Dienste der Stadt, pensionsberechtigtes Gehalt 6000—9000 Mk. (6 Zulagen von je 500 Mk. nach je 3 Jahren; bei der Festsetzung des Gehaltes ist die Zeit vom Jahre 1898 ab angerechnet worden, so dass das Gehalt zur Zeit 7500 Mk. beträgt); vereidigt als Gerichts-, Handels- und Zollchemiker.

b) **Technische Mitglieder:** Zurzeit 2 Assistenten, davon 1 geprüfter Nahrungsmittelchemiker mit 3000 Mk. jährlicher Remuneration.

c) **Sonstige Hilfskräfte:** 1 Laboratoriumsdiener, 1 Schreibhilfe.

3. **Tätigkeit der Anstalt:**

Die Proben werden im Stadtbezirk Crefeld durch besonders unterrichtete Beamte (Polizeiwachtmeister) entnommen; im Landbezirk entnimmt der Vorsteher die Proben selbst. Der Umfang der Tätigkeit der Anstalt erhellt aus folgender Übersicht:

In den Jahren	1903	1904	1905	1906
Zahl der untersuchten Nahrungsmittelproben	992	1128	1666	1854
Zahl der umfangreicheren Gutachten und Berichte	12	5	10	10

Die Anstalt beschäftigt sich sehr viel mit technischen Untersuchungen und zwar hauptsächlich für die einheimische Seidenindustrie.

(22) Dortmund.

1. Verhältnisse der Anstalt:

a) **Amtsbezeichnung:** Chemisches Untersuchungsamt der Stadt Dortmund.

b) **Amtsbezirk:** Stadtkreis Dortmund. Dem Amte sind außerdem zugeteilt der Landkreis Dortmund und ein Teil des Kreises Hörde.

c) **Charakter der Anstalt:** Die Anstalt ist aus städtischen Mitteln errichtet und seit ihrer Errichtung eine öffentliche Anstalt gemäß § 17 des Reichsgesetzes vom 14. Mai 1879.

d) **Errichtung und geschichtliche Entwickelung:** Errichtet wurde das Amt am 1. April 1899. Im Jahre 1904 wurden dem Untersuchungsamt die chemischen Untersuchungen des aus dem Ausland eingeführten Fettes und Fleisches übertragen.

e) **Aufsicht:** Die Aufsicht über das Amt übt ein städtischer Verwaltungsausschuß aus.

f) **Unterhaltung:** Die Anstalt erhält keine Zuschüsse. Die Einnahmen aus Honoraranalysen und sonstiger Tätigkeit betrugen im Jahre 1905 18850 Mk. Die Untersuchungen werden nach einer besonderen vom Magistrat der Stadt herausgegebenen „Gebührenordnung des chemischen Untersuchungsamtes“ berechnet. Die Sätze dieser Gebührenordnung sind etwas niedriger als die des unter Mitwirkung des Kaiserl. Gesundheitsamtes herausgegebenen Entwurfs von Gebührensätzen (s. „Vereinbarungen“, Heft III).

2. Verhältnisse der Beamten:

a) **Leiter:** Dr. phil. Gustav Neuhoff, 46 Jahre alt, Direktor, pensionsberechtigtes Gehalt 7000 Mk. jährlich, seit 1899 im Dienste.

b) **Technische Mitglieder:** 3 Assistenten, davon ein geprüfter Nahrungsmittelchemiker. Die Gehälter derselben schwanken je nach Leistung zwischen 1500 und 3600 Mk. jährlich.

c) **Sonstige Hilfskräfte:** Eine Dienstfrau.

3. Tätigkeit der Anstalt:

Der Betrieb der Anstalt ist durch eine vom Magistrat herausgegebene Geschäftsordnung geregelt. Die Proben werden durch den Leiter des Amtes sowie durch einen dem Amt zugeteilten Polizeibeamten entnommen.

Die Anzahl der untersuchten Proben betrug:

In den Jahren .	1902	1903	1904	1905	1906
Proben	3199	4423	5325	5439	6020

(23) Duisburg.

1. Verhältnisse der Anstalt:

a) **Amtsbezeichnung:** Chemisches Untersuchungsamt der Stadt Duisburg.

b) **Amtsbezirk:** Stadtkreis Duisburg.

c) **Charakter der Anstalt:** Städtische und seit dem 16. Mai 1905 auch öffentliche Anstalt im Sinne des § 17 des Reichsgesetzes vom 14. Mai 1879.

d) **Errichtung und geschichtliche Entwickelung:** Das städtische chemische Untersuchungsamt ist hervorgegangen aus dem im Jahre 1888 von dem jetzigen Leiter der Anstalt aus privaten Mitteln in Duisburg errichteten Laboratorium. Als städtische Anstalt besteht es seit dem Jahre 1895. Im Jahre 1903 wurden dem Amte vom Staat die chemischen Untersuchungen der Kgl. Auslandsfleischbeschaustelle Duisburg übertragen.

e) **Aufsicht:** Die Verwaltung der Stadt Duisburg.

f) **Unterhaltung:** Aus städtischen Mitteln.

2. **Verhältnisse der Beamten:**

a) **Leiter:** Dr. phil. Paul Lehnkering, 43 Jahre alt, Vorsteher, übernahm die Nahrungsmittelkontrolle der Stadt am 1. Januar 1895; das pensionsfähige Gehalt beträgt 8000 Mk. im Jahre, die sonstigen Einnahmen schwanken.

b) **Technische Mitglieder:** 3 Assistenten, sämtlich Nahrungsmittelchemiker, die nicht pensionsberechtigt auf Dienstvertrag angestellt werden; Anfangsgehalt derselben 2400 Mk. jährlich, steigend nach Leistung. Die Assistenten sind nicht vereidigt.

c) **Sonstige Hilfskräfte:** 1 Diener, 2 Putzfrauen.

3. **Tätigkeit der Anstalt:**

Die Kontrolle und Probeentnahme von Nahrungsmitteln erfolgt durch besonders ausgebildete Polizeiwachtmeister. Es wurden im Etatsjahr 1905/06 amtlich untersucht 5618 Proben; von diesen entfallen 4104 auf die Auslandsfleischbeschau.

(24) Düren.

1. **Verhältnisse der Anstalt:**

a) **Amtsbezeichnung:** Chemisches Untersuchungsamt der Stadt Düren.

b) **Amtsbezirk:** Stadtkreis Düren, Landkreise Düren und Jülich.

c) **Charakter der Anstalt:** Städtische Anstalt, die seit ihrer Gründung als öffentliche Anstalt im Sinne des § 17 des Reichsgesetzes vom 14. Mai 1879 anerkannt worden ist.

d) **Errichtung und geschichtliche Entwickelung:** Die Anstalt wurde im Jahre 1880 aus städtischen Mitteln errichtet. Sie war durch Kontrakt mit der Firma Dr. Degen und Kuth, Fabrik chemisch-pharmazeutischer Präparate in Düren verbunden, welche als Leiter einen geprüften Nahrungsmittelchemiker anzustellen sich verpflichtete. Dieser Vertrag ist auf Wunsch der Kgl. Regierung zu Aachen durch beiderseitiges Übereinkommen gelöst. Die Stadt Düren errichtet laut Beschluß der Stadtverordnetenversammlung ein selbständiges Untersuchungsamt unter Leitung eines städtischen, pensionsberechtigten Beamten im Hauptamte. Das selbständige städtische Untersuchungsamt unter Leitung des derzeitigen Vorstehers soll eröffnet werden, sobald von seiten der Kgl. Regierung die zugesicherte Überweisung weiterer Landkreise zwecks Ausübung der Nahrungsmittelkontrolle erfolgt ist, und sobald von seiten des Herrn Oberpräsidenten eine allgemeine Entscheidung darüber getroffen ist, wieviel Proben (auf den Kopf der Bevölkerung berechnet) zu untersuchen sind, und welcher Gebührensatz für die Untersuchungen Anwendung zu finden hat. Der Anstalt sind die chemischen Untersuchungen der Kgl. Auslandsfleischbeschaustelle Düren übertragen worden.

e) **Aufsicht:** Der Kreisarzt bezw. die Kgl. Regierung zu Aachen.

f) **Unterhaltung:** Die Stadt sorgt für die Ergänzung der wissenschaftlichen Geräte und Apparate, leistet aber zur Zeit sonst keine Zuschüsse. Die nahrungsmittelchemischen Analysen werden nach dem unter Mitwirkung des Kaiserl. Gesundheitsamtes herausgegebenen Entwurf von Gebührensätzen (siehe „Vereinbarungen“, Heft III) mit 20—30 % Rabatt berechnet. Für Untersuchungen für die Stadt kommt ein besonderer Tarif in Anwendung, dessen Sätze durchschnittlich um die Hälfte niedriger als die eben erwähnten sind.

2. Verhältnisse der Beamten:

a) **Leiter:** Dr. phil. Hermann Scherpe, 37 Jahre alt, Leiter der Anstalt seit 1900; Gesamteinkommen 6000 Mk. jährlich; nicht pensionsberechtigt angestellt; vereidigt bisher nur als Sachverständiger für die Auslandsfleischbeschau und als Weinsachverständiger, nicht aber allgemein als Leiter des Untersuchungsamtes.

b) **Technische Mitglieder:** Keine.

c) **Sonstige Hilfskräfte:** 1 Diener.

3. Tätigkeit der Anstalt:

Die Entnahme der Proben erfolgt in der Stadt Düren durch Polizeibeamte, in den Landgemeinden durch den Nahrungsmittelchemiker bei der ambulanten Kontrolle. Es wurden untersucht:

In den Jahren	1901	1902	1903	1904	1905	1906
Proben	215	208	811	565	1533	1004
Die Zahl der erstatteten Gutachten und Berichte betrug	—	62	140	132	199	130

(25) Elberfeld.

1. Verhältnisse der Anstalt:

a) **Amtsbezeichnung:** Chemisches Untersuchungsamt der Stadt Elberfeld.

b) **Amtsbezirk:** Stadtkreis Elberfeld.

c) **Charakter der Anstalt:** Die Anstalt ist aus städtischen Mitteln errichtet und seit dem 31. Juli 1903 öffentliche Anstalt im Sinne des § 17 des Reichsgesetzes vom 14. Mai 1879.

d) **Errichtung und geschichtliche Entwickelung:** Als Zeitpunkt der Errichtung der Anstalt kann ein bestimmtes Jahr nicht angegeben werden; sie hat sich allmählich aus dem Laboratorium der chemischen Fachklasse der Oberrealschule entwickelt, in dem schon vor dem Erlaß des Nahrungsmittelgesetzes die städtischen und insbesondere auch die polizeilichen Nahrungsmitteluntersuchungen ausgeführt wurden. Der Wirkungskreis des Amtes wurde bei dem raschen Aufblühen der Stadt ein immer größerer, so daß im Jahre 1893 der damalige Assistent und Lehrer der Fachklasse, der jetzige Leiter der Anstalt, endgültig als Stadtchemiker angestellt wurde. Im Jahre 1903 wurden von der Kgl. Regierung zu Düsseldorf dem Amte die chemischen Untersuchungen der Auslandsfleischbeschaustelle Elberfeld übertragen. Hierdurch wurde eine Vermehrung des Personals und eine Vergrößerung des Amtes nötig. Die Räume der Anstalt befinden sich noch in der Oberrealschule, doch ist bereits von der Stadtverordnetenversammlung die Errichtung eines besonderen Gebäudes beschlossen.

e) **Aufsicht:** Die Anstalt untersteht dem Oberbürgermeister von Elberfeld.

f) **Unterhaltung:** Die Zuschüsse der Stadt Elberfeld zu den Kosten des Untersuchungsamtes betrugen in den Jahren:

1900/01	1901/02	1902/03	1903/04	1904/05
6338 Mk.	6501 Mk.	6506 Mk.	2269 Mk.	3750 Mk.

Im Jahre 1905/06 hat das Amt einen Überschuß von 3355 Mk. gehabt. Die für die Polizeiverwaltung ausgeführten Untersuchungen erfolgten kostenlos. Die Analysen werden nach dem unter Mitwirkung des Reichsgesundheitsamtes bearbeiteten Entwurf von Gebührensätzen (siehe „Vereinbarungen", Heft III) berechnet.

2. **Verhältnisse der Beamten:**

a) **Leiter:** Dr. phil. Jacob Heckmann, 49 Jahre alt, Direktor, seit 1886 im Dienste der Stadt Elberfeld. Der Direktor ist auf Lebenszeit als städtischer Oberbeamter zurzeit mit dem Höchstgehalt von 7500 Mk. jährlich pensionsberechtigt angestellt. Er ist allgemein vereidigter Sachverständiger der Gerichte des Landgerichtsbezirkes Elberfeld.

b) **Technische Mitglieder:** 2 Assistenten, davon einer geprüfter Nahrungsmittelchemiker. Gehälter: I. Assistent 2400 Mk., steigend alle 3 Jahre um je 300 Mk. bis 4200 Mk. jährlich, pensionsberechtigt angestellt; II. Assistent 2000 Mk. Remuneration jährlich.

c) **Sonstige Hilfskräfte:** 1 Laboratoriumsdiener.

3. **Tätigkeit der Anstalt:**

Die Probeentnahme erfolgt durch entsprechend unterrichtete Beamte der Marktpolizei.

Der Umfang der Tätigkeit des Amtes erhellt aus folgender Übersicht:

In den Jahren . .	1900/01	1901/02	1902	1903	1904	1905	1906
Zahl der untersuchten Proben . .	1564	1410	1462	2329	2794	3498	3285
Davon Nahrungs- und Genußmittel .	1534	1399	1422	2283	2393	3339	3078
Gutachten und Berichte ohne vorhergehende Untersuchung:							
Gutachten . . .					17	26	38
Berichte					14	21	20

(26) Essen.

1. **Verhältnisse der Anstalt:**

a) **Amtsbezeichnung:** Öffentliches Nahrungsmittel-Untersuchungsamt für den Stadt- und Landkreis Essen.

b) **Amtsbezirk:** Stadt- und Landkreis Essen.

c) **Charakter der Anstalt:** Kommunale Anstalt, noch nicht eröffnet.

d) **Errichtung und geschichtliche Entwickelung:** Die Polizeiverwaltungen in dem unter b) angegebenen Bezirk ließen bisher die einschlägigen Untersuchungen in den Laboratorien von Dr. W. Kirchner in Essen, Dr. G. Hausdorft in Essen und Dr. A. Goske in Mülheim a. d. Ruhr ausführen (vergl. unter II D). Im Jahre 1907 beschlossen die Verwaltungen des

Stadt- und Landkreises Essen die Errichtung einer kommunalen Anstalt. Unter dem 29. Juni 1907 wurde von dem Oberbürgermeister der Stadt und dem Landrat des Landkreises die Stelle des Leiters der Anstalt öffentlich zur Besetzung ausgeschrieben.

e) **Aufsicht:** Der Oberbürgermeister und der Kgl. Landrat.

f) **Unterhaltung:** Der Etat liegt noch nicht vor.

2. **Verhältnisse der Beamten:**

a) **Leiter:** Noch nicht ernannt. Das Gehalt ist noch nicht festgelegt.

b) **Technische Mitglieder:** Angaben fehlen.

c) **Sonstige Hilfskräfte:** Angaben fehlen.

3. **Tätigkeit der Anstalt:**

Über den in Aussicht genommenen Umfang der Tätigkeit liegen bisher hier Angaben nicht vor.

(27) Flensburg.

1. **Verhältnisse der Anstalt:**

a) **Amtsbezeichnung:** Städtische Untersuchungsanstalt in Flensburg.

b) **Amtsbezirk:** Stadtkreis Flensburg.

c) **Charakter der Anstalt:** Städtische Anstalt und seit 1902 öffentliche Anstalt im Sinne des § 17 des Reichsgesetzes vom 14. Mai 1879.

d) **Errichtung und geschichtliche Entwickelung:** Die Anstalt wurde aus privaten Mitteln des jetzigen Leiters im Jahre 1885 errichtet und am 1. April 1902 von der Stadt Flensburg käuflich erworben. Sie führt die in Ausübung der Nahrungsmittel- und Weinkontrolle nötig werdenden Untersuchungen in dem oben genannten Amtsbezirk aus und ist außerdem von der Kgl. Regierung mit den chemischen Untersuchungen für die Auslandsfleischbeschaustelle Flensburg betraut.

e) **Aufsicht:** Der Magistrat der Stadt Flensburg.

f) **Unterhaltung:** Die Einnahmen der Anstalt bestehen aus den vertragsmäßig vereinbarten und den tarifmäßigen Untersuchungsgebühren.

2. **Verhältnisse der Beamten:**

a) **Leiter:** Dr. phil. H. Hansen, Nahrungsmittelchemiker, vereidigt als gerichtlicher Sachverständiger für den Landgerichtsbezirk Flensburg, als Handelschemiker für den Bezirk der Handelskammer Flensburg und als Sachverständiger für die Kgl. Steuerbehörde; nicht pensionsberechtigt angestellt.

b) **Technische Mitglieder:** Keine.

c) **Sonstige Hilfskräfte:** 1 Laborant und 1 Diener.

3. **Tätigkeit der Anstalt:**

Die in Veranlassung der amtlichen Nahrungsmittelkontrolle eingehenden Proben werden durch die Organe der Polizeibehörde entnommen. Außerdem werden Untersuchungen für Private, für die Staatsanwaltschaft und für die Steuerbehörde ausgeführt. Es wurden untersucht:

In den Jahren .	1902	1903	1904	1905	1906
Proben . . .	886	903	1779	1972	1438

(einschließlich Proben der Auslandsfleischbeschaustelle Flensburg, die z. B. im Jahre 1905 1112 ausmachten).

(28) Glatz.

1. Verhältnisse der Anstalt:

a) **Amtsbezeichnung:** Städtisches chemisches Untersuchungsamt in Glatz.

b) **Amtsbezirk:** Die Kreise Glatz (Stadt und Land), Frankenstein, Habelschwerdt, Münsterberg, Neurode und Strehlen.

c) **Charakter der Anstalt:** Die Anstalt ist von der Stadt Glatz errichtet und durch Erlaß vom 4. Juni 1907 öffentliche Anstalt im Sinne des § 17 des Reichsgesetzes vom 14. Mai 1879 für den unter b angegebenen Bezirk.

d) **Errichtung und geschichtliche Entwickelung:** Die Errichtung der Anstalt hat im Sommer 1907 stattgefunden. Die Eröffnung wird voraussichtlich am 1. August 1907 stattfinden.

e) **Aufsicht:** Der Magistrat der Stadt Glatz.

f) **Unterhaltung:** Die Einnahmen aus den Gebühren für die Untersuchung von Nahrungs- und Genußmitteln sowie Gebrauchsgegenständen, die die Gemeinden vertragsmäßig untersuchen lassen müssen, werden voraussichtlich etwa 6000 Mk. betragen. (Für je eine Probe 6 Mk., ausgenommen Wein- und Wasser-Proben, welche höher berechnet werden.) Sonstige Einnahmen aus Strafgeldern und Untersuchungsgebühren für Proben, die nicht in Ausübung der Nahrungsmittelkontrolle untersucht werden, lassen sich im voraus nicht übersehen. Pauschalsummen oder vertragsmäßige Beiträge werden von Gemeinden nicht bezahlt.

2. Verhältnisse der Beamten:

a) **Leiter:** Dr. phil. Rudolf Thamm, Nahrungsmittelchemiker, Vorsteher der Anstalt, 32 Jahre alt, erhält vorläufig eine jährliche Remuneration von 3600 Mk.

b) **Technische Mitglieder:** Vorläufig keine.

c) **Sonstige Hilfskräfte:** 1 Diener und Schreiber in einer Person, gegen ortsübliches Tagegeld angestellt.

3. Tätigkeit der Anstalt:

Die Proben werden durch Schutzleute und Gendarme entnommen und dem Untersuchungsamt eingesandt. Die Zahl der in Ausübung der Nahrungsmittelkontrolle zu entnehmenden Proben ist mindestens 1000 bei etwa 300000 Personen im Zuständigkeitsbezirk. (Auf je 300 Personen wird also mindestens eine Probe entfallen.)

(29) Görlitz.

1. Verhältnisse der Anstalt:

a) **Amtsbezeichnung:** Chemisches Untersuchungsamt der Stadt Görlitz.

b) **Amtsbezirk:** Kreise Görlitz Stadt, Görlitz Land, Rothenburg, Hoyerswerda, Lauban, Löwenberg, Hirschberg.

c) **Charakter der Anstalt:** Städtische Anstalt und seit 7. Januar 1907 auch öffentliche Anstalt im Sinne des § 17 des Reichsgesetzes vom 14. Mai 1879.

d) **Errichtung und geschichtliche Entwickelung:** Die Anstalt hat ihre Tätigkeit am 1. März 1907 begonnen.

e) **Aufsicht:** Der Magistrat der Stadt Görlitz.

f) **Unterhaltung:** Die Unterhaltung des Amtes wird aus den Einnahmen für Untersuchungsgebühren und den Strafgeldern bestritten. Etwaige Fehlbeträge leistet die Stadt Görlitz.

Der Tarif für die polizeiliche Nahrungsmittelkontrolle beträgt 6 Mk. für jede Probe. Ein weiterer Tarif ist nicht aufgestellt.

2. Verhältnisse der Beamten:

a) **Leiter:** Dr. phil. Ulrich Schoenenberg, Direktor. Jährliches Gehalt 3600—4500 Mk. Die Anstellung ist vorläufig auf Kündigung und nicht pensionsberechtigt erfolgt.

b) **Technische Mitglieder:** 1 Assistent, gepr. Nahrungsmittelchemiker, 1800 Mk. jährliche Remuneration; Anstellung auf Kündigung, nicht pensionsberechtigt.

c) **Sonstige Hilfskräfte:** 1 Bureaubeamter und 1 Diener.

3. Tätigkeit der Anstalt:

Die Proben werden bei der Nahrungsmittelkontrolle durch Polizeiorgane entnommen und zwar auf je 200 städtische und 500 ländliche Einwohner eine Probe.

Ferner werden technische Analysen im Auftrage des Magistrates Görlitz, gerichtliche für die Landgerichte Görlitz und Hirschberg ausgeführt.

(30) Hagen i. Westf.

1. Verhältnisse der Anstalt:

a) **Amtsbezeichnung:** Nahrungsmittel-Untersuchungsanstalt der Stadt Hagen i. W.

b) **Amtsbezirk:** Stadt- und Landkreis Hagen und Landkreis Schwelm.

c) **Charakter der Anstalt:** Die Anstalt ist Eigentum der Stadt Hagen und öffentliche Anstalt im Sinne des § 17 des Reichsgesetzes vom 14. Mai 1879.

d) **Errichtung und geschichtliche Entwickelung:** Die Anstalt ist zunächst im Jahre 1891 von dem jetzigen Leiter aus privaten Mitteln errichtet worden. Im Jahre 1901 wurde sie als öffentliche Anstalt gemäß § 17 des Reichsgesetzes vom 14. Mai 1879 anerkannt. Im Jahre 1907 ging die Anstalt durch Kauf in den Besitz der Stadt Hagen über, die den bisherigen Inhaber als Leiter pensionsberechtigt anstellte.

e) **Aufsicht:** Der Magistrat der Stadt Hagen.

f) **Unterhaltung:** Von der Stadt Hagen. Da die Übergabe der Anstalt an die Stadt voraussichtlich erst im Herbst 1907 stattfindet, liegen endgültige Beschlüsse der Stadtverwaltung, betreffend Gebührenordnung für Behörden und Private, noch nicht vor.

2. Verhältnisse der Beamten:

a) **Leiter:** Dr. phil. Ernst Fricke, Nahrungsmittelchemiker, 49 Jahre alt, Vorsteher der Anstalt. Gehalt jährlich 7000 Mk. (pensionsberechtigt). Der Leiter ist als solcher sowie als Sachverständiger für den Landgerichtsbezirk und Handelskammerbezirk Hagen allgemein vereidigt.

b) **Technische Mitglieder:** Keine.

c) **Sonstige Hilfskräfte:** Schreibhilfe und Bedienung im Laboratorium.

3. Tätigkeit der Anstalt:

Die Proben werden entweder durch den Leiter selbst oder durch Beamte der zuständigen Polizeiverwaltungen entnommen. Der Umfang der Kontrolle wird neu geregelt. Endgültige Beschlüsse liegen noch nicht vor.

Ferner werden in der Anstalt Untersuchungen anderer Art für Behörden sowie Untersuchungen für Gewerbetreibende und Privatpersonen ausgeführt. Die Gebühren für diese Untersuchungen stehen der Stadt Hagen zu.

(31) Hannover.

1. Verhältnisse der Anstalt:

a) **Amtsbezeichnung:** Städtisches Chemisches Untersuchungsamt zu Hannover.

b) **Amtsbezirk:** Die Anstalt ist zuständig: 1. für die Stadtkreise Hannover-Linden, 2. für den Regierungsbezirk Hannover mit Ausnahme des Kreises Diepholz, 3. für die südlichen Kreise des Regierungsbezirkes Lüneburg laut Verfügung des Oberpräsidenten vom 22. September 1887 sowie späterer Erlasse.

c) **Charakter der Anstalt:** Die Anstalt ist aus städtischen Mitteln errichtet und seit dem Jahre 1879 öffentliche Anstalt im Sinne des § 17 des Reichsgesetzes vom 14. Mai 1879. Im Jahre 1895 wurde sie den staatlichen Anstalten im Sinne des § 16 der Prüfungsvorschriften für die Nahrungsmittelchemiker gleichgestellt.

d) **Errichtung und geschichtliche Entwickelung:** Das Chemische Untersuchungsamt wurde zunächst im Jahre 1877 von einem Verein zur Bekämpfung der Lebensmittelfälschungen ins Leben gerufen, aber schon am 1. Oktober 1879 von der Stadt Hannover erworben. Die Zuständigkeit im Sinne des § 17 des Nahrungsmittelgesetzes erstreckte sich anfangs nur auf den Stadtkreis Hannover. Durch Verfügungen des Oberpräsidenten vom 22. September 1887 und 29. Februar 1888 wurde diese Zuständigkeit erweitert auf den Regierungsbezirk Hannover, mit Ausnahme des Kreises Diepholz, auf den Regierungsbezirk Lüneburg, mit Ausnahme des Kreises Harburg, und auf die im Regierungsbezirk Hildesheim gelegenen Kreise Peine, Hildesheim, Marienburg, Gronau, Alfeld, Goslar und Ilfeld. Nach Anerkennung der landwirtschaftlichen Versuchsstation in Hildesheim als öffentliche Anstalt zur Untersuchung von Nahrungs- und Genußmitteln sowie Gebrauchsgegenständen im Sinne des Gesetzes vom 14. Mai 1879 wurden die im Regierungsbezirk Hildesheim belegenen Kreise im Jahre 1895 letztgenannter Anstalt überwiesen und somit der Zuständigkeit des städtischen Amtes in Hannover entzogen. Ferner wurde mit der Gründung eines städtischen Untersuchungsamtes in Harburg ein Teil der Lüneburger Kreise diesem Amte zugeteilt. Es beschränkt sich somit jetzt der Wirkungskreis des städtischen Amtes auf die oben unter 1 b 1. und 2. genannten Bezirke sowie auf die im Regierungsbezirk Lüneburg gelegenen Kreise Burgdorf, Celle (Stadt und Land), Fallingbostel, Gifhorn und Isenhagen.

e) **Aufsicht:** Der Magistrat der Stadt Hannover.

f) **Unterhaltung:** Die Anstalt wird unterhalten aus den Gebühren für die ausgeführten Untersuchungen und aus den Strafgeldern. Sämtliche Analysengebühren werden nach dem vom Magistrat aufgestellten Tarife berechnet. Die Höhe der Gebühren dieses Tarifes ist ungefähr die gleiche, wie die des unter Mitwirkung des Kaiserl. Gesundheits-Amtes herausgegebenen Entwurfes von Gebührensätzen („Vereinbarungen“, Heft III). Seit 1. Oktober 1906 hat der Magistrat mit der Kgl. Regierung für die amtliche Untersuchung von Nahrungs-, Genußmitteln und Gebrauchsgegenständen im Regierungsbezirk Hannover einen Gebühreneinheitssatz vereinbart, nachdem die Kgl. Regierung eine jährliche Mindestzahl an Proben nach Maßgabe der Bevölkerungszahl dem Amte zugesichert hatte.

2. Verhältnisse der Beamten:

a) **Leiter:** Dr. phil. Franz Schwarz, 47 Jahre alt, Direktor, seit 1. März 1893 im Dienst; Gehalt 6500 Mk., pensionsberechtigt angestellt. Der Direktor und die Assistenten werden vom Magistrate auf Amtsverschwiegenheit und gewissenhafte Tätigkeit beeidigt.

b) **Technische Mitglieder:** 5 Assistenten.

Einkommen:			
I. Assistent	3000 Mk.		sämtlich Nahrungsmittelchemiker, die nichtpensionsberechtigt auf Dienstvertrag angestellt werden.
II. „	2400 „		
III.—V. „	je 2100 „		

c) **Sonstige Hilfskräfte:** 1 Buchhalter, 1 Kanzleigehilfe, 2 Diener.

3. Tätigkeit der Anstalt:

Die Proben werden in Hannover-Linden durch Polizeibeamte entnommen, die für diesen Zweck im Untersuchungsamte vorgebildet werden. Die Probeentnahme auf dem Lande erfolgt durch Gendarmerie-Wachtmeister, die eine schriftliche Anleitung erhalten. Bei bestimmten besonderen Anlässen werden auch von den Angestellten des Amtes Proben entnommen. Der Umfang der Tätigkeit der Anstalt in den letzten Jahren erhellt aus folgender Tabelle:

In den Jahren . . .	1900	1901	1902	1903	1904	1905	1906
Zahl der untersuchten Proben	2243	2271	2457	2632	2765	2917	3648
Zahl der erstatteten Gutachten und Berichte .	48	51	53	59	62	29	45

Der Leiter der Anstalt, Direktor Dr. Schwarz, ist seit 1893 durch Erlaß des Herrn Ministers der geistl. etc. Angelegenheiten zum Mitglied der in Hannover gebildeten Kommission für die Hauptprüfung der Nahrungsmittelchemiker ernannt worden. — An wissenschaftlichen Arbeiten aus der Anstalt sei erwähnt: 1. Untersuchungen über den Einfluß der städtischen Sielwässer auf die Zusammensetzung der Leine in den Jahren 1895, 1896 und 1897; 2. Versuche über mechanische Klärung der Abwässer der Stadt Hannover in den Jahren 1898, 1899 und 1900; 3. Umfangreiche Versuche zur Enteisenung des Hannoverschen Leitungswassers an verschiedenen zu diesem Zweck erbauten Versuchsapparaten; 4. Jahresberichte des städtischen chemischen Untersuchungsamtes; 5. Verschiedene in Fachzeitschriften veröffentlichte Aufsätze aus dem Gebiete der Nahrungsmittel-Chemie.

(32) Kaldenkirchen (Rheinland).

1. Verhältnisse der Anstalt:

a) **Amtsbezeichnung:** Chemisches Untersuchungsamt des Kreises Kempen (Rheinland).

b) **Amtsbezirk:** Kreis Kempen und voraussichtlich auch Nachbargemeinden.

c) **Charakter der Anstalt:** Kreiskommunalanstalt und voraussichtlich öffentliche Anstalt gemäß § 17 des Reichsgesetzes vom 14. Mai 1879.

d) **Errichtung und geschichtliche Entwickelung:** Die Anstalt wird vom Kreise Kempen, der ungefähr 100 000 Einwohner hat, errichtet und am 1. Oktober 1907 in Kaldenkirchen eröffnet. Zu den Aufgaben der Anstalt gehören:

1. Die Ausübung der Nahrungsmittelkontrolle für sämtliche Gemeinden des Kreises und etwaige andere Gemeinden aus den Nachbarkreisen.
2. Die Ausführung der chemischen Untersuchungen für die Kgl. Auslandsfleischbeschaustelle in Kaldenkirchen.
3. Die Ausführung von chemischen Untersuchungen auf Antrag von Gemeinden, Behörden und Privaten (Fabrikanten, Landwirten, Kaufleuten).

e) **Aufsicht:** Der Kgl. Landrat (Kreis-Ausschuß).

f) **Unterhaltung:** Die Bruttoeinnahmen aus der oben unter 1 d angegebenen Tätigkeit der Anstalt werden auf etwa 18 000 Mk. geschätzt.

2. Verhältnisse der Beamten:

a) **Leiter:** Dr. phil. Laurenz Waters, 30 Jahre alt, Nahrungsmittelchemiker, Vorsteher des Chemischen Untersuchungsamtes, als Kreiskommunalbeamter auf Lebenszeit mit Pensionsberechtigung und Reliktenversorgung angestellt; Gehalt neben freier Dienstwohnung 3600—5700 Mk. (alle 3 Jahre steigend, erstmalig um 600, dann um je 500 Mk.)[1].

b) **Technische Mitglieder:** Keine.

c) **Sonstige Hilfskräfte:** Ein Diener.

3. Tätigkeit der Anstalt:

Die in Aussicht genommene Tätigkeit der Anstalt ergibt sich aus den Angaben unter 1 d oben.

(33) Köln a. Rh.

1. Verhältnisse der Anstalt:

a) **Amtsbezeichnung:** Städtisches Nahrungsmittel-Untersuchungs-Amt zu Köln.

b) **Amtsbezirk:** Stadtkreis Köln.

c) **Charakter der Anstalt:** Städtische Anstalt, noch nicht eröffnet.

d) **Errichtung und geschichtliche Entwickelung:** Eine Kontrolle der Lebensmittel besteht in Köln seit dem Jahre 1877. Im Jahre 1880 wurde eine öffentliche Anstalt zur Untersuchung von Nahrungsmitteln, Genußmitteln und Gebrauchsgegenständen ins Leben gerufen, um der Stadt die nach dem Nahrungsmittelgesetze den öffentlichen Anstalten zustehenden Vergünstigungen zuzuwenden. Von der Anstellung eines städtischen Chemikers und der Errichtung eines eigenen Laboratoriums glaubte man jedoch absehen zu können und ließ die Untersuchungen in 7 Privatlaboratorien gegen Gebühren bewirken. Die Zahl der für die Nahrungsmittelkontrolle in Anspruch genommenen Chemiker verminderte sich im Laufe der Jahre auf zwei. Im Jahre 1894 bezweifelte die Staatsanwaltschaft aus Anlaß eines Spezialfalles,

[1]) Gehalt der vollbesoldeten preußischen Kreisärzte sowie der Gewerbeinspektoren.

daß diese Einrichtung den Charakter einer öffentlichen Anstalt habe. Die Stadt bekämpfte diesen Standpunkt, drang aber damit beim Ministerium nicht durch. Im Jahre 1904 setzte der Minister der Stadt eine Frist von drei Jahren, innerhalb deren eine den Anforderungen entsprechende Anstalt ins Leben treten solle. Am 17. Januar 1907 beschloß die Stadtverordnetenversammlung die Errichtung einer eigenen Anstalt. Für die Instandsetzung des dafür bestimmten ehemaligen Schulgebäudes und die Beschaffung von Mobiliar, Apparatur und Bibliothek wurden 22500 Mk. bewilligt. Die Anstalt wird im Laufe des Jahres 1907 ihre Tätigkeit beginnen.

e) **Aufsicht:** Der Oberbürgermeister der Stadt Köln.

f) **Unterhaltung:** Die Kosten der Unterhaltung der Anstalt sind wie folgt veranschlagt: 13100 Mk. für Gehälter und Löhne und 6900 Mk. für sachliche Ausgaben.

2. **Verhältnisse der Beamten:**

a) **Leiter:** Der Leiter ist noch nicht ernannt.

b) **Technische Mitglieder:** Vorgesehen sind 2 geprüfte Nahrungsmittelchemiker als Assistenten.

c) **Sonstige Hilfskräfte:** 1 Kopist und 1 Diener.

3. **Tätigkeit der Anstalt:**

Über die Geschäftsordnung des neuen Amtes ist noch nichts bekannt geworden.

(34) Liegnitz.

1. **Verhältnisse der Anstalt:**

a) **Amtsbezeichnung:** Städtisches Untersuchungsamt zu Liegnitz.

b) **Amtsbezirk:** Stadt- und Landkreis Liegnitz.

c) **Charakter der Anstalt:** Die Anstalt ist städtisch; sie ist seit dem 17. Januar 1907 öffentliche Anstalt im Sinne des § 17 des Reichsgesetzes vom 14. Mai 1879.

d) **Errichtung und geschichtliche Entwickelung:** Die Anstalt wurde am 1. Oktober 1906 aus städtischen Mitteln errichtet. Es steht für sie ein besonderes Gebäude zur Verfügung. Sie befindet sich noch in der Entwickelung.

e) **Aufsicht:** Der Magistrat der Stadt Liegnitz.

f) **Unterhaltung:** Die Anstalt unterhält sich selbst aus den tarifmäßigen Gebühren für die ausgeführten laufenden amtlichen Untersuchungen, deren Zahl seitens der Kgl. Regierung planmäßig festgesetzt ist. Voraussichtlich werden die Brutto-Einnahmen jährlich 11000 Mk. betragen. Die Analysengebühren werden nach dem unter Mitwirkung des Kaiserl. Gesundheitsamtes herausgegebenen Entwurf von Gebührensätzen (siehe „Vereinbarungen", Heft III.) berechnet.

2. **Verhältnisse der Beamten:**

a) **Leiter:** Dr. phil. Paul Rudolph, 34 Jahre alt, Direktor, seit 1. Oktober 1906 im Dienst der Stadt Liegnitz. Jährliches pensionsberechtigtes Gehalt 3600 Mk.

b) **Technische Mitglieder:** 1 Assistent.

c) **Sonstige Hilfskräfte:** 1 Schreiber und 1 Diener.

3. Tätigkeit der Anstalt:

Die Tätigkeit der Anstalt erstreckt sich fast ausschließlich auf die Vornahme der amtlichen Untersuchungen von Nahrungs- und Genußmitteln sowie Gebrauchsgegenständen. Die Proben werden durch Polizeibeamte entnommen.

(35) Magdeburg.

1. Verhältnisse der Anstalt:

a) **Amtsbezeichnung:** Nahrungsmittel-Untersuchungsamt der Stadt Magdeburg.

b) **Amtsbezirk:** Stadtkreis und Regierungsbezirk Magdeburg.

c) **Charakter der Anstalt:** Das Untersuchungsamt ist städtisch; die Anerkennung als öffentliche Anstalt im Sinne des § 17 des Reichsgesetzes vom 14. Mai 1879 ist beantragt, aber noch nicht erfolgt.

d) **Errichtung und geschichtliche Entwickelung:** Die Anstalt wurde aus städtischen Mitteln errichtet und am 1. Januar 1907 eröffnet. Sie steht in räumlicher Verbindung mit der von der Staatsverwaltung errichteten bakteriologischen Untersuchungsstelle.

e) **Aufsicht:** Der Magistrat der Stadt Magdeburg und der Kgl. Kreisarzt.

f) **Unterhaltung:** Die Gebühren für Weinuntersuchungen sind auf 25 Mk. für jede Probe festgesetzt. Die übrigen Untersuchungen erfolgen zu dem Einheitssatz von 6 Mk.

2. Verhältnisse der Beamten:

a) **Leiter:** Dr. phil. Georg Kappeller, 33 Jahre alt, Direktor, seit 1. November 1906 im Dienst, Remuneration für das Probejahr 3600 Mk., vorläufig nicht pensionsberechtigt angestellt.

b) **Technische Mitglieder:** 2 Assistenten, beide geprüfte Nahrungsmittelchemiker, Anfangsgehalt 2400 Mk. jährlich (nicht pensionsberechtigt).

c) **Sonstige Hilfskräfte:** 1 Buchhalterin, 1 Diener.

3. Tätigkeit der Anstalt:

Für die Verwaltungsbehörden des Regierungsbezirkes Magdeburg. Die Proben werden auf Aufforderung des Untersuchungsamtes von den einzelnen Polizeiverwaltungen entnommen. Es ist festgesetzt worden, daß jährlich auf je 200 Einwohner der Städte und auf je 400 Einwohner der ländlichen Gemeinden 1 Probe entnommen wird. In der Regel sollen 4 % dieser Proben aus Weinproben bestehen.

(36) Merseburg.

1. Verhältnisse der Anstalt:

a) **Amtsbezeichnung:** Öffentliches Nahrungsmittel-Untersuchungsamt der Stadt Merseburg.

b) **Amtsbezirk:** 10 Stadt- und Landkreise des Regierungsbezirks Merseburg (Eckartsberga, Mansfelder See, Merseburg, Naumburg, Sangerhausen, Weißenfels I und II, Zeitz I und II sowie Querfurt).

c) **Charakter der Anstalt:** Die Anstalt ist aus städtischen Mitteln errichtet und seit ihrem Bestehen öffentliche Anstalt im Sinne des § 17 des Reichsgesetzes vom 14. Mai 1879.

d) **Errichtung und geschichtliche Entwickelung:** Die Anstalt wurde am 1. Januar 1907 eröffnet.

e) **Aufsicht:** Der Magistrat der Stadt Merseburg und die Kgl. Regierung zu Merseburg.

f) **Unterhaltung:** Die Anstalt wird aus den Untersuchungsgebühren für die amtliche Kontrolle in den unter b) genannten 10 Kreisen unterhalten. Die Analysen werden zu einem Einheitssatz von vorläufig 6 Mk. (bei Weinproben jedoch je 25 Mk.) für Behörden ausgeführt. Im übrigen trägt die Unterhaltungskosten der Anstalt die Stadt Merseburg.

2. Verhältnisse der Beamten:

a) **Leiter:** Dr. phil. H. Witte, 32 Jahre alt, Direktor der Anstalt seit ihrem Bestehen, 4000 Mk. Gehalt, vorläufig nicht pensionsberechtigt angestellt, beeidigt von der Handelskammer Halle a. S., zugleich für den Bezirk des Kgl. Landgerichtes Halle a. S.

b) **Technische Mitglieder:** 1 Assistentin (vorläufig) mit 900 Mk. jährlicher Remuneration. Im Etat ist außerdem vorgesehen: 1 Assistent (geprüfter Nahrungsmittelchemiker) mit 2400 Mk. nicht pensionsberechtigtem jährlichem Gehalt.

c) **Sonstige Hilfskräfte:** Keine.

3. Tätigkeit der Anstalt:

Die Proben werden vorläufig durch die Polizeibehörden entnommen, und zwar entfallen in Stadtbezirken jährlich 5 Proben auf 1000 Einwohner und in Landbezirken 2,5 Proben. Von diesen Proben sollen 4 % aus Weinproben bestehen. Die Annahme von privaten Anträgen wird von Fall zu Fall entschieden; die Gebühren für solche fließen der Kämmereikasse zu.

(37) Moers.

1. Verhältnisse der Anstalt:

a) **Amtsbezeichnung:** Lebensmittel-Untersuchungsanstalt für den Kreis Moers.

b) **Amtsbezirk:** Kreis Moers und Kreis Geldern.

c) **Charakter der Anstalt:** Die Anstalt gehört dem Kreise Moers und ist öffentliche Anstalt im Sinne des § 17 des Reichsgesetzes vom 14. Mai 1879.

d) **Errichtung und geschichtliche Entwickelung:** Die Anstalt wurde am 1. April 1905 aus privaten Mitteln von dem jetzigen Leiter errichtet. Bis zum 1. Oktober 1905 wurden die bei der Durchführung des Nahrungsmittelgesetzes in dem Kreise Moers erforderlichen Untersuchungen in Ruhrort ausgeführt. In der Zeit vom 1. Oktober 1905 bis 1. Januar 1906 fand im Kreise Moers keine Lebensmittelkontrolle statt, weil die Genehmigung des Vertrages mit der Anstalt in Moers von der Regierung noch nicht eingegangen war. Vom 1. Januar 1906 ab wurden die amtlichen Untersuchungen der Anstalt in Moers überwiesen. Zu derselben Zeit erhielt die Anstalt auch die Untersuchungen für den Kreis Geldern, die bis dahin in Ruhrort ausgeführt worden waren.

Am 1. April 1907 wurde die Anstalt vorbehaltlich der Genehmigung der Regierung vom Kreise Moers übernommen, und zugleich wurde der bisherige Besitzer als Vorsteher der Anstalt auf 12 Jahre fest angestellt.

Der neue Amtsbezirk ist noch nicht endgültig festgelegt, doch wird auch in Zukunft das Amt für den Kreis Geldern zuständig sein.

e) **Aufsicht:** Der Landrat des Kreises Moers.

f) **Unterhaltung:** Die Zuschüsse zu den Kosten der Unterhaltung der Anstalt betrugen jährlich bei dem Kreise Moers 1500 Mk.; dieser Satz wurde am 1. 4. 1907 aufgehoben, weil das Amt durch den Kreis übernommen wurde. Der Kreis Geldern bezahlt bis zu seinem endgültigen Anschluß an die Anstalt jährlich 950 Mk. (einschl. 200 Mk. für Weinuntersuchungen). Die Analysen werden zu einem Einheitssatz von 6 Mk. ausgeführt, für Weinanalysen werden 15 Mk. berechnet.

2. **Verhältnisse der Beamten:**

a) **Leiter:** Dr. phil. W. Hübner, 33 Jahre alt, Vorsteher, nicht pensionsberechtigt angestellt; Anfangsgehalt jährlich 6000 Mk.

b) **Technische Mitglieder:** Keine.

c) **Sonstige Hilfskräfte:** 1 Diener.

3. **Tätigkeit der Anstalt:**

Die Nahrungsmittel-Proben werden teils durch den Leiter der Anstalt persönlich, teils durch Polizeibeamte entnommen.

Untersucht wurden im Jahre 1904 567 Proben, im Jahre 1906 aus dem Kreise Moers 300 amtliche Proben und aus dem Kreise Geldern 150 amtliche Proben. Eine Neuregelung des Umfanges der Kontrolle wird in nächster Zeit erfolgen.

(38) M.-Gladbach.

1. **Verhältnisse der Anstalt:**

a) **Amtsbezeichnung:** Chemisches Untersuchungsamt der Stadt M.-Gladbach.

b) **Amtsbezirk:** Kreise Gladbach-Stadt, Gladbach-Land (mit Ausnahme von Rheydt und Rheindahlen), Grevenbroich.

c) **Charakter der Anstalt:** Die Anstalt gehört der Stadt und ist seit dem Jahre 1896 öffentliche Anstalt im Sinne des § 17 des Reichsgesetzes vom 14. Mai 1879.

d) **Errichtung und geschichtliche Entwickelung:** Die Anstalt wurde im Jahre 1881 von dem Chemiker Dr. Neuhöffer aus privaten Mitteln errichtet und 1899 von der Stadt M.-Gladbach übernommen. Seit dem Jahre 1904 ist mit dem Untersuchungsamt eine Sterilisier-Anstalt für Kindermilch verbunden, welche die Aufgabe hat, eine einwandfreie Milch für Säuglinge herzustellen.

e) **Aufsicht:** Die Verwaltung der Stadt M.-Gladbach.

f) **Unterhaltung:** Die Anstalt erhält keine Zuschüsse vom Staat oder von der Stadt. Ihre Einnahmen aus Honoraranalysen und aus sonstiger Tätigkeit beliefen sich im Jahre 1905 auf ungefähr 16 000 Mk. Die Gebühren werden nach dem unter Mitwirkung des Kaiserl. Gesundheitsamtes herausgegebenen Entwurf von Gebührensätzen (siehe „Vereinbarungen", Heft III) berechnet, jedoch mit der Einschränkung, daß Bürger der Stadt M.-Gladbach 25 % Rabatt erhalten.

2. Verhältnisse der Beamten:

a) **Leiter:** Dr. phil. Hermann Nattermann, 38 Jahre alt, Vorsteher, 8 Jahre im Dienst, pensionsberechtigt angestellt, jährliches Gehalt 5000 bis 7500 Mk.

b) **Technische Mitglieder:** 1 Assistent, geprüfter Nahrungsmittelchemiker; Gehalt 3000—4500 Mk. jährlich (nicht pensionsberechtigt), nicht beeidigt.

c) **Sonstige Hilfskräfte:** 1 Diener.

3. Tätigkeit der Anstalt:

Die Entnahme der Proben geschieht durch den Vorsteher oder den Assistenten der Anstalt. Die Tätigkeit des Untersuchungsamtes erhellt aus folgenden Zahlen:

In den Jahren:	1900	1901	1902	1903	1904	1905	1906
Zahl der Proben:	2430	2667	2759	2487	2554	2795	2876

(39) Neuß am Rhein.

1. Verhältnisse der Anstalt:

a) **Amtsbezeichnung:** Öffentliches Untersuchungsamt des Kreises Neuß.

b) **Amtsbezirk:** Kreis Neuß, umfassend die Bürgermeistereien Neuß, Büderich, Büttgen, Dormagen, Glehn, Grefrath, Grimollinghausen, Heerdt, Holzheim, Kaarst, Nettesheim, Nierenheim, Norf, Rommerskirchen und Zons.

c) **Charakter der Anstalt:** Kreisuntersuchungsamt. Die Anerkennung des Amtes als öffentliche Anstalt im Sinne des § 17 des Reichsgesetzes vom 14. Mai 1879 ist durch Erlaß vom 14. Juni 1907 erfolgt.

d) **Errichtung und geschichtliche Entwickelung:** Ursprünglich war die Anstalt mit dem städtischen Untersuchungsamt in Düsseldorf verbunden. Der einschlägige Vertrag wurde am 1. April 1905 aufgehoben und es wurde beschlossen, ein selbständiges Untersuchungsamt zu errichten. Der Kostenanschlag stellte sich auf 25 000 Mk., wovon 10 500 Mk. für die innere Einrichtung verwendet werden sollen. Neben der polizeilichen Nahrungsmittelkontrolle hat das Amt die Untersuchung des aus dem Auslande eingehenden Fettes gemäß dem Gesetze vom 3. Juni 1900 auszuführen. Die Eröffnung der Anstalt erfolgte am 1. Juli 1907. Für das Untersuchungsamt ist ein neues Dienstgebäude errichtet worden, welches im Erdgeschoß das Hauptlaboratorium, die Registratur und die Spülkammer enthält. Im Obergeschoß befinden sich das Bureau und das Privatlaboratorium des Vorstehers, die Bibliothek und ein Zimmer für polarimetrische Arbeiten. Außerdem sind Boden- und Kellerräume vorhanden.

e) **Aufsicht:** Der Vorsteher des Untersuchungsamtes ist dem Vorsitzenden des Kreisausschusses, dem Königlichen Landrate, für ordnungsgemäße Geschäftsführung verantwortlich.

f) **Unterhaltung:** Der Zuschuß zu den Kosten der Unterhaltung der Anstalt ist vom Kreise vorläufig auf 2015 Mk. jährlich veranschlagt.

2. Verhältnisse der Beamten:

a) **Leiter:** Dr. phil. August Kraus, 33 Jahre alt, Nahrungsmittelchemiker, Vorsteher. Nach einem Probejahre ist die feste Anstellung auf 12 Jahre mit Pensionsberechtigung im Falle einer Dienstbeschädigung vereinbart. Gehalt jährlich 3400—4600 Mk. und 600 Mk. Wohnungsgeld.

b) **Technische Mitglieder:** 1 Assistent (Nahrungsmittelchemiker) mit 2400 Mk. jährlichem nicht pensionsfähigem Gehalte.

c) **Sonstige Hilfskräfte:** 1 Diener mit 850 Mk. jährlicher Entschädigung.

3. **Tätigkeit der Anstalt:**

Neben den Untersuchungen für die Polizei- und Gerichtsbehörden des Kreises werden Aufträge von anderen Behörden und Privaten ausgeführt. Außerdem liegt dem Untersuchungsamte die Ausführung der chemischen Untersuchungen von Fett, welche an der in Neuß errichteten Untersuchungstelle des in das Zollinland eingehenden Fettes vorzunehmen sind, nach Maßgabe des Vertrages zwischen dem Fiskus und dem Kreise ob. Die Probeentnahme erfolgt durch besonders angeleitete Polizei-Exekutivbeamte; außerdem finden durch den Vorsteher der Anstalt Revisionen des Marktverkehrs und der Lebensmittelverkaufsstellen statt, bei welchen die feilgebotenen Gegenstände geprüft und in Verdachtsfällen Proben entnommen werden.

(40) Oberhausen.

1. **Verhältnisse der Anstalt:**

a) **Amtsbezeichnung:** Öffentliches Nahrungsmitteluntersuchungsamt der Stadt Oberhausen.

b) **Amtsbezirk:** Stadtkreis Oberhausen.

c) **Charakter der Anstalt:** Die Anstalt ist aus städtischen Mitteln errichtet und seit dem 12. September 1905 öffentliche Anstalt gemäß § 17 des Reichsgesetzes vom 14. Mai 1879.

d) **Errichtung und geschichtliche Entwickelung:** In Oberhausen bestand seit dem Jahre 1893 eine öffentliche Untersuchungsanstalt, welche vertragsmäßig die Überwachung des Lebensmittelverkehrs ausübte und von dem geprüften Nahrungsmittelchemiker Dr. Großmann geleitet wurde. Am 1. Mai 1905 hat die Stadt Oberhausen ein eigenes Untersuchungsamt eröffnet, mit dessen Leitung zunächst der Nahrungsmittelchemiker Dr. Behre (jetzt in Chemnitz) betraut wurde. Am 15. Juli 1906 übernahm der jetzige Vorsteher die Leitung des Amtes.

e) **Aufsicht:** Stadtverwaltung Oberhausen.

f) **Unterhaltung:** Irgendwelche Zuschüsse erhält das Amt nicht. Die Höhe der Einnahmen aus Honoraranalysen und sonstiger Tätigkeit belief sich im Jahre 1905 auf 5200 Mk. Die Nahrungsmitteluntersuchungen werden der Polizeibehörde mit je 5 Mk. in Anrechnung gebracht. Für städtische Betriebe und Private erfolgt die Berechnung der Analysen nach dem unter Mitwirkung des Kaiserl. Gesundheitsamtes herausgegebenen Entwurf von Gebührensätzen (siehe „Vereinbarungen“, Heft III).

2. **Verhältnisse der Beamten:**

a) **Leiter:** Dr. phil. Gerhard Heuser, Nahrungsmittelchemiker, 31 Jahre alt, Vorsteher, seit Juli 1906 im Dienst; Gehalt 4000 Mk. jährlich (nicht pensionsberechtigt). Die allgemeine Beeidigung ist beantragt, aber noch nicht erfolgt.

b) **Technische Mitglieder:** Keine.

c) **Sonstige Hilfskräfte:** 1 Schreiberlehrling.

3. **Tätigkeit der Anstalt:**

Die Nahrungsmittel-Proben werden durch einen besonders ausgebildeten Polizeisergeanten entnommen.

Im Jahre 1905 wurden 514 Proben und im Jahre 1906 896 Proben untersucht. Eine besondere Tätigkeit wurde auf dem Gebiete der Abwasserfrage und Wasserversorgung entfaltet. Im Jahre 1906 mußten 558 Wasserproben auf ihren Keimgehalt untersucht werden, so daß auf dieses Jahr im ganzen 1454 Proben entfallen.

(41) Reichenbach i. Schl.

1. **Verhältnisse der Anstalt:**

a) **Amtsbezeichnung:** Chemisches Untersuchungsamt der Stadt Reichenbach.

b) **Amtsbezirk:** Die Kreise Reichenbach-Stadt und Land, Schweidnitz-Stadt und Land sowie Nimptsch.

c) **Charakter der Anstalt:** Die Anstalt ist aus städtischen Mitteln errichtet. Ihre Anerkennung als öffentliche Anstalt im Sinne des § 17 des Reichsgesetzes vom 14. Mai 1879 ist beim Ministerium beantragt worden.

d) **Errichtung und geschichtliche Entwickelung:** Die Anstalt wurde am 1. Juli 1907 eröffnet.

e) **Aufsicht:** Der Magistrat der Stadt Reichenbach.

f) **Unterhaltung:** Die Einwohnerzahl der drei Kreise beträgt etwa 200000. Da auf je 300 Einwohner 1 Probe im Jahre entfällt, so dürften rund 700 Proben jährlich durch die Polizeibehörden eingeliefert werden. Diese Proben werden zu einem Durchschnittspreise von je 6 Mk. untersucht. Außerdem fallen der Anstalt die Strafgelder zu. Untersuchungen für Privatpersonen werden nach dem Tarif des städtischen Untersuchungsamtes in Breslau (vergl. Nr. 20) berechnet.

2. **Verhältnisse der Beamten:**

a) **Leiter:** Dr. phil. Georg Matz, Nahrungsmittelchemiker, 36 Jahre alt, Vorsteher des chemischen Untersuchungsamtes; Gehalt 3600 Mk.; Anstellung mit halbjährlicher Kündigungsfrist bei Beamtenqualifikation; vereidigt durch den Magistrat.

b) **Technische Mitglieder:** Keine.

c) **Sonstige Hilfskräfte:** 1 Laboratoriumsgehilfe.

3. **Tätigkeit der Anstalt:**

Neben der amtlichen Kontrolle der Nahrungsmittel sollen Untersuchungen physiologischer Art (in erster Linie für die Ärzte) und technischer Art (für die industriellen Betriebe der Umgebung) ausgeführt werden.

(42) Rheydt.

1. **Verhältnisse der Anstalt:**

a) **Amtsbezeichnung:** Öffentliches Nahrungsmittel-Untersuchungsamt der Stadt Rheydt.

b) **Amtsbezirk:** Stadt Rheydt; im übrigen noch unbestimmt.

c) **Charakter der Anstalt:** Die Anstalt wird aus städtischen Mitteln unterhalten und ist seit ihrem Bestehen öffentliche Anstalt im Sinne des § 17 des Reichsgesetzes vom 14. Mai 1879.

d) **Errichtung und geschichtliche Entwickelung:** Vor Errichtung des städtischen Amtes wurden die für die Nahrungsmittelpolizei erforderlichen chemischen Untersuchungen in dem städtischen Nahrungsmittel-Untersuchungsamt zu München-Gladbach ausgeführt. Im November 1901 errichtete die Stadt Rheydt für sich ein eigenes chemisches Untersuchungsamt. Der Anschluß anderer Gemeinden an diese Anstalt wird angestrebt und schweben noch Verhandlungen nach dieser Richtung.

Durch Vertrag mit der Kgl. Regierung in Aachen werden die aus dem Auslande über das Zollamt Dalheim in das Inland eingehenden Fett- und Fleischsendungen von dem Untersuchungsamt in Rheydt den Bestimmungen des Gesetzes vom 3. Juni 1900 entsprechend untersucht. Am 1. April 1907 wurde das Amt vollständig städtisch, indem der bisherige Inhaber als Vorsteher und städtischer Beamter auf 12 Jahre pensionsberechtigt angestellt wurde.

e) **Aufsicht:** Der Bürgermeister der Stadt Rheydt.

f) **Unterhaltung:** Da die Anstalt noch in der ersten Entwickelung begriffen ist, lassen sich Angaben über die Gestaltung des Etats noch nicht machen.

2. Verhältnisse der Beamten:

a) **Leiter:** Dr. phil. Paul Klavehn, 40 Jahre alt, 5 Jahre in Rheydt tätig, Vorsteher. Seit dem 1. April 1907 erhält der Leiter unter Anrechnung seiner bisherigen Tätigkeit ein Gehalt von 5000—6500 Mk. jährlich. Die Gehaltserhöhungen finden alle 3 Jahre um je 300 Mk. statt. Die Anstellung ist mit Pensionsberechtigung erfolgt.

b) **Technische Mitglieder:** Keine.

c) **Sonstige Hilfskräfte:** 1 Diener.

3. Tätigkeit der Anstalt:

Die Proben werden durch Polizeibeamte entnommen. Es wurden untersucht:

In den Jahren:	1902	1903	1904	1905	1906
Proben:	956	1497	1881	2616	1808

(43) Waldenburg i. Schl.

Verhältnisse der Anstalt:

a) **Amtsbezeichnung:** Öffentliches Chemisches Untersuchungsamt der Stadt Waldenburg i. Schl.

b) **Amtsbezirk:** Stadtkreis Waldenburg, Kreise Waldenburg und Striegau.

c) **Charakter der Anstalt:** Die Anstalt ist aus städtischen Mitteln errichtet und seit dem 1. Mai 1907 öffentliche Anstalt im Sinne des § 17 des Reichsgesetzes vom 14. Mai 1879.

d) **Errichtung und geschichtliche Entwickelung:** Die Eröffnung der Anstalt hat im Mai 1907 stattgefunden.

e) **Aufsicht:** Magistrat der Stadt Waldenburg.

f) **Unterhaltung:** Für die Stadt- und Landgemeinden der Kreise Waldenburg und Striegau soll die Gebühr für jede Untersuchung 6 Mk. betragen; ausgenommen sind umfangreichere Untersuchungen (z. B. von Wein und Bier), für welche die Gebühren nach dem Zeitaufwande (3 Mk. für die Stunde) berechnet werden sollen. Im übrigen werden die Untersuchungsgebühren nach dem unter Mitwirkung des Kaiserl. Gesundheitsamtes herausgegebenen Entwurf von Gebührensätzen (siehe „Vereinbarungen" Heft III) berechnet.

2. Verhältnisse der Beamten:

a) **Leiter:** Dr.-Ing. Ludwig Hartwig, 29 Jahre alt, Diplom-Ingenieur, Apotheker und Nahrungsmittelchemiker, Vorsteher des chemischen Untersuchungsamtes. Gehalt vorläufig 3600 Mk. jährlich, ohne Pensionsberechtigung.

b) **Technische Mitglieder:** 1 unbesoldeter wissenschaftlicher Hilfsarbeiter.

c) **Sonstige Hilfskräfte:** 1 Schreibhilfe und 1 Reinmachefrau.

3. Tätigkeit der Anstalt:

Die Anstalt führt nicht nur die für die amtliche Nahrungsmittelkontrolle erforderlichen Untersuchungen aus, sondern ist auch für das Gas- und Wasserwerk der Stadt Waldenburg, sowie für andere Behörden und auch für Privatpersonen tätig.

In der Stadt Waldenburg findet eine ambulante Nahrungsmittelkontrolle statt. Alle 2 Monate wird in sämtlichen Geschäften der Stadt (mit Ausnahme der Fleischereien, die von dem Schlachthofdirektor revidiert werden) von dem Vorsteher des Amtes Nachschau gehalten. Hierbei werden einfache Prüfungen an Ort und Stelle ausgeführt und nach Auswahl Proben entnommen.

In den Kreisen Waldenburg und Striegau erfolgt die Probeentnahme durch Polizeibeamte, die für diesen Dienst von dem Untersuchungsamt „Grundsätze für die Probeentnahme" und einen „Terminkalender für den Zeitpunkt der Probeneinsendung" erhalten haben.

Die Milchkontrolle regelt sich nach den erlassenen Polizeiverordnungen. Sie besteht im wesentlichen in einer polizeilichen Vorprüfung, bei der auch ohne besonderen Anlaß Stichproben entnommen werden und in einer eingehenden chemischen Untersuchung der als verdächtig und als Stichproben entnommenen Proben. Die Vorprüfung findet in der Stadt Waldenburg unter Mitwirkung des Schlachthofdirektors (Tierarztes) statt.

Die Weinkontrolle wird in beiden Kreisen von dem Vorsteher des Untersuchungsamtes ausgeübt.

Nach Anordnung des Regierungspräsidenten muss auf je 300 Einwohner mindestens 1 Probe entnommen werden, so dass jährlich mindestens rund 700 Proben zur Untersuchung gelangen.

C. Von Landwirtschaftskammern errichtete Anstalten.

(44) Berlin.

1. Verhältnisse der Anstalt:

a) **Amtsbezeichnung:** Nahrungsmittel-Untersuchungsamt der Landwirtschaftskammer für die Provinz Brandenburg. Berlin NW. 40, Kronprinzen-Ufer 5/6.

b) **Amtsbezirk:** Provinz Brandenburg mit Ausnahme des Landespolizeibezirks Berlin, der Polizeiverwaltungen Frankfurt a. O. und Landsberg a. W., sowie der Kreise Lebus, West-Sternberg, Kottbus Stadt und Land und einiger anderer Orte.

c) **Charakter der Anstalt:** Die Anstalt wurde von der Landwirtschaftskammer für die Provinz Brandenburg errichtet. Sie ist seit dem 12. Februar 1897 öffentliche Anstalt im Sinne des § 17 des Reichsgesetzes vom 14. Mai 1879 und durch Erlaß des Staatsministeriums vom 5. Januar 1905 den staatlichen Anstalten im Sinne des § 16 der Prüfungsvorschriften für die Nahrungsmittelchemiker vom 22. Februar 1894 gleichgestellt.

d) **Errichtung und geschichtliche Entwickelung:** Das Untersuchungsamt wurde im Jahre 1896 errichtet. Durch Erlaß des Oberpräsidenten der Provinz Brandenburg vom 9. Dezember 1902 wurde verfügt, daß in Ortschaften mit über 2000 Einwohnern aus jedem Geschäft mindestens eine Probe jährlich, aus kleineren Orten in 2—3 jährigen Zwischenräumen aus jedem Geschäft eine Probe im Jahre entnommen werden soll. Hierdurch trat gegen früher eine bedeutende Steigerung der Tätigkeit des Amtes ein, weshalb eine Vermehrung des Personals und der Betriebsmittel erfolgen mußte. Seit ungefähr derselben Zeit übt die Anstalt auch die Weinkontrolle in zahlreichen Orten der Provinz Brandenburg in dreijährigem Turnus aus.

e) **Aufsicht:** Landwirtschaftskammer für die Provinz Brandenburg und Oberpräsidium der Provinz Brandenburg.

f) **Unterhaltung:** Ständige Zuschüsse vom Staat oder von Kommunalverbänden erhält die Anstalt nicht. Die Einnahmen aus Honoraranalysen für Polizeibehörden etc., Geldstrafen, Wein- und Wasserkontrolle beliefen sich im Jahre 1906 auf 42 000 Mk. Die Gebühren werden nach einem besonderen Tarif berechnet und schwanken für gewöhnliche Untersuchungen zwischen 1,50 Mk. und 6 Mk. Für Private und beanstandete Proben werden die Gebühren nach dem unter Mitwirkung des Kaiserl. Gesundheitsamtes herausgegebenen Entwurf von Gebührensätzen (s. „Vereinbarungen“, Heft III) berechnet.

2. Verhältnisse der Beamten:

a) **Leiter:** Dr. phil. Eduard Baier, 39 Jahre alt, Direktor, Nahrungsmittelchemiker. Gehalt 4500 Mk. jährlich, 300 Mk. persönliche Zulage und 900 Mk. Wohnungsgeldzuschuß; seit 11 Jahren im Dienst der Kammer. Das Gehalt und der Wohnungsgeldzuschuß sind pensionsberechtigt; $^1/_4$-jährige Kündigungsfrist.

b) **Technische Mitglieder:** 6 Assistenten, vertragsmäßig mit $^1/_4$-jährlicher Kündigungsfrist angestellt; sie sind sämtlich geprüfte Nahrungsmittelchemiker. Einkommen derselben: 1. Assistent 3000 Mk. Gehalt und 900 Mk. Wohnungsgeldzuschuß; 2. bis 5. Assistent je 2400 Mk. und 540 Mk. Wohnungsgeldzuschuß; 6. Assistent 2400 Mk. Gehalt (sämtliche Stellen nicht pensionsberechtigt).

c) **Sonstige Hilfskräfte:** 1 Sekretär 1800 Mk. Gehalt und 540 Mk. Wohnungsgeldzuschuß; 1 Hilfsarbeiter 1800 Mk. Gehalt; 1 Hilfsarbeiter 960 Mk. Gehalt; 1 Laboratoriumsdiener 1440 Mk. Gehalt und freie Wohnung, 1 Laboratoriumsdiener 960 Mk. Gehalt.

3. Tätigkeit der Anstalt:

In einigen Kreisen der Provinz entnehmen sachverständige Chemiker des Amtes die Proben, in den meisten Fällen geschieht jedoch die Probeentnahme durch die Polizeibehörden. Untersuchungen auf anderen Gebieten als auf dem der Nahrungsmittelkontrolle spielen keine wesentliche Rolle.

Aus der Tätigkeit der Anstalt sei erwähnt:

In den Jahren	1900	1901	1902	1903	1904	1905	1906
Zahl der Proben	3589	3756	4350	6569	7273	7362	8916
Zahl der Gutachten und Korrespondenzen	—	—	874	2145	2707	2664	3033

Wissenschaftliche Untersuchungen werden im Anschluß an die Kontrolltätigkeit in den einzelnen fünf Abteilungen des Amtes ausgeführt.

(45) Bonn.

1. Verhältnisse der Anstalt:

a) **Amtsbezeichnung:** Öffentliche Anstalt zur Untersuchung von Nahrungs- und Genußmitteln der Versuchsstation des landwirtschaftlichen Vereins für Rheinpreußen.

b) **Amtsbezirk:** Stadtkreis Bonn und Bürgermeisterei Vilich.

c) **Charakter der Anstalt:** Die Anstalt gehört dem landwirtschaftlichen Verein für Rheinpreußen. Sie ist seit 31. Januar 1902 öffentliche Anstalt im Sinne des § 17 des Reichsgesetzes vom 14. Mai 1879 und gemäß älterer Verfügung des Herrn Kultusministers praktische Ausbildungsstelle für Nahrungsmittel-Chemiker (gemäß dem Bundesratsbeschluß vom 22. Februar 1894).

d) **Errichtung und geschichtliche Entwickelung:** Die Anstalt wurde im Jahre 1855 durch den oben genannten Verein gegründet. Sie beschäftigte sich anfangs nur mit wissenschaftlichen Untersuchungen, zog aber bald die Kontrolle des Verkehrs mit Düngemitteln, Futterstoffen und Saatwaren in den Kreis ihrer Tätigkeit, und dieser Teil bildet nun schon seit vielen Jahren ihr Hauptarbeitsgebiet. Später übernahm sie auch die Untersuchung von Nahrungsmitteln und wurde besonders dazu von der Stadt Bonn und der Bürgermeisterei Vilich beauftragt.

Vom Jahre 1898 ab werden in Bonn die in Ausübung der Nahrungsmittelkontrolle nötigen Untersuchungen vorwiegend in dem Chemischen Institut der Kgl. Universität ausgeführt.

e) **Aufsicht:** Der Vorstand des landwirtschaftlichen Vereins für Rheinpreußen.

f) **Unterhaltung:** Die Einnahme im Etatsjahre 1905 betrug:

Zuschuß von der Provinzial-Verwaltung	Mk.	3 000,00
Aus der Samen- und Futtermittelkontrolle	„	18 050,44
Aus der Düngerkontrolle	„	37 834,32
Aus der Lebensmittelkontrolle und für technische Untersuchungen	„	7 407,51
Aus Untersuchungen etc. der Molkereiabteilung	„	1 858,36
Unvorhergesehene Einnahmen	„	92,87
Von der Stadt Bonn für die Untersuchung von 80 Proben von Nahrungsmitteln	„	150,00
Summe der Einnahmen	Mk.	68 393,50

Die Gebührenberechnung erfolgt nach besonderem Tarif (s. f. S.). Diese Gebührensätze sind jedoch keine feststehenden, sondern erfahren je nach dem Arbeitsumfange eine Abänderung.

Tarif der chemischen Versuchsstation zu Bonn,

vom Oberpräsidium der Rheinprovinz und den Kgl. Behörden anerkannte amtliche Untersuchungsstelle für Nahrungsmittel und Gebrauchsgegenstände.

Eigentümer der Anstalt: Landwirtschaftlicher Verein für Rheinpreußen.

Nr.	Gegenstand der Untersuchung	Einzusendendes Quantum	Preis der Untersuchung qualitativ Mk.	quantitat. Mk.
	A. Nahrungsmittel und Genußmittel.			
1.	**Bier.**			
	Asche	1 l	—	3
	Alkohol	1 l	—	3
	Extrakt	1 l	—	3
	Glycerin	1 l	—	9
	Gummiartige Stoffe	1 l	—	9
	Kohlensäure	1 l	—	4,50
	Phosphorsäure	1 l	—	9
	Proteinsubstanzen	1 l	—	6
	Säure (Milchsäure. Essigsäure, Bernsteinsäure)	1 l	—	3
	Spezifisches Gewicht	1 l	—	1
	Würzegehalt, ursprünglicher	1 l	—	3
	Zucker (Fehling-Gewichtsmethode)	1 l	—	7,50
	Ob gut vergoren	1 l	—	1,50
	Prüfung auf Hopfensurrogate	3 l	22,50	—
	Fremde Bestandteile, wie Salicylsäure etc.	1 l	3	—
	Gesamtanalyse (exkl. Aschenanalyse und Untersuchung auf Hopfensurrogate)	3 l	—	60
	Vollständige Aschenanalyse s. b. Wein Pos. 33.			
	Nachweis von Stärkezucker durch Dialyse	—	9	—
	Nachweis von Zuckercouleur	—	3	—
	Gewöhnliche Handelsanalyse	—	—	22,50
2.	**Branntwein, Rum, Kognak und Likör.**			
	Asche	100 g	—	3
	Alkohol	100 g	—	3
	Extrakt	100 g	—	3
	Farbstoffe, Nachweis giftiger	300 g	6	—
	Fuselöl	100 g	4	—
	Säure	100 g	—	3
	Spezifisches Gewicht	100 g	—	1
	Zucker (Rohrzucker durch Polarisation)	100 g	—	3
	Metallische Beimengungen	500 g	4,50	—
	Gesamtanalyse (exkl. Untersuchung auf Zusätze und Farbstoffe)	500 g	—	18
3.	**Brot, Backwaren, Mehl, Stärke.**			
	Siehe auch Bäckerei und Müllerei C. Pos. 1.			
	Asche	100 g	—	3
	Mineralische Beimengungen	100 g	3	6—12
	Mutterkorn	100 g	3	—
	Wassergehalt	100 g	—	3
	Mikroskopische Untersuchung	100 g	3	—
4.	**Butter, Schmalz, Kunstbutter.**			
	Asche	100 g	—	3
	Fettgehalt	100 g	—	4
	Kochsalz	100 g	—	3
	Wassergehalt	100 g	—	2
	Fremde Beimengungen, wie Kartoffelmehl, Stärke etc.	100 g	3	—
	Metallische Beimengungen	100 g	4,50	—

Nr.	Gegenstand der Untersuchung	Einzusendendes Quantum	Preis der Untersuchung qualitativ Mk.	quantitat. Mk.
	Prüfung auf fremde Fette	250 g	—	10
	Ermittelung des spez. Gewichtes des Butterfettes bei 100° C	100 g	—	3
5.	**Essenzen.**			
	Prüfung auf Farbstoffe	200 g	4—15	—
6.	**Essig.**			
	Essigsäuregehalt	100 g	—	2
	Freie Mineralsäuren	100 g	3	6
	Metallische Beimengungen	100 g	4	8
	Prüfung des Weinessigs auf Echtheit (Weinstein, Extrakt, Glycerin)	500 g	—	12
7.	**Farben** für Nahrungs- und Genußmittel:			
	Nach Arbeitsaufwand	100 g	6	6—15
8.	**Fett**, siehe Butter.			
9.	**Fleisch.**			
	Nach Arbeitsaufwand	500 g	—	—
10.	**Fleischextrakt.**			
	Asche	100 g	—	4
	Chlor	100 g	—	7,50
	Eisenoxyd	100 g	—	7,50
	Kali	100 g	—	13
	Kalk	100 g	—	7,50
	Natron	100 g	—	13
	Phosphorsäure	100 g	—	9
	Stickstoff	100 g	—	6
	Wasser	100 g	—	4
	Von der Trockensubstanz in 90% Alkohol lösliche resp. unlösliche Bestandteile	100 g	—	6
11.	**Fruchtsäfte und Fruchtgelees.**			
	Eingekochte Früchte:			
	Fremde Zusätze, wie Farbstoffe etc.	200 g	4—15	—
	Alkohol	—	—	3
	Säure	—	—	2
	Ermittelung des Zuckergehalts und Prüfung auf Stärkezucker	—	—	8
12.	**Geheimmittel**, nach Vereinbarung.			
13.	**Gewürze.**			
	Untersuchung auf grobe Verfälschungen (Ermittelung des Gehaltes an Mineralstoffen u. Extraktbestandteilen)	100 g	—	6
	Mikroskopische Untersuchung	25 g	3	—
14.	**Honig.**			
	Untersuchung auf Reinheit (durch mikroskopische Prüfung, Zuckerbestimmung vor und nach dem Invertieren, Polarisation)	250 g	—	20
15.	**Hefe.**			
	Ermittelung des Gehaltes an Wasser, Stärkemehl und Mineralstoffen	100 g	—	9
	Ermittelung der Quantität Kohlensäure, welche dieselbe entwickelt u. mikroskopische Prüfung	100 g	—	9
16.	**Käse.**			
	Prüfung auf fremde Beimischungen	50 g	6	—
	Prüfung auf schädliche Metalle (Blei, Kupfer etc.)	50 g	6	—

Nr.	Gegenstand der Untersuchung	Einzusendendes Quantum	Preis der Untersuchung qualitativ Mk.	quantitat. Mk.
17.	**Kaffee und Kaffeesurrogate.** Siehe Kakao A. 18.			
18.	**Kakao, Schokolade, Tee, Kaffee und Kaffeesurrogate.**			
	Asche	100 g	—	3
	Fett	100 g	—	4
	Gerbsäure	100 g	—	7,50
	Coffein (Thein), Theobromin à	100 g	—	22,50
	Phosphorsäure	100 g	—	9
	Untersuchung von gemahl. Kaffee auf Cichorien	100 g	3	5
	Wassergehalt	100 g	—	2
	Zucker	100 g	—	7,50
	Fremde Blätter im Tee	10 g	3	—
	Kaffeebohnen: Echtheit, künstliche Färbung	20 g	2	—
	Metallische Beimengungen	100 g	4,50	—
	Zusätze, wie Stärke, mineralische Bestandteile	100 g	4	6—15
19.	**Konditorwaren.**			
	Giftige Farben	100 g	6	—
20.	**Konserven** (Fleisch, Gemüse etc.).			
	Prüfung auf schädliche Metalle	1 Büchse	4,50	—
	Prüfung auf Bakterien und Pilze	1 Büchse	5	—
21.	**Mehl.** Siehe Brot A. 3.			
22.	**Milch.**			
	a) Fettgehalt (bei mindestens 100 Untersuchungen) innerhalb eines Jahres	30—50 g	—	0,20
	einzelne Untersuchungen	30—50 g	—	1,00
	b) Fett in Magermilch (Zentrifugenmilch)	30—50 g	—	2,00
	c) Spezifisches Gewicht und Fett (bei mindestens 100 Untersuchungen) innerhalb eines Jahres	1/2 l	—	0,40
	einzelne Untersuchungen	1/2 l	—	2,00[1])
	d) Trockensubstanz durch Wägung	1/2 l	—	2,00[1])
	e) Casein, Albumin, zusammen	100 g	—	4
	f) Albumin allein	100 g	—	5
	g) Milchzucker	1/2 l	—	7
	h) Trockensubstanz und Asche	1/4 l	—	4
	Gefäße und Versandkisten liefert die Versuchsstation auf Wunsch und zwar zum Selbstkostenpreise. Die Gefäße enthalten ein Konservierungsmittel, durch welches die Milch unbegrenzt lange Zeit haltbar bleibt. Dasselbe ist indes gesundheitsschädlich und darf nicht für andere Zwecke gebraucht werden. Soll nur der Fettgehalt der Milch festgestellt werden, so werden Kisten mit 40 oder 100 oder 200 Probegläsern geliefert; für die unter c und d erwähnten Untersuchungen kann jede beliebige Zahl von Flaschen abgegeben werden.			
23.	**Mineralwässer, künstliche** (Selter-, Sodawasser etc.)			
	Prüfung auf schädliche Metalle	1 Flasche	5	—
24.	**Schmalz.** Siehe Butter A. 4.			
25.	**Safran.**			
	Prüfung auf Verfälschung durch fremde Pflanzenfasern und Beimengung von beschwerenden mineralischen Zusätzen, wie Gips, Kalk etc.	10 g	3—10	10—20

[1]) Für Molkereien, welche mit der Versuchsstation im Sinne des § 13 der Betriebsordnung der Abteilung für Milchwirtschaft in Beziehung stehen, werden die Feststellungen von spezifischem Gewicht, Fettgehalt und Trockensubstanz zusammen für 2 Mk. ausgeführt.

Nr.	Gegenstand der Untersuchung	Einzusendendes Quantum	Preis der Untersuchung qualitativ Mk.	quantitat. Mk.
	Ätherextrakt	10 g	—	4
	Feuchtigkeit und Mineralstoffe	10 g	—	4
26.	**Senf.**			
	Prüfung auf Reinheit	50 g	6	—
27.	**Speiseöl.**			
	Prüfung auf Reinheit als Olivenöl	50 g	6	—
28.	**Schnupftabak.**			
	Prüfung auf Bleigehalt	50 g	6	—
29.	**Stärke**, siehe Brot A. 3.			
	Ermittelung von Stärkesirup	100 g	10	10
	Wassergehalt	50 g	—	3
30.	**Tabak.**			
	Gehalt an Nikotin	100 g	—	9
31.	**Tee**, siehe Kakao usw., A. 18.			
32.	**Wasser.**			
	A. Trinkwasser:			
	Prüfung auf Reinheit als Trinkwasser (Abdampf- und Glührückstand, Chlor, Oxydierbarkeit (quantitativ), Kalk, Schwefelsäure, Ammoniak, Salpeter, salpetrige Säure (qualitativ)	1 l	—	10
	Bakteriologische Untersuchung	1 l	3—25	—
	B. Wasser für technische Zwecke siehe C. 22.			
	C. Natürliche Mineralwässer:			
	Vollständige Analyse	mehrere Ballons	—	300—1000
33.	**Wein.**			
	A. Gewöhnliche Handelsanalysen:			
	a) Spezif. Gewicht, Alkohol, Extrakt, Mineralstoffe (Asche), Reaktion der Asche, Säure, Polarisation	1 Flasche	—	12,50
	b) bei Untersuchung von Rotwein die unter a) angegebenen Analysen inkl. Prüfung auf Fuchsin und Gipsung (Schwefelsäure)	1 Flasche	—	18
	c) Prüfung wie a) und außerdem auf den Gehalt an Phosphorsäure, Kalk, Magnesia, Chlor, Glycerin	2 Flaschen	—	40
	d) Prüfung wie b) und außerdem auf den Gehalt an Phosphorsäure, Kalk, Magnesia, Chlor, Glycerin	2 Flaschen	—	45
	B. Einzelne Bestimmungen:			
	Spezifisches Gewicht	1 Flasche	—	1
	Spezifisches Gewicht, entgeistet	„	—	2
	Alkohol	„	—	3
	Freie Säuren (auf Weinsäure berechnet)	„	—	2
	Extrakt, berechnet	„	—	3
	„ gefunden	„	—	3 } 4
	Mineralstoffe (Asche)	„	—	3 } 4
	Polarisation, direkt (Wild 200 mm Rohrlänge)	„	—	3 } 5
	Polarisation, invertiert	„	—	3 } 5
	„ nach dem Vergären	„	—	5
	„ konzentriert	„	—	3
	„ Alkoholfällung	„	—	6
	Weinstein	„	—	3
	Freie Weinsäure	„	—	9
	Schwefelsaures Kali	„	—	3
	Reaktion der Mineralstoffe	„	—	1

Nr.	Gegenstand der Untersuchung	Einzusendendes Quantum	Preis der Untersuchung qualitativ Mk.	quantitat. Mk.
	Glycerin	1 Flasche	—	9
	Zucker	„	—	7,50
	Nichtflüchtige Säure (auf Weinsäure berechnet)	„	—	3} 4,50
	Flüchtige Säuren (auf Weinsäure berechnet)	„	—	3}
	Gerbsäure	„	—	7,50
	Weinsäure	„	—	9}
	Äpfelsäure	„	—	12} 27
	Bernsteinsäure	„	—	12}
	Stickstoff	„	—	4
	Nachweis ungegorener Bestandteile von zuges. Stärkezucker	3/4—1/2 l	3—15	—
	Nachweis von zugesetztem Gummi	1/4 l	3	—
	Nachweis von zugesetzter Salicylsäure	1/4 l	3	—
	Nachweis von Fuchsin-Farbstoff im Rotwein	1/4 l	2	—
	Mikroskopische Untersuchung	1/4 l	5	—
	Schwefelsäure	1 Flasche	—	4
	Phosphorsäure	„	—	8
	Chlor	„	—	4
	Kalk	„	—	4} 8
	Magnesia	„	—	6}
	Kali	„	—	10} 13
	Natron	„	—	10}
	Mangan	„	—	13
	Eisen	„	—	6
	Tonerde	„	—	9
	Kieselsäure	„	—	4
	Prüfung auf Gipszusatz	1/4 l	—	4
34.	**Wurst.**			
	Prüfung auf Zusatz von Mehl	100 g	1	7,50
	Prüfung auf künstliche Färbung	100 g	4	—
35.	**Zucker.**			
	Zuckergehalt	100 g	—	3
	B. Gebrauchsgegenstände.			
1.	**Bleicherei-Artikel.**			
	Ermittelung des Chlorgehaltes im Chlorkalk	100 g	—	7
	Sonstige Bleichsalze nach Tarif E. 3.			
2.	**Emaille.**			
	Siehe Kochgeschirr B. 6.			
3.	**Gefärbte Gegenstände.**			
	(Untersuchung gemäß der Kaiserlichen Verordnung vom 1. Mai 1882.)			
	Untersuchung von Farben, Papier, Bekleidungsstoffen, Tapeten, Gummiwaren, Kinderspielsachen auf giftige Farben	—	5—8	—
	Prüfung von Tapeten auf Arsen	—	4—5	—
4.	**Gummiwaren.**			
	Siehe B. 3.			
5.	**Kleiderstoffe.**			
	Siehe B. 3.			
6.	**Kochgeschirr.**			
	Prüfung der Glasur auf Blei	1 Stück	4	8
7.	**Leinen.**			
	Ob nur Leinenfäden	„	3	—

Nr.	Gegenstand der Untersuchung	Einzusendendes Quantum	Preis der Untersuchung qualitativ Mk.	quantitat. Mk.
8.	**Petroleum.**			
	(Untersuchung gemäss kaiserlicher Verordnung vom 24. Februar 1882.)			
	Entzündungstemperatur	1/4 l	—	3
9.	**Papier.**			
	Siehe Tarif B. 3.			
10.	**Spielsachen.**			
	Siehe Tarif B. 3.			
11.	**Stanniol.**			
	Siehe Tarif B. 14.			
12.	**Tapeten.**			
	Siehe Tarif B. 3.			
13.	**Wachs.**			
	Prüfung auf Fälschung	100 g	20	—
14.	**Zinngeräte, Stanniol.**			
	Prüfung auf Blei	10 g	6	10
	C. Untersuchungen aus dem Gebiete der landw. Gewerbe, Technik, Industrie.			
1.	**Bäckerei und Müllerei.**			
	Brot, Backwaren, Mehl, Stärke, Hefe, siehe Tarif A. 3 und 18.			
2.	**Baumaterialien, Porzellanfabrikation.**			
	Ton, Gips, Kalk, Zement, Ziegelsteine, Schiefer etc:			
	Eisenoxyd	50 g	—	7
	Feuchtigkeit	50 g	—	3
	Kali (zusammen mit Natron je 9 Mk.)	100 g	—	12
	Kalk	50 g	—	7
	Kieselsäure	50 g	—	7
	Kohlensäure	50 g	—	7
	Magnesia	50 g	—	7
	Natron	100 g	—	12
	Phosphorsäure	100 g	—	8
	Sand	50 g	—	4
	Schwefelsäure	50 g	—	7
	Tonerde	50 g	—	7
	Gesamtanalyse	500 g	—	100
3.	**Brennmaterialien.**			
	Steinkohlen, Holz, Koks etc.			
	Kohlenstoff und Wasserstoff	200 g	—	24
	Stickstoff	200 g	—	8
	Schwefel	200 g	—	10
	Kohlenstoff, Wasserstoff, Stickstoff, Schwefel, Asche	200 g	—	45
	Asche und Feuchtigkeit	1000 g	—	4
4.	**Bleicherei.**			
	Siehe B. 1.			
5.	**Braumaterialien.**			
	a) Gerste:			
	Stickstoffhaltige Stoffe	100 g	—	4
	Aschengehalt	100 g	—	3

Nr.	Gegenstand der Untersuchung	Einzusendendes Quantum	Preis der Untersuchung qualitativ Mk.	quantitat. Mk.
	Stärkemehl	100 g	—	7,50
	Zucker	100 g	—	7,50
	Keimfähigkeit	200 g	—	3
	b) Hopfen:			
	Asche	50 g	—	3
	Gerbstoff	100 g	—	7
	Gummi	100 g	—	9
	Harz	100 g	—	6
	Hopfenöl	100 g	—	7
	Pflanzenfaser	100 g	—	6
	Zucker	100 g	—	7
	In Wasser löslicher Extrakt	50 g	—	5
	Ob geschwefelt	50 g	4	—
	c) Malz:			
	Extraktausbeute	100 g	—	5
	d) Wasser für Brauereizwecke siehe Tarif C. 22.			
6.	**Drogen.**			
	Opium, Chinarinde und andere pharmazeutische Drogen nach Übereinkunft.			
7.	**Dynamit.**			
	Gehalt an Nitroglycerin	15 g	—	20
	Gehalt an Stickstoff	15 g	—	20
8.	**Färberei und Malerei.**			
	Ermittelung von Verfälschungen in Farbstoffen, z. B. Dextrin, Gummi, Zucker in Anilinstoffen, Schwerspat, Kreide etc. in Bleiweiß u. dgl.	100 g	6	10
	Indigo, spez. Gewicht	10 g	3	—
	Ermittelung des Metallgehaltes	100 g	—	10
	Ermittelung des Säuregehaltes	100 g	—	10
	Feuchtigkeit	100 g	—	3
9.	**Farben und gefärbte Gegenstände.**			
	(Untersuchung nach Maßgabe der Kaiserlichen Verordnung vom 1. Mai 1882) siehe Tarif B. 3.			
10.	**Gerberei.**			
	Eisenrinde, Galläpfel, Catechu, Lohe, Myrobalanen etc.			
	Gehalt an Gerbstoff	100 g	—	7
	Desgl. in Extrakten	50 g	—	7
11.	**Gespinste und Gewebe.**			
	Chemische und mikroskopische Untersuchung nach Übereinkunft.			
12.	**Glasfabrikation.**			
	Sulfat, unlösliche Stoffe	200 g	—	4
	Sulfat, freie Säure, Chlor, Eisenoxyd	200 g	—	je 4
	Flußspat, Gehalt an Fluor	200 g	—	45
	Borax, Gehalt an Borsäure	100 g	—	18
	Kieselerde, Gehalt an Quarzsand	100 g	—	5
	Kieselerde, Gehalt an Eisenoxyd	100 g	—	7
	Kieselerde, Gehalt an Feuchtigkeit	100 g	—	2
13.	**Gold- und Silberwaren.**			
	Prüfung auf Echtheit	1 Stück	5	—
	Prüfung auf Gehalt	1 Stück	—	5
14.	**Malerei.**			
	Siehe Tarif C. 7.			

Nr.	Gegenstand der Untersuchung	Einzusendendes Quantum	Preis der Untersuchung qualitativ Mk.	quantitat. Mk.
15.	**Müllerei.**			
	Siehe Tarif C. 1.			
16.	**Papierfabrikation.**			
	Prüfung auf giftige Farben	1 Bogen	6	—
	Prüfung auf Holzstoff oder Stroh	„	4	—
	Prüfung auf mineralische und erdige Zusätze .	„	3	—
	Prüfung auf Aschengehalt	„	—	3
17.	**Porzellanfabrikation.**			
	Siehe Tarif C. 2.			
18.	**Schießpulver.**			
	Feuchtigkeit	10 g	—	3
	Salpeter, Kohle, Schwefel	20 g	—	20
19.	**Schmiermittel.**			
	Wagenschmiere, Maschinenfett und sonstige flüssige oder feste Fette.			
	Gehalt an Mineralstoffen	100 g	—	5
	Gehalt an freier Säure	100 g	3	—
	Prüfung auf Feuchtigkeit, Mineralstoffe, Fette, Paraffinöle und Harz	200 g	—	25
	Erstarrungspunkt	200 g	—	5
	Entzündungs- und Siedepunkt je	200 g	—	5
20.	**Seife.**			
	Gehalt an Fett	1 Stück	—	5
	Gehalt an Alkali	„	—	5
	Gehalt an Wasser	„	—	5
	Prüfung auf fremde Beimengungen	„	5	10
21.	**Soda, Pottasche.**			
	Gehalt an kohlensaurem Natron	100 g	—	4
	Gehalt an kohlensaurem Kali	100 g	—	4
22.	**Spiritusfabrikation.**			
	Gehalt der Rohmaterialien an:			
	Stärkemehl	250 g	—	7,50
	Zucker und sonstigen löslichen Kohlehydraten .	250 g	—	7,50
	Gehalt alkoholischer Flüssigkeiten (Wein, Bier etc.) an Alkohol	200 g	—	3
23.	**Wasser.**			
	A. Trinkwasser und Mineralwasser siehe Tarif A. 32.			
	B. Wasser für technische Zwecke:			
	Abdampfrückstand	1 l	—	4
	Härte	„	—	6
	Eisenoxyd, Tonerde	„	—	7
	Kali (zusammen mit Natron je 9 Mark) . . .	„	—	12
	Kalk	„	—	7
	Kieselsäure	„	—	5
	Magnesia	„	—	7
	Natron	„	—	12
	Organische Substanz	„	—	4
	Phosphorsäure	„	—	8
	Gesamtanalyse	5 l	—	75
24.	**Zuckerindustrie.**			
	Zuckerrüben:			
	Gehalt an Zucker, Nichtzucker, Grade Brix und Reinheitsquotient	mindestens 8 Stück	—	4
	Rohzucker:			
	Polarisation	100 g	—	3
	Wasser, Asche	100 g	—	3

Nr.	Gegenstand der Untersuchung	Einzusendendes Quantum	Preis der Untersuchung qualitativ Mk.	quantitat Mk.
	D. Analysen von Bergprodukten, Hüttenprodukten, Chemikalien.			
1.	Qualitative Prüfung auf häufig vorkommende Stoffe	—	3—20	—
2.	Qualitative Prüfung auf selten vorkommende Stoffe (wird nach Zeitaufwand berechnet).			
3.	Quantitative Bestimmung von:			
	Aluminium	—	—	10
	Antimon	—	—	14
	bei Trennung von Arsen und Zinn	—	—	20
	Arsen	—	—	14
	Baryum	—	—	10
	bei Trennung von Kalk und Strontian	—	—	18
	Blei	—	—	10
	Bor	—	—	23
	Brom	—	—	10
	bei Gegenwart von Chlor und Jod	—	—	18
	Cadmium	—	—	15
	Calcium	—	—	7
	bei Gegenwart von Baryt und Strontian	—	—	12
	Chlor	—	—	7
	bei Gegenwart von Jod und Brom	—	—	14
	Chrom	—	—	15
	Eisen	—	—	7
	Fluor	—	—	18
	Gold	—	—	10—18
	Jod	—	—	10
	bei Gegenwart von Chlor und Brom	—	—	18
	Kalium	—	—	18
	zusammen mit Natrium je	—	—	14
	Kiesel in Eisen	—	—	10
	Kieselsäure in Erzen	—	—	10
	unaufgeschlossen als Gangart	—	—	8
	Kobalt	—	—	16
	zusammen mit Nickel je	—	—	11
	Kohlenstoff in Eisen	—	—	18
	„ in organischen Substanzen	—	—	20
	zusammen mit Wasserstoff je	—	—	12
	Kupfer	—	—	10
	Lithium	—	—	22
	Magnesium	—	—	7
	Mangan	—	—	10
	Bestimmung in Ferromangan	—	—	13
	Molybdän	—	—	18
	bei Gegenwart von Wolfram	—	—	30
	Natrium	—	—	8—18
	zusammen mit Kalium je	—	—	14
	Nickel	—	—	16
	zusammen mit Kobalt je	—	—	11
	Phosphor in Eisen	—	—	18
	„ in Bronzen	—	—	13
	„ in Erzen	—	—	12
	Platin in Erzen	—	—	30
	Quecksilber	—	—	12
	Schwefel in Eisen	—	—	12
	„ in Erzen, Abbränden etc.	—	—	10
	Selen	—	—	22
	Silber	—	—	10

Nr.	Gegenstand der Untersuchung	Einzusendendes Quantum	Preis der Untersuchung qualitativ Mk.	Preis der Untersuchung quantitat. Mk.
	Stickstoff	—	—	8
	Strontian	—	—	10
	bei Gegenwart von Kalk oder Baryt	—	—	18
	Tellur	—	—	18
	Titan im Stickstofftitan	—	—	22
	Uran	—	—	22
	Wasserstoff	—	—	20
	zusammen mit Kohlenstoff je	—	—	12
	Wismut	—	—	12
	Wolfram	—	—	18
	bei Gegenwart von Molybdän	—	—	30
	Zink	—	—	10
	Zinn	—	—	12
	bei Gegenwart von Arsen und Antimon	—	—	18
	E. Untersuchungen aus dem Gebiete der Heilkunde, Pharmazie, Hygiene.			
1.	Untersuchungen von **Arzneimitteln** werden nach Zeitaufwand berechnet.			
2.	**Urin.**			
	Gehalt an Zucker	¼ l	1	4
	Wird bei derselben Person der Gehalt des Urins an Zucker häufig ermittelt, so kostet jede Untersuchung	—	—	3
	Nachweis von Albumin	¼ l	1,50	—
	Sonstige Untersuchungen werden nach Zeitaufwand berechnet.			
3.	**Kindernahrungsmittel.**			
	Vollständige Analyse	—	—	75
4.	**Luft.**			
	Gehalt an Kohlensäure in geschlossenen Räumen (ohne die Kosten der Probeentnahme)	—	—	8
	Prüfung auf Kohlenoxyd, Schwefelwasserstoff etc.	—	—	10–15
5.	Die chemische Versuchsstation übernimmt auch **bakteriologische Untersuchungen.** Dieselben werden von einem Dozenten an der Universität Bonn, welcher Spezialist auf dem Gebiete der Bakterienforschung ist, ausgeführt werden.			

Anmerkung.

1. Bei der großen Mannigfaltigkeit der Objekte der chemischen Untersuchung und bei der Verschiedenartigkeit der Ansprüche an die Resultate der Analyse ist die Aufstellung einer ganz genauen und alles berücksichtigenden Taxe schwer möglich. Die Angaben der obigen Taxe beziehen sich deshalb nur auf diejenigen Bestandteile, deren Bestimmung zumeist verlangt wird. Die Bestimmung anderer Bestandteile und die Untersuchung, sowie Begutachtung solcher Gegenstände, welche in dem Tarif nicht speziell angeführt sind, werden in Gemäßheit der §§ 3 und 4 des Gesetzes vom 30. Juni 1875 berechnet.
2. Die im Tarife angegebenen, zur Untersuchung einzusendenden Quantitäten sollen nur einen allgemeinen Anhalt bieten, doch empfiehlt es sich im allgemeinen, eher mehr als weniger Material einzusenden. Die Untersuchungsprobe ist vom Einsender mit größter Sorgfalt zu entnehmen, damit sie dem Durchschnittscharakter der Ware entspreche. Soll die Ware Kontrollzwecken dienen, so ist sie versiegelt einzusenden und eine Bescheinigung zweier achtbaren Zeugen über die

richtige Probeentnahme, sowie eine Angabe darüber beizulegen, unter welcher Bezeichnung (wenn tunlich, auch von wem und zu welchem Preise) die betreffende Ware verkauft wurde.

3. Die **qualitative** Untersuchung beantwortet allgemein die Frage:
   Ist der gefragte Bestandteil in dem Untersuchungsobjekt enthalten?
   oder: welche Bestandteile sind in dem Untersuchungsobjekt enthalten?
   Die **quantitative** Untersuchung beantwortet (mit Zahlen) die Frage:
   Wieviel des gefragten Bestandteiles (der gefragten Bestandteile) enthält das Untersuchungsobjekt?
4. Sind verschiedene Tarifsätze für ein und dieselbe Untersuchung angegeben, so wird der niedere Satz in der Regel dann berechnet, wenn mehrere gleichartige Untersuchungen gleichzeitig aufgegeben werden oder wenn ein verwendbares Untersuchungsresultat in verhältnismäßig kurzer Zeit und ohne besondere Schwierigkeiten erzielt wurde. Bei manchen Untersuchungen treten aber oftmals nicht vorherzusehende Schwierigkeiten ein, weshalb für einzelne Gegenstände die Aufstellung einer feststehenden Honorartaxe untunlich ist.
5. Wird ein und derselbe Gegenstand nach mehreren Seiten hin untersucht, so ist der Honorarbetrag niedriger als die Summe der Tarifsätze für jede einzelne, bei dem betreffenden Gegenstand ausgeführte Untersuchung.

2. Verhältnisse der Beamten:

a) **Leiter:** Dr. phil. Hugo Neubauer, diplomierter und staatlich geprüfter Nahrungsmittel-Chemiker, Direktor, 39 Jahre alt. Gehalt 6000 Mk. jährlich bei freier Dienstwohnung (pensionsberechtigt).

b) **Technische Mitglieder:** 1 Abteilungsvorsteher und 7 Assistenten mit abgeschlossener Hochschulbildung; unter diesen befinden sich 6 als Dr. phil. promovierte, 2 geprüfte Apotheker und 1 geprüfter Nahrungsmittelchemiker.

Gehaltsverhältnisse:

Der Abteilungsvorsteher bezieht jährlich	Mk.	4200,—
Ein Assistent bezieht jährlich	„	3000,—
„ „ „ „	„	2800,—
„ „ „ „	„	2600,—
„ „ „ „	„	2200,—
„ „ „ „	„	2000,—
Zwei Assistenten beziehen jährlich je	„	1800,—

Es sind ferner noch zwei nicht akademisch gebildete Laboratoriumsgehilfen beschäftigt, die jährlich 2200 bezw. 1650 Mk. beziehen.

Der Abteilungsvorsteher, der mit vierteljährlicher Kündigung angestellt ist, erhält einen Zuschuß zur Pensions- und Reliktenversicherung von 500 Mk. für das Jahr.

Die Assistenten sind mit monatlicher Kündigung angestellt.

c) **Sonstige Hilfskräfte:** 3 Bureaubeamte, 2 Diener, 6 Hilfsdiener.

3. Tätigkeit der Anstalt:

Die Nahrungsmittel-Kontrolle wird in der Weise gehandhabt, daß die Polizeiverwaltungen die zur Untersuchung bestimmten Proben ankaufen. Zu dem Ankauf in Geschäften bedienen sich die Polizeiorgane in der Regel zuverlässiger Vertrauenspersonen, so daß dem Verkäufer nicht immer Gelegenheit geboten wird, schlechte Waren zu verheimlichen. Die Entnahme der Proben zur Kontrolle des Milchverkehrs wird ausschließlich durch Polizeibeamte, die Entnahme der Stallproben auch durch Feldhüter und ähnliche amtliche Personen ausgeführt.

Im Jahre 1905 gelangten zur Untersuchung:

Für die Polizeibehörde zu Bonn 69 Proben von Nahrungs- und Genußmitteln
„ „ Bürgermeisterei Vilich 26 „ „ „ „ „

Die im Jahre 1905 ausgeführten Untersuchungen betrafen:

a) Nahrungsmittel, Genußmittel und Gebrauchsgegenstände	543 Proben
b) Aus dem Gebiete der Gesundheitspflege und physiologische Untersuchungen	0 „
c) Technische Untersuchungen: 1. Düngemittel 6709, 2. Futtermittel 2100, 3. Saatwaren 581, 4. Milch- und Molkereiprodukte 6493, 5. Erden 47, 6. Wasser 9, 7. Rüben 61, 8. Getreide 261, 9. Untersuchungen von Pflanzenbeschädigungen 21, 10. Untersuchungen bei Tierkrankheiten 14, 11. Verschiedene andere Gegenstände 65; zusammen . .	16 361 „
d) Gerichtliche Untersuchungen	3 „
Zusammen	16 907 Proben

(46) Danzig.

1. Verhältnisse der Anstalt:

a) **Amtsbezeichnung:** Nahrungsmittel-Untersuchungsamt für die Provinz Westpreußen (Institut der Landwirtschaftskammer für die Provinz Westpreußen).

b) **Amtsbezirk:** 25 Kreise und 56 Städte der Provinz.

c) **Charakter der Anstalt:** Das Untersuchungsamt gehört der Landwirtschaftskammer für die Provinz Westpreußen. Die Anerkennung als öffentliche Anstalt ist beantragt, jedoch noch nicht erfolgt; sie wird in Kürze erwartet.

d) **Errichtung und geschichtliche Entwickelung:** Am 1. April 1907 hat das Institut seine Tätigkeit begonnen.

e) **Aufsicht:** Die Landwirtschaftskammer und die Kgl. Regierung zu Danzig.

f) **Unterhaltung:** Die Untersuchungsgebühren werden nach folgenden Grundsätzen berechnet:

a) Für Polizeibehörden der Provinz Westpreußen:
6 Mk. durchschnittlich für eine Probe (ausschl. Wein),
25 Mk. für eine Weinuntersuchung.

b) Für Private kommt der „Entwurf von Gebührensätzen“ (s. „Vereinbarungen“, Heft III) zur Anwendung.

2. Verhältnisse der Beamten:

a) **Leiter:** Dr. phil. Erich Lau, 32 Jahre alt, Direktor; Gehalt: 3600 bis 5100 Mk. und 660 Mk. Wohnungsgeldzuschuß unter Vorbehalt vierteljährlicher Kündigungsfrist (Höchstgehalt nach 18 Jahren).

b) **Technische Mitglieder:** 1 Assistent, Nahrungsmittelchemiker, Gehalt: 2400—4500 Mk. und 432 Mk. Wohnungsgeldzuschuß, im übrigen wie unter 2a.

c) **Sonstige Hilfskräfte:** 2 Bureaubeamte und 1 Diener.

3. Tätigkeit der Anstalt:

Gemäß dem Erlaß des Herrn Oberpräsidenten der Provinz Westpreußen werden in den Städten auf je 1000 Einwohner 2 und auf dem

Lande auf je 1000 Einwohner eine Probe jährlich durch die Polizeiorgane zur Untersuchung entnommen und dem Nahrungsmittel-Untersuchungsamte eingeschickt. Es wird auf ungefähr 2200—2300 Proben jährlich gerechnet.

(47) Hildesheim.

1. Verhältnisse der Anstalt:

a) **Amtsbezeichnung:** Landwirtschaftliche Versuchsstation Hildesheim, Institut der Landwirtschaftskammer für die Provinz Hannover. Abteilung II. Nahrungsmitteluntersuchungsamt.

b) **Amtsbezirk:** Stadtkreise: Hildesheim, Göttingen, Alfeld, Duderstadt, Einbeck, Goslar, Moringen, Münden, Northeim, Osterode, Peine. Landkreise: Alfeld, Duderstadt, Einbeck, Göttingen, Goslar, Gronau, Hildesheim, Ilfeld, Marienburg, Münden, Northeim, Osterode a. H., Peine, Uslar, Zellerfeld. (Erlaß des Herrn Oberpräsidenten von Hannover vom 15. Januar 1907.)

c) **Charakter der Anstalt:** Die Anstalt gehört der Landwirtschaftskammer für die Provinz Hannover. Durch Ministerialerlaß vom 29. Juni 1895 ist die Landwirtschaftliche Versuchsstation in Hildesheim als öffentliche Anstalt im Sinne des § 17 des Reichsgesetzes vom 14. Mai 1879 anerkannt worden.

d) **Errichtung und geschichtliche Entwickelung:** Die Landwirtschaftliche Versuchsstation Hildesheim wurde im Jahre 1870 gegründet und im Jahre 1895 als öffentliches Nahrungsmittel-Untersuchungsamt anerkannt. Das Untersuchungsamt bildet eine Abteilung der Versuchsstation. Als örtlicher Bezirk wurde ihm der nördliche Teil des Regierungsbezirkes Hildesheim zugewiesen.

Am 1. Januar 1907 wurde das Nahrungsmittel-Untersuchungsamt nach dem Eingehen der Kontrollstation Göttingen für den gesamten Regierungsbezirk zuständig.

e) **Aufsicht:** Der Vorstand der Landwirtschaftskammer für die Provinz Hannover.

f) **Unterhaltung:** Die Anstalt erhält keine Zuschüsse vom Staat oder von Gemeinden. Die Höhe der Einnahmen aus Untersuchungsgebühren sowie aus sonstiger Tätigkeit der Versuchsstation belaufen sich jährlich auf ungefähr 59000 Mk. Die Untersuchungsgebühren werden nach einem besonderen Tarife berechnet, dessen Sätze zum Teil niedriger sind als die des unter Mitwirkung des Kaiserl. Gesundheitsamtes herausgegebenen Entwurfes von Gebührensätzen (siehe „Vereinbarungen", Heft III).

2. Verhältnisse der Beamten:

a) **Leiter:** Dr. phil. Karl Aumann, Nahrungsmittelchemiker, 50 Jahre alt, Vorsteher des Instituts seit 1897, pensionsberechtigt angestellt und vereidigt; Gehalt jährlich 5100 Mk.

b) **Technische Mitglieder:** 2 Abteilungsvorsteher und 4 Assistenten; von diesen ist einer geprüfter Nahrungsmittelchemiker. Die Abteilungsvorsteher sind pensionsberechtigt angestellt. Der Abteilungsvorsteher des Nahrungsmitteluntersuchungsamtes erhält jährlich 4300 Mk. Gehalt, die Assistenten bekommen 1500—2400 Mk. jährliche Remuneration.

c) **Sonstige Hilfskräfte:** 1 Sekretär, 2 Bureaubeamte, 5 Bureau- bezw. Laboratoriumsgehilfen, 1 Diener, 2 Mädchen.

3. Tätigkeit der Anstalt:

Die Proben werden durch die Ortspolizeibehörden entnommen. Hierbei entfallen jährlich auf je 1000 Einwohner in Städten und Ortschaften mit über 3000 Einwohnern mindestens zwei Proben, im übrigen eine Probe einschlägiger Gegenstände (Verfügung des Herrn Regierungspräsidenten vom 21. Dezember 1906). Die Probeentnahme ist auf das ganze Jahr gleichmäßig verteilt. Die Tätigkeit der Anstalt erhellt aus folgenden Zahlen:

In den Jahren . . .	1900	1901	1902	1903	1904	1905	1906
Zahl der Proben . .	5317	6310	7466	7783	7549	8067	7928 [1]

Der Schwerpunkt der Tätigkeit des Amtes liegt auf dem Gebiete der Untersuchung von Dünge- und Futtermitteln.

(48) Insterburg.

1. Verhältnisse der Anstalt:

a) **Amtsbezeichnung:** Nahrungsmittel-Untersuchungsamt des landwirtschaftlichen Zentralvereins Insterburg.

b) **Amtsbezirk:** Regierungsbezirk Gumbinnen.

c) **Charakter der Anstalt:** Das Nahrungsmitteluntersuchungsamt gehört dem landwirtschaftlichen Zentralverein in Insterburg. Die Anstalt ist seit dem 18. April 1905 öffentliche Anstalt im Sinne des § 17 des Reichsgesetzes vom 14. Mai 1879.

d) **Errichtung und geschichtliche Entwickelung:** Das Amt wurde im Winterhalbjahr 1903/04 durch den landwirtschaftlichen Zentralverein im Einvernehmen mit der Kgl. Regierung zu Gumbinnen und den Polizei-Verwaltungen des Regierungsbezirkes errichtet und der landwirtschaftlichen Kontrollstation angegliedert.

e) **Aufsicht:** Das Kuratorium der Kontrollstation.

f) **Unterhaltung:** Die Provinz leistet zu den Kosten der Anstalt einen jährlichen Zuschuß von 1000 Mk. Die Einnahmen aus Honoraranalysen betrugen 1905 2580 Mk. Die Untersuchungen werden zu einem Einheitssatz von 4 Mk. ausgeführt.

2. Verhältnisse der Beamten:

a) **Leiter:** Dr. phil. Willy Zielstorff, 41 Jahre alt, seit dem 1. Okt. 1905 Vorstand der Kontrollstation und des damit verbundenen Amtes. Der Vorsteher ist pensionsberechtigt angestellt und erhält für die Leitung des Amtes eine jährliche Remuneration von 500 Mk.

b) **Technische Mitglieder:** 1 Assistent, geprüfter Nahrungsmittelchemiker, mit einem jährlichen pensionsfähigem Gehalt von 2400 Mk.

3. Tätigkeit der Anstalt:

Die Proben werden gelegentlich der Revisionsreisen durch den betreffenden Chemiker des Amtes entnommen, teilweise auch von den Polizeiverwaltungen eingeschickt.

Die Anstalt untersuchte:

In den Jahren	1904	1905 [2]	1906
Proben im Amt	720	526	710
„ außerhalb des Amtes . .	—	131	205

Außerdem wurde eine größere Anzahl Gutachten und Berichte erstattet. Eine Erweiterung der Nahrungsmittelkontrolle für den gesamten Regierungs-

[1] Von diesen betreffen 1105 Proben Nahrungsmittel, Wasser u. dergl.

[2] Es kommen 9 Monate in Betracht.

bezirk Gumbinnen (Stadt und Land) ist für die nächste Zeit in Aussicht genommen.

(49) Kiel.

1. Verhältnisse der Anstalt:

a) **Amtsbezeichnung:** Nahrungsmittel-Untersuchungsamt für die Provinz Schleswig-Holstein zu Kiel (Abteilung der Landwirtschaftskammer für die Provinz Schleswig-Holstein).

b) **Amtsbezirk:** Regierungsbezirk Schleswig mit Ausnahme der Polizeibezirke Altona und Flensburg.

c) **Charakter der Anstalt:** Das Amt ist eine Einrichtung der Landwirtschaftskammer für die Provinz Schleswig-Holstein. Es ist eine öffentliche Anstalt gemäß § 17 des Reichsgesetzes vom 14. Mai 1879, und es ist außerdem den staatlichen Anstalten im Sinne des § 16 der Prüfungsvorschriften für die Nahrungsmittelchemiker vom 22. Februar 1894 gleichgestellt.

d) **Errichtung und geschichtliche Entwickelung:** Die Anstalt hat sich aus dem früheren Privatlaboratorium von Dr. Wollny in Kiel entwickelt. Im Jahre 1889 wurde diesem Laboratorium durch Verordnung der Kgl. Regierung zu Schleswig die Benennung „Untersuchungsamt für die Provinz Schleswig-Holstein“ gegeben, und es wurde angeordnet, daß sämtliche Städte und Amtsbezirke der Provinz auf je 300 städtische bzw. 600 ländliche Bewohner jährlich mindestens eine Probe von Nahrungsmitteln, Genußmitteln oder Gebrauchsgegenständen an das Amt zur Untersuchung zu senden hätten. Die Proben wurden zu einem Einheitssatz von 8 Mk. untersucht. Im Jahre 1896 ging das Amt durch Kauf in den Besitz des jetzigen Leiters über. Am 1. April 1898 richtete die Landwirtschaftskammer ein eigenes Laboratorium ein, übernahm das ganze Personal und kaufte das Inventar der alten Anstalt, nachdem ihr durch Verfügung der Kgl. Regierung vom 25. März 1898 die Nahrungsmittelkontrolle in dem oben bezeichneten Amtsbezirk übertragen worden war. Seitdem ist seitens der Polizei- bezw. Amtsbezirke jährlich auf je 200 städtische und je 400 ländliche Bewohner mindestens eine Probe einzusenden. 4 % aller Proben müssen aus Weinproben bestehen. Der Einheitssatz für die Untersuchungen ist von 8 Mk. auf 6 Mk. ermäßigt worden; eine Ausnahme bilden die Weinanalysen, welche mit 25 Mk. in Anrechnung kommen.

e) **Aufsicht:** Die Landwirtschaftskammer und die Kgl. Regierung zu Schleswig.

f) **Unterhaltung:** Die Anstalt erhält keine Zuschüsse vom Staat oder von Kommunalverbänden. Die Einnahmen aus den Untersuchungsgebühren betrugen im Etatsjahre 1906 a) aus Untersuchungen für Polizeibehörden 27100 Mk., b) aus Untersuchungen für andere Behörden und Private 7900 Mk. Die Berechnung der Analysengebühren unter b) erfolgt nach dem unter Mitwirkung des Kaiserl. Gesundheitsamtes herausgegebenen Entwurf von Gebührensätzen (siehe „Vereinbarungen“, Heft III).

2. Verhältnisse der Beamten (sämtliche Beamte sind vereidigt):

a) **Leiter:** Dr. phil. Carl Reese, 40 Jahre alt, Vorsteher, seit 1893 im Dienst, seit 1898 Vorsteher; Gehalt 3800 Mk., steigend in 15 Jahren bis 6300 Mk. jährlich und außerdem 700 Mk. Wohnungsgeld. Der Vorsteher ist pensionsberechtigt nach den Bestimmungen für preußische Staatsbeamte angestellt. Eine Relikten-Pension erfolgt auf Grund eigener Beiträge.

b) **Technische Mitglieder:** Der Stellvertreter des Vorstehers, Dr. phil. G. Ritzmann, und 4 Assistenten; von diesen sind 3 Nahrungsmittelchemiker und 2 Chemiker mit bestandener Vorprüfung. Sie sind sämtlich ohne Pensionsberechtigung angestellt.

Gehaltverhältnisse:

	Gehalt		Wohnungsgeldzuschuß
Stellvertreter	2400—4900 Mk.	in 15 Jahren	700 Mk.
I. Assistent	2000—2600 „	„ 6 „	400 „
II.—IV. „	1600—2200 „	„ „ „	400 „

oder freie Dienstwohnung.

c) **Sonstige Hilfskräfte:** 1 Bureauassistent, 1 Diener, 1 Hilfsdiener.

3. Tätigkeit der Anstalt:

Die Entnahme der Proben erfolgt durch Beamte der Polizeibehörden, häufig nach Anweisung durch die Anstalt, zuweilen im Beisein von Beamten des Untersuchungsamtes.

Der Umfang der Tätigkeit der Anstalt in den letzten Jahren erhellt aus folgender Übersicht:

In den Jahren . . .	1900/01	1901/02	1902 (1./4.—31./12.)	1903	1904	1905	1906
Zahl der untersuchten Proben	3969	4205	3672	3933	4603	5046	4711
Zahl der erstatteten größeren Gutachten und Berichte .	53	47	18	25	29	33	12

Die Anstalt hat auch die chemischen Untersuchungen für die Auslandfleischbeschaustellen in Kiel und Rendsburg auszuführen.

(50) Königsberg i. Pr.

1. Verhältnisse der Anstalt:

a) **Amtsbezeichnung:** Versuchsstation der Landwirtschaftskammer für die Provinz Ostpreußen in Königsberg in Pr.

b) **Amtsbezirk:** Stadtkreis Königsberg und einzelne Städte der Provinz.

c) **Charakter der Anstalt:** Die Versuchsstation gehört der Landwirtschaftskammer für die Provinz Ostpreußen in Königsberg. Durch Ministerialerlaß vom 17. Juli 1901 ist die mit der Versuchsstation verbundene Nahrungsmitteluntersuchungsstelle als öffentliche Anstalt im Sinne des § 17 des Reichsgesetzes vom 14. Mai 1879 anerkannt worden. Seit dem 1. April 1903 führt die Anstalt die chemischen Untersuchungen der Auslandsfleischbeschaustelle Königsberg aus.

d) **Errichtung und geschichtliche Entwickelung:** Die Errichtung der Landwirtschaftlichen Versuchsstation erfolgte am 1. November 1875 zu dem Zwecke, der ostpreußischen Landwirtschaft als ein weiteres Förderungsmittel zu dienen. Die Tätigkeit auf dem Gebiete der Nahrungsmittelkontrolle begann, als der Dirigent der Anstalt im Jahre 1883 von der Kgl. Regierung auf Grund des Gesetzes vom 14. Mai 1879 zum Sachverständigen ernannt und vereidigt wurde. Im Jahre 1896 fand eine Neuregelung statt und seit dieser Zeit werden sämtliche Gegenstände [1]), die unter das Nahrungsmittelgesetz fallen,

[1]) Petroleum und Milch wurden früher von besonderen Sachverständigen untersucht.

der Anstalt zur Untersuchung überwiesen. Am 1. April 1907 kamen noch die chemischen Untersuchungen für die Auslandsfleischbeschaustelle Königsberg hinzu.

Auch nach der Übernahme der Versuchsstation in die Verwaltung der Landwirtschaftskammer für die Provinz Ostpreußen (1. April 1907) bildet die Nahrungsmittelkontrolle eine besondere Abteilung der ganzen Anstalt. Der Betrieb der Versuchsstation hat dauernd an Umfang zugenommen, so daß nicht nur die dienstlichen Räumlichkeiten erweitert, sondern auch die Anzahl der Beamten vermehrt werden mußten. Zurzeit stehen zur Verfügung: 11 Bureau- und Laboratoriumsräume, 2 Spülräume, 1 Maschinenraum und 12 Nebenräume.

e) **Aufsicht:** Der Regierungspräsident zu Königsberg.

f) **Unterhaltung:** Die Einnahmen aus Untersuchungsgebühren für die Nahrungsmittelkontrolle und die Fleischbeschau einschließlich Strafgelder betrugen in den letzten Jahren rund 30 000 Mk.

Die Untersuchungsgebühren ergeben sich aus dem folgenden Auszug aus dem Kostentarif, jedoch erhält das Kgl. Polizei-Präsidium bei Proben, welche nicht beanstandet werden, eine Ermäßigung von 33 1/3 % und bei den Untersuchungen für die Auslandsfleischbeschau von 50 %.

Auszug aus dem Kostentarif der Landwirtschaftlichen Versuchsstation und des öffentlichen Nahrungsmittel-Untersuchungsamtes Königsberg i. Pr.

Art der Bestimmung	Gebührensätze Mk.	Einzusendende Menge
Landwirtschaftl. Gebrauchsgegenstände etc.		
Jauche, Abwasser von Wirtschaften oder Fabriken.		1 l
1. Bestimmung des Gesamtstickstoffs	8	
2. Gesamtstickstoff und Ammoniakstickstoff	10	
3. Gehalt an einzelnen Mineralstoffen	8	
4. Trockengehalt, Gesamtstickstoff, Ammoniakstickstoff, Phosphorsäure, Kali	20	
Weitere Ermittelungen nach Vereinbarungen.		
Nahrungs-, Genußmittel und Gebrauchsgegenstände.		
1. Fleisch, Hackfleisch etc.	6	bis 250 g
2. Wurstwaren	6	100 g
3. Milch		1/4 l
a) nicht gefälschte	3	
b) gefälschte	6	
4. Butter, Reinheit und Wasser	6	100 g
5. Margarine wie Butter	6	100 g
6. Schmalz	9	100 g
7. Sonstige Speisefette und Öle	6	100 g
8. Mehl aller Art	6	250 g
9. Schwarz-, Weißbrot und Kuchen	6	100—250 g
10. Gewürze	6	} 10—50 g
11. Pfeffer	6	
12. Mostrich	6	1 Büchse

Art der Bestimmung	Gebührensätze Mk.	Einzusendende Menge
13. Essig	3	1/4 l
14. Zucker	6	1/4 kg
15. Zuckerwaren	6	
16. Marzipanwaren	6	
17. Fruchtsäfte und Gelee	6	bis 250 g
18. Gemüse und Fruchtdauerwaren	6	500 g
19. Honig	6	100 g
20. Branntwein und Likör	6	1/2 l
21. Wasser		2 l
a) kleine Analyse	12	
b) grosse Analyse	24	
22. Wein und Bier		1—2 Flaschen
a) kleine Analyse	10	
b) große Analyse	20	
23. Kaffee	6	100 g
24. Tee	6	20—50 g
25. Kakao und Schokolade	6	50–100 g
26. Tabak	6	
27. Spielwaren	9	1 Stück
28. Petroleum, Entflammungspunkt	4	1/4 l
Fleisch- und Wurstwaren.		250 g
a) Verdorbenheit	3	
b) Konservierungsmittel:		
1. Borsäure	3	
2. Schweflige Säure	2	
3. Salicylsäure	3	
4. Formaldehyd	6	
5. Fluor und dessen Salze	5	
6. Chlorsaure Salze	5	
7. Alkali- und Erdalkali-Hydroxyde und Karbonate	3	
c) Wassergehalt	3	
d) Stärke	12	
e) Färbung	4,50	
f) Pferdefleisch	25	
Zubereitetes Fleisch (Fett) etc.		
a) Brechungsvermögen	2	
b) Äußere Merkmale.		
1. Farbe	3	
2. Geruch		
3. Geschmack		
c) Sesamöl	1	
d) Jodzahl	6	
e) Pflanzenöl:		
1. Prüfung auf Baumwollsamenöl	3	
2. Prüfung auf Phytosterin	10	
f) Verseifungszahl	4	
g) Reichert-Meißl-Zahl	6	
h) Wasser	3	
i) Säuregrad	3	
k) Schmelz- und Erstarrungspunkt	5	
Gegenstände aus dem Gebiete der Gewerbe, der Technik und der Industrie.		
A. Allgemeine Untersuchungen.		
I. Bestimmung der Feuchtigkeit	2	
der Mineralbestandteile	2	
des Glühverlustes	3	

Art der Bestimmung	Gebührensätze Mk.	Einzusendende Menge
II. Bestimmung des spezifischen Gewichtes		
1. von Flüssigkeiten		
a) mit dem Pyknometer	3	
b) mit der Mohr-Westphalschen Wage . .	2	
c) mit dem Aräometer	1	
2. von festen Körpern	5	
III. Bestimmung des Schmelz- und Erstarrungspunktes	5	
IV. Bestimmung des Siede- oder Entzündungspunktes	5	
B. Spezielle Untersuchungen.		
I. Baumaterialien (Holz, Mörtel, Zement, Ton, Gips etc.)		1/4 kg
1. Bestimmung der Feuchtigkeit	2	
2. Bestimmung der Mineralbestandteile	2	
3. Bestimmung eines der in Salzsäure löslichen Bestandteile	3—5	
4. Bestimmung eines der in Salzsäure unlöslichen Bestandteile	5–8	
5. Vollständige chemische Analyse auf technische Brauchbarkeit nach Vereinbarung.		
6. Untersuchung von Holz auf Hausschwamm je nach der Anzahl der Proben	6—20	
II. Brennmaterialien.		2—3 kg
1. Bestimmung von Feuchtigkeit	2	
Bestimmung von Mineralbestandteilen	2	
2. Bestimmung von Glühverlust	3	
Bestimmung wie 1, ferner Kohlenstoff, Wasserstoff nebst Berechnung des Heizwertes (Calorien)	15	
3. Bestimmung von Schwefel	8	
4. Bestimmung von Stickstoff	6	
III. Chemikalien und Drogen.		25 g
1. Bestimmung der Feuchtigkeit	2	
Bestimmung der Mineralbestandteile	2	
Bestimmung des Glühverlustes	3	
2. Bestimmung physikalischer Eigenschaften siehe A.		
3. Bestimmung des Säuregehaltes	2	
4. Bestimmung des Alkaligehaltes durch Titration	3	
5. Bestimmung der Reinheit von Chemikalien qualitativ	2–4	
6. Bestimmung der Reinheit von Chemikalien quantitativ, je nach Schwierigkeit der Ausführung und der Menge der zu bestimmenden Bestandteile, nicht unter	3	
IV. Farbstoffe.		30 g
1. Prüfung der Zusammensetzung qualitativ . .	4—6	
2. Prüfung der Zusammensetzung quantitativ nach Vereinbarung.		
3. Prüfung auf Giftigkeit	6	
V. Fette, Öle und Wachse.		etwa 200 g
1. Bestimmung der Feuchtigkeit	2	
Bestimmung der Mineralstoffe	2	
2. Bestimmung physikalischer Eigenschaften siehe A.		
3. Bestimmung einer der wichtigsten analytischen Konstanten	4—10	

Art der Bestimmung	Gebührensätze Mk.	Einzusendende Menge
4. Bestimmung der Reinheit und des Gebrauchswertes	12	
5. Bestimmung der freien Säuren	2	
VI. Gespinste, Gewebe und Papier.		1/4 qm
1. Bestimmung der Feuchtigkeit	2	
Bestimmung der Mineralbestandteile	2	
2. Mikroskopische Prüfung und Identifizierung der Faserstoffe	3—8	
3. Bestimmung der Farbstoffe qualitativ, nicht unter	4	
4. Prüfung auf die Giftigkeit	6	
5. Bestimmung der Appretur und der Beschwerungsmittel, nicht unter	3	
VII. Materialien und Produkte der Spiritusfabrikation.		
1. Bestimmung des Stärkemehlgehaltes der Kartoffeln, Mais		
a) aus dem spezifischen Gewicht	3	5 kg
b) durch Gewichtsanalyse	9	
2. Bestimmung der Extraktausbeute im Malz	5	100 g
3. Bestimmung der Säure im Malz	3	
4. Prüfung der Hefe auf Triebkraft	5	
5. Prüfung der Hefe auf Stärke, qualitativ	2	
6. Prüfung der Hefe auf Stärke, quantitativ	9	
7. Prüfung des Alkoholgehaltes der Flüssigkeiten	5	1/4 l
8. Prüfung der Denaturierungsmittel auf vorschriftsmäßige Beschaffenheit	6—12	
VIII. Metallurgische Untersuchungen.		20 g
Je nach aufzuwendender Arbeitszeit, qualitativ, nicht unter	3	
Desgleichen quantitativ nicht unter	5	
Bakteriologische, physiologische und gerichtliche Untersuchungen.		
a) Bakteriologische Untersuchungen je nach aufzuwendender Arbeitszeit	10—30	So viel wie abgebbar.
b) Blut		
1. Identifizierung	6	
2. Prüfung auf Kohlenoxydgas	10	
c) Luft		
1. Bestimmung der Kohlensäure der Luft in geschlossenen Räumen ohne Kosten der Probeentnahme	5	
2. Prüfung auf andere Bestandteile je nach Vereinbarung, nicht unter	1	
d) Ermittelung von Vergiftungsfällen je nach aufzuwendender Arbeitszeit, nicht unter	6	
c) Urin		
Bestimmung des Zuckers oder des Eiweißes		
qualitativ	2	
quantitativ	5	

2. Verhältnisse der Beamten:

a) Leiter: Dr. phil. Georg Klien, 58 Jahre alt, Gehalt: 6500 Mk. jährlich. Auszeichnung: Prädikat Professor.

b) **Technische Mitglieder:** 5 Assistenten, davon 2 geprüfte Nahrungsmittelchemiker.

c) **Sonstige Hilfskräfte:** 2 Bureaubeamte, 2 Diener.

3. **Tätigkeit der Anstalt:**

Die Tätigkeit der Anstalt beschränkt sich bei der Lebensmittelkontrolle fast ganz auf die Untersuchung und Begutachtung der eingesandten Proben. Revisionen seitens der Beamten der Anstalt finden nur auf Grund des Gesetzes vom 15. Juni 1897 statt.

Die Entnahme der Proben erfolgt durch die Polizeiorgane, nur von Honig und Wein werden die Proben unter Mitwirkung von Fachsachverständigen entnommen.

Der Umfang der Tätigkeit stellt sich wie folgt:

Zahl der untersuchten Proben im Jahre .	1902	1903	1904	1905	1906
1. aus dem Gebiete der Nahrungsmittel-, physiologischen, technischen und gerichtlichen Untersuchungen .	3051	4127	5092	5710	6465
2. aus anderen Gebieten	3968	4395	3476	4486	3997
Gesamtzahl:	7019	8522	8568	10196	10462.

(51) Köslin.

1. **Verhältnisse der Anstalt:**

a) **Amtsbezeichnung:** Öffentliche Nahrungsmittel-Untersuchungsanstalt zu Köslin.

b) **Amtsbezirk:** Regierungsbezirk Köslin.

c) **Charakter der Anstalt:** Die Anstalt gehört der Landwirtschaftskammer für die Provinz Pommern. Sie wurde mit dem Tage ihrer Errichtung durch Verfügung der Regierung zu Stettin als öffentliche Anstalt zur technischen Untersuchung von Nahrungs- und Genußmitteln für die Regierungsbezirke Stettin und Köslin erklärt und durch Erlaß der Ministerien der geistlichen Unterrichts- und Medizinalangelegenheiten und des Innern vom 13. August 1906 als öffentliche Anstalt im Sinne des § 17 des Reichsgesetzes vom 14. Mai 1879 für den Regierungsbezirk Köslin anerkannt.

d) **Errichtung und geschichtliche Entwickelung:** Die Nahrungsmittel-Untersuchungsanstalt bildet eine Abteilung der Agrikulturchemischen Versuchsstation, die im Jahre 1881 durch die sogenannte pommersche ökonomische Gesellschaft errichtet wurde.

e) **Aufsicht:** Landwirtschaftskammer für die Provinz Pommern.

f) **Unterhaltung:** Die Einnahmen der Nahrungsmittel-Untersuchungsanstalt werden nicht besonders zusammengestellt. Laufende Zuschüsse wurden bisher nur von 2 Landkreisen im Betrage von je 50 Mk. im Jahre geleistet. Da das Interesse der Polizeibehörden des Bezirkes für regelmäßige Nahrungsmitteluntersuchungen zurzeit noch gering ist, würde die Anstalt selbständig nicht bestehen können. Die Gebühren werden nach folgendem Tarif berechnet.

Gebührentarif der öffentlichen Anstalt für Untersuchung von Nahrungs- und Genußmitteln sowie Gebrauchsgegenständen Köslin.

Nr.	Gegenstand der Untersuchung	Erforderliche Menge	Untersuchungsgebühr Mk.
1.	**Bier.**		
	Gesamtanalyse, einschließlich Prüfung auf fremde Bitterstoffe, Saccharin, Glycerin und Dextrin, sowie Konservierungsmittel. Spezifisches Gewicht, Extrakt, Alkohol, künstliche Süßstoffe, Salicylsäure, Asche, Säure	2 l	20
2.	**Branntwein.**		
	Bestimmung einzelner Bestandteile	½ l	3—5
	Prüfung auf gesundheitschädliche Beimengungen:		
	a) Branntweinschärfen		4
	b) Alkoholgehalt		2
3.	**Brot.**		
	Prüfung auf mineralische Beimengungen u. Wassergehalt	200 g	4
	Verdorbenheit	500 g	2
	Mikroskopische Prüfung	500 g	5—10
4.	**Butter.**		
	Untersuchung auf Reinheit	250 g	6
	Vollständige Analyse: Bestimmung von Wasser, Fett, Casein, Milchzucker, Kochsalz, sowie Reichert-Meißlsche Zahl und Sesamölreaktion	400 g	10
5.	**Essig.**		
	Freie Mineralsäuren	½ l	3
	Gehalt an Essigsäure	"	3
	Zusatz von Pflanzenextrakt	"	3
6.	**Farbstoffe.**		
	Prüfung, ob den Bestimmungen des Gesetzes betr. die Verwendung gesundheitschädlicher Farben etc. vom 5. Juli 1887 entsprechend	500 g	20
7.	**Fruchtsäfte.**		
	Prüfung auf Konservierungsmittel und künstliche Farb- und Süßstoffe	500 g	je 2
8.	**Früchte getrocknet.**		
	Prüfung auf Zink und schweflige Säure	500 g	7
9.	**Gewürze.**		
	Prüfung auf mineralische Beimengungen	300 g	3
	Mikroskopische Prüfung		5
10.	**Hefe.**		
	Reinheit, Prüfung auf fremde Zusätze	300 g	6
	Bestimmung der Gärkraft		5
11.	**Honig.**		
	Reinheit einschließlich mikroskopischer Befund	300 g	5—10
12.	**Käse.**		
	Reinheit	500 g	6
	Vollständige Analyse: Wasser, Asche (hierin Kochsalz), Fett (Natur des Fettes), Casein		10—15

Nr.	Gegenstand der Untersuchung	Erforderliche Menge	Untersuchungsgebühr Mk.
13.	**Kaffee.**		
	a) Ungebrannt: künstliche Färbung, Beimengung von Steinchen etc.	200 g	5
	b) Gebrannter und gemahlener Kaffee	200 g	5
	Mikroskopisch. Befund, Aschen- u. Extraktgehalt		je 2
14.	**Kakao und Schokolade.**		
	Vollständige Analyse	400 g	15—20
	Prüfung auf mineralische Beimengung und Zusatz von Schalenteilen	400 g	je 3
15.	**Kochgeschirr.**		
	Prüfung nach Maßgabe des Gesetzes betreffend den Verkehr mit blei- und zinkhaltigen Gegenständen vom 25. Juni 1887		5
16.	**Konditor-Waren.**		
	Prüfung auf giftige Farben und fremde Zusätze	100 g	5
17.	**Konserven.**		
	Prüfung auf Unverdorbenheit und Bleigehalt	1 uneröffnete Blechbüchse	6
18.	**Margarine.**		
	Prüfung, ob dem Gesetz betr. den Verkehr mit Butter, Käse, Schmalz und deren Ersatzmittel vom 15. Juni 1897 entsprechend	200 g	3
19.	**Mehl.**		
	Vollständige Analyse	400 g	10
	Prüfung auf Mineralbeimengungen	200 g	3
	Mikroskopischer Befund	100 g	5
20.	**Milch.**		
	Prüfung auf Marktfähigkeit: Spezifisches Gewicht der Milch und des Serums, Fett, Trockensubstanz, Salpetersäure und Schmutzgehalt	1/2 l	6
	Untersuchung auf Wasserzusatz		3
	Bestimmung des Fettgehalts		1
21.	**Petroleum.**		
	Entflammungspunkt	1/4 l	3
22.	**Rahm.**		
	Fett und Wasser	1/4 l	4
23.	**Speisefette und Öle.**		
	Ob unverfälscht und unverdorben	200 g	5
24.	**Schnupftabak.**		
	Bleigehalt	100 g	5
25.	**Seife.**		
	Fettgehalt, (unverseiftes) Alkali und Wassergehalt	300 g	je 3
	Rest der wasserfreien Fettsäuren	300 g	5
	Aschengehalt	200 g	3
26.	**Tabak.**		
	Bestimmung des Nikotingehaltes	300 g	15—20
	Mikroskopischer Befund	100 g	5
27.	**Tee.**		
	Mikroskopischer Befund	50 g	5
28.	**Wasser.**		
	Vollständige Analyse: Prüfung auf Brauchbarkeit als Trink- und Kesselspeisewasser	2 l	10

Nr.	Gegenstand der Untersuchung	Erforderliche Menge	Untersuchungsgebühr Mk.
	Einzelbestimmung	1 l	3—5
29.	**Wein.**		
	Ob dem Gesetz betr. den Verkehr mit Wein etc. vom 24. Mai 1901 entsprechend	$^3/_4$ l	15
	Bestimmung einzelner Bestandteile	$^1/_4$ l	3—5
	Vollständige Weinanalyse: Süßweine (Bestimmung von spezifischem Gewicht, Extrakt, Zucker, Alkohol, Mineralstoffen (hierin Phosphorsäure), Gesamtsäure und flüchtigen Säuren)		15
	Gewöhnliche Weiß- und Rotweine		12
	Bestimmung des Extrakts und der Mineralstoffe		5
	Mikroskopische Untersuchungen von Trübungen im Weine		5
30.	**Wurst.**		
	Unverdorbenheit	Ganzes Stück	3
	Mehlzusatz	200 g	3
	Prüfung auf Pferdefleisch	300 g	5
31.	**Zucker.**		
	Reinheit	200 g	3
	Alle in diesem Analysentarif nicht vorgesehenen Untersuchungen werden nach bestem Ermessen und Analogie obiger Sätze zur Berechnung gebracht.		

2. Verhältnisse der Beamten:

Die an der öffentlichen Nahrungsmittel-Untersuchungsanstalt Köslin tätigen Beamten sind gleichzeitig Beamte der Agrikulturchemischen Versuchsstation daselbst. In bezug auf diese Haupttätigkeit sind auch ihre Anstellungsverhältnisse und ihre Gehälter geregelt.

a) **Leiter:** Dr. phil. Paul Baeßler, Nahrungsmittelchemiker, Vorsteher der Agrikulturchemischen Versuchsstation, vereidigt vom Kgl. Landgericht zu Köslin. Auszeichnung: Prädikat Professor.

b) **Technische Mitglieder:** Der erste Assistent ist Nahrungsmittelchemiker (bisher nicht beeidigt). Die Assistenten der Agrikulturchemischen Versuchsstation werden gelegentlich im Bedarfsfalle für einfachere Bestimmungen, welche die Nahrungsmittelkontrolle notwendig macht, herangezogen.

c) **Sonstige Hilfskräfte:** Hilfspersonal der Agrikulturchemischen Versuchsstation.

3. Tätigkeit der Anstalt:

Die Proben werden durch die zuständigen Polizeibehörden entnommen. An Lebensmitteln (einschließlich Wasser) wurden untersucht:

In den Jahren .	1900	1901	1902	1903	1904	1905	1906
Proben . . .	84	76	79	103	203	180	119

(52) Marburg a. L.

1. Verhältnisse der Anstalt:

a) **Amtsbezeichnung:** Landwirtschaftliche Versuchsstation der Landwirtschaftskammer für den Regierungsbezirk Kassel.

Amtliche Stelle für Nahrungsmittel-Untersuchung für den Regierungsbezirk Kassel zu Marburg.

b) **Amtsbezirk:** Die Kreise des Regierungsbezirkes Kassel mit Ausnahme des Stadtkreises Kassel und der Kreise Hanau (Stadt und Land).

c) **Charakter der Anstalt:** Die Anstalt ist eine Einrichtung der Landwirtschaftskammer für den Regierungsbezirk Kassel. Sie ist seit der Angliederung der amtlichen Stelle für Nahrungsmittel-Untersuchungen eine öffentliche Anstalt im Sinne des § 17 des Reichsgesetzes vom 14. Mai 1879, und sie ist außerdem den staatlichen Anstalten im Sinne des § 16 der Prüfungsvorschriften für Nahrungsmittelchemiker vom 22. Februar 1894 gleichgestellt.

d) **Errichtung und geschichtliche Entwickelung:** Die Versuchsstation wurde 1857 auf der Domäne Haydau in Altmorschen errichtet und im Jahre 1880 nach Marburg verlegt. Sie war die erste landwirtschaftliche Versuchsstation, der die Nahrungsmittelkontrolle von amtlicher Seite übertragen wurde; dies geschah im Jahre 1881, indem zugleich eine besondere Abteilung für Nahrungsmittel-Untersuchungen geschaffen wurde.

e) **Aufsicht:** Ein Kuratorium, dessen Mitglieder von dem Kgl. Regierungspräsidenten ernannt werden. Der Vorsitzende der Landwirtschaftskammer und der Vorsteher der Versuchsstation sind von Amts wegen Mitglieder des Kuratoriums; ersterer führt bei den Beratungen des Kuratoriums den Vorsitz.

f) **Unterhaltung:** Die Abteilung für Nahrungsmitteluntersuchungen erhält keine Zuschüsse vom Staat. Die Einnahmen für Nahrungsmittel-Untersuchungen werden nicht besonders gebucht und lassen sich daher nicht angeben. Die chemischen Analysen werden nach einem mit der Kgl. Regierung zu Kassel vereinbarten Tarife berechnet.

2. **Verhältnisse der Beamten:**

a) **Leiter:** Dr. phil. E. Haselhoff, Nahrungsmittelchemiker, 44 Jahre alt, Vorsteher, pensionsberechtigt angestellt, in beamteter Stellung seit 1888. Auszeichnung: Prädikat Professor.

b) **Technische Mitglieder:** 2 Assistenten, davon 1 geprüfter Nahrungsmittelchemiker. Gehalt des I. Assistenten 2200—3800 Mk., des II. Assistenten 1500—2100 Mk. jährlich (nicht pensionsberechtigt).

c) **Sonstige Hilfskräfte:** Bureaubeamte und Diener nach Bedarf.

3. **Tätigkeit der Anstalt:**

Die Proben werden durch die Verwaltungsbehörden der einzelnen Kreise entnommen. Die Anzahl der untersuchten Proben betrug:

In den Jahren . . .	1900	1901	1902	1903	1904	1905	1906
Zahl der Proben . .	940	1207	1370	1183	1410	894	940
Davon Wasser . . .	467	572	677	692	688	440	394
Ausserdem Milch (nur auf Fett)	10127	13506	13404	13145	14150	14343	13144

Der Rückgang der zur Untersuchung eingesandten polizeilichen Proben seit dem Jahre 1905 erklärt sich daraus, daß früher die Kreise gegen eine geringe Pauschalvergütung Untersuchungen in unbeschränkter Zahl ausführen lassen konnten, während jetzt die Berechnung der Analysen nach einem besonderen Tarife erfolgt.

(53) Münster i. W.

1. Verhältnisse der Anstalt:

a) **Amtsbezeichnung:** Landwirtschaftliche Versuchsstation, Abteilung: Nahrungsmittel-Untersuchungsamt in Münster i. W.

b) **Amtsbezirk:** Regierungsbezirk Münster mit Ausnahme des Stadt- und Landkreises Recklinghausen.

c) **Charakter der Anstalt:** Die Anstalt gehört als Institut der Landwirtschaftskammer zu den mittelbaren Staatsinstituten; sie gilt als öffentliche Anstalt im Sinne des § 17 des Reichsgesetzes vom 14. Mai 1879 (durch Ministerialerlass vom 20. Juni 1907) und ist vom Jahre 1895 an den staatlichen Anstalten im Sinne des § 16 der Prüfungsvorschriften für Nahrungsmittelchemiker vom 22. Februar 1894 gleichgestellt.

d) **Errichtung und geschichtliche Entwickelung:** Die Landwirtschaftliche Versuchsstation in Münster i. Westf. besteht seit dem 1. Januar 1871; die Errichtung einer besonderen Abteilung als „Nahrungsmittel-Untersuchungsamt“ an derselben ist veranlaßt durch den Ministerialerlaß vom 25. September 1905; hierbei haben die gleichen Einrichtungen an den Versuchsstationen für die Provinzen Brandenburg, Schleswig-Holstein und den Regierungsbezirk Gumbinnen als Muster gedient. Zur Erreichung dieses Planes wurde Dr. H. Kopp mit seinem Laboratorium, das er seit 1885 in Münster inne hatte und dem von verschiedenen Polizeiverwaltungen des Regierungsbezirkes Nahrungsmitteluntersuchungen überwiesen wurden, in die Landwirtschaftliche Versuchsstation mit aufgenommen. Die Abteilung ist mit dem 1. April 1907 ins Leben getreten.

e) **Aufsicht:** Landwirtschaftskammer für die Provinz Westfalen; vertreten durch ein Kuratorium; über die landwirtschaftliche Abteilung der Versuchsstation übt das Ministerium für Landwirtschaft usw. in Berlin, über die Nahrungsmittel-Abteilung die Kgl. Regierung in Münster i. W. eine Oberaufsicht mit aus.

f) **Unterhaltung:** Die Unterhaltung und Dienstordnung der Abteilung regelt sich nach folgendem Vertrage:

Vertrag.

Zwischen der **Landwirtschaftskammer für die Provinz Westfalen zu Münster** und ....
wird folgender Vertrag geschlossen:

§ 1.

Die Landwirtschaftliche Versuchsstation der Landwirtschaftskammer für die Provinz Westfalen zu Münster übernimmt die Verpflichtung im Bezirke der ....

1. für eine geordnete Kontrolle des gesamten Lebensmittelmarktes in Gemeinschaft mit der Polizeiverwaltung Sorge zu tragen,
2. alle auf Grund des Nahrungsmittelgesetzes vom 14. Mai 1879 (R. G. Bl. S. 145) und der hierzu erlassenen und noch zu erlassenden Nachtragsgesetze erforderlichen Untersuchungen von Nahrungs- und Genußmitteln sowie Gebrauchsgegenständen den Anforderungen der Wissenschaft entsprechend auszuführen,
3. über die Ergebnisse der Untersuchungen aufs Gewissenhafteste schriftliche Gutachten zu erstatten.

§ 2.

Nach Maßgabe der Bevölkerungszahl und der besonderen örtlichen Verhältnisse (Ministerialerlaß vom 20. September 1905) sollen Proben von den in § 1 genannten

Gegenständen bis auf weiteres jährlich entnommen und untersucht werden: ....

§ 3.

Für jede dieser Untersuchungen ist ein einheitlicher Gebührensatz von **sechs Mark** zu entrichten. ....
Die demnach zu entrichtenden Untersuchungsgebühren von .... Mk. (geschrieben .... Mark) sind am Ende eines jeden Halbjahres (1. April und 1. Oktober) an die Kasse der Landwirtschaftskammer zu Münster i. W. (Schorlemer-Straße 6) portofrei abzuführen.

§ 4.

Zwecks Durchführung einer ordnungsmäßigen, den gesetzlichen Vorschriften entsprechenden Probenahme übernimmt die Landwirtschaftliche Versuchsstation die Verpflichtung, entweder die Proben im Auftrage der Polizeiverwaltung durch ihre Beamten entnehmen zu lassen oder den Polizeiorganen die erforderliche Anleitung hierfür zu geben. Die hieraus entstehenden Kosten (für Reisen, Drucksachen usw.) übernimmt die Landwirtschaftliche Versuchsstation; dahingegen hat die Polizeiverwaltung die Auslagen für die angekauften Proben sowie die Übersendungskosten zu tragen.

§ 5.

Außerdem übernimmt es die Versuchsstation, die Untersuchung solcher Nahrungs- und Genußmittel sowie Gebrauchsgegenstände, welche als der Fälschung verdächtig von unbemittelten Personen bei den Polizeibehörden eingeliefert werden, kostenfrei auszuführen, sofern ihre Zahl den Betrag von 20 % der Pflichtproben (§ 2) nicht übersteigt.

§ 6.

Falls ....
die Untersuchung anderer Gegenstände oder die Begutachtung sonstiger einschlägigen Fragen wünscht, so übernimmt die Landwirtschaftliche Versuchsstation diese Arbeiten nach den niedrigsten, von der Landwirtschaftskammer für ihre Mitglieder festgesetzten Gebührensätzen.

§ 7.

Beiden Teilen steht eine einjährige Kündigungsfrist zu; jedoch kann die Kündigung nur zum 1. April jeden Jahres erfolgen; auch ist von beiden Teilen von der etwa beabsichtigten Kündigung dem Herrn Regierungpräsidenten drei Monate vorher Mitteilung zu machen.

Dieser Vertrag tritt mit dem .... in Kraft.

Münster i. W., ... 19...... ....

Der Vorstand der Landwirtschafskammer Die Polizeiverwaltung

....

2. Verhältnisse der Beamten:

a) **Die Oberleitung** über die Landwirtschaftliche Versuchsstation führt Dr. phil. J. König, Geh. Reg.-Rat, o. Prof. a. d. Kgl. Universität und Mitglied des Reichsgesundheitsrats.

b) **Leiter der Abteilung „Nahrungsmittel-Untersuchungsamt“:** Dr. phil. H. Kopp, 53 Jahre alt, seit 1885 auf dem Gebiete der Untersuchung von Nahrungsmitteln tätig: Anfangs-Gehalt 4500 Mk. und 660 Mk. Wohnungsgeldzuschuß, im Range und mit der Gehaltsskala der Oberlehrer an höheren Schulen; Pensionsberechtigung von 1892 an gerechnet.

c) **Technische Mitglieder:** Zwei bis drei Assistenten, je nach Bedarf; hiervon sollen zwei Nahrungsmittelchemiker sein; Gehalt 1800—3000 Mk., der I. Assistent und Stellvertreter soll nach einiger Zeit mit Gehaltsskala und Pensionsberechtigung angestellt werden.

d) **Sonstige Hilfskräfte:** 1 Schreiber und 1 Diener (je nur für diese Abteilung).

3. **Tätigkeit der Anstalt:**

Die Art der Ausübung der Kontrolle ist in vorstehendem, mit den Gemeinden abgeschlossenem Vertrage angegeben. Die nach der Einwohnerzahl zu bemessende Anzahl der zu untersuchenden Proben von Nahrungsmitteln usw. wird sich auf 2500, die von Milch besonders auf 600—700 Proben belaufen. Hierin sind die von den Polizeibeamten mit dem Laktodensimeter vorgenommenen Vorprüfungen nicht mit einbegriffen. Der Abteilung werden auch die chemischen Untersuchungen betreffend das Fleischbeschaugesetz zufallen; jedoch nehmen diese nur einen geringen Umfang ein.

D. Von Chemikern aus privaten Mitteln eingerichtete Anstalten, die z. T. als öffentliche Anstalten gemäß § 17 des Reichsgesetzes vom 14. Mai 1879 anerkannt sind, z. T. den Charakter kommunaler Anstalten haben, z. T. lediglich ständig mit einschlägigen Untersuchungen von Verwaltungsbehörden betraut werden.

(54) Aachen.

1. **Verhältnisse der Anstalt:**

a) **Amtsbezeichnung:** Chemisches Laboratorium von Dr. F. van Noenen in Aachen.

b) **Amtsbezirk:** Landkreis Aachen.

c) **Charakter der Anstalt:** Das Laboratorium ist aus privaten Mitteln des Inhabers errichtet worden und ist nicht öffentliche Anstalt gemäß § 17 des Gesetzes vom 14. Mai 1879.

d) **Errichtung und geschichtliche Entwickelung:** Errichtet gegen Ende des Jahres 1899. Durch Verfügung der Kgl. Regierung vom 23. April 1902 wurde dem Laboratoriumsinhaber die Weinkontrolle in den Kreisen Aachen-Stadt, Aachen-Land, Eupen, Montjoie und Malmedy übertragen. Durch Vertrag vom 18. März 1903 erhielt das Laboratorium die chemischen Untersuchungen für die Kgl. Auslandsfleischbeschaustelle, die jedoch später (1. November 1903) dem inzwischen errichteten städtischen Untersuchungsamte (s. Nr. 16) überwiesen wurden, welches 50 % Rabatt gewährte und die Proben kostenlos entnahm. Zudem hatte sich die Stadt zur Einrichtung und Unterhaltung der Beschaustelle verpflichtet. Die Untersuchungen für die Kgl. Polizeidirektion in Aachen sollten seinerzeit ebenfalls Dr. van Noenen überwiesen werden, der die Lebensmittelkontrolle in der Stadt Aachen neu geregelt hatte, jedoch wurden diese Untersuchungen demnächst ebenfalls dem städtischen Amte übertragen, welches billiger arbeitete. Am 4. Mai 1905 erhielt das Laboratorium vertragsmäßig die Untersuchungen für den Landkreis Aachen und übt seitdem dort die Lebensmittelkontrolle aus.

e) **Aufsicht:** Der Kgl. Landrat des Landkreises Aachen.

f) **Unterhaltung:** Für die Weinkontrolle bezahlt die Kgl. Polizei-Direktion zu Aachen vierteljährlich 62,50 Mk.; hierfür müssen 21 Betriebe revidiert werden. Außerdem werden für Weinuntersuchungen bezahlt: Für Weißwein und Kognak 10 Mk., für Rotwein 15 Mk. und für Süßwein 20 Mk.

Im Landkreise Aachen wird für die Untersuchung der Lebensmittelproben und Gebrauchsgegenstände ein Durchschnittspreis von 5 Mk. für jede Probe gezahlt. Bei auswärtiger Tätigkeit beträgt die Entschädigung für Reisekosten, Transportkosten und Aufwand für den ganzen Tag 15 Mk. und für den halben Tag 8 Mk.

In den übrigen Kreisen wird der Berechnung der Untersuchungen der Entwurf von Gebührensätzen (Anlage zu den „Vereinbarungen") nach Abzug von 20% Rabatt zugrunde gelegt. Diese Aufträge sind jedoch belanglos.

2. Verhältnisse der Beamten:

a) **Leiter:** Dr. phil. Friedrich van Noenen, Nahrungsmittelchemiker (1895), 38 Jahre alt, Inhaber der Anstalt.

b) **Technische Mitglieder:** Keine.

c) **Sonstige Hilfskräfte:** 1 Laboratoriumsdiener.

3. Tätigkeit der Anstalt:

Die Kontrolle und Entnahme der Proben erfolgt im Landkreise Aachen durch die Beamten der Polizei. Im Jahre 1906/1907 hat der Kreis 284 Proben untersuchen lassen. Untersuchungen auf anderen Gebieten der Chemie spielen keine Rolle, weil infolge der Errichtung des städtischen Amtes, der Tätigkeit der Dozenten und Assistenten an der Technischen Hochschule sowie benachbarter Universitätslaboratorien und Versuchsstationen eine sehr erhebliche Konkurrenz vorhanden ist.

(55) Aschersleben.

1. Verhältnisse der Anstalt:

a) **Amtsbezeichnung:** Nahrungsmittel-Untersuchungsamt der Stadt Aschersleben.

b) **Amtsbezirk:** Stadtkreis Aschersleben.

c) **Charakter der Anstalt:** Das Untersuchungsamt ist eine öffentliche Anstalt im Sinne des § 17 des Reichsgesetzes vom 14. Mai 1879 (laut Verfügung der Kgl. Regierung zu Magdeburg vom Jahre 1904).

d) **Errichtung und geschichtliche Entwickelung:** Die Stadtverwaltung von Aschersleben richtete im Jahre 1904 ein kleines Laboratorium ein, welches zur Vorprüfung der eingelieferten Proben diente. Eingehendere chemische Untersuchungen wurden von dem Chemiker Dr. Kohen in Halberstadt ausgeführt. Seit Oktober 1905 führt diese Untersuchungen der Nachfolger des letzteren, Dr. Hebebrand in Halberstadt, aus (siehe dort).

e) **Aufsicht:** Der Magistrat zu Aschersleben.

f) **Unterhaltung:** Laut Vertrag mit der Stadt Aschersleben hat Dr. Hebebrand in Halberstadt jährlich 200 Gegenstände gegen eine Pauschalsumme von 900 Mk. zu untersuchen. Weinproben zählen hierbei doppelt.

2. Verhältnisse der Beamten:

Siehe unter Halberstadt (Nr. 72).

3. Tätigkeit der Anstalt:

Die Probeentnahme erfolgt gewöhnlich durch Dr. Hebebrand in Halberstadt persönlich, gelegentlich auch durch Polizeibeamte.

Die Zahl der untersuchten Proben betrug im Jahre 1904 147, 1905 181 und 1906 187. Größere Gutachten wurden erstattet im Jahre 1905 sieben, 1906 sechs.

(56) Barmen.

1. Verhältnisse der Anstalt:

a) **Amtsbezeichnung:** Städtisches Untersuchungsamt für Nahrungsmittel, Genußmittel und Gebrauchsgegenstände in Barmen.

b) **Amtsbezirk:** Stadtkreis Barmen.

c) **Charakter der Anstalt:** Das Städtische Untersuchungsamt für Nahrungsmittel, Genußmittel und Gebrauchsgegenstände in Barmen besteht aus den beiden Privatanstalten der Chemiker Otto Krüger und Dr. A. Stood. Es wurde am 30. Mai 1890 von der Kgl. Regierung und am 6. Oktober 1902 von den zuständigen Ministerien als öffentliche Anstalt im Sinne des § 17 des Reichsgesetzes vom 14. Mai 1879 anerkannt.

d) **Errichtung und geschichtliche Entwickelung:** Die Anstalt des Chemikers Otto Krüger wurde im Jahre 1877 errichtet und 1882 von dem jetzigen Inhaber übernommen. Etwa im Jahre 1880 wurden der Anstalt die Untersuchungen für die polizeiliche Nahrungsmittelkontrolle von der Stadt Barmen übertragen. — Die Anstalt des Nahrungsmittelchemikers Dr. A. Stood wurde 1899 aus privaten Mitteln errichtet, und es wurde ihr von der Stadt Barmen zur gleichen Zeit die Hälfte der städtischen Nahrungsmittelkontrolle übertragen. Der Name „Städtisches Untersuchungsamt für Nahrungsmittel, Genußmittel und Gebrauchsgegenstände“ besteht seit dem Jahre 1890 und umfaßt beide Anstalten. Die Untersuchungen für das Wasserwerk Barmen werden seit dem Jahre 1883 in der erstgenannten Anstalt ausgeführt.

Weiteren Aufschluß über die Organisation des städtischen Untersuchungsamtes gibt das folgende Statut.

Statut für das städtische Untersuchungsamt für Nahrungsmittel, Genußmittel und Gebrauchsgegenstände in Barmen.

---

§ 1. Das städtische Untersuchungsamt für Nahrungsmittel, Genußmittel und Gebrauchsgegenstände zu Barmen hat die Aufgabe, im Auftrage von Behörden und auf Ersuchen von Privaten Nahrungsmittel, Genußmittel und Gebrauchsgegenstände aller Art, entsprechend dem Reichsgesetze vom 14. Mai 1879, auf ihre Güte, auf Fälschungen, sowie insbesondere auch auf Beimengung gesundheitsschädlicher Substanzen zu untersuchen und über den Befund Auskunft zu erteilen.

§ 2. Die Leitung der Anstalt erfolgt durch die städtische Sanitätskommission. Dieselbe beaufsichtigt die gesamte Geschäftsführung der bei der Anstalt angestellten Chemiker und ist befugt, alle die Anstalt und deren Wirksamkeit berührenden Fragen anzuregen. Zur Teilnahme an ihren Sitzungen mit beratender Stimme können die vorbezeichneten Chemiker hinzugezogen werden. Letztere haben der Sanitätskommission über ihre Tätigkeit einen schriftlichen geschäftlichen und technischen Jahresbericht zu erstatten, und zwar bis zum 1. Februar jeden Jahres.

§ 3. Die Untersuchungen geschehen durch vom Oberbürgermeister eidlich verpflichtete Chemiker in deren Laboratorien und unter Benutzung ihrer eigenen Apparate, Instrumente, Chemikalien etc. Wenn die Gesundheitsschädlichkeit einer Verfälschung in Frage kommt, so wird das Gutachten des Kreisphysikus und, wenn es sich um die Beurteilung animalischer Produkte und gesundheitschädlicher Folgen für Haustiere handelt, das Gutachten des Kreistierarztes eingeholt.

§ 4. Die Untersuchungsanträge gelangen direkt an die städtischen Chemiker. Die letzteren haben die Anträge tunlichst rasch, und zwar in der Regel nach der Zeitfolge ihres Einganges zu erledigen, jedoch mit der Maßgabe, daß die eiligen Aufträge der Polizeibehörde zuerst, sodann die eiligen Aufträge der Gerichts- und anderen Behörden, sowie der Privaten zur Erledigung kommen und daß die Untersuchungen von Genuß- und Lebensmitteln vor Untersuchungen von Gebrauchsgegenständen den Vorzug haben.

§ 5. Von allen dem raschen Verderben nicht ausgesetzten Untersuchungsproben ist, wenn möglich, ein genügender Teil für eine eventuelle Nachuntersuchung zurückzubehalten, eine angemessene Zeit gesondert aufzubewahren und mit dem Namen des Auftraggebers beziehungsweise der Verkaufsfirma zu versehen.

§ 6. Alle Untersuchungsanträge sind nach der Reihenfolge des Einganges in ein von jedem Chemiker zu führendes Geschäftsbuch unter Angabe der laufenden Nummer, des Datums des Eingangs, des Namens und des Wohnortes des Antragstellers und des Gegenstandes der Untersuchung einzutragen. Das Ergebnis der Untersuchung ist in das Geschäftsbuch in kurzer und bestimmter Fassung einzutragen, auch ist daselbst der Taxpreis und die erfolgte Zahlung desselben, das Datum des abgegebenen Gutachtens und die angewandte Untersuchungsmethode zu vermerken.

§ 7. Das Ergebnis der Untersuchung ist dem Antragsteller in kurzer, allgemein verständlicher Fassung unter Angabe der Gebühren der Untersuchung in geschlossenem Schreiben mitzuteilen.

§ 8. Die Gebühren für die auszuführenden Untersuchungen werden nach Maßgabe des unten folgenden Tarifs, in welchem auch die Quantitäten der einzusendenden Untersuchungsproben angegeben sind, berechnet, und sind von demjenigen, der die Untersuchung beantragt hat, zu entrichten. Die Gebühren für die von der Ortspolizeibehörde veranlaßten Untersuchungen werden bei ersterer nach Schluß jeden Vierteljahres liquidiert.

Bei Untersuchungen, welche von Privaten beantragt werden, sind die Gebühren auf Erfordern im voraus, jedenfalls aber bei Entgegenahme des Resultates der Untersuchung zu zahlen.

Infolge besonderer Vereinbarung mit der Sanitätskommission kann für Behörden, Korporationen und Vereine, Fabrikanten und Kaufleute bei größeren Reihen von Untersuchungen und Garantie einer Minimal-Honorarsumme eine ermäßigte Taxe eintreten.

§ 9. Die Chemiker haben die Polizeibehörde bei ihren Maßnahmen zur Bekämpfung der Verfälschungen, namentlich auf dem Gebiete der Marktpolizei, bereitwilligst zu unterstützen und alle in ihr Fach schlagenden Aufträge derselben, sie mögen zum Gegenstande haben, was sie wollen, insbesondere auch Untersuchungen von Wässern, der Luft in Schul- und Krankenzimmern, von Gas und dergleichen, zu erledigen. Zur Aufrechterhaltung ihrer Vertrauensstellung in bezug auf die Entdeckung von Verfälschungen haben sie sich aller unnötigen Mitteilungen an Unbeteiligte zu enthalten.

Dieselben werden auf gegenseitige dreimonatliche Kündigung angestellt, unterliegen der Disziplinargewalt des Oberbürgermeisters und können von diesem bei groben Dienstvernachlässigungen ohne Kündigung und Anspruch auf Entschädigung entlassen werden.

Gebührentarif für Untersuchung von Nahrungsmitteln und Gebrauchsgegenständen.

Namen der Gegenstände.	Taxe in Mark	Einzusendende Menge
Bier	10—15	1—2 l
Branntwein, Liköre	5—10	1/2 l
Brot	6	1/4 kg
Butter	10	1/4 kg
Kakao, Schokolade	10	150 g
Zichorienkaffee	6—10	1/4 kg
Konditoreiwaren	5—10	5—20Stück
Essig	3	1/2 l
Fleisch-Konserven	5—10	1/4 kg
Eingemachte Früchte und Gemüse	5—10	1/4 kg
Gemahlene Gewürze	5—10	100 g
Honig	5—8	150 g
Kaffee und Surrogate	5—10	1/4 kg
Käse	10	1/4 kg
Maccaroni, Nudeln	10	1/8—1/4 kg
Mehl	5	1/4 kg
Milch (nach besonderem Tarif)	1,50*)	1/2—1 l
Mineralwasser	5—10	2 Flaschen
Hefe	5—10	150 g
Mus	10	150 g
Öle, Speiseöle etc.	6	1/4 l
Rohre, Bierleitungsrohre etc.	6	10 cm
Safran	5—10	20—30 g
Schweineschmalz	5	1/4 kg
Senf	6	100—150 g
Spielsachen	5—15	1 Stück
Tee	6—12	100 g
Wasser	6	1 l
Wein	10—15	1 Flasche
Zucker	5	1/4 kg
Tapeten	5—10	1/4 Rolle
Wurst	5—10	1/4 kg
Kochgeschirre (qualitative Analyse 9 Mk.[1])	5—15	1 Stück
Für ein von dem Kreisphysikus abzugebendes Gutachten	6—10	
Für ein von dem Kreistierarzt abzugebendes Gutachten	3—6	

Vorstehender Tarif bezieht sich nur auf die Ermittelung von Verfälschungen oder gesundheitsschädlichen Beimengungen. Werden von Gewerbetreibenden, Industriellen etc. weitere Feststellungen, insbesondere vollständige quantitative Analysen verlangt, so bleibt die Festsetzung der Taxpreise den untersuchenden Chemikern überlassen.

Vorstehendes Statut nebst Tarif wird hierdurch mit dem Hinzufügen zur Kenntnis gebracht, daß das städtische Untersuchungsamt für Nahrungsmittel, Genußmittel und Gebrauchsgegenstände seit dem 30. v. Mts. von dem Königlichen Herrn Regierungs-Präsidenten als eine öffentliche Anstalt im Sinne des § 17 des Reichsgesetzes vom 14. Mai 1879 anerkannt ist.

Barmen, den 24. Juni 1890.

Die Polizeiverwaltung, der Oberbürgermeister.

e) **Aufsicht:** Der Oberbürgermeister der Stadt Barmen.

f) **Unterhaltung:** Die Stadt leistet zu den Kosten der Unterhaltung der Anstalt in Form von Aufträgen einen jährlichen Zuschuß von 6000—8000 Mk. für

---

1) Später vereinbarter Satz.

Untersuchungen von Nahrungsmitteln und von etwa 1500 Mk. für Untersuchungen im Auftrage des städtischen Wasserwerkes. Die Strafgelder und Kosten gemäß § 16 N.-M.-G. fließen in die Stadtkasse. Die Untersuchungen werden nach einem besonderen, von der Polizeiverwaltung herausgegebenen Tarif berechnet, der oben unter 1 d abgedruckt ist.

2. Verhältnisse der Beamten:

a) **Leiter:** 1. Otto Krüger, 49 Jahre alt, seit 1882 im Dienst, 2. Dr. phil. A. Stood, Nahrungsmittelchemiker, 47 Jahre alt, seit 1899 im Dienst. Beide Chemiker sind vom Amtsgericht Barmen und Landgericht Elberfeld sowie von der Handelskammer vereidigt.

b) **Technische Mitglieder:** Keine.

c) **Sonstige Hilfskräfte:** Laboratoriumsdiener.

3. Tätigkeit der Anstalt:

Die Proben werden von Polizeibeamten entnommen, die, abgesehen von der Milchkontrolle, ihren Dienst in Zivilkleidung versehen.

Die Zahl der untersuchten einschlägigen Proben betrug:

In den Jahren . .	1900	1901	1902	1903	1904	1905	1906
Bei A. Stood . .	214	736	898	849	864	631	781
Bei O. Krüger . .	137	662	830	964	672	632	751
Zusammen:	351	1398	1728	1813	1536	1263	1532

Im Laboratorium von O. Krüger werden außerdem die chemischen und bakteriologischen Untersuchungen für das städtische Wasserwerk in Barmen sowie für andere städtische und private Wasserwerke ausgeführt. Außerdem beschäftigt sich das Laboratorium mit industriellen Untersuchungen.

Dr. Stood beschäftigt sich neben der Nahrungsmittelkontrolle mit hygienischen Untersuchungen. Er ist außerdem Apothekenbesitzer, und zwar vor allem deswegen, weil die analytische Tätigkeit jährlich nur ein Brutto-Einkommen von etwa 4000 Mk. abwirft. Eine Neuregelung der ganzen Einrichtung ist im Gange.

(57) Bielefeld.

1. Verhältnisse der Anstalt:

a) **Amtsbezeichnung:** Städtisches Untersuchungsamt in Bielefeld.

b) **Amtsbezirk:** Die Kreise Bielefeld Stadt und Land, Herford, Halle, Paderborn und Wiedenbrück, sowie das Fürstentum Lippe.

c) **Charakter der Anstalt:** Die Anstalt ist aus privaten Mitteln errichtet. Sie hat den Charakter einer städtischen Anstalt erhalten und führt daher die unter b) angegebene Amtsbezeichnung. Am 16. Oktober 1903 ist das Amt durch Erlaß der zuständigen Ministerien öffentliche Anstalt im Sinne des § 17 des Reichsgesetzes vom 14. Mai 1879 geworden.

d) **Errichtung und geschichtliche Entwickelung:** Die Anstalt wurde im Jahre 1893 errichtet und vom Magistrat der Stadt Bielefeld mit der Lebensmittelkontrolle betraut. Seit dem Jahre 1903 führt das Amt auch die chemischen Untersuchungen für die Auslandsfleischbeschaustellen in Bielefeld und Lippstadt aus.

e) **Aufsicht:** Der Magistrat der Stadt Bielefeld.

f) **Unterhaltung:** Die Untersuchungsgebühren werden nach der „Gebührenordnung des Städtischen Untersuchungsamtes in Bielefeld" berechnet, deren

Sätze ungefähr denen des unter Mitwirkung des Kaiserlichen Gesundheitsamtes herausgegebenen Entwurfs von Gebührensätzen (s. „Vereinbarungen“, Heft III) entsprechen. Bei amtlichen Aufträgen wird auf diese Sätze ein Rabatt von 15 % gewährt.

2. Verhältnisse der Beamten:

a) **Leiter:** Dr. phil. Ernst Treue, Nahrungsmittelchemiker, 37 Jahre alt, seit 1. Juli 1897 Vorsteher und Besitzer des Amtes, nichtpensionsberechtigt angestellt, vom Magistrat in Bielefeld beeidigt und von der Kgl. Regierung in Minden bestätigt, ferner als Gerichtschemiker für den Landgerichtsbezirk Bielefeld und als Handelschemiker von der Handelskammer in Bielefeld sowie auch als Steuerchemiker vereidigt.

b) **Technische Mitglieder:** Meist 2 Assistenten, zurzeit einer (Dr. phil., nicht geprüfter Nahrungsmittelchemiker); Remuneration 1800 Mk. jährlich.

c) **Sonstige Hilfskräfte:** 1 Schreiber, 1 Diener.

3. Tätigkeit der Anstalt:

Die Proben werden durch Beamte der Polizeiverwaltungen entnommen Es wurden untersucht:

In den Jahren . .	1900	1901	1902	1903	1904	1905	1906
Proben	1077	1122	1259	1712	1916	1905	1916

Über die Tätigkeit der Anstalt in den beiden letzten Geschäftsjahren gibt folgende Übersicht näheren Aufschluß:

	In den Jahren 1905	1906
A. Nahrungs-Genußmittel und Gebrauchsgegenstände:		
a) auf Grund der allgemeinen Nahrungsmittelkontrolle .	919	1027
b) auf Grund des Gesetzes betr. die Schlachtvieh- und Fleischbeschau	732	636
B. Untersuchungen aus dem Gebiet der Gesundheitspflege: Physiologisch-chemische Untersuchungen	125	72
C. Technische Untersuchungen	81	172
D. Gerichtliche Untersuchungen	28	9
E. Untersuchungen aus eigener Veranlassung	20	—
Die Gesamtzahl der untersuchten Objekte betrug . .	1905	1916
F. Ausführliche Berichte und Gutachten	36	31
G. Besichtigungen	25	42
H. Vertretungen vor Gericht	24	16

(58) Bromberg.

1. Verhältnisse der Anstalt:

a) **Amtsbezeichnung:** Nahrungsmittelchemisches Laboratorium der Dr. Kupffenderschen Apotheke.

b) **Amtsbezirk:** Stadtkreis Bromberg.

c) **Charakter der Anstalt:** Die Anstalt ist aus privaten Mitteln errichtet und von der Polizeidirektion Bromberg mit der Ausübung der Nahrungsmittelkontrolle beauftragt. Das Laboratorium ist nicht öffentliche Anstalt im Sinne des § 17 des Gesetzes vom 14. Mai 1879.

d) **Aufsicht:** Die Kgl. Polizei-Direktion zu Bromberg.

e) **Unterhaltung:** Die Untersuchungsgebühren werden nach dem unter Mitwirkung des Kaiserl. Gesundheitsamtes herausgegebenen Entwurf von Gebührensätzen (s. „Vereinbarungen", Heft III) berechnet.

2. **Verhältnisse der Beamten:**

a) **Leiter:** Dr. phil. Alfred Kupffender, 33 Jahre alt, Apothekenbesitzer.

b) **Technische Mitglieder:** Keine.

c) **Sonstige Hilfskräfte:** Der Diener der Apotheke.

3. **Tätigkeit der Anstalt:**

Die Proben werden von der Polizeibehörde entnommen; der Umfang der Kontrolle ist gering.

(59) Coblenz I.

1. **Verhältnisse der Anstalt:**

a) **Amtsbezeichnung:** Chemisch-bakteriologisches Laboratorium und Versuchsstation Dr. Samelson, Inhaber Dr. G. Grether und Dr. M. Koebner, Coblenz.

b) **Amtsbezirk:** Stadt- und Landkreis Coblenz.

c) **Charakter der Anstalt:** Die Anstalt wurde aus privaten Mitteln errichtet und von der Kgl. Polizeidirektion zu Coblenz mit den für die Ausübung der Nahrungsmittelkontrolle notwendig werdenden chemischen Untersuchungen beauftragt. Sie ist nicht öffentliche Anstalt im Sinne des § 17 des Reichsgesetzes vom 14. Mai 1879.

d) **Errichtung und geschichtliche Entwickelung:** Errichtet wurde die Anstalt vor ungefähr 23 Jahren von dem inzwischen verstorbenen Chemiker Dr. Samelson. Die Anstalt übte früher in Coblenz die gesamte Nahrungsmittelkontrolle aus, ist aber seit dem 1. Januar 1907 nur noch mit der Milchkontrolle in Coblenz amtlich beauftragt. Die übrigen Lebensmittel werden für die Kgl. Polizeidirektion von Dr. Widera untersucht (s. Nr. 60). In neuester Zeit erhielt die Anstalt die Lebensmittelkontrolle im Landkreis Coblenz und verschiedenen Bürgermeisterämtern.

e) **Aufsicht:** Die Kgl. Polizeidirektion zu Coblenz.

f) **Unterhaltung:** Die Berechnung der Analysengebühren erfolgt im allgemeinen nach dem unter Mitwirkung des Kaiserl. Gesundheitsamtes herausgegebenen Entwurf von Gebührensätzen (s. „Vereinbarungen", Heft III).

2. **Verhältnisse der Beamten:**

a) **Leiter:** Dr. phil. G. Grether, von der Handelskammer zu Coblenz öffentlich angestellter Handelschemiker.

b) **Technische Mitglieder:** —

c) **Sonstige Hilfskräfte:** —

3. **Tätigkeit der Anstalt:**

Die Proben werden durch den Leiter der Anstalt persönlich unter Hinzuziehung eines Polizeiwachtmeisters entnommen.

Die Zahl der jährlich untersuchten Proben beträgt 300—500.

(60) Coblenz II.

1. Verhältnisse der Anstalt:

a) **Amtsbezeichnung:** Öffentliches Handelslaboratorium von Dr. R. Widera, Coblenz.

b) **Amtsbezirk:** Stadtkreis Coblenz und die Städte Neuwied und Ehrenbreitenstein, sowie für die Weinkontrolle der Kreis Mayen und die Städte Boppard, Limburg und Oberlahnstein.

c) **Charakter der Anstalt:** Die Anstalt ist aus privaten Mitteln errichtet und nicht öffentliche Anstalt im Sinne des § 17 des Reichsgesetzes vom 14. Mai 1879.

d) **Errichtung und geschichtliche Entwickelung:** Eröffnet wurde die Anstalt von dem jetzigen Inhaber im Mai 1902. Seit Februar 1907 ist die Anstalt von der Polizeidirektion zu Coblenz mit der Nahrungsmittelkontrolle (mit Ausnahme der Milchkontrolle) in dieser Stadt beauftragt. Die Milchuntersuchungen für die Polizeidirektion werden in dem Laboratorium von Dr. Grether und Dr. Koebner-Coblenz (s. Nr. 59) ausgeführt.

Die Anstalt ist ferner seit August 1904 mit den chemischen Untersuchungen für die Kgl. Auslandsfleischbeschaustelle in Coblenz amtlich betraut.

e) **Aufsicht:** Die Kgl. Polizeidirektion zu Coblenz.

f) **Unterhaltung:** Die Einnahmen aus den Untersuchungen für die Königl. Polizeidirektion betragen jährlich ungefähr 3000 Mk. An Analysengebühren werden laut Vertrag vom 1. April 1907 berechnet: für Milch 1 Mk., bei Beanstandung 6 Mk. für die Probe; für Wein 16 Mk.; für jede andere Probe 6 Mk. Die Untersuchungskosten für die Auslandsfleischbeschau werden nach den amtlichen Gebührensätzen abzüglich 40 % berechnet.

2. Verhältnisse der Beamten:

a) **Leiter:** Dr. phil. Richard Widera, 41 Jahre alt, Nahrungsmittelchemiker, Besitzer der Anstalt, beeidigt von dem Amtsgericht und der Handelskammer zu Coblenz, Amtschemiker der Hauptsteuerämter Coblenz und Oberlahnstein.

b) **Technische Mitglieder:** 1 Assistent, der laut Vertrag mit der Kgl. Polizeidirektion Nahrungsmittelchemiker sein muß; Gehalt jährlich 2400 Mk., steigend bis 3000 Mk.

c) **Sonstige Hilfskräfte:** 1 Diener.

3. Tätigkeit der Anstalt:

Die Proben werden durch Beamte der Kgl. Polizeidirektion entnommen.

(61) Cottbus.

1. Verhältnisse der Anstalt:

a) **Amtsbezeichnung:** Öffentliches chemisches Laboratorium und öffentliche Untersuchungsanstalt für Nahrungsmittel, Genußmittel und Gebrauchsgegenstände zu Cottbus.

b) **Amtsbezirk:** Cottbus (Stadt und Land), Guben, Forst, Sommerfeld, Senftenberg, Kalau (Stadt und Land), Lübbenau, Friedeberg, Crossen, Lübben, Königsberg i. Nm. und andere.

c) **Charakter der Anstalt:** Die Anstalt wurde aus privaten Mitteln errichtet. Sie ist öffentliche Anstalt im Sinne des § 17 des Reichsgesetzes vom 14. Mai 1879.

d) **Errichtung und geschichtliche Entwickelung:** Die Anstalt wurde im Jahre 1882 auf Veranlassung der städtischen Behörde zu Cottbus ins Leben gerufen und im Jahre 1903 vergrößert. Laut Verträgen mit den oben bezeichneten Kreisen und Gemeinden führt die Anstalt die in Ausübung der Nahrungsmittelkontrolle notwendigen Untersuchungen für diesen Bezirk aus.

e) **Aufsicht:** Der Regierungspräsident zu Frankfurt a. O.

f) **Unterhaltung:** Aus den Einnahmen an Untersuchungsgebühren.

2. **Verhältnisse der Beamten:**

a) **Leiter:** Dr. phil. L. Gebeck, Besitzer der Anstalt.

b) **Technische Mitglieder:** 1 Assistent, 1 Volontär.

c) **Sonstige Hilfskräfte:** 1 Schreiberin, 1 Diener.

3. **Tätigkeit der Anstalt:**

Die Proben werden durch Polizeibeamte entnommen und der Anstalt übersandt:

Es wurden auf dem einschlägigen Gebiete untersucht:

In den Jahren .	1903	1904	1905	1906
Zahl der Proben .	1829	1860	1918	2152

Im übrigen ist die Anstalt in erheblichem Umfange auf anderen (technischen) Gebieten für die heimische Industrie tätig.

(62) Crefeld.

1. **Verhältnisse der Anstalt:**

a) **Amtsbezeichnung:** Lebensmitteluntersuchungsamt für die Städte Kempen und Uerdingen und die Bürgermeistereien des Landkreises Crefeld.

b) **Amtsbezirk:** Die Städte Kempen und Uerdingen, sowie die Bürgermeistereibezirke des Landkreises Crefeld.

c) **Charakter der Anstalt:** Die Anstalt ist aus privaten Mitteln errichtet und ist nicht öffentliche Anstalt im Sinne des § 17 des Reichsgesetzes vom 14. Mai 1879.

d) **Errichtung und geschichtliche Entwickelung:** Das Laboratorium wurde von dem jetzigen Inhaber nach Übernahme der Adlerapotheke in Crefeld im Jahre 1879 zunächst für forensische und Nahrungsmitteluntersuchungen gegründet, an die sich in kurzer Folge bakteriologische und technische Untersuchungen anreihten. 1894 gab Dr. Bertkau seinen Beruf als Apotheker auf, um sich lediglich den stetig zunehmenden Arbeiten des Laboratoriums zu widmen.

e) **Aufsicht:** —

f) **Unterhaltung:** Die Verträge sehen lediglich eine jährliche Minimalsumme vor, während die einzelnen Untersuchungen mit je 5 Mk. berechnet werden.

2. **Verhältnisse der Beamten:**

a) **Leiter:** Inhaber Dr. phil. Friedrich Bertkau, Apotheker, Crefeld, 62 Jahre alt, vereidigt vom Amts- und Landgerichte, der Handelskammer und dem Hauptsteueramte zu Crefeld.

b) **Technische Mitglieder:** Keine.

c) **Sonstige Hilfskräfte:** Ein Diener.

3. Tätigkeit der Anstalt:

Die Behörden entnehmen die zur Untersuchung gelangenden Proben selbst, jedoch nach Vorschlägen des Inhabers der Anstalt. Neben den Nahrungsmitteluntersuchungen finden textil-chemische und mikroskopische, sowie Wasser-, Fett- und Metalluntersuchungen in ausgedehntem Maße statt, wie überhaupt Untersuchungen aus sämtlichen Zweigen der Technik zur Erledigung gelangen.

(63) Duisburg-Ruhrort.

1. Verhältnisse der Anstalt:

a) **Amtsbezeichnung:** Öffentliches Chemisches Untersuchungsamt zu Ruhrort.

b) **Amtsbezirk:** Die in Duisburg eingemeindeten Stadtbezirke Duisburg-Ruhrort und Duisburg-Meiderich, ferner der Kreis Ruhrort.

c) **Charakter der Anstalt:** Die Anstalt ist aus privaten Mitteln errichtet und für die oben bezeichneten Stadtbezirke Duisburgs von der Stadtverwaltung, für den Kreis Ruhrort vom Landrat mit der Ausübung der Nahrungsmittelkontrolle beauftragt. Sie ist seit 1900 öffentliche Anstalt im Sinne des § 17 des Reichsgesetzes vom 14. Mai 1879.

d) **Errichtung und geschichtliche Entwickelung:** Errichtet wurde die Anstalt im Jahre 1892 von dem Chemiker Dr. Hölterhoff. Sie ging später auf Dr. Großmann über.

e) **Aufsicht:** Die Stadtverwaltung von Duisburg-Ruhrort.

f) **Unterhaltung:** Die jährlichen Zuschüsse zu den Kosten der Unterhaltung der Anstalt bringen seitens der Stadt Duisburg 3600 Mk. und seitens des Kreises Ruhrort 5000 Mk. ein. Die Einnahmen aus technischen Analysen betragen im Jahre ungefähr 1000 Mk. Die Nahrungsmitteluntersuchungen werden nach einem Einheitssatz von 5 Mk. für die Probe ausgeführt.

2. Verhältnisse der Beamten:

a) **Leiter:** Dr. phil. R. Großmann, Nahrungsmittelchemiker, 38 Jahre alt, Besitzer der Anstalt, 11 Jahre mit der Ausübung der Nahrungsmittelkontrolle beschäftigt.

b) **Technische Mitglieder:** 2 Assistenten, davon 1 Nahrungsmittelchemiker Gehalt derselben: I. Assistent 2000 Mk., II. Assistent 1200 Mk. jährliche Remuneration.

c) **Sonstige Hilfskräfte:** 1 Diener.

3. Tätigkeit der Anstalt:

Die Proben werden teils durch den Leiter oder einen Assistenten in Begleitung eines Polizeibeamten, teils durch besonders vorgebildete Polizeibeamte entnommen.

Die Tätigkeit der Anstalt erhellt aus folgenden Zahlen:

In den Jahren . . .	1900	1901	1902	1903	1904	1905	1906
Zahl der Proben . . .	1250	1360	1520	2070	2130	2260	2320
Zahl der Gutachten und Berichte	500	510	570	720	720	860	824

Infolge besonderer Bemühungen der Anstalt ist die Einfuhr verfälschter holländischer Butter erheblich zurückgedrängt.

(64) Düsseldorf.

1. Verhältnisse der Anstalt:

a) **Amtsbezeichnung:** Öffentliche Nahrungsmittel-Untersuchungsanstalt der Stadt Düsseldorf.

b) **Amtsbezirk:** Stadt- und Landkreis Düsseldorf.

c) **Charakter der Anstalt:** Die Anstalt wurde aus privaten Mitteln errichtet und laut Vertrag verpflichtet, die für die Handhabung der Nahrungsmittelkontrolle in dem Stadt- und Landkreis Düsseldorf erforderlichen Untersuchungen auszuführen. Das Untersuchungsamt ist seit 1890 öffentliche Anstalt im Sinne des § 17 des Reichsgesetzes vom 14. Mai 1879.

d) **Errichtung und geschichtliche Entwickelung:** Vor der Errichtung des Untersuchungsamtes wurde in Düsseldorf eine Nahrungsmittelkontrolle nur in ganz beschränktem Maße ausgeübt. Die Überwachung des Verkehrs mit Milch lag hauptsächlich in Händen der unteren Polizeiorgane. Im November 1890 wurde mit dem jetzigen Leiter der Anstalt seitens der Stadtverwaltung Düsseldorf ein Vertrag geschlossen, nach dem der Chemiker gegen eine feste jährliche Entschädigung ein Chemisches Laboratorium einzurichten und auf seine Kosten zu unterhalten hatte. Der Betrieb der Anstalt wurde durch ein Statut geregelt und es wurde dem Leiter gestattet Privatpraxis auszuüben, jedoch so, daß die Untersuchungen für die Behörden nicht darunter leiden durften. Am 1. April 1907 wurde der Vorsteher der Anstalt als Kommunalbeamter angestellt.

e) **Aufsicht:** Die Stadtverwaltung zu Düsseldorf und die Kgl. Regierung daselbst.

f) **Unterhaltung:** Die Stadt Düsseldorf zahlt für die für die Stadtverwaltung auszuführenden Untersuchungen jährlich 12 000 Mk. Die Gebühren aus Untersuchungen von Nahrungsmitteln, welche im Auftrage von Privaten ausgeführt werden, fließen in die Stadtkasse.

2. Verhältnisse der Beamten:

a) **Leiter:** Dr. phil. Ludwig Loock, 44 Jahre alt, Inhaber der Anstalt seit 1890, Einnahmen jährlich 12 000 Mk. aus den Untersuchungen für die Stadt Düsseldorf, pensionsberechtigt angestellt.

b) **Technische Mitglieder:** 4 Assistenten, davon 2 geprüfte Nahrungsmittelchemiker. Das Gehalt derselben schwankt zwischen 1200 und 3600 Mk. jährlich.

c) **Sonstige Hilfskräfte:** 1 photographischer Assistent, Bedienung.

3. Tätigkeit der Anstalt:

Die Proben von Lebensmitteln werden auf Anordnung des Leiters der Anstalt durch das Gewerbekommissariat entnommen, welches nichtuniformierte Beamte mit der Probeentnahme beauftragt.

Die Tätigkeit der Anstalt hinsichtlich der Nahrungsmittelkontrolle für die Stadt Düsseldorf erhellt aus folgenden Zahlen[1]):

In den Jahren . .	1902	1903	1904	1905	1906
Proben	5679	5042	4026	5651	5512

[1]) Die Anzahl der Untersuchungen für den Landkreis Düsseldorf ist hierin nicht einbegriffen; sie betrug z. B. im Jahre 1904 621 Proben.

Die Anzahl der Berichte und größeren Gutachten läßt sich nicht ziffernmäßig angeben. Außerdem wurden in der Anstalt in großem Umfange fortlaufend Rheinwasseruntersuchungen sowie zahlreiche gerichtliche Untersuchungen ausgeführt.

An wissenschaftlichen Arbeiten, die von dem Leiter des Amtes veröffentlicht wurden, seien erwähnt: 1. In Gemeinschaft mit dem Beigeordneten Geusen: Beitrag zur mechanischen Reinigung von Kanalwasser. 2. Über Kognak und dessen Beurteilung. 3. Fisch- und andere Konserven und deren Beurteilung. 4. Apfelgelee und dessen Beurteilung. 5. Neues Verfahren zur Herstellung von Säuglingsmilch. 6. Über holländische Butter. 7. Chemie und Photographie bei Kriminalforschungen u. a.

(65) Elbing i. Westpr.

1. Verhältnisse der Anstalt:

a) **Amtsbezeichnung:** Chemisches Laboratorium und Polizei-Untersuchungsstelle der Ratsapotheke zu Elbing.

b) **Amtsbezirk:** Stadtkreis Elbing.

c) **Charakter der Anstalt:** Das aus privaten Mitteln des Besitzers errichtete Laboratorium der Ratsapotheke zu Elbing ist von der städtischen Polizeiverwaltung mit den bei der Ausübung der Nahrungsmittelkontrolle notwendig werdenden chemischen Untersuchungen beauftragt worden.

2. Verhältnisse der Beamten:

a) **Leiter:** Hermann Lehnert, Besitzer der Ratsapotheke, pharmazeutischer Revisor und vereidigter Gerichtschemiker.

b) **Technische Mitglieder:** Keine.

c) **Sonstige Hilfskräfte:** Der Diener der Apotheke.

3. Tätigkeit der Anstalt:

Die Proben werden durch Polizeibeamte entnommen. Es wurden bisher im Jahre 60—80 amtliche Aufträge erledigt.

(66) Emden.

1. Verhältnisse der Anstalt:

a) **Amtsbezeichnung:** Öffentliches Untersuchungsamt Emden, Städtische Lebensmitteluntersuchungsanstalt von Dr. Bruns.

b) **Amtsbezirk:** Stadtkreis Emden, Kreise Emden, Norden und Stadtkreis Aurich.

c) **Charakter der Anstalt:** Die Anstalt ist mit Subvention der Stadt von Dr. Bruns errichtet worden und hat den Charakter einer städtischen Anstalt. Wegen der Anerkennung als öffentliche Anstalt gemäß § 17 des Reichsgesetzes vom 14. Mai 1879 schweben Verhandlungen.

d) **Errichtung und geschichtliche Entwickelung:** In Emden wurde schon früher, im Jahre 1880, in Verbindung mit einer dortigen Apotheke ein städtisches Untersuchungsamt errichtet. In diesem wurden z. B. im Jahre 1888 im ganzen 22 amtliche Untersuchungen ausgeführt.

Das jetzige Amt ist von seinem jetzigen Inhaber auf Veranlassung des Magistrates der Stadt Emden am 1. Januar 1905 eingerichtet und eröffnet worden. Durch Vertrag mit der Kgl. Preuß. Regierung wurde Dr. Bruns zum chemischen Sachverständigen der Kgl. Auslandsfleischbeschaustelle Emden ernannt, und von der Stadt Emden wurden ihm die im polizeilichen Interesse liegenden Untersuchungen von Nahrungs- und Genußmitteln aus der Stadt Emden übertragen. Durch Erlaß des Regierungspräsidenten zu Aurich vom 5. Mai 1906 wurde für den Regierungsbezirk Aurich die allgemeine Kontrolle der Nahrungs- und Genußmittel etc. angeordnet und wurden zugleich dem Laboratorium die Untersuchungen aus den Kreisen Norden und Emden, sowie den Städten Aurich und Emden übertragen. Seit einiger Zeit schweben zwischen dem Inhaber der Anstalt sowie dem Magistrate der Stadt Emden und der Kgl. Regierung Verhandlungen über die öffentliche Anerkennung der Anstalt gemäß § 17 des Reichsgesetzes vom 14. Mai 1879 und über die Ausdehnung des Amtsbezirks der Anstalt auf den ganzen Regierungsbezirk Aurich.

e) **Aufsicht:** Magistrat zu Emden.

f) **Unterhaltung:** Die Stadt Emden stellt die Räume und die Einrichtung der Anstalt zur Verfügung und verpflichtet sich Untersuchungen bis zum Betrage von 500 Mk. jährlich ausführen zu lassen. Die übrigen Untersuchungen werden nach anderen Tarifen bezahlt und zwar:

1. Die Untersuchungen für die Auslandsfleischbeschau nach dem „Entwurf von Gebührensätzen“ (Anhang zu den „Vereinbarungen“) mit 10 % Rabatt (bis 3000 Mk. jährlich, wenn höher, steigender Rabatt).
2. Die Untersuchungen für die allgemeine Nahrungsmittelkontrolle nach denselben Gebührensätzen mit 25 % Rabatt.
3. Die übrigen Untersuchungen werden nach einem vom Magistrat der Stadt Emden genehmigten Tarif berechnet.

2. Verhältnisse der Beamten:

a) **Leiter:** Dr. phil. Daniel Bruns, geprüfter Nahrungsmittelchemiker, 32 Jahre alt, Leiter der Anstalt.

b) **Technische Mitglieder:** Keine.

c) **Sonstige Hilfskräfte:** Bedienung.

3. Tätigkeit der Anstalt:

Laut Verfügung der Kgl. Regierung werden in den Städten auf je 1000 Einwohner 2 Proben, auf dem Lande auf je 1000 Einwohner 1 Probe von Nahrungs- und Genußmitteln etc. jährlich von den Polizeiverwaltungen entnommen und dem Laboratorium zur Untersuchung eingesandt. Das Laboratorium wird im übrigen auch noch zu landwirtschaftlichen Untersuchungen und technischen Prüfungen, wie z. B. zu Untersuchungen von Erzen, Teerölen in Anspruch genommen.

(67) Erfurt.

1. Verhältnisse der Anstalt:

a) **Amtsbezeichnung:** Anstalt für die amtlichen Untersuchungen von Nahrungsmitteln im Stadtkreise Erfurt.

b) **Amtsbezirk:** Stadt- und Landkreis Erfurt.

c) **Charakter der Anstalt:** Die Anstalt ist aus privaten Mitteln errichtet und nicht öffentliche Anstalt im Sinne des § 17 des Reichsgesetzes vom 14. Mai 1879.

d) **Errichtung und geschichtliche Entwickelung:** Das Laboratorium war etwa seit dem Jahre 1888 im Besitze des Chemikers P. Soltsien und ging am 1. Oktober 1900 durch Kauf in den Besitz der jetzigen Inhaber über.

e) **Aufsicht:** Der Magistrat der Stadt Erfurt.

f) **Unterhaltung:** Für Untersuchungen, die für die Behörden ausgeführt werden, sind bestimmte Gebührensätze vereinbart, die ungefähr denen des unter Mitwirkung des Kaiserl. Gesundheitsamtes herausgegebenen Entwurfes von Gebührensätzen (s. „Vereinbarungen", Heft III) gleichkommen.

2. **Verhältnisse der Beamten:**

a) **Leiter:** Dr. phil. W. Schimpff, 36 Jahre alt, und Dr. phil. C. Erbstein, 40 Jahre alt, beide Nahrungsmittelchemiker, Besitzer der Anstalt, vereidigte Handelschemiker und vereidigte Sachverständige für die Gerichte im Bezirke des Landgerichts Erfurt.

b) **Technische Mitglieder:** Keine.

c) **Sonstige Hilfskräfte:** 1 Diener.

3. **Tätigkeit der Anstalt:**

Die Entnahme der einschlägigen Proben erfolgt durch Polizeibeamte.

Es wurden untersucht:

In den Rechnungsjahren (1. April bis 31. März) . .	1900/1	1901/2	1902/3	1903/4	1904/5	1905/6	1906/7
Proben	149[1])	491	438	1263	1186	1184	1310[2])

Die Zahl der erstatteten Gutachten und Berichte läßt sich nicht ziffernmäßig angeben.

Auf anderen Gebieten der Chemie wurden außerdem untersucht und zwar für die Steuerbehörde, Eisenbahndirektion, Gerichte, Kgl. Regierung und Private:

In den Geschäftsjahren (1. April bis 31. März) . .	1900/1	1901/2	1902/3	1903/4	1904/5	1905/6	1906/7
Proben	186[1])	320	484	769	886	953	758[2])

(68) Essen.

1. **Verhältnisse der Anstalt:**

a) **Amtsbezeichnung:** Städtisches Untersuchungsamt für Nahrungs- und Genußmittel zu Essen a. d. Ruhr.

b) **Amtsbezirk:** Stadtkreis Essen, Landbürgermeistereien Borbeck, Altenessen, Rüttenscheid, Werden (Stadt und Land).

c) **Charakter der Anstalt:** Die Anstalt wurde aus privaten Mitteln errichtet. Sie ist seit dem Jahre 1902 eine öffentliche Anstalt im Sinne des § 17 des Reichsgesetzes vom 14. Mai 1879.

d) **Errichtung und geschichtliche Entwickelung:** Das Amt wird seit dem Jahre 1894 von Dr. Kirchner geleitet. In dem gleichen Jahre (Rüttenscheid allerdings erst 1901) haben sich die Untersuchungsanstalten der oben genannten Bezirke, die außer Werden öffentliche Anstalten im Sinne des

---

1) Vom 1. Oktober 1900 bis 31. März 1901.

2) Bis 20. März 1907.

§ 17 des Reichsgesetzes vom 14. Mai 1879 sind, dem städtischen Amte angeschlossen.

Das bis jetzt in Essen befindliche Nahrungsmittel-Untersuchungsamt der Bürgermeisterei Stoppenberg (öffentliche Anstalt im Sinne des § 17 des Reichsgesetzes vom 14. Mai 1879), welches von Dr. Hausdorft in Essen geleitet wurde, geht ein.

Eine Umgestaltung und Neuregelung der Nahrungsmittelkontrolle für den Stadt- und Landkreis Essen steht bevor. Es wird nach dieser Richtung auf die Ausführungen unter Nr. 26 (S. 44/45) und den Anhang unten Bezug genommen.

e) **Aufsicht:** Die Stadtverwaltung zu Essen.

f) **Unterhaltung:** Aus privaten Mitteln. Die Beiträge der Gemeinden und die Gebührensätze für amtliche Untersuchungen sind nicht bekannt.

2. Verhältnisse der Beamten:

a) **Leiter:** Dr. phil. W. Kirchner, Besitzer, vereidigter Sachverständiger für den Amts- und Landgerichtsbezirk, sowie der Handelskammer zu Essen.

b) **Technische Mitglieder:** 3 Chemiker.

c) **Sonstige Hilfskräfte:** 1 Laborant.

3. Tätigkeit der Anstalt:

Die Proben werden in Essen durch 2 Polizeibeamte, die zu diesem Zwecke besonders ausgebildet sind, entnommen.

In den Bürgermeistereien Altenessen, Borbeck und Rüttenscheid revidiert der Leiter laut Vertrag die Geschäfte in Begleitung eines Polizeikommissars 4—6 mal im Jahre und entnimmt nach Gutdünken Proben.

Die Anzahl der untersuchten Proben betrug:

In den Jahren	1903	1904	1905
für den Stadtkreis Essen .	1336	1417	2207
für Altenessen	183	176	172
für Borbeck	199	191	162
für Rüttenscheid	169	139	—
für Stoppenberg	914	878	875

Anhang zu Nr. 26 (S. 44/45) und Nr. 68 (S. 103/104) betr. Essen.

Dr. Kirchner stand bisher in einem zivilrechtlichen Vertragsverhältnis zu der Stadt Essen, auf Grund dessen er für eine jährliche Pauschalsumme eine bestimmte Anzahl Untersuchungen für die städtische Verwaltung auszuführen hatte und für die darüber hinaus von ihm geforderten Untersuchungen eine bestimmte Gebühr erhielt. Das erforderliche Laboratorium war sein Eigentum; er stellte auch die zu den Untersuchungen nötigen Apparate und Chemikalien. Die Entschädigung hierfür war in den oben erwähnten Vergütungen enthalten. Auf Grund dieses Vertrages führte das Laboratorium die unter Nr. 68 1a angegebene Amtsbezeichnung. Ähnlich lagen die Verhältnisse bei mehreren Gemeinden des Landkreises Essen, die auf Grund von Verträgen mit Dr. Kirchner, Dr. Hausdorft und Dr. Goske öffentliche Anstalten errichtet hatten.

Diese Verhältnisse, welche nicht im Einklange mit dem Runderlaß vom 20. September 1905 (s. S. 8—17) standen, gaben Anlaß zu Verhandlungen mit dem Magistrat der Stadt und dem Landrat des Landkreises Essen, die zum Abschluß folgenden Vertrages und Statutes führten. Hierzu sei bemerkt, daß der Wirkungskreis des neuen Amtes (Nr. 26) nach dem derzeitigen Stande der Bevölkerung sich auf ein Gebiet mit etwa 450000 Seelen erstreckt. Das neue Amt wird im Herbst 1907 seine Tätigkeit beginnen. Zugleich laufen die bisherigen Verträge ab.

Vertrag

zwischen dem Stadt- und Landkreise Essen, betreffend die Errichtung eines gemeinsamen öffentlichen Untersuchungsamtes in Essen.

Die Stadt Essen, vertreten durch den Oberbürgermeister Geheimen Regierungsrat Holle, und der Landkreis Essen, vertreten durch den Kgl. Landrat Snethlage, schließen folgenden Vertrag:

§ 1.

Stadt- und Landkreis Essen vereinigen sich zu dem Zwecke, auf Grund des § 17 des Reichsgesetzes, betreffend den Verkehr mit Nahrungsmitteln, Genußmitteln und Gebrauchsgegenständen vom 14. Mai 1879 ein gemeinsames Untersuchungsamt zu errichten und zu unterhalten, welches den Namen
Öffentliches Untersuchungsamt für den Stadt- und Landkreis Essen
führt und seinen Sitz in der Stadt Essen hat.

§ 2.

Der Zweck dieses Amtes ist:

a) die chemische und optische oder sonst geeignete Untersuchung von Nahrungs- und Genußmitteln, sowie aller übrigen im Gesetz vom 14. Mai 1879 angeführten Gegenstände auf Verfälschung oder anormalen Zustand,
b) die Untersuchung von Gegenständen aus dem Gebiete der Heilkunde und der Hygiene,
c) aus dem Gebiete der landwirtschaftlichen und sonstigen Gewerbe,
d) die Untersuchung von Berg- und Hüttenprodukten und Chemikalien nach wissenschaftlich erprobten Methoden durch amtlich berufene, sachverständige Personen.

§ 3.

Zur Ausführung der Untersuchung wird ein der heutigen chemischen Wissenschaft entsprechendes Laboratorium eingerichtet und unterhalten, welchem als Leiter ein Chemiker vorsteht, der den Ausweis als Nahrungsmittelchemiker auf Grund der Vorschriften betreffend die Prüfung der Nahrungsmittelchemiker vom 22. Februar 1894 erworben hat.

Dem Leiter werden nach Bedarf ein oder mehrere Assistenten beigegeben.

§ 4.

Das Amt untersteht dem Vorstande.

Der Vorstand wird gebildet durch den Oberbürgermeister der Stadt Essen und den Landrat des Landkreises Essen.

Der Vorstand leitet das Amt nach einer von ihm mit Zustimmung des Verwaltungsrats (§ 5) festgesetzten Geschäftsordnung. Ihm steht die Anstellung der Beamten und Hilfskräfte des Amtes und die Dienstaufsicht über dieselben zu.

Bei Meinungsverschiedenheiten der Vorstandsmitglieder über Fragen der Dienstaufsicht entscheidet auf Anruf eines Teiles der Regierungspräsident von Düsseldorf endgültig.

§ 5.

Außer dem Vorstand wird ein Verwaltungsrat gebildet. Der Verwaltungsrat besteht aus:

1. dem Oberbürgermeister der Stadt Essen,
2. dem Landrat des Landkreises Essen,
3. aus drei von der Stadtverordnetenversammlung zu wählenden Vertretern der Stadt Essen,
4. aus drei von dem Kreistage zu wählenden Vertretern des Landkreises Essen.

Die Wahl der zu wählenden Mitglieder erfolgt auf drei Jahre.

Zu den Sitzungen des Verwaltungsrates sind der Königliche Kreisarzt und der Königliche Kreistierarzt mit beratender Stimme zuzuziehen.

Die Beschlüsse des Verwaltungsrates werden nach Stimmenmehrheit gefaßt. Bei Stimmengleichheit scheidet aus der Zahl der gewählten Mitglieder das dem Lebensalter nach jüngste Mitglied aus.

Der Verwaltungsrat ist bei Anwesenheit von drei Stimmen beschlußfähig.

Der Vorstand erläßt die Ladungen zu den Sitzungen des Verwaltungsrates mit der Maßgabe, daß die Zustellung der Ladung spätestens zwei Tage vor der Sitzung erfolgt.

Der Verwaltungsrat hat

1. **den Haushalt festzusetzen und die Entlastung der Jahresrechnung zu erteilen,**
2. **über alle erforderlich werdenden Ausgaben, welche nicht im Haushalt vorgesehen sind, zu beschließen,**
3. **den im § 10 erwähnten Gebührentarif festzusetzen,**
4. **sich auf Ersuchen des Vorstandes gutachtlich über ihm vorgelegte Fragen zu äußern.**

§ 6.

Die Geschäfte des Untersuchungsamtes werden nach Maßgabe der von dem Vorstande mit Zustimmung des Verwaltungsrats festzusetzenden Geschäftsanweisung geführt.

§ 7.

Die Kosten der Errichtung und Unterhaltung des Untersuchungsamtes werden von den vertragschließenden Parteien gemeinsam in folgender Weise aufgebracht:

Die Stadtkasse in Essen verauslagt sämtliche Ausgaben:

a) für die Einrichtung eines Laboratoriums, gegebenenfalls für den Ankauf eines Hauses, die Anschaffung der Apparate, Utensilien, Chemikalien usw.

b) für die Gehälter der Beamten und Hilfskräfte, gegebenenfalls für die Anmietung der erforderlichen Räumlichkeiten für das Untersuchungsamt, sowie für die Unterhaltung und Ergänzung des Laboratoriums, der Apparate, Utensilien, Chemikalien usw.

Am Schlusse jeden Rechnungsjahres werden die entstandenen Kosten (Ausgaben abzüglich der Einnahmen) auf die vertragschließenden Parteien nach Maßgabe der im § 8 geregelten Statistik verteilt.

Der auf den Landkreis Essen entfallende Anteil einschließlich etwa aufkommender Zinsen ist von der Stadtkasse beim Kreisausschuß zu liquidieren.

§ 8.

Der dem Amte vorstehende Nahrungsmittelchemiker hat für jedes Rechnungsjahr eine Statistik in folgender Weise zu führen:

a) alle Untersuchungen und sonstigen Arbeiten, welche aus Stadt- und Landkreis Essen auf Ersuchen von Behörden oder auf Antrag von Privaten ausgeführt werden, sind für den Stadt- und Landkreis getrennt in besondere Listen mit den Gebühren nach Maßgabe des Gebührentarifes einzutragen.

Maßgebend für die Eintragung in die Liste ist der Ort der Probeentnahme, bei Ersuchen der kommunalen Polizei- oder Gemeindebehörden der Sitz der Behörde,

b) Proben, welche von Orten außerhalb des Stadt- und Landkreises eingehen, sind in der Statistik gesondert zu verzeichnen und bleiben bei Berechnung des Anteilverhältnisses außer Betracht,

c) die Anteile werden auf volle Prozente, bei $^1/_2$ % und mehr nach oben, andererseits nach unten abgerundet. Die hieraus für Stadt- und Landkreis sich ergebenden Summen bilden den Maßstab für die Verteilung der Kosten.

§ 9.

Etwaige Überschüsse des Untersuchungsamtes werden nach demselben Maßstabe wie die Ausgaben verteilt.

§ 10.

Die Gebühren für die Tätigkeit des Untersuchungsamtes werden nach einem vom Verwaltungsrat festzusetzenden Tarif berechnet. Sie fließen ebenso wie die Strafgelder nach § 17 des Gesetzes vom 14. Mai 1879 in die gemeinsame Kasse.

Gebühren, welche von Polizei- und Gemeindebehörden der Stadt und des Landkreises Essen zu tragen sind, werden verrechnet.

§ 11.

Eine Kündigung des Vertrages seitens der Vertragschließenden ist für die ersten sechs Jahre ausgeschlossen. Nach Ablauf dieses Zeitraumes ist die Lösung des Vertrages durch Kündigung zulässig, jedoch nicht vor Ablauf der mit dem leitenden Chemiker vereinbarten Vertragszeit. Die Kündigungsfrist hat der zwischen diesem und den vertragschließenden Teilen vereinbarten Kündigungsfrist zu entsprechen.

§ 12.

Im Falle der Auflösung der Vereinigung sollen die vorhandenen Vermögensstücke bestmöglichst verwertet und der sich hierbei ergebende Geldbetrag unter die vertragschließenden Teile nach dem Verhältnis der von ihnen während der Dauer des Bestehens bezw., wenn die Auflösung erst nach Ablauf von 10 Jahren erfolgt, nach dem Verhältnis der während der letzten 10 Jahre aufgebrachten Beträge verteilt werden.

§ 13.

Im Falle der Behinderung der Vorstandsmitglieder treten ihre gesetzlichen Vertreter an ihre Stelle.

§ 14.

Dieser Vertrag tritt mit dem 1. Oktober 1907 in Kraft und soll nach er folgter Genehmigung für jeden vertragschließenden Teil einmal ausgefertigt werden

Essen, den .... 1907.

Der Oberbürgermeister Geheimer Regierungsrat: Der Königliche Landrat:

Statut

für das öffentliche Untersuchungsamt für den Stadt und Landkreis Essen.

§ 1.

Auf Grund des § 17 des Gesetzes betreffend den Verkehr mit Nahrungsmitteln, Genußmitteln und Gebrauchsgegenständen vom 14. Mai 1879 errichten der Stadt- und Landkreis Essen eine gemeinschaftliche Anstalt zur technischen Untersuchung von Nahrungs- und Genußmitteln sowie Gebrauchsgegenständen, verbunden mit einem Laboratorium für Untersuchungen auf chemisch-technischem Gebiet unter der Be zeichnung:

Öffentliches Untersuchungsamt für den Stadt- und Landkreis Essen.

§ 2.

Das öffentliche Untersuchungsamt hat die Aufgabe, im Auftrage von Behörden und auf Anfrage von Privaten in geeigneter Weise nach vorgeschriebenen oder sonstigen wissenschaftlich erprobten Methoden die technische Untersuchung folgender Gegenstände auf ihre Güte und Beschaffenheit vorzunehmen:

a) Nahrungs- und Genußmittel sowie Gebrauchsgegenstände im Rahmen des Reichsgesetzes vom 14. Mai 1879 und der dazu ergangenen und noch ergehenden Ergänzungsgesetze;

b) Gegenstände aus dem Gebiet der Heilkunde und Hygiene, aus dem Gebiet der landwirtschaftlichen und sonstigen Gewerbe sowie Berg- und Hüttenprodukte nnd Chemikalien.

Außerdem hat das Amt auf Anordnung des Vorstandes alle sonstigen, in sein Geschäftsgebiet einschlagenden Prüfungen und Untersuchungen vorzunehmen, bei den den Behörden obliegenden sanitäts-polizeilichen Aufgaben, Revisionen von Märkten, Verkaufsstellen usw. mitzuwirken und auf Erfordern Gutachten zu erstatten.

§ 3.

Für die Ausführung der Untersuchungen wird ein der heutigen chemischen Wissenschaft entsprechendes Laboratorium eingerichtet und unterhalten.

Die Leitung des Untersuchungsamtes wird einem Chemiker übertragen, welcher den Befähigungsnachweis als Nahrungsmittelchemiker auf Grund der Vorschriften betreffend die Prüfung der Nahrungsmittelchemiker vom 22. Februar 1894 zu erbringen hat.

§ 4.

Der Leiter des Amtes wird gegen festes Grundgehalt auf 12 Jahre angestellt. Die näheren Bedingungen der Anstellung werden dem abzuschließenden Dienstvertrag vorbehalten.

§ 5.

Zur Hilfeleistung bei den ihm obliegenden Dienstgeschäften werden dem Leiter des Amtes nach Bedarf und nach Bestimmung des Vorstandes ein oder mehrere Chemiker beigegeben. Die Bestellung dieser Chemiker sowie der sonstigen Hilfspersonen erfolgt auf Grund besonderen Dienstvertrages durch den Vorstand. Der Leiter des Amtes und die beigegebenen Chemiker werden eidlich verpflichtet.

§ 6.

Die Anträge auf Untersuchungen der im § 1 erwähnten Art sind an das Untersuchungsamt zu richten. Die Untersuchungen erfolgen unter der Verantwortung des Leiters des Amtes. In Fällen, bei denen die Gesundheitsschädlichkeit einer Verfälschung für Menschen in Frage hommt, wird der Königliche Kreisarzt, in Fällen aus dem Gebiet der Veterinärmedizin wird der Königliche Kreistierarzt zugezogen.

Im übrigen wird bezüglich der geschäftlichen Erledigung der Untersuchungen auf die Geschäftsanweisung verwiesen.

§ 7.

Die Berechnung der für Untersuchungen und sonstige Arbeiten des Amtes zu entrichtenden Gebühren erfolgt nach Maßgabe einer vom Vorstande mit Zustimmung des Verwaltungsrats festzusetzenden Gebührenordnung.

Die kommunalen Polizeibehörden des Stadt- und Landkreises Essen haben für die von ihnen beantragten Untersuchungen eine Gebühr nicht zu zahlen. Für Untersuchungen auf Erfordern der Gerichtsbehörden werden die Gebühren nach den bezüglichen gesetzlichen Bestimmungen berechnet.

§ 8.

Die Vornahme von Untersuchungen oder Begutachtungen auf eigene Rechnung ist dem Leiter des Amtes und sämtlichen Angestellten untersagt.

Anträge von Privatpersonen auf Vornahme von Untersuchungen, deren Ergebnisse offensichtlich nur zu Reklamezwecken verwendet werden sollen, sind abzulehnen.

§ 9.

Das Untersuchungsamt untersteht dem Vorstand, welcher aus dem Oberbürgermeister der Stadt Essen und dem Landrat des Landkreises Essen gebildet wird.

Der Vorstand leitet die Geschäfte nach einer mit Zustimmung des Verwaltungsrats festgesetzten Geschäftsordnung. Er ist befugt, jederzeit einen von ihm zu bestimmenden Sachverständigen mit der Nachkontrolle der von dem Amt gefundenen Untersuchungsergebnisse zu betrauen. Wenigstens einmal im Jahre sind die Geschäftsbücher des Untersuchungsamtes durch den Vorstand oder einen von ihm Beauftragten zu revidieren.

Außerdem steht dem Vorstand die Dienstaufsicht und die Disziplinargewalt über den Leiter und die Angestellten des Untersuchungsamtes innerhalb der gesetzlichen Grenzen zu.

Bei Meinungsverschiedenheiten zwischen den Mitgliedern des Vorstandes entscheidet auf Anrufen eines Teils endgültig der Regierungspräsident.

§ 10.

Außer dem Vorstande wird ein Verwaltungsrat gebildet.

Der Verwaltungsrat besteht aus:

a) dem Oberbürgermeister der Stadt Essen,

b) dem Landrat des Landkreises Essen,

c) drei von der Stadtverordneten-Versammlung zu wählenden Vertretern der Stadt Essen,

d) drei von dem Kreistag zu wählenden Vertretern des Landkreises Essen.

Die Wahl der zu wählenden Mitglieder erfolgt auf drei Jahre.

Zu den Sitzungen des Verwaltungsrats sind der Königliche Kreisarzt und der Königliche Kreistierarzt mit beratender Stimme zuzuziehen. Außerdem steht es dem Vorstande frei, zu den Sitzungen nach Bedarf andere Sachverständige zu berufen.

Die Beschlüsse des Verwaltungsrats werden nach Stimmenmehrheit gefaßt. Bei Stimmengleichheit scheidet aus der Zahl der gewählten Mitglieder das dem Lebensalter nach jüngste Mitglied aus.

Der Verwaltungsrat ist bei Anwesenheit von drei Stimmen beschlußfähig.

Der Vorstand erläßt die Ladungen zu den Sitzungen des Verwaltungsrates. Die Zustellung der Ladung hat, abgesehen von Dringlichkeitsfällen, zwei Tage vor der Sitzung zu erfolgen.

Der Verwaltungsrat hat:

1. den Haushalt festzusetzen und die Entlastung der Jahresrechnung zu erteilen;
2. über alle erforderlich werdenden Ausgaben, welche nicht im Haushalt vorgesehen sind, zu beschließen;
3. die Gebühren- und Geschäftsordnung sowie die Geschäftsanweisung für das Untersuchungsamt festzusetzen.

§ 11.

Die Geldstrafen, welche auf Grund des Reichsgesetzes vom 14. Mai 1879 und der dazu ergangenen oder noch ergehenden Ergänzungsgesetze verhängt werden, fallen, soweit dies zugelassen ist, der gemeinsamen Kasse zu.

§ 12.

Die Kosten der Errichtung und Unterhaltung des Untersuchungsamtes werden von dem Stadt- und Landkreis Essen aufgebracht nach Maßgabe eines zwischen diesen Verbänden abgeschlossenen besonderen Vertrages.

(69) Frankfurt a. M.

1. Verhältnisse der Anstalt:

a) **Amtsbezeichnung:** Chemisch-technisches und hygienisches Institut von Dr. Popp und Dr. Becker, Frankfurt a. M.

b) **Amtsbezirk:** Die Anstalt ist von der Stadt Höchst a. M. und den Gemeinden Griesheim und Unterliederbach mit der regelmäßigen Kontrolle der Nahrungs- und Genußmittel beauftragt.

c) **Charakter der Anstalt:** Die Anstalt wurde aus privaten Mitteln von den jetzigen Besitzern errichtet und ist ungefähr vom Jahre 1895 ab von den oben bezeichneten Gemeinden mit der Nahrungsmittelkontrolle beauftragt. Sie ist nicht öffentliche Anstalt im Sinne des § 17 des Gesetzes vom 14. Mai 1879. Die Nahrungsmittel-Untersuchungsanstalt bildet nur eine Abteilung des sehr umfangreichen und vielseitigen Institutes (s. unten unter Nr. 3).

d) **Aufsicht:** In bezug auf die Ausübung der Nahrungsmittelkontrolle beaufsichtigt die Kgl. Regierung bezw. das Kgl. Polizeipräsidium zu Frankfurt a. M. das Untersuchungsamt.

f) **Unterhaltung:** Für die Untersuchung von jährlich 180—200 Proben zahlt die Stadt Höchst 720 Mk. im Jahre; die Gemeinden Griesheim und Unterliederbach zahlen für je 50—70 Proben jährlich je 240 Mk. Diese Beträge spielen jedoch für die Unterhaltung des Institutes keine Rolle. Die Unterhaltungskosten werden vielmehr aus den Erträgen der anderen Abteilungen bestritten.

2. Verhältnisse der Beamten:

a) **Leiter:** 1. Dr. phil. G. Popp, 45 Jahre alt, Nahrungsmittelchemiker, Inhaber der Landwehroffizier-Verdienstauszeichnung. 2. Dr. phil. H. Becker, Professor, Dozent an der Akademie für Sozial- und Handelswissenschaften (Technologie und Warenkunde), 45 Jahre alt, Inhaber des Roten Adlerordens 4. Klasse und des Kronenordens 4. Klasse.

Beide Besitzer sind vereidigte Handelschemiker, vereidigte Sachverständige der Kgl. Regierung, des Kgl. Oberlandesgerichts und Landgerichts Frankfurt a. M., sowie des Kgl. Hauptsteueramts Frankfurt a. M.

b) **Technische Mitglieder:** Im ganzen beschäftigt das Institut durchschnittlich 10 Assistenten (davon sind 1—2 geprüfte Nahrungsmittelchemiker) und 5 Laboranten.

c) **Sonstige Hilfskräfte:** 4 Bureaubeamte und 2 Diener.

3. Tätigkeit der Anstalt:

Die Proben werden in den oben angegebenen Gemeinden durch Polizeibeamte entnommen.

An Nahrungs- und Genußmitteln kamen im ganzen im Jahre 1904 5493 Proben und im Jahre 1905 5288 Proben zur Untersuchung.

Größere Gutachten ohne besondere analytische Tätigkeit wurden im Jahre 1905 18 erstattet.

Das Institut besitzt außerdem folgende Abteilungen: Landwirtschaftliche Versuchs- und Kontrollstation, Institut für industrielle Bakteriologie, gärungsphysiologische Anstalt für Reinzucht von Wein- und Bierhefen und brautechnische Untersuchungs- und Versuchsstation. Untersuchungen wurden ausgeführt u. a. für Gerichte, für das Kgl. Hauptsteueramt, für die Auslandsfleischbeschaustelle (bis 1. Januar 1907), für Private usw.

(70) Frankfurt a. O.

1. Verhältnisse der Anstalt:

a) **Amtsbezeichnung:** Städtisches Untersuchungsamt zu Frankfurt a. O.

b) **Amtsbezirk:** Stadtkreis Frankfurt a. O., Stadtkreis Landsberg a. W., Kreis Lebus, Kreis Sternberg.

c) **Charakter der Anstalt:** Die Anstalt wurde aus privaten Mitteln errichtet und ist vorläufig noch nicht öffentliche Anstalt im Sinne des Reichsgesetzes vom 14. Mai 1879. Sie hat aber von der Stadt Frankfurt a. O. den Charakter einer städtischen Untersuchungsanstalt erhalten.

d) **Errichtung und geschichtliche Entwickelung:** Die Anstalt wurde am 15. September 1903 vom jetzigen Besitzer zugleich mit einem Laboratorium für technische Zwecke errichtet. Voraussichtlich wird das Amt bald in den Besitz der Stadt Frankfurt übergehen und dann auch als öffentliche Anstalt gemäß § 17 des Reichsgesetzes vom 14. Mai 1879 laut Mitteilung der Regierung anerkannt werden.

e) **Aufsicht:** Der Magistrat der Stadt Frankfurt.

f) **Unterhaltung:** Die Einnahmen aus Honoraranalysen und sonstiger Tätigkeit beliefen sich im Jahre 1905 auf ungefähr 15000 Mk. Die Untersuchungsgebühren werden, falls die Untersuchung zu einer Beanstandung und Verurteilung führt, nach den Sätzen des unter Mitwirkung des Kaiserlichen Gesundheitsamtes herausgegebenen Entwurfes von Gebührensätzen (siehe Vereinbarungen, Heft III) berechnet und von der auftraggebenden Behörde vereinnahmt. Im übrigen werden alle Untersuchungen zu einem Einheitssatz von 5 bezw. 6 Mk. ausgeführt.

2. Verhältnisse der Beamten:

a) **Leiter:** Dr. phil. R. Köster, Nahrungsmittelchemiker, 34 Jahre alt, Inhaber seit Errichtung des Amtes, beeidigter Gerichts-, Handels- und Steuerchemiker. Nicht fest angestellt.

b) **Technische Mitglieder:** 1 Assistent, Nahrungsmittelchemiker, Gehalt 2400 Mk. jährlich.

c) **Sonstige Hilfskräfte:** 1 Diener.

3. Tätigkeit der Anstalt:

Die Proben werden im Stadtkreise Frankfurt a. O. durch Beamte der Polizeiverwaltung in Zivilkleidung entnommen, im übrigen Amtsbezirk findet die Kontrolle durch den Vorsteher selbst statt.

(71) Gelsenkirchen i. Westf.

1. Verhältnisse der Anstalt:

a) **Amtsbezeichnung:** Öffentliche Untersuchungsanstalt für den Stadt- und Landkreis Gelsenkirchen.

b) **Amtsbezirk:** Land- und Stadtkreis Gelsenkirchen, sowie Amt Königssteele im Kreise Hattingen.

c) **Charakter der Anstalt:** Die Anstalt ist aus privaten Mitteln errichtet und mit der amtlichen Nahrungsmitteluntersuchung beauftragt worden. Sie ist seit dem Jahre 1901 eine öffentliche Anstalt im Sinne des § 17 des Reichsgesetzes vom 14. Mai 1879.

d) **Errichtung und geschichtliche Entwickelung:** Die Anstalt ist im Jahre 1895 auf Veranlassung des Stadt- und Landkreises Gelsenkirchen errichtet worden. Inhaber war zunächst Dr. A. Liebrich. Der jetzige Inhaber übernahm die Anstalt im Jahre 1900.

e) **Aufsicht:** Der Oberbürgermeister der Stadt und der Landrat des Kreises Gelsenkirchen.

f) **Unterhaltung:** Die Zuschüsse zu den Kosten der Unterhaltung der Anstalt betragen jährlich etwa 4500 Mk. Die chemischen Untersuchungen werden hierbei zu einem Einheitssatz von 4 Mk. ausgeführt; die Untersuchungsgebühren fließen der Anstalt, die Strafgelder der beteiligten Kommunal- bezw. der Kreiskasse zu. Für private Nahrungsmittel-Untersuchungen besteht ein amtlicher Tarif, der sich an den unter Mitwirkung des Reichs-Gesundheitsamtes herausgegebenen Entwurf von Gebührensätzen (siehe „Vereinbarungen“, Heft III) anlehnt.

2. Verhältnisse der Beamten:

a) **Leiter:** Dr. phil. Rudolf Racine, 45 Jahre alt, Nahrungsmittelchemiker, nicht fest angestellt, von der Handelskammer zu Bochum als Handelschemiker allgemein vereidigt. Das Einkommen des Inhabers der Anstalt beträgt etwa 4500 Mk. jährlich.

b) **Technische Mitglieder:** 1 bis 2 Assistenten und 1 Laborant. Gehalt der Assistenten 1200—1800 Mk. jährlich. Diese sind in der Regel nicht geprüfte Nahrungsmittelchemiker.

c) **Sonstige Hilfskräfte:** Keine.

3. Tätigkeit der Anstalt:

Die Kontrolle wird in der Weise ausgeübt, daß jährlich 28 Revisionen durch den Leiter der Anstalt oder seinen Assistenten ausgeführt werden. Außerdem werden Proben durch die Polizeiverwaltungen unmittelbar entnommen bezw. verdächtige, vom Publikum der Polizei übergebene Proben dem Untersuchungsamte zugestellt.

Der Umfang der Tätigkeit der Anstalt in bezug auf polizeiliche Untersuchungen erhellt aus folgender Übersicht:

Im Jahre . .	1900	1901	1902	1903	1904	1905	1906
Proben . . .	918	998	938	1174	1123	1083	1170

(72) Halberstadt.

1. Verhältnisse der Anstalt:

a) **Amtsbezeichnung:** Nahrungsmittel-Untersuchungsamt der Stadt Halberstadt.

b) **Amtsbezirk:** Stadtkreis Halberstadt.

c) **Charakter der Anstalt:** Die Anstalt ist ursprünglich aus privaten Mitteln errichtet und nunmehr in das Eigentum der Stadt Halberstadt übergegangen. Die Anerkennung des Untersuchungsamtes als öffentliche Anstalt im Sinne des § 17 des Reichsgesetzes vom 14. Mai 1879 ist bei den zuständigen Behörden beantragt, aber noch nicht erfolgt.

d) **Errichtung und geschichtliche Entwickelung:** Die Anstalt wurde im Jahre 1904 durch Dr. Kohen errichtet und führte seit dieser Zeit auch die Arbeiten für das Untersuchungsamt der Stadt Aschersleben (siehe Nr. 55) aus. Am 1. Oktober 1905 ging sie an Dr. Hebebrand und im Juni 1907 an die Stadt Halberstadt über. Sie ist daher nunmehr eine kommunale Anstalt im Sinne des Abschnittes II B. Bei der Drucklegung der kommunalen Anstalten war diese Änderung der Verhältnisse noch nicht bekannt.

e) **Aufsicht:** Der Magistrat zu Halberstadt.

f) **Unterhaltung:** Die Anstalt wird von der Stadt unterhalten.

2. Verhältnisse der Beamten:

a) **Leiter:** Dr. phil. A. Hebebrand, Nahrungsmittelchemiker, 48 Jahre alt.

b) **Technische Mitglieder:** Ein Assistent.

c) **Sonstige Hilfskräfte:** —

3. Tätigkeit der Anstalt:

Die Probeentnahme erfolgt durch Polizeibeamte, die mit besonderer Dienstanweisung versehen sind.

Es wurden im Jahre 1905 160 und im Jahre 1906 221 Proben im amtlichen Auftrage untersucht. Außerdem wurden in der genannten Zeit 10 bezw. 13 größere Gutachten erstattet.

(73) Hamm i. Westf.

1. Verhältnisse der Anstalt:

a) **Amtsbezeichnung:** Untersuchungsamt der Kreise Hamm Stadt und Land und der Stadt Soest, in Hamm i. W., Gasstraße 10.

b) **Amtsbezirk:** Stadt- und Landkreis Hamm sowie die Kreise Soest und Lippstadt (letzterer nur für die Weinkontrolle).

c) **Charakter der Anstalt:** Die Anstalt wurde aus privaten Mitteln des jetzigen Inhabers errichtet und durch die oben bezeichneten Kreise mit den in Ausübung der Nahrungsmittelkontrolle notwendig werdenden chemischen Untersuchungen beauftragt. Sie ist bisher noch nicht öffentliche Anstalt im Sinne des Reichsgesetzes vom 14. Mai 1879.

d) **Errichtung und geschichtliche Entwickelung:** Errichtet wurde die Anstalt im Oktober 1904. Bis dahin hat ein ähnliches Laboratorium in Hamm nicht bestanden. Die zu untersuchenden Proben wurden früher an den Chemiker Dr. Neuhoff in Dortmund, jetzt Leiter des städtischen Untersuchungsamtes der Stadt Dortmund, geschickt, der auch persönlich in Hamm regelmäßig eine Kontrolle des Milchhandels, des Wochenmarktes und der Lebensmittelgeschäfte vornahm. Der Umfang der Kontrolle war früher, als die Stadt erheblich kleiner war, verhältnismäßig ein sehr erheblich geringerer.

Es ist jetzt von der Stadt Hamm beschlossen worden, die Anstalt noch im Laufe dieses Jahres in eine kommunale umzuwandeln, die Anerkennung dieser als öffentliche Anstalt nachzusuchen und den jetzigen Leiter als städtischen Beamten mit rückwirkender Kraft vom 1. April 1907 ab unter Anrechnung von 6 Dienstjahren mit einem Gehalt von jährlich 6000 Mk. und 10 % Wohnungsgeld, von 3 zu 3 Jahren steigend bis 7200 Mk. und 10 % Wohnungsgeld pensionsberechtigt auf Lebenszeit anzustellen. (Honorare für umfangreichere Gutachten sollen dem Leiter mit geringem Abzug vorbehalten bleiben.) Die einschlägigen Verträge sind zwischen der Stadt Hamm einerseits und dem Landkreise Hamm, sowie dem Kreise Lippstadt andererseits bereits abgeschlossen, auch haben die nach diesen Verträgen von dem Amte jährlich auszuführenden Kontrollen und Untersuchungen (mit rückwirkender Kraft vom 1. April 1907 ab) bereits begonnen. Der Kreisausschuß des Kreises Soest hat ebenfalls schon einem Anschlusse an das Amt zugestimmt, so daß der Vertrag mit diesem Kreise in kürzester Zeit zustande kommen wird. Die Anstalt wird alsdann eine kommunale im Sinne des Abschnittes II B (s. S. 31) sein.

e) **Aufsicht:** Der Magistrat der Stadt Hamm i. W.

f) **Unterhaltung:** Die Zuschüsse zu den Kosten der Unterhaltung der Anstalt seitens der beteiligten Kreise betragen jährlich 3700 Mk. Die Untersuchungsgebühren werden teils durch die vereinbarten Pauschalsummen beglichen, teils nach dem unter Mitwirkung des Kaiserl. Gesundheitsamtes herausgegebenen Entwurf von Gebührensätzen (siehe „Vereinbarungen“, Heft III) berechnet und zwar mit einem Nachlaß von 10—20 % (siehe auch unter 1 d).

2. Verhältnisse der Beamten:

a) **Leiter:** Dr. phil. Franz Litterscheid, 36 Jahre alt, Inhaber der Anstalt, früher als I. Assistent am Pharmazeutisch-chemischen Universitätsinstitut der Universität Marburg, seit 1904 in Hamm; Inhaber der Landwehr-Dienstauszeichnung II. Klasse (siehe auch unter 1 d).

b) **Technische Mitglieder:** 1—2 Assistenten, von denen in letzter Zeit einer Nahrungsmittelchemiker ist und eine Remuneration von 2400 Mk. jährlich erhält.

c) **Sonstige Hilfskräfte:** 1 Schreibereleve und 1 Putzfrau.

3. Tätigkeit der Anstalt:

Die Entnahme der Proben erfolgt fast ausschließlich durch den Leiter der Anstalt persönlich oder durch seinen Vertreter anläßlich der vertraglich auszuführenden Revisionen in Begleitung von Beamten der Polizei.

(74) Hanau a. M.

1. Verhältnisse der Anstalt:

a) **Amtsbezeichnung:** Öffentliches Chemisches Laboratorium von Dr. Rau und Dr. Eisenach in Hanau a. M.

b) **Amtsbezirk:** Stadt- und Landkreis Hanau.

c) **Charakter der Anstalt:** Die Anstalt ist aus privaten Mitteln errichtet worden.

d) **Errichtung und geschichtliche Entwickelung:** Errichtet wurde die Anstalt im Jahre 1893. Dr. Rau wurde zunächst von der Polizeidirektion für Nahrungsmitteluntersuchungen allgemein vereidigt, später wurden Anstellungsverträge mit der Kgl. Polizeidirektion der Stadt Hanau und dem Landkreise Hanau abgeschlossen. Außerdem wurde Dr. Rau die Weinkellerkontrolle für die Kreise Hanau und Gelnhausen übertragen.

e) **Aufsicht:** Die Kgl. Polizeidirektion.

f) **Unterhaltung:** Für die amtlichen Untersuchungen sind Pauschalgebühren mit der Stadt Hanau, der Kgl. Polizeidirektion Hanau, dem Landkreise Hanau und den Gemeinden Fechenheim und Langendiebach vereinbart worden.

2. Verhältnisse der Beamten:

a) **Leiter:** 1. Dr. phil. Alfred Rau, 40 Jahre alt (für Nahrungsmitteluntersuchungen), 2. Dr. phil. Heinrich Eisenach (für technische Untersuchungen).

b) **Technische Mitglieder:** Keine.

c) **Sonstige Hilfskräfte:** Buchhalterin und Aufwartefrau.

3. Tätigkeit der Anstalt:

Die Entnahme der Proben erfolgt teils durch Polizeiorgane, teils durch Dr. Rau selbst. Auf je 1000 Einwohner entfallen ungefähr 10 Nahrungsmitteluntersuchungen. Mithin kommen auf den ganzen Bezirk jährlich ungefähr 600 Proben. Außerdem werden jährlich etwa 2500 technische Analysen, insbesondere Metallanalysen, ausgeführt.

(75) Harburg a. E.

1. Verhältnisse der Anstalt:

a) **Amtsbezeichnung:** Öffentliches Untersuchungsamt für Nahrungsmittel der Stadt Harburg a. E.

b) **Amtsbezirk:** Die Kreise Harburg (Stadt und Land), Winsen, Lüneburg (Stadt und Land), Bleckede, Dannenberg, Lüchow, Uelzen, Soltau, Jork, Stade (Stadt und Land), Kehdingen, Neuhaus a. O., Bremervörde, Zeven und Rotenburg.

c) **Charakter der Anstalt:** Die Anstalt ist aus privaten Mitteln des jetzigen Leiters errichtet und im Jahre 1896 durch Abkommen mit der Stadt Harburg mit obiger Amtsbezeichnung belegt worden. Durch Ministerialerlaß wurde die Anstalt als öffentliche Anstalt im Sinne des § 17 des Reichsgesetzes vom 14. Mai 1979 anerkannt.

d) **Errichtung und geschichtliche Entwickelung:** Das Amt wurde am 15. Juni 1896 eröffnet.

e) **Aufsicht:** Die Verwaltung wird geführt durch ein Mitglied des Magistrates, den Stadtphysikus und den technischen Leiter der Anstalt, der die Prüfung der Nahrungsmittelchemiker bestanden haben muß.

f) **Unterhaltung:** Aus den abgeschlossenen Verträgen und den Gebühren für die übrigen Arbeiten.

2. Verhältnisse der Beamten:

a) **Leiter:** Dr. phil. E. Schäfer, 44 Jahre, technischer Leiter und Inhaber der Anstalt.

b) **Technische Mitglieder:** 2 promovierte Assistenten mit einem Monatsgehalt von 225 und 150 Mk. bei drei- bezw. einmonatlicher Kündigungsfrist.

c) **Sonstige Hilfskräfte:** 1 Sekretär und 1 Diener.

3. Tätigkeit der Anstalt:

Die Entnahme der Proben wird durch Polizeibeamte bewirkt. Es werden in der Stadt Harburg auf 1000 Einwohner im Jahre 4 Proben und im Landkreise entsprechend 2 Proben entnommen.

Im Jahre 1906 wurden ausgeführt:

Untersuchungen auf dem Gebiete der Gesundheitspflege und Physiologie	23	
Gerichtliche Untersuchungen	37	
Umfangreiche Berichte	31	
Besichtigung und Vertretungen vor Gericht	67	
Gesamtproben einschließlich technische Untersuchungen	5317	(1905—4849)
davon Nahrungsmittelproben	1469	

An wissenschaftlichen Untersuchungen wurden im Jahre 1906 folgende ausgeführt:

1. Wirkungen der Konservierungsmittel auf Hackfleisch in chemischer und bakteriologischer Beziehung.

2. Beeinflussungen der Fettausbeute bei Leinmehlen, -saaten usw. durch verschiedene Extraktionsmittel und bei verschiedenen Extraktionszeiten.

(76) Herford.

1. Verhältnisse der Anstalt:

a) **Amtsbezeichnung:** Laboratorium der Aschoffschen Neustädter-Apotheke zur Untersuchung von Nahrungs- und Genußmitteln sowie Gebrauchsgegenständen.

b) **Amtsbezirk:** Stadt Herford.

c) **Charakter der Anstalt:** Die Anstalt ist aus privaten Mitteln eingerichtet und mit der Neustädter-Apotheke verbunden.

d) **Errichtung und geschichtliche Entwickelung:** Das Laboratorium ist am 1. Juli 1906 errichtet worden. Bisher sind ihm von der Nahrungsmittelpolizei nur die Milchuntersuchungen überwiesen worden. Die Stadt und der Kreis Herford sind jedoch bestrebt, von der Regierung die Genehmigung zu erhalten, dem Laboratorium auch die anderen polizeilich zu entnehmenden Lebensmittel zu überweisen.

e) **Aufsicht:** Der Magistrat der Stadt Herford.

f) **Unterhaltung:** Die Milchuntersuchungen werden nach einem vereinbarten Tarif berechnet (s. auch unten unter 3).

2. Verhältnisse der Beamten:

a) **Leiter:** Wilhelm Mülot, 40 Jahre alt, Apotheker.

b) **Technische Mitglieder:** Keine.

c) **Sonstige Hilfskräfte:** Der Diener der Apotheke.

3. Tätigkeit der Anstalt:

Die Anstalt übt die Milchkontrolle aus. Außerdem werden ihr die Sputumuntersuchungen für die Armen- und Krankenkassenmitglieder des Kreises Herford überwiesen. Im übrigen werden noch Untersuchungen für Zuckerwaren- und Schokoladen-Fabrikanten am Platze ausgeführt.

(77) St. Johann-Saarbrücken.

1. Verhältnisse der Anstalt:

a) **Amtsbezeichnung:** Öffentliches Untersuchungsamt des Kreises Saarbrücken zu St. Johann a. Saar.

b) **Amtsbezirk:** Kreis Saarbrücken und mehrere Nachbarkreise.

c) **Charakter der Anstalt:** Das öffentliche Untersuchungsamt des Kreises Saarbrücken wurde aus privaten Mitteln errichtet. Es ist am 18. Juli 1902 durch die zuständigen Ministerien als öffentliche Anstalt im Sinne des § 17 des Gesetzes vom 14. Mai 1879 anerkannt worden. Vom 1. Januar 1907 ab werden in dem Amt nur noch Untersuchungen für Behörden ausgeführt.

d) **Errichtung und geschichtliche Entwickelung:** Die Anstalt wurde am 1. April 1902 eröffnet. Später wurden ihr auch die chemischen Untersuchungen für die Kgl. Auslandsfleischbeschaustelle Saarbrücken und die Wein- und Weinkellerkontrolle im Kreise Saarbrücken übertragen.

e) **Aufsicht:** Kgl. Landratsamt in Saarbrücken.

f) **Unterhaltung:** Für die im Auftrage des Kreises Saarbrücken ausgeführten Untersuchungen erhält die Anstalt einen festen jährlichen Zuschuß von mindestens 3600 Mk.; für die Untersuchungen für die Auslandsfleischbeschaustelle wurden 4500 Mk. im Jahre vergütet. Die Untersuchungen für die Nachbarkreise und die Weinkontrolle werden nach festgesetzten Gebührensätzen ausgeführt.

2. Verhältnisse der Beamten:

a) **Leiter:** Dr. phil. R. Hölterhoff, 37 Jahre alt, Leiter und Besitzer, von der Kgl. Regierung allgemein beeidigt.

b) **Technische Mitglieder:** 3 Assistenten, davon 2 Nahrungsmittelchemiker.

c) **Sonstige Hilfskräfte:** 1 Schreiber, 1 Diener.

3. **Tätigkeit der Anstalt:**

Die Proben werden durch besonders ausgebildete Polizeibeamte entnommen.

Im Jahre 1905 wurden 2955 Proben untersucht.

(78) Kassel.

1. **Verhältnisse der Anstalt:**

a) **Amtsbezeichnung:** Städtisches Untersuchungsamt Kassel.

b) **Amtsbezirk:** Stadtkreis Kassel und einige umliegende Stadtkreise.

c) **Charakter der Anstalt:** Die Anstalt ist aus privaten Mitteln des jetzigen Besitzers errichtet und hat durch Vertrag mit der Stadt die Bezeichnung „Städtisches Untersuchungsamt" erhalten. Sie ist am 16. September 1896 von der Regierung zu Kassel und im Mai 1897 von dem zuständigen Ministerium als öffentliche Anstalt im Sinne des § 17 des Gesetzes vom 14. Mai 1879 anerkannt worden.

d) **Errichtung und geschichtliche Entwickelung:** Die Anstalt ist im Jahre 1895 eröffnet und im Jahre 1896 als städtische Anstalt anerkannt. Die Kgl. Polizeidirektion zu Kassel, in deren Händen die Nahrungsmittelkontrolle dort liegt, hat mit dem Untersuchungsamte einen besonderen Vertrag abgeschlossen.

e) **Aufsicht:** Der Magistrat der Stadt Kassel.

f) **Unterhaltung:** Zu den Kosten der Unterhaltung der Anstalt trägt die Stadt jährlich die feste Summe von 4000 Mk. bei und entrichtet für jede chemische Wasseruntersuchung 5 Mk., für jede bakteriologische Wasseruntersuchung 2 Mk., in Summa etwa 1500 Mk. im Jahre. Bei der Weinkontrolle wird für jedes besichtigte Geschäft 3 Mk. vergütet. Die Höhe der Einnahmen aus Honoraranalysen und sonstiger Tätigkeit betrug im Jahre 1905 18327 Mk., 1906 22139,57 Mk. Die Kgl. Polizeidirektion Kassel zahlt: 1. Wenn Beanstandung und Verurteilung erfolgt, Gebühren nach dem Entwurf von Gebührensätzen („Vereinbarungen", Heft III). 2. Wenn Beanstandung und Freisprechung erfolgt 25 % weniger. 3. Sonst 1 Mk. für die Untersuchung.

Einige umliegende Städte zahlen laut Vertrag 3 Mk. für jede Untersuchung.

Für die vollständige Weinuntersuchung sind als Gebühr 9 Mk. festgesetzt.

2. **Verhältnisse der Beamten:**

a) **Leiter:** Dr. phil. Wilhelm Paulmann, Nahrungsmittelchemiker, 42 Jahre alt, 12 Jahre im Dienst, nicht fest angestellt, beeidigt von der Stadt Kassel, der Polizei, der Steuerverwaltung, der Handelskammer und für die Gerichte im Landgerichtsbezirk Kassel.

b) **Technische Mitglieder:** 3 Assistenten, davon 1 Nahrungsmittelchemiker. Gehaltsverhältnisse derselben: I. Assistent 2000 Mk. jährlich, steigend, II. und III. Assistent je 1500 Mk. jährlich, steigend.

c) **Sonstige Hilfskräfte:** 1 Bureaubeamter, 2 Diener, 1 Aufwarteperson.

3. Tätigkeit der Anstalt:

Die Proben werden durch Schutzleute in Zivilkleidung entnommen.

Die Tätigkeit der Anstalt erhellt aus folgenden Zahlen:

In den Jahren	1902	1903	1904	1905	1906
Gesamtzahl der untersuchten Proben	3086	3638	3750	4416	5345
Davon Nahrungs- und Genußmittel, sowie Gebrauchsgegenstände	1042	1267	1443	1714	2559
Zahl der erstatteten größeren Gutachten und Berichte	66	75	92	86	21

(79) Kattowitz (O.-Schl.).

1. Verhältnisse der Anstalt:

a) **Amtsbezeichnung:** Nahrungsmitteluntersuchungsanstalt von Dr. Hodurek zu Kattowitz (O.-Schl.).

b) **Amtsbezirk:** Stadt- und Landkreis Kattowitz (O.-Schl.).

c) **Charakter der Anstalt:** Die Anstalt ist aus privaten Mitteln errichtet. Die Anerkennung als öffentliche Anstalt gemäß § 17 des Reichsgesetzes vom 14. Mai 1879 wurde im Jahre 1904 vom Magistrat zu Kattowitz beantragt, die ministerielle Bestätigung ist bis jetzt aber noch nicht erfolgt.

d) **Errichtung und geschichtliche Entwickelung:** Das Institut wurde im März des Jahres 1902 auf Wunsch der Magistrate und der Amtsvorstände des Stadt- und Landkreises Kattowitz errichtet.

Die Städte Kattowitz und Myslowitz und die Landgemeinden zahlen für die Nahrungsmittelkontrolle jährlich Pauschalbeträge auf Grund abgeschlossener Verträge.

e) **Aufsicht:** Der Kgl. Kreisarzt.

f) **Unterhaltung:** Die vertragsmäßigen Beiträge der Gemeinden betragen jährlich etwa 3000 Mk., ferner die nach dem Tarif zu berechnenden Untersuchungsgebühren bei Beanstandungen, Aufträge seitens der Gerichte etc.: 1000 bis 1500 Mk., zusammen etwa 4000—4500 Mk. jährlich.

2. Verhältnisse der Beamten:

a) **Leiter:** Dr. phil. O. Hodurek, Nahrungsmittelchemiker, 33 Jahre alt, Besitzer der Anstalt, als gerichtlicher Sachverständiger allgemein vereidigt.

b) **Technische Mitglieder:** Keine.

c) **Sonstige Hilfskräfte:** 1 Diener, 1 Schreiberin.

3. Tätigkeit der Anstalt:

Im Durchschnitt sind für je 100 Mk. Pauschalentschädigung 50 Proben von Nahrungsmitteln, Genußmitteln und Gebrauchsgegenständen zu untersuchen. Im Jahre werden etwa 1500 Proben untersucht. Die Probeentnahme wird teils durch Polizeibeamte, teils durch den Leiter der Anstalt selbst ausgeführt.

(80) Kreuznach.

1. Verhältnisse der Anstalt:

a) **Amtsbezeichnung:** Chemische Untersuchungsanstalt für den Kreis Kreuznach.

b) **Amtsbezirk:** Die Anstalt führt Untersuchungen aus für die Kreise, d. h. für die Verwaltungsbehörden der Kreise Kreuznach, Meisenheim, Simmern und St. Goar, sowie für die Gerichtsbehörden des Landgerichtsbezirks Coblenz.

c) **Charakter der Anstalt:** Die Anstalt ist aus privaten Mitteln errichtet und nicht öffentliche Anstalt gemäß § 17 des Reichsgesetzes vom 14. Mai 1879.

d) **Errichtung und geschichtliche Entwickelung:** Errichtet am 1. Juni 1894. Der Anstalt wurden zuerst nur die Untersuchungen für die Verwaltungsbehörden des Kreises Kreuznach übertragen. Im laufenden Jahre wurden der Anstalt auch die Untersuchungen für die Kreise Meisenheim, Simmern und St. Goar, sowie die im Verfolg der Weinkontrolle sich ergebenden Untersuchungen überwiesen.

Der Leiter der Anstalt, Dr. Stern, wurde am 4. Mai 1894 vom Amtsgericht zu Kreuznach und am 2. Juli 1900 für den Landgerichtsbezirk Coblenz als gerichtlicher Sachverständiger allgemein vereidigt. Am 5. Juni 1902 erfolgte seine Vereidigung für die Verwaltungsbehörden des Kreises Kreuznach. Am 28. Juni 1899 wurde er von der Handelskammer Coblenz beeidigt und als Handelschemiker öffentlich angestellt.

e) **Aufsicht:** der Kgl. Landrat bezw. der Kreisausschuß.

f) **Unterhaltung:** Die Berechnung der Untersuchungen erfolgt im allgemeinen nach festgesetzten Gebührensätzen. In den Jahren 1898 und 1899 wurde mit einzelnen Bürgermeisterämtern für eine gewisse Anzahl von Untersuchungen eine Pauschalsumme vereinbart.

2. **Verhältnisse der Beamten:**

a) **Leiter:** Dr. phil. Jacob Stern, 42 Jahre alt, Inhaber der Anstalt, gerichtlich beeidigter Sachverständiger für den Landgerichtsbezirk Coblenz, öffentlich angestellter Handelschemiker.

b) **Technische Mitglieder:** Zurzeit 1 Assistent, der 125 Mk. Remuneration monatlich erhält.

c) **Sonstige Hilfskräfte:** 1 Putzfrau.

3. **Tätigkeit der Anstalt:**

Bei der Handhabung des Nahrungsmittelgesetzes findet die Entnahme der Proben durch die Beamten der Polizeibehörden statt. Die Weinproben bei der amtlichen Kellerkontrolle werden durch die Weinkontrolleure entnommen. Durch den Inhaber der Anstalt findet die amtliche Überwachung der Mineralwasserbetriebe statt.

Neben den Verwaltungsbehörden nehmen auch vielfach Staatsanwaltschaften und Gerichte die Anstalt in Anspruch. Außerdem hat die Anstalt eine umfangreiche private Praxis, in der sowohl die Untersuchung von Lebensmitteln, insbesondere von Wein, als auch die Untersuchung technischer Produkte eine wesentliche Rolle spielt.

(81) Leer (Ostfriesland).

1. **Verhältnisse der Anstalt:**

a) **Amtsbezeichnung:** Städtisches Untersuchungsamt für Nahrungsmittel, Genußmittel und Gebrauchsgegenstände.

b) **Amtsbezirk:** Stadt Leer.

c) **Charakter der Anstalt:** Das Laboratorium ist aus privaten Mitteln errichtet und hat von der Stadt Leer, von der es subventioniert wird, den Charakter einer städtischen Anstalt erhalten. Öffentliche Anstalt gemäß § 17 des Reichsgesetzes vom 14. Mai 1879 ist die Anstalt nicht.

d) **Errichtung und geschichtliche Entwickelung:** § 1 des Vertrages zwischen dem Magistrate der Stadt Leer und dem Apotheker Dr. Otto Wolckenhaar, dem Vorgänger des jetzigen Vorstehers, lautet:

> „Dem Apotheker Dr. Wolckenhaar wird das Amt eines Vorstehers an dem mit dem 1. Juni 1882 hierselbst ins Leben tretenden städtischen Untersuchungsamte für Nahrungsmittel, Genußmittel und Gebrauchsgegenstände bis auf weiteres übertragen."

Nach dem Tode des Apothekers Dr. Wolckenhaar (im Jahre 1897) wurden die Funktionen desselben dem jetzigen Apothekenbesitzer Dr. Deichmann vom Magistrate übertragen.

e) **Aufsicht:** Das Untersuchungsamt ist dem Magistrate der Stadt Leer unterstellt und unterliegt der Kontrolle desselben.

f) **Unterhaltung:** Das Untersuchungsamt wird aus den Einnahmen an Untersuchungsgebühren unterhalten, außerdem leistet die Stadt vertragsmäßig einen jährlichen Beitrag für Anschaffung von Apparaten, Büchern u. dergl. Als Tarif findet der den „Vereinbarungen" beigegebene Entwurf von Gebührensätzen Anwendung.

2. Verhältnisse der Beamten:

a) **Leiter:** Dr. phil. Ludwig Deichmann, Apothekenbesitzer, 44 Jahre alt, Vorsteher des städtischen Untersuchungsamtes.

b) **Technische Mitglieder:** Keine.

c) **Sonstige Hilfskräfte:** Der Diener der Apotheke.

3. Tätigkeit der Anstalt:

Die Kontrolle findet in der allgemein üblichen Form durch die Beamten der Polizei statt.

(82) Minden i. Westf.

1. Verhältnisse der Anstalt:

a) **Amtsbezeichnung:** Öffentliches Chemisches Untersuchungsamt der Stadt Minden i. W.

b) **Amtsbezirk:** Für die allgemeine Nahrungsmittelkontrolle die Stadt Minden und in bezug auf die Weinkontrolle die Kreise Minden Stadt und Land, Lübbecke und Herford.

c) **Charakter der Anstalt:** Die Anstalt ist aus privaten Mitteln errichtet und hat den Charakter eines städtischen Untersuchungsamtes. Sie ist noch nicht öffentliche Anstalt gemäß § 17 des Reichsgesetzes vom 14. Mai 1879. Seitens der Kgl. Regierung sind mit den Verwaltungen der in Frage kommenden Städte und Kreise Verhandlungen eingeleitet, welche darauf hinzielen, die Untersuchungsämter im Regierungsbezirke Minden (in Minden, Bielefeld und Paderborn) in kommunale öffentliche Anstalten umzuwandeln. Dem städtischen Untersuchungsamt Minden ist die „öffentliche chemische Untersuchungsstelle der Residenzstadt Bückeburg (Fürstentum Schaumburg-Lippe)" angegliedert. Die beabsichtigte Neuorganisation des Untersuchungsamtes Minden wird voraussichtlich noch im Laufe dieses Jahres erfolgen.

d) **Errichtung und geschichtliche Entwickelung:** Im Jahre 1893 wurde auf Betreiben des Landrates des Kreises Minden das Amt eingerichtet, und es wurde der damalige Apothekenbesitzer Damm in Minden, welcher die Einrichtung auf eigene Kosten beschaffte, als Vorsteher bestellt. Schon nach 2 Jahren wurde der Vertrag mit Damm vom Magistrat der Stadt Minden gekündigt, und die Leitung übernahm nunmehr Dr. Weiß in Bad Oeynhausen. Am 1. Juli 1904 trat Dr. Weiß wegen Überbürdung durch Berufsgeschäfte von der Leitung zurück, und an seiner Stelle wurde als Vorsteher Dr. Wilh. Murtfeldt angestellt. Am 1. Juli 1905 wurde dem Amte die öffentliche chemische Untersuchungsstelle der Residenzstadt Bückeburg angegliedert.

e) **Aufsicht:** Das städtische Untersuchungsamt Minden untersteht dem Magistrate der Stadt Minden, die Untersuchungsstelle für Bückeburg dem Polizeiamt in Bückeburg. In bezug auf die Weinkontrolle führt die Kgl. Regierung in Minden die Aufsicht.

f) **Unterhaltung:** Die Stadt Minden bezahlt dem Vorsteher des Untersuchungsamtes eine Entschädigung von 1000 Mk. für die Untersuchung von Nahrungsmitteln, Genußmitteln etc., die Stadt Bückeburg eine solche von 300 Mk. jährlich.

Für Minden ist seinerzeit von Dr. Weiß ein Gebührentarif ausgearbeitet worden, der sich im allgemeinen an den Entwurf von Gebührensätzen in den „Vereinbarungen" (Heft III) anlehnt. In diesem Gebührentarif, der vom Magistrat genehmigt ist, ist allerdings nur auf Nahrungsmittel, Genußmittel und Gebrauchsgegenstände Rücksicht genommen. Bei Untersuchungen auf anderen Gebieten wird ein besonderer Tarif zugrunde gelegt.

2. **Verhältnisse der Beamten:**

a) **Leiter:** Dr. phil. Wilhelm Murtfeldt, 49 Jahre alt, Vorsteher des städtischen Untersuchungsamtes, vereidigter Gerichtschemiker für die Bezirke der Landgerichte Bielefeld und Bückeburg, vereidigter Handelschemiker bei der Handelskammer in Minden und Zollchemiker für das Hauptsteueramt, sowie vereidigter Weinsachverständiger. Die Anstellung ist unter den unter 1f angegebenen Bedingungen vorbehaltlich beiderseitiger vierteljährlicher Kündigung erfolgt.

b) **Technische Mitglieder:** Zurzeit keine.

c) **Sonstige Hilfskräfte:** 1 Laboratoriumsdiener.

3. **Tätigkeit der Anstalt:**

Die vorgeschriebenen Proben von Nahrungsmitteln, Genußmitteln und Gebrauchsgegenständen werden von Beamten der Städte Minden und Bückeburg entnommen. Außerdem finden Revisionen der Wochenmärkte und Weinhandlungen in beiden Städten durch den Vorsteher des Untersuchungsamtes statt.

Tätigkeit der Anstalt (nur von 1904 ab zu ermitteln):

In den Jahren	1904	1905	1906
1. Untersuchungen von Lebensmitteln und Gebrauchsgegenständen	506	855	1198
2. Physiologische Untersuchungen	17	25	41
3. Technische Untersuchungen	237	291	234
4. Gerichtliche Untersuchungen	7	3	19
Zusammen:	767	1174	1492

(83) Mülheim a. Rh.

1. Verhältnisse der Anstalt:

a) **Amtsbezeichnung:** Öffentliche Nahrungsmittel-Untersuchungsanstalt zu Mülheim a. Rh.

b) **Amtsbezirk:** Stadt Mülheim a. Rh., Stadt Kalk, Stadt Bergisch-Gladbach und die Gemeinden Merheim und Heumar.

c) **Charakter der Anstalt:** Die Anstalt ist aus privaten Mitteln errichtet und mit der amtlichen Untersuchung der Nahrungsmittel beauftragt. Sie ist seit dem Jahre 1897 eine öffentliche Anstalt im Sinne des § 17 des Reichsgesetzes vom 14. Mai 1897.

d) **Errichtung und geschichtliche Entwickelung:** Nach dem Erlaß des Nahrungsmittelgesetzes wurden zunächst von den chemischen Hilfskräften der Realschule bezw. des Realgymnasiums zu Mülheim a. Rh. in kleinerem Umfange Untersuchungen von Nahrungsmitteln ausgeführt. Im Jahre 1897 wurde von dem jetzigen Inhaber der Anstalt ein öffentliches Nahrungsmittel-Untersuchungsamt aus privaten Mitteln errichtet und gegen Pauschalvergütigungen zunächst der Stadt Mülheim, später auch den anderen oben genannten Bezirken für einschlägige Untersuchungen zur Verfügung gestellt.

e) **Aufsicht:** Der Oberbürgermeister von Mülheim a. Rh. und der Kgl. Kreisarzt daselbst.

f) **Unterhaltung:** Die an die Anstalt vertragsmäßig angeschlossenen Gemeinden bezahlen etwa 5000 Mk. für die polizeilichen Untersuchungen im Jahre. Die Höhe der Einnahmen aus Honoraranalysen und sonstiger Tätigkeit beläuft sich auf etwa 7000 Mk. jährlich. Die amtlichen Untersuchungen werden mit je 5—7 Mk., durchschnittlich mit je 6 Mk. honoriert. Privatpersonen zahlen Gebühren nach einem von der Stadt aufgestellten Tarif. Die Einwohner der vertraglich angeschlossenen Gemeinden erhalten auf diesen Tarif 20 % Rabatt.

2. Verhältnisse der Beamten:

a) **Leiter:** Dr phil. Gottfried Wirtz, 41 Jahre alt, Nahrungsmittelchemiker, seit 14 Jahren im Dienst, nicht fest angestellt, als Sachverständiger allgemein beeidigt für den Landgerichtsbezirk Köln a. Rh. und den Handelskammerbezirk Mülheim a. Rh.

b) **Technische Mitglieder:** 1 Assistent, Nahrungsmittelchemiker, Gehalt 3000 Mk.; außerdem wird eine Gehilfin beschäftigt.

c) **Sonstige Hilfskräfte:** 1 Laborant und zeitweise 1 Schreibgehilfe.

3. Tätigkeit der Anstalt:

Die Probeentnahme erfolgt durch Polizeibeamte, die besonders unterwiesen sind und gedruckte Anweisungen in Händen haben. Der Umfang der Tätigkeit ergiebt sich aus folgenden Zahlen:

In den Jahren	1902	1903	1904	1905	1906
Amtlich untersuchte Proben	1739	1798	1898	2217	2119
Gerichtliche Termine	44	47	42	54	30

Der Leiter der Anstalt nimmt amtliche Revisionen auf Grund der Regierungspolizeiverordnung vom 6. Dezember 1903 über Bierdruckapparate, Leitungen und Abfüllvorrichtungen in dem Amtsbezirk seiner Anstalt vor (in der Stadt Mülheim fanden im Jahre 1906 196 Revisionen statt), übt die Weinkontrolle gemäß dem Gesetz vom 24. Mai 1901 aus und führt ständig chemische und bakteriologische Prüfungen des Leitungswassers der Stadt aus.

(84) Mülheim a. d. Ruhr.

1. Verhältnisse der Anstalt:

a) **Amtsbezeichnung:** Städtisches Untersuchungsamt Mülheim a. d. Ruhr.

b) **Amtsbezirk:** Stadtkreis Mülheim; laut Vertrag sind an die Anstalt angeschlossen die Städte Wesel, Rees und Kleve.

c) **Charakter der Anstalt:** Die Anstalt hat den Charakter einer städtischen Anstalt und ist seit dem 28. März 1902 öffentliche Anstalt im Sinne des § 17 des Reichsgesetzes vom 14. Mai 1879; desgleichen ist die Anstalt für die Ämter Rees und Wesel als öffentliche Anstalt anerkannt.

d) **Errichtung und geschichtliche Entwickelung:** Eröffnet wurde die Anstalt am 15. Januar 1890 für die Stadt Mülheim. Die Nahrungsmitteluntersuchungsanstalt zu Rees ist im Jahre 1899 errichtet worden. Die öffentliche Untersuchungsanstalt für Nahrungs-, Genußmittel und Gebrauchsgegenstände zu Wesel wurde am 4. August 1893 gegründet und am 13. Februar 1894 durch den Regierungspräsidenten zu Düsseldorf bestätigt. Die Leitung dieser drei Anstalten ist in einer Person vereinigt. Der Leiter ist jedoch nicht als städtischer Beamter fest angestellt.

e) **Aufsicht:** Der Bürgermeister der Stadt Mülheim a. d. Ruhr.

f) **Unterhaltung:** Die Zuschüsse der Stadt betragen 4500 Mk., die Einnahmen aus Honoraranalysen und sonstiger Tätigkeit ungefähr 4000 Mk. im Jahre. Die amtlichen Untersuchungen werden nach einem Einheitssatze von 5 Mk. ausgeführt.

2. Verhältnisse der Beamten:

a) **Leiter:** Dr. phil. Adolf Goske, Nahrungsmittelchemiker, 43 Jahre alt, Vorsteher, seit 1890 im Dienst, vereidigt von der Stadt, der Handelskammer für den Bezirk Mülheim und Oberhausen sowie vom Amtgericht Mülheim a. d. R.

b) **Technische Mitglieder:** 1 Assistent (nicht Nahrungsmittelchemiker), Remuneration 1500 Mk. jährlich.

3. Tätigkeit der Anstalt:

Die Proben werden durch einen besonderen Probenehmer (Polizeibeamten in Zivilkleidung) entnommen. Es wurden untersucht:

In den Jahren .	1903	1904	1905	1906
Proben	1520	1506	1550	1580

(85) Neuenahr.

1. Verhältnisse der Anstalt:

a) **Amtsbezeichnung:** Öffentliches Chemisches Untersuchungsamt zu Neuenahr.

b) **Amtsbezirk:** Kreise Ahrweiler und Adenau.

c) **Charakter der Anstalt:** Die Anstalt ist aus privaten Mitteln errichtet und mit der Ausübung der Nahrungsmittelkontrolle in den oben bezeichneten Kreisen beauftragt. Sie ist nicht öffentliche Anstalt im Sinne des § 17 des Reichsgesetzes vom 14. Mai 1879.

d) **Errichtung und geschichtliche Entwickelung:** Die Anstalt ist im Jahre 1894 errichtet und führt seit 1903 regelmäßige amtliche Aufträge seitens der Kreise Ahrweiler und Adenau aus.

e) **Aufsicht:** In bezug auf Nahrungsmittelkontrolle die Landräte der oben genannten Kreise.

f) **Unterhaltung:** Die amtlichen chemischen Untersuchungen werden zu einem Einheitssatz von 5 Mk. für die Probe ausgeführt. Erfolgt Beanstandung und Verurteilung, so werden die Analysengebühren nach dem unter Mitwirkung des Kaiserl. Gesundheitsamtes herausgegebenen Entwurf von Gebührensätzen (siehe „Vereinbarungen", Heft III) berechnet.

2. **Verhältnisse der Beamten:**

a) **Leiter:** Dr. phil. Friedrich Kaeppel, 38 Jahre alt, Besitzer der Anstalt, beeidigt durch den Kgl. Landrat zu Ahrweiler und durch die Handelskammer zu Coblenz.

b) **Technische Mitglieder:** 1 Assistent (nicht geprüfter Nahrungsmittelchemiker), jährliche Remuneration 1520 Mk.

c) **Sonstige Hilfskräfte:** 1 Diener.

3. **Tätigkeit der Anstalt:**

Die Nahrungsmittelproben werden von dem Besitzer des Laboratoriums selbst entnommen. Die Entnahme der Weinproben erfolgt durch Kellerkontrolleure.

In der Anstalt wurden erledigt:

In den Jahren	1904	1905	1906
Proben	95	172	154
Gutachten und Berichte . .	117	150	79

Das Laboratorium ist hauptsächlich mit physiologischen Untersuchungen beschäftigt. Besonders zahlreich waren die wissenschaftlichen Arbeiten über Stoffwechselvorgänge und Fäcesuntersuchungen.

(86) Neuensund bei Strasburg (U.-M., Kreis Prenzlau).

1. **Verhältnisse der Anstalt:**

a) **Amtsbezeichnung:** Laboratorium des Rittergutsbesitzers von Arnim-Neuensund.

b) **Amtsbezirk:** Amtsbezirk Neuensund.

c) **Charakter der Anstalt:** Das Laboratorium ist aus privaten Mitteln seines Besitzers eingerichtet worden.

d) **Errichtung und geschichtliche Entwickelung:** Im Jahre 1896, und zwar hauptsächlich für landwirtschaftliche Untersuchungen und Saatgutzüchterei.

e) **Aufsicht:** —

f) **Unterhaltung:** Die Unterhaltung bestreitet Herr v. Arnim. Die Untersuchungen von Nahrungsmitteln werden nach dem Tarif der Untersuchungsstation der Landwirtschaftskammer für die Provinz Brandenburg berechnet.

2. **Verhältnisse der Beamten:**

a) **Leiter:** Max Bowe, 44 Jahre alt, Gehalt 3800 Mk., dauernde Anstellung.

b) **Technische Mitglieder:** Keine.

c) **Sonstige Hilfskräfte:** Keine.

3. **Tätigkeit der Anstalt:**

Die Probeentnahme geschieht durch den Leiter der Anstalt selbst. Es gelangen amtlich im Durchschnitt nur gegen 30 Proben für das Jahr zur Untersuchung.

(87) Norden.

1. Verhältnisse der Anstalt:

a) Amtsbezeichnung: Städtisches Untersuchungsamt für Nahrungsmittel, Genußmittel und Gebrauchsgegenstände in Norden.

b) Amtsbezirk: Stadtbezirk Norden.

c) Charakter der Anstalt: Die Anstalt ist aus privaten Mitteln des jetzigen Leiters eingerichtet worden und hat den Charakter einer städtischen Anstalt erhalten. Näheren Aufschluß geben die Ausführungen unter d. Eine öffentliche Anstalt gemäß § 17 des Reichsgesetzes vom 14. Mai 1879 ist die Anstalt nicht.

d) Errichtung und geschichtliche Entwickelung: Über die Errichtung, Organisation und Aufgaben der Anstalt gibt die nachstehende Dienstanweisung des Magistrates der Stadt Norden Aufschluß.

§ 1.

Mit dem 1. Januar 1890 wird in Norden ein Untersuchungsamt für Nahrungsmittel, Genußmittel und Gebrauchsgegenstände eingerichtet. Dasselbe ist dazu bestimmt, chemisch, mikroskopisch oder in sonst geeigneter Weise zu untersuchen:

1. ob Nahrungs- oder Genußmittel nachgemacht, verfälscht oder verdorben sind,
2. ob Gegenstände, welche bestimmt sind, als Nahrungs- oder Genußmittel zu dienen, derartig hergestellt sind, daß ihr Genuß die menschliche Gesundheit zu zerstören oder zu schädigen geeignet ist,
3. ob die Bekleidungsgegenstände, Spielwaren, Tapeten, Eß-, Trink- oder Kochgeschirre, Petroleum sowie andere Gebrauchsgegenstände derart hergestellt sind, daß der bestimmungsmäßige oder vorauszusehende Gebrauch dieser Gegenstände die menschliche Gesundheit zu zerstören oder zu schädigen geignet ist.

Die Untersuchungen erfolgen nach wissenschaftlich zuverlässigen Methoden und mit amtlicher Autorität und Sicherheit für Behörden und Privatpersonen.

§ 2.

Das Untersuchungsamt ist dem Magistrat der Stadt Norden unterstellt und unterliegt der Aufsicht desselben.

Er entscheidet in etwaigen Beschwerdesachen gegen das Amt und bestimmt in zweifelhaften Fällen über das weitere Verfahren in der Sache.

§ 3.

Vorsteher des Amtes ist der Apotheker Stroomann, welcher als solcher in Eid und Pflicht genommen ist. Schreiben und sonstige schriftliche Ausfertigungen des Untersuchungsamtes werden von dem Vorsteher mit den Worten: „Städtisches Untersuchungsamt für Nahrungsmittel, Genußmittel und Gebrauchsgegenstände“ und mit seinem Namen unterzeichnet. Das Amt befindet sich in seinem Hause; in diesem sind die an das Untersuchungsamt adressierten Sendungen abzugeben und die Anträge auf Untersuchung schriftlich oder mündlich unter Beifügung des zu untersuchenden Gegenstandes anzubringen; letztere sind am besten versiegelt einzusenden.

Alle Untersuchungen werden tunlichst rasch erledigt und zwar in der Regel nach der Zeitfolge ihres Einganges: ein Vorzugsrecht haben jedoch:

1. eilige Anträge der Polizeiverwaltung,
2. eilige andere Anträge, z. B. in Fällen, wo die Annahme einer Ware von der Beschaffenheit derselben abhängig ist,
3. Untersuchungen von Genuß- oder Lebensmitteln haben den Vorzug vor Untersuchungen von Gebrauchsgegenständen,

Bei der Art und Weise der Untersuchung bezw. dem Umfange derselben hat der Vorsteher des Amtes den von dem Antragsteller verfolgten Zweck im Auge zu behalten und seine Untersuchungen möglichst auf Vorprüfungen zu beschränken.

Eine genaue qualitative und zugleich quantitative Analyse ist nur auf Erfordern und dann vorzunehmen, wenn die Feststellung einer Verfälschung resp. der Gesundheitsschädlichkeit dieses erheischt.

§ 4.

Von allen dem raschen Verderben nicht ausgesetzten Untersuchungsgegenständen ist, sofern die Untersuchung das Vorhandensein einer der im § 1 unter 1 bis 3 aufgeführten Tatsachen ergeben hat, wenn möglich ein genügender Teil für eine Nach-Untersuchung zurückzubehalten, gesondert zu bewahren und mit dem Namen des Auftraggebers resp. der Verkaufsfirma zu versehen. Liegt keine Fälschung vor, so ist der zurückbehaltene Teil zu beseitigen, zu behändigen oder andererseits bis zur Entscheidung der Polizeibehörde aufzubewahren.

§ 5.

Das Untersuchungsergebnis ist dem **Antragsteller** in kurzer und allgemein verständlicher Fassung im geschlossenen Schreiben mitzuteilen.

Bestehen über das Vorhandensein der Verfälschung resp. der Gesundheitsschädlichkeit Zweifel, so ist der Fall dem Magistrat zur weiteren Veranlassung vorzulegen. Auch ist in allen Fällen, wo eine Untersuchung das Vorhandensein einer der im § 1 unter 1 bis 3 aufgeführten Tatsachen ergeben hat, dem Magistrate davon Anzeige zu machen.

§ 6.

Alle Untersuchungsanträge sind nach der Reihenfolge in ein von dem Vorsteher zu führendes Geschäftsbuch unter Angabe der laufenden Nummer, des Datums des Eingangs, des Namens und Wohnorts des Antragstellers, des Gegenstandes und des Ergebnisses der Untersuchung, des Gebührensatzes, der Gebühren-Zahlung, soweit möglich der Bezugsquelle der Waren und etwaiger Bemerkungen einzutragen.

§ 7.

Jede Untersuchung hat derjenige, welcher sie veranlaßt, nach dem unten abgedruckten Gebühren-Verzeichnisse an den Vorsteher des Untersuchungsamtes sofort bei Übergabe des Ergebnisses zu bezahlen.

Der Betrag wird von dem Amtsvorsteher bei Mitteilung des Untersuchungs-Ergebnisses auf dem Briefumschlag notiert.

Rückstände werden durch den Magistrat im Wege der Verwaltungszwangsbeitreibung eingezogen. Einwendungen gegen die Höhe befreien nicht von der vorläufigen Zahlungspflicht bis zur endgültigen Entscheidung.

§ 8.

Der Vorsteher des Amts hat die Polizeibehörde innerhalb seines Geschäftskreises bei ihren Maßnahmen zur Bekämpfung der Verfälschung namentlich auf dem Gebiete der Marktpolizei bereitwilligst zu unterstützen.

Zur Aufrechterhaltung seiner Vertrauensstellung in bezug auf die Entdeckung von Verfälschungen hat er sich aller unnötigen Mitteilungen an Unbeteiligte zu enthalten.

Gebühren-Verzeichnis.

Untersuchungsgegenstände	Einzuliefernde ungefähre Menge	Gebührensatz für eine einfache qualitative Untersuchung Mk.
Bier	1 l	3
Brot	100 g	2
Branntwein: Auf Fuselöl und Mineralsäure	¼ l	3
Butter: Auf Verfälschung durch Stärke, Mehl, Kartoffelbrei etc. sowie qualitative Untersuchung auf fremde Fette	500 g	2
Essig	250 g	2
Fruchtsäfte und eingemachte Früchte	200 g	3
Gewürze	50 g	3

Untersuchungsgegenstände	Einzuliefernde ungefähre Menge	Gebührensatz für eine einfache qualitative Untersuchung Mk.
Gummiwaren: Auf giftige Zusätze	1–2 Stück	3
Hefe	50 g	9
Honig	500 g	3
Kaffee	100 g	3
Kleiderstoffe: Auf giftige Farben	ca. 20 qcm	3
Kochsalz: Fremde Bestandteile	100 g	3
Konditoreiwaren: Auf giftige Farben	1—5 Stück	3
Konserven	200 g	3
Lederwaren: Auf giftige Farben und Zusätze	ca 20 qcm	3
Leinen (ob reines Leinen)	ca 10 qcm	3
Mehl: Auf erdige (mineralische) Beimengungen (Kreide, Schwerspat etc.)	200 g	2
Milch: Auf Wasserzusatz und Entrahmung	1/2 l	2
Petroleum: Auf Explosionsgefahr	1/2 l	1,50
Schnupftabak: Auf Bleigehalt	50 g	2
Schokolade und Kakao	100 g	3
Spielsachen: Auf giftige Farben	1—2 Stück	3
Stärke: Wie beim Mehl	200 g	2
Tapeten und Papier: Auf gesundheitsschädliche Farben	ca. 40 qcm	3
Tee	100 g	3
Topfglasur: Auf gesundheitsschädliche Stoffe	1 Topf	3
Wachs	100 g	10
Wasser: Bestimmung der Güte als Trink- und Genußwasser	1 l	5
Weißwein, Rotwein: Auf schädliche Zusätze	1 l	3
Zinngeräte	1 Stück	6
Zucker: Auf fremde Beimengungen	100 g	3

Bemerkungen zu vorstehendem Gebührenverzeichnisse.

Von allen eingesandten Gegenständen wird, soweit es eben möglich ist, zunächst nur eine Vorprüfung, eine sogenannte qualitative Untersuchung auf grobe Verfälschungen oder gesundheitsschädliche Stoffe ausgeführt und erst, wenn solche ungehörige Beimengungen vorhanden sind oder sonst eine Fälschung vorzuliegen scheint, wie auch in den Fällen, wo überhaupt eine Vorprüfung von vornherein als zwecklos angesehen werden muß, wird eine eingehendere quantitative Analyse nebst Bestimmung der Mengenverhältnisse der in Betracht kommenden Stoffe ausgeführt, das heißt eine Untersuchung angestellt, wie sie in dem speziellen Falle in polizeilicher oder gerichtlicher Hinsicht notwendig erscheint.

Für diese letzteren Untersuchungen ist ein besonderes Gebühren-Verzeichnis entworfen und maßgebend.

Es sind in diesem einige der wichtigsten quantitativen Bestimmungen aufgeführt, und diejenigen Preise dafür eingesetzt, welche regelmäßig dafür gefordert werden.

Je nach Schwierigkeit der Untersuchung kann jedoch dieser Gebührensatz überschritten werden, und erfolgt in diesem Falle vorherige Mitteilung der Sachlage; andererseits kann es jedoch auch vorkommen, daß die Bestimmung eines einzelnen Gegenstandes erheblich weniger Mühe veranlaßt, in welchem Falle eine Ermäßigung der angeführten Sätze eintritt.

Norden, den 10. März 1900.

Der Magistrat.

e) **Aufsicht:** Der Magistrat und der Kgl. Kreisarzt.

f) **Unterhaltung:** Die Anstalt ist mit der Schwanen-Apotheke verbunden und wird von ihrem Besitzer aus Untersuchungsgebühren (Tarif siehe oben unter d) unterhalten.

2. Verhältnisse der Beamten:

a) **Leiter:** Paul Stroomann, Apothekenbesitzer, 43 Jahre alt.

b) **Technische Mitglieder:** Keine.

c) **Sonstige Hilfskräfte:** Der Diener der Apotheke.

3. Tätigkeit der Anstalt:

Die Entnahme der einschlägigen Proben geschieht durch Beamte der Polizei. Der Anstalt werden auf diese Weise jährlich 20 Proben überwiesen. Außerdem übt der Inhaber der Anstalt die Weinkontrolle aus. Die weitere Tätigkeit ergibt sich aus der Dientanweisung unter 1 d.

(88) Oels i. Schl.

1. Verhältnisse der Anstalt:

a) **Amtsbezeichnung:** Chemisches Untersuchungslaboratorium von Dr. F. Oswald in Oels.

b) **Amtsbezirk:** In der Anstalt werden amtliche Untersuchungen für Behörden im Landgerichtsbezirk Oels ausgeführt. Der Leiter des Untersuchungsamtes ist ferner mit der regelmäßigen Weinkontrolle in 4 Kreisen des Landgerichtsbezirkes Oels beauftragt.

c) **Charakter der Anstalt:** Das Laboratorium ist aus privaten Mitteln errichtet und an die Apotheke des Inhabers angegliedert. Die Anerkennung des Laboratoriums als öffentliche Anstalt im Sinne des § 17 des Reichsgesetzes vom 14. Mai 1879 ist seitens der Stadt und des Kreises Oels beantragt, aber noch nicht erfolgt. Nach erfolgter Anerkennung ist eine ständige und regelmäßige Nahrungsmittelkontrolle für die Stadt und den Kreis Oels geplant.

d) **Errichtung und geschichtliche Entwickelung:** Das Untersuchungslaboratorium wurde von dem Großvater des jetzigen Inhabers gegründet. Der jetzige Inhaber hat es von seinem Vater im Jahre 1891 übernommen und in den folgenden Jahren vergrößert. Im Jahre 1904 wurde dem Laboratorium die Ausübung der Weinkontrolle in 4 Kreisen des Landgerichtsbezirkes Oels übertragen. Es sollten ursprünglich mehr als 600 Betriebe alle 3 Jahre kontrolliert werden, doch ist diese Zahl auf Grund der ministeriellen Verfügung vom 11. November 1904 auf ungefähr 120 herabgesetzt worden. Die Ausübung einer geregelten ständigen Kontrolle der Nahrungs- und Genußmittel soll erst in die Wege geleitet werden, und werden alsdann voraussichtlich jährlich 200 einschlägige Untersuchungen ausgeführt werden.

e) **Aufsicht:** Der Landrat des Kreises Oels.

f) **Unterhaltung:** Die Gebühren für die chemischen Untersuchungen werden nach dem unten abgedruckten Tarif berechnet. Falls die allgemeine Kontrolle der Nahrungs- und Genußmittel im Kreise Oels der Anstalt übertragen werden sollte, so würden die Analysen nach einem Einheitssatz von 6 Mk. für die Probe ausgeführt werden müssen.

Auszug aus dem Tarif für die im Laboratorium von Dr. F. Oswald in Oels auszuführenden Analysen.

I. Düngemittel.

Phosphorsäure, gesamte —, wasserlösliche —, citratlösliche — . . .	je 4,— Mk.
Stickstoff	4,— "
Kali	5,— "
Kohlensaurer Kalk	4,— "
Phosphorsäure und Stickstoff zusammen	6,65 "
Phosphorsäure, Stickstoff und Prüfung auf Entleimtheit bei Knochenmehl	9,— "

II. Futtermittel.

Protein und Fett	6,— Mk.
Protein, Fett und mikroskop. Prüfung	8,— "
Futterwert (Wasser, Asche, Protein, Fett, Kohlenhydrate, Holzfaser einschließlich Berechnung der Futterwerteinheiten)	12—15 "

III. Wasser.

Bestimmung der Härte, mikroskop. Prüfung	je 2,— Mk.
Vollständige Analyse einschließlich Gutachten je nach Umfang der Arbeit	6—15 "

IV. Bodenarten.

Einzelne Bestandteile wie bei Düngemitteln.

Stickstoff, Phosphorsäure und Kali	12,— Mk.
Stickstoff, Phosphorsäure, Kali und Kalk	14,— "

V. Prüfungen für technische Zwecke.

Fettbestimmung in der Milch nach Soxhlet	2,— Mk.
Fettbestimmung in der Milch nach Gerber	1,— "
Prüfung der Milch auf Wasserzusatz	2—3 "
Butter: Prüfung auf Wasser, Asche, Kochsalz, Ranzigkeit	je 3,— "
Prüfung auf fremde Fette	4—6 "
Zuckerbestimmung in Rüben durch Extraktion und Polarisation . . .	4,— "
Stärkemehlbestimmung in Kartoffeln nach spezifischem Gewicht . . .	1,50 "

Anmerkung: Für Untersuchungen zu gerichtlichen und medizinalpolizeilichen Zwecken ist der § 8 des Gesetzes vom 9. März 1872 bezw. die Gebührenordnung vom 30. Juni 1878 maßgebend.

2. Verhältnisse der Beamten:

a) **Leiter:** Dr. phil. Ferdinand Oswald, 46 Jahre alt, Apothekenbesitzer und Inhaber der Anstalt, Nahrungsmittelchemiker, vereidigter Sachverständiger des Landgerichtsbezirkes Oels, Inhaber der Landwehrdienstauszeichnung I. Klasse und des Roten Adlerordens IV. Klasse.

b) **Technische Mitglieder:** 1 Apotheker mit 2700 Mk. jährlicher Remuneration.

c) **Sonstige Hilfskräfte:** Das Unterpersonal der Apotheke.

3. Tätigkeit der Anstalt:

In der Anstalt werden jährlich ungefähr 2400—2600 Proben von Nahrungs- und Genußmitteln untersucht, von denen der größte Teil aus Milchproben für Molkereien besteht. Außerdem werden noch ungefähr 300 technische Untersuchungen, wie Zuckerrüben-, Futter-, Düngemittel- und Trinkwasseranalysen ausgeführt.

(89) Oppeln.

1. Verhältnisse der Anstalt:

a) **Amtsbezeichnung:** Städtisches Untersuchungsamt zu Oppeln.

b) **Amtsbezirk:** Regierungsbezirk Oppeln; vorläufig sind an das Amt angeschlossen: die Polizeiverwaltung Oppeln, 12 weitere Stadt-Polizeiverwaltungen und 13 Amtsverbände des Regierungsbezirkes Oppeln.

c) **Charakter der Anstalt:** Die Anstalt wurde aus privaten Mitteln errichtet, erhielt von der Stadt Oppeln den Charakter eines städtischen Untersuchungsamtes und wurde durch Erlaß der zuständigen Ministerien vom 26. September 1899 als öffentliche Anstalt im Sinne des § 17 des Reichsgesetzes vom 14. Mai 1879 anerkannt.

d) **Errichtung und geschichtliche Entwickelung:** Die Anstalt wurde im September 1895 eröffnet. Über ihre Entwickelung und Organisation sei folgendes aus dem Bericht über die Tätigkeit des Amtes für die Zeit vom 1. Oktober 1895 bis 30. September 1898 hervorgehoben:

Der ministerielle Erlaß vom 26. Juli 1893 betreffend die Errichtung öffentlicher technischer Untersuchungsanstalten hatte die Königliche Regierung zu Oppeln von neuem veranlaßt, die städtischen Körperschaften zu Oppeln zur Errichtung eines chemischen Untersuchungsamtes für den Regierungsbezirk zu bewegen. Die Ausführung scheiterte jedoch daran, daß sich die Kreise des Regierungsbezirks weigerten, einmalige oder fortlaufende Beiträge zu den Kosten des Untersuchungsamtes zu zahlen. Erst nachdem der Stadt ein vollständig eingerichtetes Laboratorium für ihre Zwecke zur Verfügung gestellt wurde, erklärten sich Stadt und Kreis Oppeln dazu bereit, dieses Laboratorium durch jährliche fortlaufende Subventionen zu unterstützen, und so gelang es, ein Untersuchungsamt hier ins Leben zu rufen. Nachdem das hierfür erlassene Statut und die Geschäftsordnung, sowie der Gebührentarif die Bestätigung des Herrn Regierungspräsidenten erfahren hatten, wurde das auf dem Grundstück Fischerstraße 19 in Oppeln gelegene Laboratorium von der Königlichen Regierung als eine „öffentliche Anstalt" im Sinne des § 17 des Reichsgesetzes vom 14. Mai 1879 anerkannt. Die Eröffnung des städtischen Untersuchungsamtes fand Ende September 1895 statt; als ihr Leiter wurde Dr. phil. Arthur Heidenreich am 18. September bestallt und vereidigt.

Die Organisation des Amtes ist aus dem folgenden Statut und der Geschäftsordnung zu ersehen. Der Gebührentarif ist mit einigen Änderungen nach dem in Nr. 59 der „Chemiker-Zeitung" von 1895 vorgeschlagenen aufgestellt.

Statut für die öffentliche Untersuchungsanstalt für Nahrungsmittel, Genußmittel und Gebrauchsgegenstände in Oppeln.

§ 1.

Der Nahrungsmittelchemiker Dr. Heidenreich stellt zum Zweck einer hierselbst zu errichtenden öffentlichen städtischen Untersuchungsanstalt für Nahrungs-, Genußmittel und Gebrauchsgegenstände sein Fischerstraße Nr. 19 belegenes Laboratorium der Stadtgemeinde zur Verfügung und übernimmt die Leitung der städtischen öffentlichen Untersuchungsanstalt.

§ 2.

Die öffentliche Untersuchungsanstalt zu Oppeln hat die Aufgabe, im Auftrage von Behörden die im § 1 des Reichsgesetzes vom 14. Mai 1879 (den Verkehr mit Nahrungsmitteln, Genußmitteln und Gebrauchsgegenständen betreffend) erwähnten Gegenstände einer chemischen, mikroskopischen oder sonst geeigneten Untersuchung zu unterziehen, auf ihre Güte, auf Fälschung, sowie insbesondere auf Beimengung gesundheitsschädlicher Stoffe zu prüfen und über den Befund Auskunft zu erteilen, sowie alle sonstigen hierhergehörigen Arbeiten auszuführen.

§ 3.

Die Untersuchungen erfolgen auch für Privatpersonen, insoweit als darunter die Untersuchungen für die Behörden nicht leiden.

§ 4.

Die Anstalt ist einem Kuratorium unterstellt, welches aus zwei Vertretern der städtischen Behörden besteht. Dieses hat den Geschäftsgang der Anstalt zu überwachen. Die Aufsicht führt der Herr Regierungspräsident.

§ 5.

An der Anstalt fungiert als Leiter ein vom Magistrat gewählter und vereidigter Chemiker, dem es gestattet ist, zu seiner Hilfe einen oder mehrere Assistenten anzustellen. In besonderen Fällen muß der Kreisphysikus bezw. Kreistierarzt zugezogen werden, und zwar bedarf es des ersteren Zuziehung in denjenigen Fällen, in denen Art und Grad der Gesundheitsschädlichkeit eines Untersuchungsobjektes festzustellen ist, der des Kreistierarztes bei vorkommenden Fragen der öffentlichen Veterinärpolizei.

§ 6 [1]).

Für die ausgeführten Untersuchungen werden die Gebühren des unter Mitwirkung des Kaiserlichen Gesundheitsamtes herausgegebenen Entwurfs von Gebührensätzen bezw. bei den vertragsmäßig mit dem Untersuchungsamt verbundenen Gemeinden die im Vertrage angeführten Gebühren berechnet. Für Untersuchungen im Auftrage von Gerichten und anderen Behörden findet die Verordnung vom 9. März 1872 Anwendung.

Die Vereinnahmung der Subventionen und Gebühren, soweit diese von Stadt- und Kreisverwaltungen oder Gerichtsbehörden zu erheben sind, findet durch die Stadthauptkasse statt. Die von Privaten zu zahlenden Gebühren sind nach dem veröffentlichten Tarif an die Anstalt direkt bei Entgegennahme des Resultates abzuführen.

§ 7.

Die auf Grund des Gesetzes vom 14. Mai 1879 zu zahlenden Strafgelder, welche nach § 17 dieses Gesetzes der öffentlichen Untersuchungsanstalt zu überweisen sind, fließen in die Stadthauptkasse.

§ 8.

Die Untersuchungsanträge gelangen direkt an die Anstalt und sind in der Regel nach der Reihenfolge ihres Einganges zu erledigen, jedoch mit der Maßgabe, daß die eiligen Aufträge der Behörden zuerst, sodann die der Privaten (z. B. in Fällen, in denen die Annahme einer Ware von ihrer Beschaffenheit abhängt) zur Erledigung kommen, und daß die Untersuchungen von Nahrungs- und Genußmitteln vor denen von Gebrauchsgegenständen den Vorzug haben.

§ 9.

Von allen dem raschen Verderben nicht ausgesetzten Untersuchungsproben wird, wenn angängig, ein genügender Teil zur eventuellen Nachuntersuchung aufbewahrt. Ist kein Grund zu der Annahme vorhanden, daß Folgen irgendwelcher Art aus der begutachteten Sache entstehen, beträgt die Aufbewahrungsfrist vier Wochen, im andern Falle sechs Monate.

Oppeln, den 18. September 1895.

(L. S.)

Der Magistrat. Der Anstaltsleiter.

Gesehen und genehmigt.

Oppeln, den 19. September 1895.

(L. S.)

Der Regierungs-Präsident.

---

[1]) In der später geänderten Fassung.

Geschäftsordnung für die öffentliche Untersuchungsanstalt für Nahrungsmittel, Genußmittel und Gebrauchsgegenstände in Oppeln.

§ 1.

Die öffentliche Untersuchungsanstalt zu Oppeln hat die Aufgabe, Untersuchungen von Nahrungsmitteln, Genußmitteln und Gebrauchsgegenständen im Sinne der Reichsgesetze und Verordnungen:

1. vom 14. Mai 1879, betreffend den Verkehr mit Nahrungsmitteln etc. nebst der Novelle dazu vom 29. Juni 1887 (R.-G.-Bl. S. 276),
2. vom 24. Februar 1892, betreffend das gewerbsmäßige Verkaufen und Feilhalten von Petroleum (R.-G.-Bl. S. 40),
3. vom 25. Juni 1887 nebst der Novelle vom 22. März 1888 (R.-G.-Bl. S. 283 und S. 114), betreffend den Verkehr mit blei- und zinkhaltigen Gegenständen,
4. vom 5. Juli 1887 (R.-G.-Bl. S. 277), betreffend die Verwendung gesundheitsschädlicher Farben bei der Herstellung von Nahrungs-, Genußmitteln und Gebrauchsgegenständen,
5. vom 12. Juli 1887 (R.-G-Bl. S. 375), betreffend den Verkehr mit Ersatzmitteln für Butter,
6. vom 20. April 1892 (R.-G.-Bl. S. 697), betreffend den Verkehr mit Wein, weinhaltigen und weinähnlichen Getränken,
7. vom 29. April 1892 (R.-G.-Bl. S. 600), betreffend die Ausführung des Gesetzes über den Verkehr mit Wein, weinhaltigen und weinähnlichen Getränken, sowie etwaiger weiter noch ergehenden diesbezüglichen Gesetze und Verordnungen mit Bezug auf ihre Verfälschung oder ihren normalen Zustand nach wissenschaftlich zuverlässigen Methoden zu untersuchen.

§ 2.

Die Untersuchungen erfolgen durch einen vom Magistrat gewählten und eidlich verpflichteten Chemiker, dem es gestattet ist, einen oder mehrere Assistenten zu seiner Hilfe anzustellen. Der Leiter der Anstalt bestimmt für die Fälle, in denen er selbst an der Wahrnehmung seines Amtes durch Reisen oder Krankheit verhindert ist, von Fall zu Fall einen seiner Assistenten zu seinem offiziellen Vertreter.

§ 3.

Die Obliegenheiten des Amtes umfassen vornehmlich die chemische, mikroskopische oder sonst geeignete Untersuchung von Nahrungs- und Genußmitteln oder Gebrauchsgegenständen, sowie die übrigen in den erwähnten Gesetzen, insbesondere im § 1 des Reichsgesetzes vom 14. Mai 1879 angeführten Gegenstände.

Aufträge von Privaten werden, soweit die Untersuchungen für Behörden darunter nicht leiden, ebenfalls ausgeführt, doch nur zur eigenen Information der Auftraggeber und nicht zu Reklamezwecken.

§ 4.

Die Reihenfolge in der Vornahme der Untersuchungen richtet sich in der Regel nach der Zeitfolge der Antragseingänge, jedoch mit der Maßgabe, daß die eiligen Aufträge der Behörden zuerst, sodann die der Privaten (z. B. in Fällen, in denen die Annahme einer Ware von ihrer Beschaffenheit abhängt), zur Erledigung kommen, und daß Untersuchungen von Lebens- und Genußmitteln vor denen von Gebrauchsgegenständen den Vorzug haben.

§ 5.

Die Untersuchungsanträge sind unter sicherer Verpackung und portofreier Einsendung der fraglichen Warenproben direkt an den Leiter der Anstalt zu richten und werden von diesem nach der Reihenfolge ihres Einganges in das Geschäftsbuch unter Angabe der laufenden Nummer, des Namens und der Wohnung des Auftraggebers und des Gegenstandes der Untersuchung eingetragen. Für Anträge der Polizei- und städtischen Verwaltungen, sowie für Requisitionen der Gerichts- und sonstigen Behörden werden besondere Geschäftsbücher geführt.

Das Ergebnis der Untersuchung wird einerseits in das Geschäftsbuch des Amtes mit dem Datum des abgegebenen Gutachtens eingetragen, andererseits dem Antragsteller in klarer, allgemeinverständlicher Form unter Angabe der Gebühren in geschlossenem Schreiben mitgeteilt.

§ 6.

Die Gebühren für auszuführende Untersuchungen werden vom Leiter des Amtes nach Maßgabe des festgesetzten und publizierten Tarifs bestimmt und sind, soweit die Anträge von Kreis- oder Stadtverwaltungen oder seitens der Gerichtsbehörden gestellt sind, an die Stadthauptkasse portofrei einzusenden. Gebühren für von Privaten veranlaßte Untersuchungen sind bei Entgegennahme des Resultates direkt an das Amt zu entrichten.

Hierbei sei bemerkt, daß den mit einer festen Subvention am Amt beteiligten Städten oder Kreisen eine Ermäßigung der tarifmäßigen Gebühren von 33 1/3 % bewilligt wird.

§ 7.

Von allen dem raschen Verderben nicht ausgesetzten Untersuchungsproben ist, wenn angängig, ein genügender Teil, mit dem Namen des Antragstellers bezw. mit dem des Verkäufers versehen, für eine eventuelle Nachuntersuchung aufzubewahren, und zwar solange, bis die polizeiliche oder gerichtliche Untersuchung endgültig zum Austrage gebracht ist, längstens sechs Monate.

§ 8.

Den im Amt beschäftigten Personen ist es zur Pflicht gemacht, sich aller Mitteilungen an Unbeteiligte zu enthalten.

§ 9.

Am Schlusse des Jahres und spätestens bis zum 1. März des folgenden Jahres ist seitens des Leiters der Anstalt dem Kuratorium und der Aufsichtsbehörde ein zusammenfassender Jahresbericht einzureichen.

§ 10.

Über etwaige Beschwerden entscheidet der Regierungs-Präsident.

§ 11.

Die Anstalt ist täglich mit Ausnahme der Sonn- und Festtage vormittags von 9—12 Uhr und nachmittags von 3—6 Uhr für den Verkehr mit den Behörden und dem auftraggebenden Publikum geöffnet.

Oppeln, den 19. September 1885.

(L. S.)

Der Magistrat. Der Anstaltsleiter.

Gesehen und genehmigt.

Oppeln, den 19. September 1895.

(L. S.)

Der Regierungspräsident.

Die Verträge mit den Gemeinden werden noch nach folgendem Entwurf abgeschlossen:

Vertrag

zwischen de ....

einerseits und dem **Städtischen Untersuchungs-Amt zu Oppeln** andererseits.

§ 1. D .... über trägt dem Städtischen Untersuchungsamt zu Oppeln die Kontrolle über den Verkehr mit Nahrungsmitteln, Genußmitteln und Gebrauchsgegenständen im Sinne des Reichs-Gesetzes vom 14. Mai 1879 und den dazu erlassenen und noch ergehenden Sondergesetzen.

§ 2. Zur Ausübung dieser Kontrolle läßt d .... durch Beauftragte auf Grund der den Polizeibehörden im § 2 des genannten Gesetzes erteilten Befugnis Gegenstände der

im § 1 aufgeführten Art nach ihrem Belieben entnehmen zum Zweck der chemischen pp. Untersuchung.

§ 3. Die höchste Zahl der einzuliefernden Proben beträgt .... für das Jahr. Für die Untersuchung dieser Proben ist eine Pauschalsumme von .... Mark in vierteljährlichen Raten vorauszahlbar an das Städtische Untersuchungsamt zu Oppeln zu entrichten.

§ 4. Diese Pauschalsumme umfaßt jedoch nur die Gebühren für solche Untersuchungen, die zu einer Beanstandung und darauf sich gründenden strafrechtlichen Verfolgung nicht führen. Hält das Untersuchungsamt auf Grund der Voruntersuchung eine eingehende Untersuchung für nötig und führt diese zur Beanstandung, so soll im Falle, daß eine rechtskräftige strafrechtliche Verurteilung erfolgt, die volle nach dem Tarif der Vereinbarungen zu berechnende Gebühr gezahlt werden, und zwar tritt hier das Gesetz vom 29. Juni 1887 (R.-G.-Bl. S. 276) betreffend die Abänderung des Gesetzes über den Verkehr mit Nahrungsmitteln usw. vom 14. Mai 1879 (R.-G.-Bl. S. 145) in Kraft, nach welchem die durch die polizeiliche Untersuchung erwachsenen Kosten dem Verurteilten zur Last fallen und zugleich mit den Kosten des gerichtlichen Verfahrens festzusetzen und einzuziehen sind.

§ 5. Für die Pauschalsummen werden nur Untersuchungen von Nahrungs- und Genußmitteln einschl. Wasser für Genußzwecke, sowie von Gebrauchsgegenständen ausgeführt. Für Untersuchungen von größerem Umfange wie Untersuchungen von Abwässern, Bach- oder Flußläufen usw. werden besondere Vereinbarungen vorbehalten.

§ 6. Die Untersuchungen sind in kürzester Zeit zu erledigen. Über das Untersuchungsergebnis ist dem Auftraggeber in geschlossenem Schreiben zu berichten. Die durch die Korrespondenz entstehenden Portokosten trägt jede Partei für ihren Teil.

§ 7. Der Leiter des Untersuchungsamtes verpflichtet sich in dem .... auf Wunsch .... mal im Jahre persönlich oder durch einen Assistenten Revisionen vorzunehmen gegen einfache Erstattung der Reisekosten (Bahnbilett II. Kl. bezw. nachweisbare Auslagen für Wagen auf Landwegen), ohne jedoch Tagegelder und Gebühren besonders zu berechnen.

§ 8. Der gegenwärtige Vertrag wird zunächst auf die Dauer von drei Jahren geschlossen (vom .... ab gerechnet) und gilt stillschweigend verlängert, solange nicht einer der beiden vertragschließenden Teile gekündigt hat.

Die Kündigungsfrist beträgt sechs Monate.

.... den 190

Der......... Das Städt. Untersuchungsamt zu Oppeln.

Die Stadt Oppeln und die an das Amt angeschlossenen Behörden des Regierungsbezirkes zahlen für die polizeiliche Untersuchung von Lebensmitteln Pauschalsummen nach folgenden Grundsätzen:

Bei	5000—10000	Einw.	werden	für jährlich	70	Proben	100	Mk. bezahlt
„	10000—15000	„	„	„ „	90	„	200	„ „
„	15000—25000	„	„	„ „	200	„	400	„ „
„	25000 und mehr	„	„	„ „	400	„	800	„ „

Die Beteiligung der in Frage kommenden Gemeinden des Regierungsbezirkes läßt aber zu wünschen übrig.

e) **Aufsicht:** Der Magistrat und die Kgl. Regierung in Oppeln.

f) **Unterhaltung:** Die Einnahmen aus Honoraranalysen und sonstiger Tätigkeit betragen jährlich etwa 7000—9000 Mk. Die Zuschüsse von der Stadt Oppeln belaufen sich auf jährlich 1800 Mk., von den übrigen vertraglich angeschlossenen Gemeinden auf etwa 5000 Mk. im Jahre. Für einzelne Untersuchungen werden bei den Gemeinden, die Pauschquanten bezahlen, durchschnittlich 2 Mk. für die Analyse berechnet. Erfolgt Beanstandung und

Verurteilung, so treten die Sätze des unter Mitwirkung des Kaiserl. Gesundheitsamtes herausgegebenen Entwurfs von Gebührensätzen (siehe „Vereinbarungen“, Heft III) in Kraft. In gleicher Weise werden die Untersuchungen für nicht vertraglich angeschlossene Gemeinden berechnet.

2. Verhältnisse der Beamten:

a) **Leiter:** Dr. phil. Arthur Heidenreich, Nahrungsmittelchemiker, 41 Jahre alt, Inhaber der Anstalt, seit 1895 im Dienst, vereidigt durch den Oberbürgermeister von Oppeln am 18. September 1895, nicht fest angestellt.

b) **Technische Mitglieder:** 1 Assistent, Nahrungsmittelchemiker, Gehalt jährlich 3300 Mk., mit 1/4 jährlicher Kündigung angestellt.

c) **Sonstige Hilfskräfte:** 1 Laboratoriumsgehilfe, 1 Bureaugehilfe, 1 Diener.

3. Tätigkeit der Anstalt:

Die Proben werden meist durch Polizeibeamte entnommen, zum Teil auch durch einen Angestellten des Untersuchungsamtes. Auf Wunsch der Polizeibehörden werden gelegentlich Revisionen der Wochenmärkte und der Verkaufsstellen von Nahrungsmitteln vorgenommen.

Die Tätigkeit der Anstalt erhellt aus folgenden Zahlen:

In den Jahren	1900	1901	1902	1903	1904	1905	1906
Zahl der Proben . . .	1062	2493	2239	2383	2307	2282	1888
Zahl der grösseren Gutachten und Berichte .	4	—	7	5	3	7	4

Dem Leiter der Anstalt ist auch die Revision der Weinhandlungen im Regierungsbezirke Oppeln übertragen. Derselbe hielt verschiedene Vorträge auf Städtetagen und in wissenschaftlichen und gewerblichen Vereinen.

In der Anstalt wurden in den letzten Jahren Untersuchungen über die Selbstreinigung der Oder bei Oppeln ausgeführt, die noch nicht abgeschlossen sind.

(90) Osnabrück.

1. Verhältnisse der Anstalt:

a) **Amtsbezeichnung:** Städtisches Untersuchungsamt zu Osnabrück.

b) **Amtsbezirk:** Stadtkreis Osnabrück, Regierungsbezirk Osnabrück mit Ausnahme der Kreise Aschendorf, Bentheim, Hümmling, Lingen und Meppen (s. Nr. 2), Regierungsbezirk Stade mit Ausnahme der Kreise Bremervörde, Jork, Kehdingen, Neuhaus a. d. O., Rotenburg, Stade und Zeven (s. Nr. 75), sowie der zum Regierungsbezirk Hannover gehörige Kreis Diepholz (s. Nr. 31).

c) **Charakter der Anstalt:** Die Anstalt wurde aus privaten Mitteln errichtet, hat den Charakter eines städtischen Untersuchungsamtes und ist öffentliche Anstalt im Sinne des § 17 des Reichsgesetzes vom 14. Mai 1879.

d) **Errichtung und geschichtliche Entwickelung:** Die Anstalt wurde von dem jetzigen Besitzer und Leiter aus eigenen Mitteln errichtet. Durch Vertrag mit der Stadt Osnabrück vom Jahre 1880 wurde der Anstalt der Name „Städtisches Untersuchungsamt“ beigelegt. Nach diesem Vertrage ist der Besitzer des Laboratoriums gegen eine jährliche Geldentschädigung verpflichtet, das städtische Leitungswasser ständig zu kontrollieren und sind monatlich 20 Milchproben, die von einem städtischen Polizeibeamten entnommen werden, zu untersuchen. Auf sonstige Untersuchungen, die von den städtischen Behörden gefordert werden, erhält die Stadt 25% Rabatt auf den von ihr genehmigten Tarif des Amtes.

Durch Ministerialerlaß vom 20. Juni 1907 wurde der Wirkungskreis der Anstalt in der oben angegebenen Weise abgegrenzt.

e) **Aufsicht:** Der Magistrat der Stadt Osnabrück.

f) **Unterhaltung:** Aus den Untersuchungsgebühren, die nach einem besonderen Tarif des Amtes festgesetzt werden. Nähere Angaben fehlen.

2. Verhältnisse der Beamten:

a) **Leiter:** Dr. phil. Wilhelm Thörner, 57 Jahre alt, Besitzer und Leiter der Anstalt, als öffentlicher Handelschemiker von der Handelskammer zu Osnabrück angestellt und als Vorsteher der Anstalt von der Stadt Osnabrück sowie als Sachverständiger für die Weinkellerkontrolle von der Kgl. Regierung allgemein vereidigt.

b) **Technische Mitglieder:** Der Vertreter des Vorstehers, Chemiker Alb. Heinig, als städtischer Chemiker allgemein vereidigt, und 1 Nahrungsmittelchemiker als Assistent. Letzterer erhält monatlich 200 Mk. Remuneration.

c) **Sonstige Hilfskräfte:** 2 Laboranten, 1 Buchhalterin, 1 Gehilfin.

3. Tätigkeit der Anstalt:

Die Entnahme der Proben erfolgt bei der Nahrungsmittelkontrolle durch die Polizeibehörden. Es wurden untersucht:

In den Jahren	1903	1904	1905	1906
Proben (Gesamtzahl)	4637	5978	5650	6527
Proben von Lebensmitteln und Gebrauchsgegenständen	1306	1592	1534	1655

(91) Paderborn.

1. Verhältnisse der Anstalt:

a) **Amtsbezeichnung:** Kreisuntersuchungsamt Paderborn.

b) **Amtsbezirk:** Die Kreise Paderborn, Büren, Höxter, Warburg.

c) **Charakter der Anstalt:** Die Anstalt ist aus privaten Mitteln des Inhabers errichtet. Sie ist nicht öffentliche Anstalt im Sinne des § 17 des Reichsgesetzes vom 14. Mai 1879.

d) **Errichtung und geschichtliche Entwickelung:** Die Anstalt wurde am 1. Juli 1907 eröffnet. Sie ist im Landratsamt zu Paderborn untergebracht.

e) **Aufsicht:** Die Kreisausschuß des Kreises Paderborn.

f) **Unterhaltung:** Die Anstalt erhält vertragsmäßig Beiträge von den Kreisen; für die amtliche Untersuchung von Nahrungs- und Genußmitteln (ausschließlich Milch und einschließlich Wein) wird eine Pauschalgebühr von 6 Mk., für die Untersuchung von Milchproben eine solche von je 3 Mk. für jede Probe gewährt.

2. Verhältnisse der Beamten:

a) **Leiter:** Fritz Schreiber, Nahrungsmittelchemiker, 32 Jahre alt, Inhaber der Anstalt.

b) **Technische Mitglieder:** Keine.

c) **Sonstige Hilfskräfte:** —

3. Tätigkeit der Anstalt:

Die Art der Kontrolle und Probeentnahme steht noch nicht fest. Die Stadt Paderborn mit 27000 Einwohnern und der Landkreis Paderborn mit weiteren 22000 Einwohnern beabsichtigen zusammen jährlich 133 Proben von Nahrungs- und Genußmitteln untersuchen zu lassen. Mit den anderen Kreisen liegen Abschlüsse noch nicht vor. Die Übernahme von Untersuchungen auf anderen Gebieten der Chemie ist beabsichtigt.

(92) Prenzlau.

1. Verhältnisse der Anstalt:

a) **Amtsbezeichnung:** Chemisches Laboratorium der Apotheke von H. Steinhorst.

b) **Amtsbezirk:** Stadt Prenzlau.

c) **Charakter der Anstalt:** Das Laboratorium ist aus privaten Mitteln eingerichtet worden und mit der Apotheke des Inhabers verbunden.

d) **Errichtung und geschichtliche Entwickelung:** Vor sechs Jahren ersuchte die Stadt den jetzigen Besitzer des Laboratoriums, die einschlägigen Untersuchungen ständig für die Polizeibehörde auszuführen. Infolgedessen erfolgte die Einrichtung des Laboratoriums.

e) **Aufsicht:** Die Kgl. Regierung zu Potsdam.

f) **Unterhaltung:** Die einschlägigen Untersuchungen für die Polizei werden nach dem „Entwurf von Gebührensätzen" in den „Vereinbarungen" berechnet. Für Weinuntersuchungen (kleine Handelsanalyse) werden 15 Mk. vergütet. Für refraktometrische Butteruntersuchungen sind je 2 Mk. vereinbart.

2. Verhältnisse der Beamten:

a) **Leiter:** Hugo Steinhorst, 45 Jahre alt, Apothekenbesitzer und Chemiker, Inhaber des Laboratoriums.

b) **Technische Mitglieder:** Keine.

c) **Sonstige Hilfskräfte:** 2 Laboratoriumsdiener der Apotheke.

3. Tätigkeit der Anstalt:

Die einschlägigen Proben werden von Beamten der Polizei entnommen und eingeliefert. In den letzten Jahren hat die Polizeiverwaltung durchschnittlich 60 Proben (ausschließlich Wasserproben) untersuchen lassen.

Das Laboratorium wird außerdem auch von Gerichten und Privatpersonen in Anspruch genommen.

(93) Recklinghausen.

1. Verhältnisse der Anstalt:

a) **Amtsbezeichnung:** Öffentliches chemisches Untersuchungsamt des Kreises Recklinghausen zu Recklinghausen.

b) **Amtsbezirk:** Stadt- und Landkreis Recklinghausen.

c) **Charakter der Anstalt:** Die Anstalt wurde aus privaten Mitteln errichtet und durch die oben bezeichneten Kreise mit der Ausübung der Nahrungsmittelkontrolle beauftragt. Sie ist seit Dezember 1899 eine öffentliche Anstalt im Sinne des § 17 des Reichsgesetzes vom 14. Mai 1879. Für den

Stadtkreis Recklinghausen, der April 1902 aus dem Kreise ausschied und seitdem als selbständiger Verwaltungsbezirk besteht, wurde die Anstalt durch Erlaß der zuständigen Ministerien von diesem Zeitpunkt ab gleichfalls öffentliche Anstalt.

d) **Errichtung und geschichtliche Entwickelung:** Errichtet wurde das Amt im Oktober 1899. Es ist wahrscheinlich, daß die Anstalt im Laufe des Jahres 1907 vom Kreise Recklinghausen übernommen und somit in eine kommunale Anstalt umgewandelt wird.

e) **Aufsicht:** Der Landrat des Kreises Recklinghausen und für den Stadtkreis Recklinghausen der Oberbürgermeister.

f) **Unterhaltung:** Die Anstalt erhält von den Kommunalverbänden für ihre amtliche Tätigkeit einen jährlichen Zuschuß von 6500 Mk. Die Einnahmen aus Honoraranalysen und sonstiger Tätigkeit belaufen sich im Jahre auf ungefähr 3000 Mk.

2. Verhältnisse der Beamten:

a) **Leiter:** Dr. phil. Karl Baumann, 38 Jahre alt, Inhaber und Leiter der Anstalt, 7 Jahre im Dienst, vereidigt durch den Landrat und die Handelskammer. Der Leiter wird wahrscheinlich im Laufe des Jahres 1907 vom Kreise pensionsberechtigt angestellt.

b) **Technische Mitglieder:** Im Sommer 1 Assistent; Remuneration desselben je nach Ausbildung 1500—2400 Mk. jährlich.

c) **Sonstige Hilfskräfte:** 1 Diener.

3. Tätigkeit der Anstalt:

Die Entnahme der Proben geschieht teilweise durch Polizeibeamte, teilweise durch den Leiter des Amtes.

Es wurden untersucht:

In den Jahren . . .	1902	1903	1904	1905	1906
Nahrungsmittel etc. .	950	1105	1053	924	1135
Technische Gegenstände	—	231	280	320	450

Außerdem wurden mehrere größere Gutachten erstattet.

Das Amt beschäftigt sich in erheblichem Umfange mit technischen Untersuchungen und führt auch die Revisionen der Drogenhandlungen und Giftverkaufsstellen im Stadt- und Landkreis Recklinghausen aus.

(94) Remscheid.

1. Verhältnisse der Anstalt:

a) **Amtsbezeichnung:** Öffentliche Nahrungsmittel-Untersuchungs-Anstalt für die Kreise Remscheid und Lennep.

b) **Amtsbezirk:** Stadtkreis Remscheid und Kreis Lennep.

c) **Charakter der Anstalt:** Die Anstalt ist aus privaten Mitteln errichtet, sie hat den Charakter einer Kreisanstalt und ist für die Nahrungsmittelkontrolle in den unter b angegebenen Bezirken bestimmt. Seit Juni 1898 ist sie öffentliche Anstalt im Sinne des § 17 des Reichsgesetzes vom 14. Mai 1879.

d) **Errichtung und geschichtliche Entwickelung:** Errichtet wurde die Anstalt im Jahre 1896. Über die Verhältnisse geben das nachstehende Statut und der ebenfalls nachstehende Tarif Aufschluß.

Statut für die öffentliche Nahrungsmittel-Untersuchungs-Anstalt der Kreise Remscheid und Lennep.

§ 1.

In Ausführung des Reichsgesetzes vom 14. Mai 1879, betreffend den Verkehr mit Nahrungsmitteln usw., wird für die Kreise Remscheid und Lennep mit dem 1. April 1898 eine öffentliche Anstalt zur Untersuchung von Nahrungsmitteln, Genußmitteln und Gebrauchsgegenständen unter der Bezeichnung:

„Öffentliche Nahrungsmittel-Untersuchungs-Anstalt der Kreise Remscheid und Lennep"

errichtet.

§ 2.

Aufgabe der Anstalt ist:

Die chemische, mikroskopische oder sonst geeignete Untersuchung von Nahrungs- und Genußmitteln, sowie der übrigen im § 1 des Reichsgesetzes vom 14. Mai 1879 erwähnten Gegenstände mit Bezug auf ihre Verfälschung oder ihren anormalen Zustand nach wissenschaftlich zuverlässigen Methoden durch amtlich berufene, sachkundige Personen.

§ 3.

Die Untersuchungen erfolgen für die Kreise Remscheid und Lennep, für andere Behörden und Privatpersonen. Die Untersuchungen für die Kreise Remscheid und Lennep dürfen jedoch durch die Übernahme anderer Untersuchungen nicht leiden.

§ 4.

Zur Vornahme der Untersuchungen dient ein der Verordnung der Königl. Regierung zu Düsseldorf vom 24. Februar 1880 entsprechend eingerichtetes Laboratorium.

§ 5.

Als Techniker fungieren an der Anstalt neben einem allgemein wissenschaftlich vorgebildeten und staatlich geprüften Nahrungsmittelchemiker ein in der öffentlichen Medizin geprüfter Arzt, sowie ein in der öffentlichen Veterinärmedizin geprüfter Tierarzt.

Der Zuziehung des Arztes bedarf es, wenn es sich um eine sanitätspolizeiliche Beurteilung, insbesondere über die Art und den Grad der Gesundheitsschädlichkeit eines Untersuchungsobjektes oder einer vorgekommenen Gesundheitsschädigung handelt.

Die Zuziehung des Tierarztes ist bei vorkommenden Fragen der öffentlichen Veterinärmedizin notwendig.

Die Anstaltsbeamten werden von dem Oberbürgermeister der Stadt Remscheid mit Zustimmung des Landrates des Kreises Lennep angestellt und soweit sie den Staatsbeamteneid noch nicht geleistet haben, vereidigt.

§ 6.

Die Untersuchungsanstalt ist dem Oberbürgermeister der Stadt Remscheid und dem Landrat des Kreises Lennep unterstellt.

Die Sanitätskommission der Stadt Remscheid, in Gemeinschaft mit einer von dem Kreise Lennep zu bestimmenden Kommission, hat die näheren Bestimmungen über die Einrichtung des Laboratoriums, den Geschäftsgang der Anstalt und die äußere Form der von derselben ausgehenden Untersuchungen, Gutachten und Berichte zu treffen, die Methoden der Untersuchung, sobald Bedenken über die Zweckmäßigkeit und Zuverlässigkeit entstehen, festzusetzen und etwaige Beschwerden über die Tätigkeit der Anstalt zu erörtern und eventuell Abhilfe zu schaffen. Die an der Anstalt wirkenden drei Techniker sind zu allen Kommissionssitzungen, in denen Fragen, welche das Untersuchungsamt betreffen, zur Erörterung kommen sollen, zur beratenden Teilnahme einzuladen.

§ 7.

Die Entschädigung für die von der Stadt Remscheid und dem Kreise Lennep aufgegebenen Untersuchungen erfolgt nach Maßgabe eines mit jedem Anstaltsbeamten abzuschließenden Dienstvertrages.

Für Untersuchungen auf Anfordern der Behörden werden die Gebühren nach Maßgabe der gesetzlichen Bestimmungen berechnet (siehe Gebühren-Ordnung vom 15. Mai 1896).

Die von Privaten für Untersuchungen zu zahlenden Gebühren sind hinsichtlich des Chemikers nach dem beigegebenen und veröffentlichten Tarif, hinsichtlich der ärztlichen Beamten nach der Gebührenordnung vom 15. Mai 1896 zu vergüten.

Die Strafgelder, welche nach § 17 des Reichsgesetzes vom 14. Mai 1879 der Lebensmitteluntersuchungsanstalt zu überweisen sind, fließen in die Kasse der Gemeinde, welche die Untersuchung veranlaßt hat.

§ 8.

Die Untersuchungsanträge gelangen direkt an die Untersuchungsanstalt zu Händen des angestellten Chemikers und sind nach der Reihenfolge des Eingangs in ein von dem Chemiker bezw. einem sonstigen Sachverständigen zu führendes Geschäftsbuch unter Angabe der laufenden Nummern, des Datums des Eingangs, des Namens und des Wohnorts des Antragstellers und des Gegenstandes der Untersuchung einzutragen. Das Ergebnis der Untersuchung ist in das Geschäftsbuch in kurzer und bestimmter Fassung einzutragen, auch ist daselbst der Preis, das Datum des abgegangenen Gutachtens und die angewandte Untersuchungsmethode zu vermerken.

Lennep, den 17. Mai 1898. Remscheid, den 16. Mai 1898.

Der Königl. Landrat. Der Oberbürgermeister.

Der Vorsteher der Anstalt.

Gesehen und genehmigt mit der Maßgabe, daß etwa seitens der Herren Ressortminister bezüglich der Einrichtung und des Betriebes öffentlicher Anstalten im Sinne des Gesetzes vom 14. Mai 1879 ergehende allgemeine Bestimmungen eine Abänderung in den von solchen Bestimmungen abweichenden Punkten des Statuts bewirken.

Düsseldorf, den 6. Juni 1898.

L. S. Der Regierungspräsident.

Tarif für die Untersuchung von Nahrungsmitteln und Gebrauchsgegenständen der Nahrungsmittel-Untersuchungs-Anstalt der Kreise Remscheid und Lennep.

Gegenstand	Preis, qualitativ Mk.	Preis, quantitativ Mk.	Einzuliefernde Menge
1. **Bier.**			
Gewöhnliche Analyse: Spezifisches Gewicht, Alkohol, Extrakt, Asche, Säure, Berechnung der Stammwürze		10	1 l
Spezifisches Gewicht		1.50	½ l
Alkohol		3	½ l
Asche		3	½ l
Extrakt		3	½ l
Säure (freie)		2	½ l
Glycerin		7	½ l
Kohlensäure		4	½ l
Phosphorsäure in der Asche und sonstige Bestandteile, je		5	½ l
Schweflige Säure		7	½ l
Salicylsäure	2		1 l
Saccharin	4		1 l
Eiweiß		6	½ l
Gewöhnliche Analyse, Phosphorsäure und Glycerin		15	1½ l

Gegenstand	Preis, qualitativ Mk.	Preis, quantitativ Mk.	Einzuliefernde Menge
2. Branntwein, Rum, Kognak, Arrak, Likör.			
Gesamtanalyse: einschließlich qualitative Prüfung auf metallische Beimengungen und Farbstoffe — Alkohol, Extrakt, Asche, spezifisches Gewicht — quantitativ		15	2 l
Einzelbestimmungen von Alkohol, Extrakt, Asche, Säure, spezifischem Gewicht wie bei Bier, Fuselöl je		6	1/2 l
Farbstoffe (giftige)		6	1/2 l
Mineralische Beimengungen	3	4—10	1/2 l
3. Brennmaterialien.			
Asche		3	1/2 kg
Wasser		3	1/2 kg
Beide zusammen		5	1/2 kg
Schwefel		6	1/2 kg
Gesamtanalyse: C, H, N, O, S, Asche, Wasser		45	1/2 kg
Phosphor und Stickstoff je		7	1/2 kg
4. Brot, Backwaren, Konditoreiwaren, Mehl, Stärke.			
Asche		3	200 g
Wasser		3	200 g
Mineralbeimengungen	3	4—10	200 g
Giftige Farben (Konditoreiwaren)	5		100 g
Mutterkorn	3		200 g
Mikroskopische Prüfung	3—6		200 g
Holzfaser		5	200 g
Proteinsubstanz		6	200 g
Saccharin	4		100 g
Zucker		8	200 g
5. Butter, Schmalz, Kunstbutter.			
Ranzigkeit der Butter		3	100 g
Asche		3	100 g
Kochsalzgehalt der Butter		3	100 g
Fettgehalt der Butter		3	100 g
Wasser der Butter		2	100 g
Fremde Beimengung, wie Kartoffelmehl, Stärke, Gips etc.	2	4	100 g
Metallische Beimengungen	3	4—10	100 g
Prüfung auf fremde Fette, Reichert-Meißl-Wollnysche Zahl		6	200 g
Verseifungszahl		4	100 g
Jodzahl		10	100 g
Schmelz- und Erstarrungspunkt		3	100 g
Brechungsindex		3	100 g
Ganze Analyse: Wasser, Fett, Ranzidität, Prüfung auf fremde Fette		10	200 g
6. Kakao, Schokolade, Tee, Kaffee und Kaffeesurrogate.			
Mikroskopische Prüfung	5—10		100 g
Asche		3	100 g
Wasser		3	100 g
Fett		5	100 g
Phosphorsäure (Molybdänmethode)		8	100 g
Untersuchung auf fremde Blätter im Tee	3		100 g
Untersuchung auf Färbung der Teeblätter	3		100 g
Zusätze, wie Stärke, mineralische Bestandteile etc.		10	100 g
Holzfaser		5	100 g
Prüfung von gemahlenem Kaffee auf Surrogate		5—20	100 g

Gegenstand	Preis, qualitativ Mk.	Preis, quantitativ Mk.	Einzuliefernde Menge
7. **Konserven, Fleisch, Gemüse.**			
Prüfung auf schädliche Metalle (Blei, Kupfer)		5	1 Büchse
Mikroskopische Prüfung auf Bakterien, Pilzvegetationen	5–15	5–15	1 Büchse
8. **Essig.**			
Gehalt an Essigsäure		3	1/2 l
Mineralsäure	2	5	1/2 l
Metallische Beimengungen	3	4–10	1/2 l
Extrakt		3	1/2 l
Asche		3	1/2 l
9. **Farben für Nahrungs- und Genußmittel.**			
Prüfung auf giftige metallische Bestandteile	5	10–15	1/2 l
10. **Farbstoffe.**			
Ermittelung von Verfälschungen (Dextrin, Gummi, Zucker in Anilin-Farbstoffen, Schwerspat, Kreide u. dergl. in Bleiweiß, Zinkweiß, Mennige und Zinnober etc.)	3–5	5–10	100 g
11. **Fleisch-Extrakt.**			
Wasser		3	100 g
Asche		3	100 g
Chlor		5	100 g
Phosphorsäure		8	100 g
Kalk		5	100 g
Natron		10	100 g
Kali		10	100 g
Eisenoxyd		6	100 g
Stickstoff		6	100 g
In 90% Alkohol lösliche und unlösliche Bestandteile		5	100 g
Gesamtanalyse		40	500 g
12. **Fette und Öle** (s. auch Butter).			
Verseifungszahl		4	100 g
Jodzahl		10	100 g
Säurezahl		4	100 g
Glycerin		8	100 g
Fettsäuren		8	100 g
Verfälschung (eingehende Untersuchung)		10–20	200 g
Leinöl und Leinölfirnis, Untersuchung auf Mineralöl und Harzöl, Trockenfähigkeit, je		6–8	250 g
13. **Fruchtsäfte und Fruchtgelées.**			
Alkohol		3	200 g
Säure		3	200 g
Zucker und Prüfung auf Stärkezucker		8	200 g
Saccharin	4		200 g
Fremde Zusätze, wie Farbstoffe	4–15		200 g
Konservierungsmittel		3–15	200 g
14. **Gebrauchsgegenstände.**			
a) Farben, Papier, Bekleidungsstoffe, Tapeten, Gummiwaren, Kinderspielsachen, Prüfung auf giftige Farben (Verordnung vom 5. Februar 1887)	8		2–3 St.
b) Prüfung von Tapeten auf Arsen	3		ca. 1/2 qcm

Gegenstand	Preis, qualitativ Mk.	Preis, quantitativ Mk.	Einzuliefernde Menge
15. **Gewürze.**			
Untersuchung auf grobe Verfälschungen (Ermittelung des Gehaltes an Mineralstoffen und Extraktbestandteilen)		6	100 g
Wassergehalt		3	100 g
Asche		3	100 g
Äther-Extrakt		5	100 g
Wasser- „		5	100 g
Alkohol- „		5	100 g
16. **Gummiwaren.**			
Untersuchung gemäß Kaiserlicher Verordnung vom 5. Februar 1887		5–8	30—40 g
17. **Hefe.**			
Mikroskopische Prüfung	4		100 g
Ermittelung des Gehaltes an Wasser, Stärkemehl und Mineralstoffen		9–12	100 g
Gärfähigkeit		9	100 g
18. **Honig.**			
Untersuchung auf Reinheit (durch mikroskopische Prüfung, Zuckergehalt vor und nach der Inversion, Polarisation, spezifisches Gewicht, Asche)		12	250 g
Mikroskopische Prüfung	3		250 g
19. **Käse.**			
Wasser		3	200 g
Proteinsubstanz		8	200 g
Asche		3	200 g
Fett		5	200 g
Prüfung auf fremde Beimengungen	6		200 g
Prüfung auf schädliche Metalle	6		200 g
20. **Kindernahrungsmittel.**			
Wasser		3	1 Dose
Fett		4	1 „
Proteinsubstanz		6	1 „
Lösliche Kohlenhydrate		7	1 „
Asche		3	1 „
Stickstoff		6	1 „
21. **Koch-, Eß-, Trink-Geschirr.**			
Prüfung der Glasur auf Bleigehalt	4		1 Stück
Bestimmungen des Bleigehaltes nach dem Gesetz vom 1. Oktober 1888		8	1 „
22. **Mehl** (siehe auch Brot).			
Mikroskopische Prüfung	3		200 g
Mutterkorn	3		200 g
Proteinsubstanz		8	200 g
Rohfaser		5	200 g
Asche		3	200 g
Feuchtigkeit		3	200 g
Mineralische Beimischungen		4	200 g
Klebergehalt		5	200 g
23. **Milch.**			
Spezifisches Gewicht bei 15° C	1		1/4 l
Fett (gewichtsanalytisch)		5	1/4 l
Fett (Centrifuge)		1,50	1/4 l

	Gegenstand	Preis, qualitativ Mk.	Preis, quantitativ Mk.	Einzuliefernde Menge
	Handelsanalyse (Spezifisches Gewicht, Trockensubstanz, Fett, Asche)		8	1/2 l
	Prüfung auf fremde Stoffe, Zusatz von Konservierungsmitteln		3—15	1/2 l
	Albumin, Casein, Milchzucker je		6	1/4 l
24.	**Mineralwässer** (Selters-, Soda-Wasser etc.).			
	Prüfung auf schädliche Metalle	5		1 Fl.
25.	**Petroleum.**			
	Entzündungstemperatur gemäß Kaiserlicher Verordnung vom 24. Februar 1882		3	1/4 l
	Fraktionierte Destillation, à Fraktion		3	1/4 l
26.	**Seife.**			
	Bestimmung des Wassers und der Fettsäuren		6	100 g
	Bestimmung des in Spiritus Unlöslichen (Stärke und Wasserglas)		5	100 g
	Kali und Natron je		8	100 g
	Füllmittel je		6	100 g
	Glycerin		8	100 g
	Vollständige Analyse nach der Anzahl der ausgeführten Bestimmungen			
27.	**Schnupftabak.**			
	Prüfung auf Bleigehalt	3	5	50 g
28.	**Soda und Potasche.**			
	Bestimmungen des kohlensauren Kaliums und Natriums durch Titration		3	100 g
29.	**Wachs.**			
	Prüfung auf Verfälschungen	10		100 g
30.	**Wasser.**			
	Prüfung auf Reinheit als Trinkwasser:			
	Abdampfrückstand, Glührückstand, Chlor, Salpetersäure, Oxydierbarkeit, qualitativ auf Ammoniak und salpetrige Säure, mikroskopische Untersuchung des Bodensatzes		12—15	2 l
	Bakteriologische Prüfung		10—50	3 l
	Einzel-Bestimmungen:			
	Organische Stoffe		3	2 l
	Eisen		4	2 l
	Kalk		4	2 l
	Magnesia		5	2 l
	Chlor (durch Titration)		3	2 l
	Schwefelsäure (gewichtsanalytisch)		4	2 l
	Alkalien		10	2 l
	Ammoniak	1	10	2 l
	Salpetrige Säure	1	3	2 l
	Suspendierte Stoffe		3	2 l
	Härte-Bestimmungen von CaO und MgO		6	2 l
	Abdampf- und Glührückstand zusammen		5	2 l
	Abdampfrückstand		3	2 l
31.	**Wein.**			
	A. Gewöhnliche Handelsanalyse			
	a) für Weißweine:			
	Spezifisches Gewicht, Alkohol, Extrakt, Asche, Reaktion der Asche, Säure, Polarisation, Phosphorsäure, Glycerin		14	1,5 l

Gegenstand	Preis qualitativ Mk.	Preis quantitativ Mk.	Einzuliefernde Menge
b) für Rotweine: Außer den unter a) angeführten Bestimmungen noch Schwefelsäure und Prüfung auf Teerfarbstoffe		18	1,5 l
B. Einzelne Bestimmungen:			
Alkohol		3	1 l
Extrakt		3	1 l
Asche		3	1 l
Gesamtsäure		2	1 l
Flüchtige Säure		4	1 l
Freie Weinsäure		6	1 l
Weinstein		6	1 l
Schwefelsäure		5	1 l
Schweflige Säure		7	1 l
Chlor		5	1 l
Phosphorsäure		8	1 l
Gerbsäure durch Titration mit Permanganat-Lösung		8	1 l
Salicylsäure	1,50		1 l
Glycerin		6	1 l
Stickstoff		8	1 l
Teerfarben	3—10		1 l
Polarisation direkt		3	1 l
Polarisation nach der Konzentration mit Kaliumacetat		5	1 l
Zucker		6	1 l
Gummi	4	10	1 l
Saccharin			
32. **Wurst.**			
Prüfung auf Mehlgehalt	2	10	200 g
Prüfung auf künstliche Färbung		4	200 g
Wassergehalt		3	200 g
Asche		3	200 g
Mikroskopische Prüfung		3	200 g
33. **Zucker.**			
Bestimmung des Zuckers durch Polarisation .		3	100 g
Bestimmung des Zuckers, gewichtsanalytisch .		7	100 g
Bestimmung der Asche		3	100 g
Bestimmung des Wassers		3	100 g
34. **Zinngeräte und Stanniol.**			
Prüfung auf Blei	5	10	10—20

Lennep, den 17. Mai 1898. Remscheid, den 16. Mai 1898.

Der Königliche Landrat. Der Oberbürgermeister.

Gesehen und genehmigt

Düsseldorf, den 6. Juni 1898.

Der Regierungs-Präsident.

e) **Aufsicht:** Der Oberbürgermeister der Stadt Remscheid und der Landrat des Kreises Lennep.

f) **Unterhaltung:** Laut Vertrag werden die für die Behörden ausgeführten Milchuntersuchungen mit 3 Mk. für jede Probe, sonstige Nahrungsmittel mit 4 Mk. für jede Untersuchung berechnet. Wasser- und Weinuntersuchungen sowie Untersuchungen für Private werden nach dem oben unter 1d abgedruckten Tarif berechnet.

2. Verhältnisse der Beamten:

a) **Leiter:** Dr. phil. Theodor Hoffmann, Nahrungsmittelchemiker, 45 Jahre alt, Besitzer und Leiter der Anstalt, 10 Jahre im Dienst, etwa 8000 Mk. Einnahmen jährlich, vereidigt als Handelschemiker von der Bergischen Handelskammer zu Lennep.

b) **Technische Mitglieder:** 1 Assistent, nicht geprüfter Nahrungsmittelchemiker, 2000 Mk. jährliche Remuneration.

c) **Sonstige Hilfskräfte:** 1 Putzfrau.

3. Tätigkeit der Anstalt:

Die Proben werden teilweise durch die Chemiker der Anstalt, teilweise durch Polizeibeamte entnommen.

Es wurden untersucht:

In den Jahren .	1900	1901	1902	1903	1904	1905	1906
Proben . . .	1219	1349	1716	1938	2133	1768	1776

Die jährlich erstatteten Gutachten und Berichte wurden nicht gezählt und läßt sich ihre Anzahl daher nicht feststellen.

(95) Schneidemühl.

1. Verhältnisse der Anstalt:

a) **Amtsbezeichnung:** Analytisch-chemisches Laboratorium der Kaiser Wilhelm-Apotheke.

b) **Amtsbezirk:** Stadt Schneidemühl.

c) **Charakter der Anstalt:** Aus privaten Mitteln errichtet, nicht öffentliche Anstalt gemäß § 17 des Gesetzes vom 14. Mai 1879.

d) **Errichtung und geschichtliche Entwickelung:** Die Anstalt ist von dem Corpsstabsapotheker a. D. Otto Philipp errichtet und von dem jetzigen Inhaber am 8. Mai 1906 übernommen worden.

e) **Aufsicht:** —

f) **Unterhaltung:** Die Einnahmen für einschlägige Untersuchungen betragen etwa 200 Mk. jährlich.

2. Verhältnisse der Beamten:

a) **Leiter:** Siegfried Lewy, Apothekenbesitzer.

b) **Technische Mitglieder:** Keine.

c) **Sonstige Hilfskräfte:** Der Diener der Apotheke.

3. Tätigkeit der Anstalt:

Der jetzige Inhaber hat das Laboratorium erst vor einem Jahr übernommen und ist daher noch nicht in der Lage, eine Übersicht über die Tätigkeit zu geben. Neben Untersuchungen für die Stadt Schneidemühl wurden auch häufiger private Aufträge erledigt.

(96) Solingen.

1. Verhältnisse der Anstalt:

a) **Amtsbezeichnung:** Chemisches und bakteriologisches Laboratorium von Dr. Plücker, Solingen.

b) **Amtsbezirk:** Stadtkreis Solingen.

c) **Charakter der Anstalt:** Die Anstalt wurde aus privaten Mitteln errichtet.

d) **Errichtung und geschichtliche Entwickelung:** In Solingen wurde zuerst im Jahre 1880 eine einschlägige Anstalt errichtet und als öffentliche Anstalt im Sinne des Reichsgesetzes vom 14. Mai 1879 anerkannt.

Vom Jahre 1880—1892 war Dr. Schirlitz, Oberlehrer am Gymnasium zu Solingen, Leiter der Anstalt; die Apparatur war Eigentum des Gymnasiums. Von 1892—1900 wurde die Nahrungsmittelkontrolle durch Dr. Wenzlick ausgeübt, der ein Laboratorium auf eigene Kosten errichtet hatte. Nach seinem Wegzuge war Dr. Loock in Düsseldorf bis 1901 und von da bis 1905 Dr. Künnmann in Vohwinkel mit der Untersuchung von Nahrungsmitteln etc. für den Stadtkreis Solingen beauftragt. Zu Anfang des Jahres 1905 wurden die für die Nahrungsmittelkontrolle erforderlichen Untersuchungen in Solingen dem Inhaber der jetzigen Anstalt übertragen.

e) **Aufsicht:** Die Stadtverwaltung von Solingen.

f) **Unterhaltung:** Die Anstalt erhielt von der Stadt Solingen im Jahre 1905 einen Zuschuß von 2000 Mk., im Jahre 1906 einen solchen von 3000 Mk. Die Gebühren für die Untersuchungen werden nach dem unter Mitwirkung des Kaiserl. Gesundheitsamtes herausgegebenen Entwurf von Gebührensätzen (s. „Vereinbarungen", Heft III) berechnet.

2. Verhältnisse der Beamten:

a) **Leiter:** Dr. phil. Wilhelm Plücker, 36 Jahre alt, Besitzer, von der Handelskammer in Solingen als öffentlicher Handelschemiker angestellt und vereidigt.

b) **Technische Mitglieder:** 1 Assistent, nicht geprüfter Nahrungsmittelchemiker, Anfangsgehalt 1200 Mk. jährlich.

c) **Sonstige Hilfskräfte:** 1 Putzfrau.

3. Tätigkeit der Anstalt:

Die Entnahme der Proben erfolgt durch Beamte der Polizei und zwar teils öffentlich, teils geheim.

Die Anzahl der untersuchten Proben Nahrungs- und Genußmittel betrug: Vom 1. April 1905 bis 1. Januar 1906 259, im Jahre 1906 540.

(97) Stralsund.

1. Verhältnisse der Anstalt:

a) **Amtsbezeichnung:** Chemisch-hygienisches Untersuchungsamt der Stadt Stralsund.

b) **Amtsbezirk:** Stadtkreis Stralsund und Landkreise Rügen und Grimmen.

c) **Charakter der Anstalt:** Die Anstalt ist aus privaten Mitteln errichtet und von den oben bezeichneten Kreisen mit der Ausübung der Nahrungsmittelkontrolle beauftragt. Sie ist seit dem 18. Februar 1903 öffentliche Anstalt im Sinne des § 17 des Reichsgesetzes vom 14. Mai 1879 und hat den Charakter einer städtischen Anstalt.

d) **Errichtung und geschichtliche Entwickelung:** Der frühere Leiter der Anstalt (Dr. Schlicht) errichtete das Amt im Jahre 1892. Durch Vertrag ist der Besitzer des Laboratoriums verpflichtet, für eine feste Pauschalsumme alle für die angeschlossenen Kreise erforderlichen chemischen Untersuchungen, auch Wasser- und Weinuntersuchungen, auszuführen, die verlangten Gutachten abzugeben und die Drogenhandlungen und Nahrungsmittelgeschäfte zu revidieren. Zwischen den Behörden der Kreise Greifswald und Franzburg schweben Verhandlungen mit dem jetzigen Leiter über ähnliche Verträge.

e) **Aufsicht:** Der Rat der Stadt Stralsund.

f) **Unterhaltung:** Die jährliche Pauschalvergütung der Behörden beträgt 6800 Mk. Die Einnahmen aus Honoraranalysen und sonstiger Tätigkeit belaufen sich im Jahre auf ungefähr 1600 Mk.

Die Untersuchungen werden (von den vertraglichen abgesehen) nach dem unter Mitwirkung des Kaiserl. Gesundheitsamtes herausgegebenen Entwurf von Gebührensätzen (siehe „Vereinbarungen", Heft III) berechnet.

2. Verhältnisse der Beamten:

a) **Leiter:** Dr. phil. Hans Ziegenbein, 39 Jahre alt, übernahm das Laboratorium am 1. April 1905, ist beeidet als Nahrungsmittelchemiker, verpflichtet als Vorsteher des Untersuchungsamtes, beeidet als Weinsachverständiger für den Regierungsbezirk Stralsund, als Handelschemiker für die Handelskammer Stralsund und als gerichtlicher Sachverständiger für den Landgerichtsbezirk Greifswald.

b) **Technische Mitglieder:** Keine.

c) **Sonstige Hilfskräfte:** 1 Laborant.

3. Tätigkeit der Anstalt:

Die Proben werden zum größten Teile von dem Leiter des Amtes persönlich entnommen. Es wurden in der Anstalt erledigt:

In den Jahren	1903	1904	1905	1906
Proben	1301	1341	1524	1749
Größere Gutachten und Berichte .	21	22	16	21

Von dem früheren Besitzer des Laboratoriums, Dr. Schlicht, ist sehr viel wissenschaftlich gearbeitet und veröffentlicht worden. Der jetzige Leiter des Amtes beabsichtigt demnächst seine Arbeiten „Über das Stralsunder Wasser" zu veröffentlichen.

(98) Thorn.

1. Verhältnisse der Anstalt:

a) **Amtsbezeichnung:** Laboratorium für chemische und bakteriologische Untersuchungen der Rats-Apotheke.

b) **Amtsbezirk:** Stadt Thorn.

c) **Charakter der Anstalt:** Die Anstalt ist aus privaten Mitteln errichtet und nicht öffentliche Anstalt gemäß § 17 des Reichsgesetzes vom 14. Mai 1879.

d) **Errichtung und geschichtliche Entwickelung:** Die Anstalt ist am 1. Dezember 1902 errichtet worden.

e) **Aufsicht:** Die Anstalt untersteht in bezug auf die Untersuchung des aus dem Ausland über Thorn eingeführten Fleisches und Fettes der Aufsicht der Kgl. Regierung.

f) **Unterhaltung:** Die Untersuchungen des vom Ausland eingeführten Fleisches und Fettes (Vertrag mit der Thorner Polizeibehörde) werden nach dem „Entwurf von Gebührensätzen" (Anhang zu den „Vereinbarungen") mit einem

Rabatt von 20 % berechnet. Im übrigen wird im allgemeinen derselbe Tarif ohne Rabatt angewendet.

2. Verhältnisse der Beamten:

a) Leiter: Dr. phil. Martin Auerbach, 34 Jahre alt, Nahrungsmittelchemiker, Inhaber der Anstalt, gerichtlich vereidigt für den Landgerichtsbezirk Thorn.

b) Technische Mitglieder: Keine.

c) Sonstige Hilfskräfte: 1 Diener.

3. Tätigkeit der Anstalt:

Bei der Nahrungsmittelkontrolle erfolgt die Entnahme von Proben durch Polizeibeamte. Die Entnahme der Fleisch- und Fettproben für die Zwecke der Auslandsfleischbeschau findet durch den Schlachthausdirektor statt.

Neben den Untersuchungen von Nahrungsmitteln, Genußmitteln und Gebrauchsgegenständen wurden ausgeführt: Untersuchungen von Leichenteilen, Harn, Magensaft usw.

Im Durchschnitt der letzten 4 Jahre sind jährlich etwa 50 amtliche Untersuchungen ausgeführt worden.

(99) Tilsit.

1. Verhältnisse der Anstalt:

a) Amtsbezeichnung: Chemisches Untersuchungsamt für die Stadt Tilsit.

b) Amtsbezirk: Stadtkreis Tilsit.

c) Charakter der Anstalt: Das Untersuchungsamt ist aus privaten Mitteln errichtet und hat den Charakter einer städtischen Anstalt. Es ist aber nicht öffentliche Anstalt im Sinne des § 17 des Reichsgesetzes vom 14. Mai 1879.

d) Errichtung und geschichtliche Entwickelung: Die aus privaten Mitteln des jetzigen Leiters am 1. Oktober 1905 errichtete Anstalt erhielt laut Vertrag mit der Stadt Tilsit vom 1. April 1906 ab den Namen: „Chemisches Untersuchungsamt für die Stadt Tilsit". Der Leiter übernahm durch diesen Vertrag die Verpflichtung, für die Stadtpolizeiverwaltung und den Magistrat zu Tilsit die in Ausführung des Nahrungsmittelgesetzes und der übrigen im Interesse der öffentlichen Gesundheitspflege erlassenen Gesetze nötigen Untersuchungen und ambulanten Kontrollen auszuführen und die notwendigen Gutachten und Berichte zu erstatten. Ferner wurden der Anstalt die chemischen Untersuchungen der Kgl. Auslandsfleischbeschaustelle Tilsit sowie des Kgl. Hauptzollamtes Tilsit übertragen. Über ihre Aufgaben und Tätigkeit gibt folgender Auszug aus dem Berichte für die Zeit vom 1. Oktober 1905 bis 31. Dezember 1906 Aufschluß:

Auf Beschluß des Magistrats und der Stadtverordneten-Versammlung der Stadt Tilsit schloß der Magistrat der Stadt Tilsit mit dem Leiter des Laboratoriums einen Vertrag ab, welcher im Auszuge dahin lautet:

§ 1. Vom 1. April 1906 ab wird ein „chemisches Untersuchungs-Amt für die Stadt Tilsit" eingerichtet. Die Leitung desselben übernimmt Herr Dr. R. Braun, welcher auf seine Kosten ein geeignetes Lokal, sowie die erforderlichen Chemikalien und Instrumente beschafft und unterhält.

§ 2. Der Nahrungsmittelchemiker Dr. R. Braun übernimmt die Verpflichtung, für die Stadtpolizeiverwaltung und den Magistrat Tilsit auf deren Ersuchen

1. alle chemischen, physikalischen und mikroskopischen Untersuchungen von Nahrungs-, Genußmitteln und Gebrauchsgegenständen und sonstigen derartigen Stoffen den Anforderungen der Wissenschaft entsprechend auszuführen;
2. über das Ergebnis der Untersuchungen auf das Gewissenhafteste schriftliche Gutachten abzugeben;
3. die Geschäfte, in denen Nahrungs-, Genußmittel- und Gebrauchsgegenstände feilgehalten werden, sowie den Milchhandel zu revidieren;
4. Gutachten, Auskünfte usw., welche die öffentliche Gesundheitspflege und ähnliche Fragen betreffen und im Bereich der Tätigkeit des chemischen Untersuchungs-Amts liegen, abzugeben.

§ 4. Entspricht dem bisherigen Vertrage mit dem Untersuchungs-Amt Insterburg.

Aus § 5. Das Untersuchungs-Amt steht dem Publikum zur Benutzung offen; infolgedessen ist Herr Dr. R. Braun verpflichtet, auch diejenigen chemischen Untersuchungen auszuführen, um welche er von den Einwohnern der Stadt ersucht wird. Für solche Untersuchungen liquidiert Herr Dr. Braun Gebühren nach dem anliegenden Tarife (Auszug aus der Gebührenordnung mit 25 % Ermäßigung). Untersuchungen, welche nicht unter diesen Spezialtarif fallen, werden nach den Gebührensätzen vom 5. Januar 1901 mit einer Ermäßigung von 25 % angesetzt.

Durch Vertrag vom 31. Juli 1906 mit dem Königl. Hauptzollamt Tilsit wurde der Leiter des chemischen Untersuchungs-Amts als Sachverständiger vereidigt und wurden ihm zollamtsseitig alle erforderlich werdenden Untersuchungen und Prüfungen übertragen.

Im Oktober 1906 erhielt derselbe einen Ruf als Professor für Chemie und Agrikulturchemie an die Universität Montevideo (Uruguay), lehnte jedoch die Berufung mit Rücksicht auf die abgeschlossenen Verträge ab.

e) **Aufsicht:** Magistrat der Stadt Tilsit.

f) **Unterhaltung:** Die Anstalt erhält keine Zuschüsse. Die Untersuchungen werden zu einem Einheitssatz von 4 Mk. für die Probe ausgeführt. Erfolgt Beanstandung und Bestrafung, so sind die vollständigen Untersuchungsgebühren nachzuzahlen. Diese Gebühren werden nach dem Tarif vom 5. Januar 1901 berechnet. Privatuntersuchungen für die Einwohner der Stadt werden nach einem besonderen Tarif mit einem Rabatt von 25 % berechnet.

2. Verhältnisse der Beamten:

a) **Leiter:** Dr. phil. Richard Braun, Nahrungsmittelchemiker, 40 Jahre alt, vereidigter Sachverständiger für die Gerichte der Landgerichtsbezirke Insterburg, Memel und Tilsit, sowie für das Kgl. Hauptzollamt in Tilsit.

b) **Technische Mitglieder:** Keine.

c) **Sonstige Hilfskräfte:** Zwei.

3. Tätigkeit der Anstalt:

Die Proben werden teils durch den Vorsteher der Anstalt gelegentlich der Geschäftsrevisionen, teils durch Polizeibeamte, die mit Anweisung versehen sind, entnommen.

Es wurden vom 1. April bis 31. Dezember 1906 111 Nahrungs- und Genußmittelproben untersucht.

Im ganzen wurden vom 1. Oktober 1905 bis 31. Dezember 1906 1228 Untersuchungen ausgeführt (davon betrafen 871 Nahrungsmittel und Gebrauchsgegenstände).

(100) Trier I.

1. Verhältnisse der Anstalt:

a) **Amtsbezeichnung:** Städtisches Untersuchungsamt für Nahrungsmittel, Genußmittel und Gebrauchsgegenstände in Trier.

b) **Amtsbezirk:** Stadtkreis Trier.

c) **Charakter der Anstalt:** Die Anstalt wurde aus privaten Mitteln des jetzigen Besitzers im Januar 1888 errichtet und vertragsmäßig von der Stadt Trier im Mai 1894 mit den amtlichen Untersuchungen für den Stadtkreis Trier beauftragt. Von diesem Zeitpunkt an führt sie die obige Amtsbezeichnung. Das Amt ist seit dem 15. Januar 1903 eine öffentliche Anstalt im Sinne des § 17 des Reichsgesetzes vom 14. Mai 1879.

d) **Errichtung und geschichtliche Entwickelung:** Der oben genannte im Jahre 1894 geschlossene Vertrag wurde zum Juni 1907 gekündigt; es soll noch im Laufe dieses Jahres eine anderweite Regelung der Nahrungsmittelkontrolle in Trier erfolgen (s. Nr. 101). Über die bisherige Organisation des Amtes gibt das folgende Statut Aufschluß:

Statut für das städtische Untersuchungsamt für Nahrungsmittel, Genußmittel und Gebrauchsgegenstände in Trier.

§ 1. Das städtische Untersuchungsamt für Nahrungsmittel, Genußmittel und Gebrauchsgegenstände zu Trier hat die Aufgabe, im Auftrage von Behörden und auf Ersuchen von Privaten, Nahrungsmittel, Genußmittel und Gebrauchsgegenstände aller Art, entsprechend dem Reichsgesetze vom 14. Mai 1879 auf ihre Güte, auf Fälschungen, sowie insbesondere auch auf Beimengungen gesundheitsschädlicher Substanzen zu untersuchen und über den Befund Auskunft zu erteilen.

§ 2. Die Leitung der Anstalt erfolgt durch die städtische Sanitäts-Kommission. Dieselbe beaufsichtigt die gesamte amtliche Geschäftsführung des bei der Anstalt angestellten Chemikers und ist befugt, alle die Anstalt und deren Wirksamkeit berührenden Fragen anzuregen. Zur Teilnahme an ihren Sitzungen mit beratender Stimme kann der vorbezeichnete Chemiker hinzugezogen werden. Letzterer hat der Sanitätskommission über seine Tätigkeit einen schriftlichen, geschäftlichen und technischen Jahresbericht zu erstatten, und zwar bis zum 1. Februar jeden Jahres.

§ 3. Die Untersuchungen geschehen durch den vom Oberbürgermeister eidlich verpflichteten Chemiker in dessen Laboratorien und unter Benutzung seiner eigenen Apparate, Instrumente, Chemikalien etc. Wenn die Gesundheitsschädlichkeit einer Verfälschung in Frage kommt, so wird das Gutachten des Kreisphysikus und, wenn es sich um die Beurteilung animalischer Produkte und gesundheitsschädlicher Folgen für die Haustiere handelt, das Gutachten des Kreistierarztes eingeholt.

§ 4. Die Untersuchungsanträge gelangen direkt an den städtischen Chemiker. Dieser hat die Anträge tunlichst rasch, und zwar in der Regel nach der Zeitfolge ihres Einganges zu erledigen, jedoch mit der Maßgabe, daß die eiligen Aufträge der Polizeibehörde zuerst, sodann die eiligen Aufträge der Gerichts- und anderen Behörden sowie der Privaten zur Erledigung kommen und daß die Untersuchungen von Genuß- und Lebensmitteln vor Untersuchungen von Gebrauchsgegenständen den Vorzug haben.

§ 5. Von allen dem raschen Verderben nicht ausgesetzten Untersuchungsproben ist, wenn möglich, ein genügender Teil für eine eventuelle Nachuntersuchung zurückzubehalten, eine angemessene Zeit gesondert aufzubewahren und mit dem Namen des Auftraggebers bezw. der Verkaufsfirma zu versehen.

§ 6. Alle amtlichen Untersuchungsanträge sind nach der Reihenfolge des Einganges in ein von dem Chemiker zu führendes Geschäftsbuch unter Angabe der laufenden Nummer, des Datums des Eingangs, des Namens und des Wohnortes des Antragstellers und des Gegenstandes der Untersuchung einzutragen. Das Ergebnis der Untersuchung ist in das Geschäftsbuch in kurzer und bestimmter Fassung einzutragen, auch ist daselbst der Taxpreis und die erfolgte Zahlung desselben, das Datum des abgegebenen Gutachtens und die angewandte Untersuchungsmethode zu vermerken.

§ 7. Das Ergebnis der Untersuchung ist dem Antragsteller in kurzer allgemein verständlicher Fassung unter Angabe der Gebühren der Untersuchung in geschlossenem Schreiben mitzuteilen.

§ 8. Die Gebühren für die auszuführenden Untersuchungen werden nach Maßgabe des Tarifs, in welchem auch die Quantitäten der einzusendenden Untersuchungsproben angegeben sind, berechnet, und sind von demjenigen, der die Untersuchung beantragt hat, zu entrichten. Die Gebühren für die von der Ortspolizeibehörde veranlaßten Untersuchungen werden bei ersterer nach Schluß jeden Vierteljahres liquidiert.

Bei Untersuchungen, welche von Privaten beantragt werden, sind die Gebühren auf Erfordern im voraus, jedenfalls aber bei Entgegennahme des Resultates der Untersuchung zu zahlen.

Infolge besonderer Vereinbarung mit der Sanitätskommission kann für Behörden, Korporationen und Vereine, Fabrikanten und Kaufleute bei größeren Reihen von Untersuchungen und Garantie einer Minimal-Honorarsumme eine ermäßigte Taxe eintreten.

§ 9. Der Chemiker hat die Polizeibehörde in ihren Maßnahmen zur Bekämpfung der Verfälschungen, namentlich auf dem Gebiete der Marktpolizei, bereitwilligst zu unterstützen und alle in sein Fach schlagenden Aufträge derselben, sie mögen zum Gegenstande haben, was sie wollen, insbesondere auch Untersuchungen von Wässern, des Gases und dergleichen zu erledigen. Zur Aufrechterhaltung seiner Vertrauensstellung in bezug auf die Entdeckung von Verfälschungen hat er sich aller unnötigen Mitteilungen an Unbeteiligte zu enthalten.

Derselbe wird auf gegenseitige dreimonatliche Kündigung angestellt, unterliegt der Disziplinargewalt des Oberbürgermeisters und kann von diesem bei groben Dienstvernachlässigungen ohne Kündigung und ohne Anspruch auf Entschädigung entlassen werden.

e) **Aufsicht:** Die Stadtverwaltung zu Trier.

f) **Unterhaltung:** Die Einnahmen aus den für die Stadt ausgeführten amtlichen Aufträgen belaufen sich auf jährlich 700—800 Mk. Die Stadt zahlt jährlich ein Fixum von 300 Mk., wofür eine bestimmte Anzahl Proben untersucht werden muß. Werden mehr Proben eingeliefert, so erfolgt die Berechnung der Analysengebühren nach einem amtlich festgesetzten Tarif.

2. Verhältnisse der Beamten:

a) **Leiter:** Dr. phil. Anton Schnell, Nahrungsmittelchemiker, 49 Jahre alt, Besitzer und Leiter der Anstalt.

b) **Technische Mitglieder:** 1 Assistent, Dr. ing., jährliches Gehalt 1800 bis 2400 Mk.

c) **Sonstige Hilfskräfte:** 1 Diener.

3. Tätigkeit der Anstalt:

Die Proben werden durch Polizeibeamte in Dienstkleidung entnommen. Im ganzen wurden in der Anstalt erledigt:

In den Jahren	1903	1904	1905	1906
Proben	1744	1530	1274	1339
Umfangreichere Gutachten und Berichte	7	6	41	37

Die Anstalt beschäftigt sich außerdem noch mit bakteriologischen Arbeiten und stellt Reinzuchthefen für Weinkeltereien her.

(101) Trier II.

1. Verhältnisse der Anstalt:

a) Amtsbezeichnung: Chemisches Laboratorium von Dr. C. A. Wellenstein.

b) Amtsbezirk: Die Kreise Bernkastel, Bitburg, Saarburg und einige Polizeiverwaltungen des Kreises Trier-Land.

c) Charakter der Anstalt: Die Anstalt ist aus privaten Mitteln errichtet und nicht öffentliche Anstalt im Sinne des § 17 des Reichsgesetzes vom 14. Mai 1879.

d) Errichtung und geschichtliche Entwickelung: Das Laboratorium wurde am 1. März 1903 errichtet und erhielt bald darauf die amtlichen Untersuchungen für die Kreise Bernkastel, Bitburg und Saarburg sowie für einige Polizeiverwaltungen des Kreises Trier-Land. Es ist seitens der Stadt Trier beabsichtigt, das Laboratorium zu übernehmen und dem bisherigen Besitzer die Leitung des neu zu errichtenden städtischen Untersuchungsamtes zu übertragen, also die Anstalt in eine kommunale gemäß Abschnitt II B (s. S. 31) umzuwandeln.

e) Aufsicht: —

f) Unterhaltung: Mit den unter b genannten Behörden sind Verträge nach folgenden Grundsätzen abgeschlossen:

Kreis Bernkastel:	Jahresvergütung	=	1200 Mk.	bis zu 100 Untersuchungen
Kreis Saarburg:	„	=	800 „	„ „ 120 „
Kreis Bitburg:	„	=	300 „	„ „ 50 „

Weitere Untersuchungen werden mit 12 Mk. bezw. 8 Mk. bezw. 6 Mk. vergütet.

Die Polizeiverwaltungen des Kreises Trier-Land verpflichten sich, sämtliche erforderlich werdenden Untersuchungen durch das Laboratorium vornehmen zu lassen. Die Vergütung erfolgt nach vereinbarten Tarifen.

2. Verhältnisse der Beamten:

a) Leiter: Dr. phil. C. A. Wellenstein, Nahrungsmittelchemiker, 35 Jahre alt, Inhaber der Anstalt, allgemein beeidigter Sachverständiger für den Handelskammerbezirk Trier sowie für die Gerichte des Landgerichts Trier.

b) Technische Mitglieder: Keine.

c) Sonstige Hilfskräfte: Dienerin für das Laboratorium.

3. Tätigkeit der Anstalt:

Die Proben werden im Kreise Bitburg durch Polizeibeamte, im übrigen durch den Leiter der Anstalt selbst entnommen. Es wurden in amtlichem Auftrage untersucht:

In den Jahren . .	1904	1905	1906
Proben	236	570	640

Im Laboratorium wurden außerdem Untersuchungen für Industrie und Handel und zwar insbesondere Wein- und Wasseruntersuchungen ausgeführt.

(102) Vohwinkel.

1. Verhältnisse der Anstalt:

a) Amtsbezeichnung: Nahrungsmittel-Untersuchungsamt der Kreise Mettmann-Solingen in Vohwinkel.

b) **Amtsbezirk:** Kreis Mettmann und Kreis Solingen-Land. (Betr. Stadt Solingen siehe Nr. 96.)

c) **Charakter der Anstalt:** Die Anstalt ist aus privaten Mitteln errichtet und von den oben genannten Kreisen mit der Nahrungsmittelkontrolle betraut. Sie ist seit dem Jahre 1898 eine öffentliche Anstalt im Sinne des § 17 des Reichsgesetzes vom 14. Mai 1879.

d) **Errichtung und geschichtliche Entwickelung:** Eine geregelte Lebensmittelkontrolle wird in den oben bezeichneten Kreisen seit dem Jahre 1896 ausgeübt, in welchem von dem Nahrungsmittelchemiker Dr. Look in Düsseldorf in Vohwinkel ein Nebenlaboratorium errichtet wurde. Dieses ging im Jahre 1898 an den jetzigen Besitzer über, der jährlich 700 Proben gegen eine Entschädigung von 3500 Mk. zu untersuchen hatte. Im April 1900 übertrug der Kreis Solingen die erforderlichen Untersuchungen der Anstalt (700 Proben für den Landkreis Solingen bei der gleichen Vergütung und 120 Proben für den Stadtkreis Solingen gegen eine Entschädigung von 600 Mk. jährlich). Die Stadt Solingen ist inzwischen wieder ausgeschieden.

Im Jahre 1905 kam ein neuer Vertrag zustande, durch den u. a. die Entschädigung, die jeder Kreis zu zahlen hat, auf je 5800 Mk. festgesetzt und die Anzahl der jährlich zu entnehmenden Proben bestimmt wird. Es ist beabsichtigt, die Anstalt in eine Kreisanstalt umzuwandeln und den derzeitigen Inhaber der Anstalt als Leiter derselben und Beamten des Kreises auf Lebenszeit anzustellen.

e) **Aufsicht:** Die Landräte der Kreise Mettmann und Solingen.

f) **Unterhaltung:** Die Zuschüsse zu den Kosten der Unterhaltung der Anstalt betragen seitens beider Kreise je 5800 Mk. jährlich, wofür die erforderlichen Untersuchungen auszuführen sind. Die Untersuchungsgebühren betragen im allgemeinen 4 Mk. für die Probe, für Wasser, Wein und einige umfangreichere Analysen werden 8 Mk. liquidiert.

2. **Verhältnisse der Beamten:**

a) **Leiter:** Dr. phil. Otto Künnmann, 42 Jahre alt, Besitzer und Leiter, nicht fest angestellt. Einkommen durchschnittlich 5000 Mk. seit dem Jahre 1905; früher weniger.

b) **Technische Mitglieder:** 1 Assistent, nicht geprüfter Nahrungsmittelchemiker, Gehalt jährlich 1640 Mk.

c) **Sonstige Hilfskräfte:** Laboratoriumsdienerin, 636 Mk. jährlich.

3. **Tätigkeit der Anstalt:**

Die Entnahme der Proben wird zum größten Teil von dem Leiter des Amtes persönlich bewirkt.

Die Tätigkeit der Anstalt erhellt aus folgenden Zahlen. Es wurden untersucht:

In den Jahren . . .	1901	1903	1904	1905	1906
Proben	1641	1447	1522	1502	1398

(103) Weißenfels.

1. **Verhältnisse der Anstalt:**

a) **Amtsbezeichnung:** Chemisches und bakteriologisches Untersuchungs-Laboratorium von Dr. Streicher in Weißenfels.

b) **Amtsbezirk:** Stadtkreis Weißenfels zur Hälfte (die andere Hälfte der in Ausübung der Nahrungsmittelkontrolle nötigen Untersuchungen werden durch das städtische Untersuchungsamt in Merseburg ausgeführt, s. Nr. 36), ferner die Stadtbezirke Artern, Nebra, Laucha, Freiburg a. U., Mücheln (Bez. Halle) und Kösen sowie der Markt Roßleben.

c) **Charakter der Anstalt:** Die Anstalt wurde aus privaten Mitteln errichtet und ist nicht öffentliche Anstalt im Sinne des § 17 des Reichsgesetzes vom 14. Mai 1879.

d) **Errichtung und geschichtliche Entwickelung:** Eröffnet wurde die Anstalt von dem jetzigen Besitzer am 1. April 1906.

e) **Aufsicht:** Stadtverwaltung zu Weißenfels.

f) **Unterhaltung:** In der Zeit vom 1. April bis 31. Dezember 1906 betrug die Höhe der aus nahrungsmittelchemischen Analysen eingenommenen Gebühren 1200 Mk. Die Gebühren für jede Probe betragen durchschnittlich 5 Mk.; erfolgt Beanstandung und ausgedehntere Untersuchung, so werden entsprechend höhere Gebühren berechnet.

2. **Verhältnisse der Beamten:**

a) **Leiter:** Dr. phil. Otto Streicher, Nahrungsmittelchemiker, 35 Jahre alt, Besitzer des Laboratoriums, öffentlich angestellter und beeidigter Handelschemiker.

b) **Technische Mitglieder:** Keine.

c) **Sonstige Hilfskräfte:** 1 Laboratoriumsdiener.

3. **Tätigkeit der Anstalt:**

Die Proben werden entweder auf Veranlassung der Polizeibehörden von dem Inhaber des Laboratoriums persönlich oder durch Polizeibeamte entnommen.

Im Jahre 1906 wurden 164 nahrungsmittelchemische Untersuchungen neben technischen und physiologischen Untersuchungen ausgeführt.

Viele Polizeiverwaltungen der Umgegend von Weißenfels lassen die nahrungsmittelchemischen Untersuchungen von Apothekern, die nicht im Besitze des Befähigungsausweises für Nahrungsmittelchemiker sind, ausführen, so daß es vielfach an einer wirksamen Kontrolle fehlt.

(104) Wetzlar.

1. **Verhältnisse der Anstalt:**

a) **Amtsbezeichnung:** Öffentliches Chemisches Laboratorium in Wetzlar.

b) **Amtsbezirk:** Stadt- und Landkreis Wetzlar.

c) **Charakter der Anstalt:** Die Anstalt ist aus privaten Mitteln errichtet und vom Landrat des Kreises Wetzlar mit der Ausübung der Nahrungsmittelkontrolle beauftragt.

d) **Errichtung und geschichtliche Entwickelung:** Dem Laboratorium wurde am 1. Januar 1905 die Nahrungsmittelkontrolle übertragen.

e) **Aufsicht:** Der Kgl. Landrat.

f) **Unterhaltung:** Die Untersuchungsgebühren werden nach dem unter Mitwirkung des Kaiserlichen Gesundheitsamtes herausgegebenen Entwurf von Gebührensätzen (siehe Vereinbarungen, Heft III) mit einem Rabatt von 25 % berechnet.

2. Verhältnisse der Beamten:

a) **Leiter:** Dr. phil. Paul Wolff, Nahrungsmittelchemiker, 30 Jahre alt, seit Mai 1906 Besitzer des Laboratoriums, vereidigter Handelschemiker.

b) **Technische Mitglieder:** Keine.

c) **Sonstige Hilfskräfte:** —

3. Tätigkeit der Anstalt:

Die Proben werden durch die Bürgermeistereien auf Veranlassung des Landrats entnommen.

Es wurden im Jahre 1906 13 Proben von Nahrungs- und Genußmitteln zur Untersuchung eingesandt. Die Ausübung einer umfangreicheren Nahrungsmittelkontrolle ist angebahnt.

(105) Wiesbaden.

1. Verhältnisse der Anstalt:

a) **Amtsbezeichnung:** Chemisches Laboratorium Fresenius zu Wiesbaden.

b) **Amtsbezirk:** Stadtkreis Wiesbaden.

c) **Charakter der Anstalt:** Das chemische Laboratorium Fresenius zu Wiesbaden ist eine vom Staat unterstützte Privatanstalt. Sie zerfällt in ein akademisches Unterrichts- und ein Untersuchungslaboratorium. Von einer Abteilung dieses letzteren wird die Nahrungsmittelkontrolle ausgeübt. Mit der Anstalt sind verbunden eine von einem Spezialisten geleitete bakteriologische Abteilung und als selbständige Anstalt die agrikulturchemische Versuchsstation der Landwirtschaftskammer für den Regierungsbezirk Wiesbaden. Letztere wird geleitet vom Geheimen Regierungsrat Prof. Dr. H. Fresenius. Die Anstalt hat die Berechtigung zur praktischen Ausbildung von Nahrungsmittelchemikern für die Hauptprüfung (gemäß § 16 der Prüfungsvorschriften vom 22. Februar 1894) seit der Einführung dieser Prüfung, bezw. unter den gegenwärtigen Besitzern seit dem Jahre 1898.

d) **Errichtung und geschichtliche Entwickelung:** Die Anstalt ist im Jahre 1848 aus Privatmitteln errichtet worden. Die für die Durchführung des Nahrungsmittelgesetzes erforderlichen chemischen Untersuchungen wurden der Anstalt von der Kgl. Polizeidirektion in Wiesbaden am 1. Oktober 1904 übertragen.

e) **Aufsicht:** In bezug auf die Nahrungsmitteluntersuchungen die Kgl. Polizeidirektion in Wiesbaden.

f) **Unterhaltung:** Die Anstalt erhält vom Staat Zuschüsse, deren Höhe für die Nahrungsmittelkontrolle sich nicht aussondern läßt, bezw., die nicht für diesen Zweig ihrer Tätigkeit in Betracht kommen. Die amtlichen nahrungsmittelchemischen Untersuchungen werden gegen eine Pauschalvergütung von 2000 Mk. für das Jahr ausgeführt und zwar in der Anzahl, daß etwa die Analysengebühren für die einzelnen Proben den Sätzen im „Entwurf von Gebührensätzen" („Vereinbarungen", Heft III) nach Abzug von 15% entsprechen.

2. Verhältnisse der Beamten:

a) **Leiter:** 1. Geh. Reg.-Rat Prof. Dr. phil. H. Fresenius 59 Jahre alt, seit 1872 an der Anstalt tätig. Auszeichnungen: Eisernes Kreuz II. Kl., Roter Adlerorden IV. Kl., Landwehrdienstauszeichnung I. Kl., Kriegsdenkmünze 1870/71, Centenar-Medaille, Ritterkreuz des Nassauischen Adolfsordens und die gelegentlich seiner goldenen Hochzeit vom Großherzog von Luxemburg gestiftete Erinnerungsmedaille in Gold am Bande. 2. Prof. Dr. phil. E. Hintz, 53 Jahre alt, seit 1881 an der Anstalt, Ritter des Ritterkreuzes I. Kl. des Ordens vom Zähringer Löwen. 3. Prof. Dr. phil. W. Fresenius, 51 Jahre alt, seit 1880 an der Anstalt tätig.

Alle drei Inhaber des Laboratoriums sind Nahrungsmittelchemiker, ein für allemal von den Gerichten und von der Zollbehörde vereidigte Sachverständige. Prof. Dr. E. Hintz und Prof. Dr. W. Fresenius sind auch von der Kgl. Regierung vereidigte Handelschemiker.

b) **Technische Mitglieder:** 5 Abteilungsvorsteher und Dozenten, 25 Assistenten, darunter 3 geprüfte Nahrungsmittelchemiker.

c) **Sonstige Hilfskräfte:** 4 Bureaubeamte, 1 Hausmeister, 4 Diener.

3. Tätigkeit der Anstalt:

Die Probeentnahme für die Nahrungsmittelkontrolle erfolgt durch Organe der Kgl. Polizeidirektion. An einschlägigen Nahrungsmittelproben wurden untersucht:

In den Jahren . .	1904/05	1905/06	1906/07
Proben	300	270	340

Die Anstalt beschäftigt sich mit Analysen auf technischem Gebiete, namentlich Schiedsanalysen von Erzen und Metallen, mit Analysen von chemischen Produkten aller Art, mit Nahrungsmittelanalysen, mit der Erstattung von Gutachten verschiedener Art, mit der Untersuchung von Mineralwassern, mit chemischen und bakteriologischen Untersuchungen für das Wasserwerk der Stadt Wiesbaden, mit der Ausführung von Weinanalysen für die Kellerkontrolle im Regierungsbezirk Wiesbaden, mit Untersuchungen und Erstattung von Gutachten für die Zoll- und Steuerbehörden, sowie für die Gerichte. Die landwirtschaftliche Versuchsstation beschäftigt sich vorwiegend mit Dünge- und Futtermittelkontrolle. Die Inhaber des Laboratoriums Fresenius geben die „Zeitschrift für analytische Chemie" heraus. Namentlich in dieser, aber auch in anderen Zeitschriften erscheinen die Veröffentlichungen der Leiter des Laboratoriums und der Abteilungsvorsteher, sowie Assistenten der Anstalt.

(106) Witten a. d. Ruhr.

1. Verhältnisse der Anstalt:

a) **Amtsbezeichnung:** Öffentliches Chemisches Untersuchungsamt für den Stadtkreis Witten a. d. Ruhr und den Landkreis Hattingen.

b) **Amtsbezirk:** Stadtkreis Witten und Kreis Hattingen.

c) **Charakter der Anstalt:** Die Anstalt hat den Charakter einer städtischen Anstalt, ist aber nicht öffentliche Anstalt im Sinne des § 17 des Reichsgesetzes vom 14. Mai 1879.

d) **Errichtung und geschichtliche Entwickelung:** Die Anstalt wurde für Witten am 1. Januar 1906 und für den Kreis Hattingen am 1. September 1906 errichtet und mit dem schon bestehenden Laboratorium des jetzigen Leiters verbunden.

e) **Aufsicht:** Der Oberbürgermeister zu Witten und der Kgl. Landrat zu Hattingen.

f) **Unterhaltung:** Für die im Jahre auszuführenden 635 Untersuchungen erhält der Leiter der Anstalt eine Entschädigung von 2800 Mk. Sonstige Untersuchungen werden nach einem von dem Magistrat zu Witten und dem Kreisausschuß zu Hattingen genehmigten Gebührentarif berechnet.

2. Verhältnisse der Beamten:

a) **Leiter:** Dr. phil. Walter Preu, Nahrungsmittelchemiker, 33 Jahre alt, Vorsteher. Seit einem Jahre im Dienst. Einkommen aus amtlichen Untersuchungen 2800 Mk. jährlich und außerdem Einnahmen aus Privattätigkeit. Der Vorsteher ist durch den Oberbürgermeister vereidigt.

b) **Technische Mitglieder:** 1 Assistent, Nahrungsmittelchemiker, und 1 Volontär.

c) **Sonstige Hilfskräfte:** 1 Laboratoriumsdiener.

3. Tätigkeit der Anstalt:

Die Proben werden bei den Revisionen, die der Leiter der Anstalt persönlich vornimmt, entnommen.

Im Jahre 1906 wurden seit Eröffnung der Anstalt 350 Proben untersucht.

(107) Zabrze (O.-Schl.).

1. Verhältnisse der Anstalt:

a) **Amtsbezeichnung:** Chemische Untersuchungsanstalt für Nahrungs- und Genußmittel, sowie für Handel und Gewerbe von Dr. H. Wangnick, Zabrze.

b) **Amtsbezirk:** Kreis Zabrze.

c) **Charakter der Anstalt:** Die Untersuchungsanstalt wurde aus privaten Mitteln des jetzigen Inhabers errichtet. Sie ist nicht öffentliche Anstalt im Sinne des § 17 des Reichsgesetzes vom 14. Mai 1879.

d) **Errichtung und geschichtliche Entwickelung:** Errichtet wurde die Anstalt im Jahre 1905.

e) **Aufsicht:** Der Kgl. Kreisarzt.

f) **Unterhaltung:** Die Gemeinden Zabrze-Zaborze zahlen jährlich eine Pauschalsumme, in der jede Untersuchung mit 3 Mk. angesetzt ist. Der Inhaber des Laboratoriums ist verpflichtet, zu diesem Satz bis zu 800 Untersuchungen jährlich auszuführen. Er erhält außerdem die eingehenden Strafgelder. Größere Untersuchungen werden besonders berechnet. Die übrigen Gemeinden zahlen für die eingeforderten Untersuchungen Gebühren nach einem besonderen Tarif.

2. Verhältnisse der Beamten:

a) **Leiter:** Dr. phil. H. Wangnick, 34 Jahre alt, Nahrungsmittelchemiker, Inhaber der Anstalt, als Sachverständiger allgemein beeidigt für den Landgerichtsbezirk Gleiwitz.

b) **Technische Mitglieder:** 1 Assistent mit 1800 Mk. jährlicher Remuneration.

c) **Sonstige Hilfskräfte:** 1 Diener.

3. Tätigkeit der Anstalt:

Die Proben werden durch die Polizeiorgane entnommen. Es wurden im Jahre 1906 800 Proben von Nahrungs- und Genußmitteln untersucht.

Anhang zu II D.

Wiederholt wird in Preußen beobachtet, daß Polizeibehörden Proben von Milch und auch anderen schnell in Zersetzung übergehenden Lebensmitteln gelegentlich durch Apothekenbesitzer an ihrem Amtssitz untersuchen lassen. Dies geschieht z. B. in (**108**) **Godesberg** durch Apotheker Dr. phil. Georg Eigel, in (**109**) **Posen** durch Apotheker Dr. phil. O. Drescher in Glowno-Posen, in (**110**) **Graudenz** durch Apotheker H. Richter und in (**111**) **Siegen** durch Hofapotheker Gotthold Deutsch. Es ist davon Abstand genommen worden, nach dieser Richtung eingehende statistische Ermittelungen anzustellen, weil diese Fälle für den Umfang der allgemeinen Lebensmittel-Kontrolle keine wesentliche Bedeutung haben.

Anhang zu I und II.

Übersicht über die Gehälter beamteter Chemiker in anderen Zweigen der deutschen Reichs- und preußischen Staats-Verwaltung.

Reichsschatzamt: Vortragende Räte 7500—11 000 Mk. und 1200 Mk. Wohnungsgeldzuschuß, Ständige Hilfsarbeiter 5400—7200 Mk., Technische Hilfsarbeiter 3600—5400 Mk. und 900 Mk. Wohnungsgeldzuschuß.

Kaiserl. Patentamt: Wie beim Kaiserl. Gesundheitsamt (s. S. 1—3).

Militär-Verwaltung: An der Versuchsanstalt für die Artillerie-Werkstätten etc.: Abteilungs-Vorsteher 5400—7200 Mk., Chemiker 3000—4200 Mk. und Wohnungsgeldzuschuß.

Kgl. Materialprüfungsamt in Dahlem: Abteilungsvorsteher 4200 bis 7200 Mk.[1]), Ständige Mitarbeiter 2400—4800 Mk., Ständige Assistenten 1800—3600 Mk. (Direktor 7500—9300 Mk.) und Wohnungsgeldzuschuß.

Kgl. Porzellanmanufaktur: Chemiker 4200 - 5400 Mk., Betriebschemiker 3600—4800 Mk. und Wohnungsgeldzuschuß.

Kgl. Münze: Ober-Münzwardein 6000—7200 Mk., Münzwardein 4200—5400 Mk., Münzwardein-Assistent 2400—4500 Mk. und Wohnungsgeldzuschuß.

Kgl. Institut für Infektionskrankheiten: Abteilungs-Vorsteher durchschnittlich 6500 Mk. und Wohnungsgeldzuschuß, Assistenten 1200—2400 Mk. Remuneration (Direktor 12 000 Mk. und Dienstwohnung).

Kgl. Versuchs- und Prüfungsanstalt für Wasserversorgung und Abwässerbeseitigung: Abteilungsvorsteher 4200—7200 Mk.[1]), Wissenschaftliche Mitglieder 3600—5700 Mk.[2]) und 900 Mk. Wohnungsgeldzuschuß, Assistenten etwa 1800—3000 Mk. (Vorsteher 7500 Mk. und 900 Mk. Wohnungsgeldzuschuß).

III. Bayern.

Landesrechtliche Verordnungen.

a) Königliche Allerhöchste Verordnung vom 27. Januar 1884, Untersuchungsanstalten für Nahrungs- und Genußmittel betreffend.

Ludwig II.

von Gottes Gnaden König von Bayern, Pfalzgraf bei Rhein, Herzog von Bayern, Franken und in Schwaben etc.

Wir finden Uns bewogen, zur Ausführung des Reichsgesetzes, betreffend den Verkehr mit Nahrungsmitteln, Genußmitteln und Gebrauchsgegenständen,

[1]) Gehalt der Regierungsräte in Preußen.

[2]) Gehalt der vollbesoldeten Kreisärzte sowie der Gewerbeinspektoren in Preußen.

vom 14. Mai 1879 bezüglich der Untersuchungsanstalten für Nahrungs- und Genußmittel zu verordnen, was folgt:

§ 1.

In Verbindung mit dem Hygienischen Institut der Ludwig-Maximilians-Universität zu München, dann mit dem Laboratorium für angewandte Chemie an der Friedrich-Alexanders-Universität zu Erlangen und mit dem Technologischen Attribut der Julius-Maximilians-Universität zu Würzburg wird je eine Untersuchungsanstalt für Nahrungs- und Genußmittel errichtet.

§ 2.

Die Untersuchungsanstalten haben die Aufgabe, auf Ersuchen der mit dem Vollzuge des im Eingang erwähnten Reichsgesetzes vom 14. Mai 1879 betrauten Behörden und Gerichte die erforderlichen technischen Untersuchungen von Nahrungs- und Genußmitteln, dann von solchen Gebrauchsgegenständen, welche in den Rahmen des genannten Gesetzes fallen, vorzunehmen und hierüber Gutachten abzugeben.

Unbeschadet dieser Aufgabe obliegt es den Untersuchungsanstalten, soweit es ihre geschäftlichen Verhältnisse gestatten, auch Privatpersonen — Produzenten, Konsumenten, Gewerbtreibenden — auf Wunsch über die Beschaffenheit von Nahrungs- und Genußmitteln, dann von Gebrauchsgegenständen der bezeichneten Art Auskunft zu erteilen.

Die Heranziehung der Untersuchungsanstalten seitens der zuständigen Behörden zur Abgabe gutachtlicher Äußerungen über verwandte, nicht unmittelbar in den Bereich des Gesetzes vom 14. Mai 1879 fallende Gegenstände der Gesundheitspolizei und Hygiene, z. B. über die Beschaffenheit von Trinkwasser, ist, sofern hierdurch die Erfüllung der in Abs. 1 bezeichneten Geschäftsaufgabe nicht beeinträchtigt wird, nicht ausgeschlossen.

Insoweit bisher die Medizinalkomitees nach Maßgabe Unserer Verordnung vom 29. September 1878, die Vornahme der chemischen und mikroskopischen Untersuchungen in strafrechtlichen Fällen betr., in bezug auf Übertretungen des Gesetzes vom 14. Mai 1879 zur Vornahme chemischer oder mikroskopischer Untersuchungen und zur Abgabe von Gutachten hierüber zuständig waren, treten gemäß Abs. 1 dieses Paragraphen die Untersuchungsanstalten für Nahrungs- und Genußmittel an deren Stelle.

§ 3.

Den Untersuchungsanstalten gebührt die Benennung „Königliche Untersuchungsanstalt für Nahrungs- und Genußmittel zu . . . . . . (München — Erlangen — Würzburg)“. Dieselben führen ein Dienstsiegel von der gleichen Form, wie dasjenige der Kgl. Bezirksärzte und mit einer der Benennung der Untersuchungsanstalt entsprechenden Umschrift.

§ 4.

Die Untersuchungsanstalten unterstehen der Aufsicht Unseres Staatsministeriums des Innern, und sind diesem unmittelbar untergeordnet, unbeschadet des erforderlichen Benehmens des letzteren mit Unseren übrigen Staatsministerien, soweit diese beteiligt sind.

§ 5.

Der Wirkungskreis der Untersuchungsanstalt zu München erstreckt sich auf die Regierungsbezirke Oberbayern, Niederbayern, Schwaben und Neuburg, derjenige der Untersuchungsanstalt zu Erlangen auf die Regierungsbezirke Mittelfranken, Oberpfalz und von Regensburg, dann Oberfranken, derjenige der Untersuchungsanstalt zu Würzburg auf den Regierungsbezirk Unterfranken und Aschaffenburg.

§ 6.

Der jeweilige Vorstand des Hygienischen Institutes der Universität zu München, des Laboratoriums für angewandte Chemie an der Universität zu Erlangen und des Technologischen Attributes der Universität zu Würzburg ist zugleich Vorstand der dortigen Untersuchungsanstalt und bekleidet diese Stelle als Nebenfunktion gegen Bezug einer von Unserem Staatsministerium des Innern für Kirchen- und Schulanstalten zu bestimmenden jährlichen Remuneration.

Jeder Anstalt wird die erforderliche Anzahl von Assistenten beigegeben, welche auf Vorschlag des Akademischen Senates der betreffenden Universität durch Unser Staatsministerium des Innern im Benehmen mit Unserem Staatsministerium des Innern für Kirchen- und Schulangelegenheiten gegen Bezug eines Jahresgehaltes, jedoch ohne Anspruch auf Pension oder Sustentation, in widerruflicher Weise aufgestellt werden.

§ 7.

Die Vorstände sowie die Assistenten werden auf die gewissenhafte Erfüllung ihrer Obliegenheiten eidlich verpflichtet.

Außerdem haben dieselben den Verfassungseid (Tit. X § 3 der Verfassungsurkunde), sowie den durch Unsere Verordnung vom 15. März 1850 (Regierungsblatt S. 241) vorgeschriebenen Eid, soweit sie diese Eide noch nicht geleistet haben, zu leisten.

§ 8.

Die Vorstände der Untersuchungsanstalten werden im Falle der Verhinderung durch den I. Assistenten vertreten. Außerdem sind dieselben befugt, nach Gutbefinden einen der Assistenten zur Vertretung der Anstalt in einzelnen Angelegenheiten vor Gerichten oder Behörden abzuordnen.

§ 9.

Den Untersuchungsanstalten ist gestattet, in jenen Fällen, in welchen die Gesundheitsschädlichkeit eines von der Anstalt untersuchten Nahrungsmittels, Genußmittels oder Gebrauchsgegenstandes in Frage steht, vor der Abgabe des schriftlichen Gutachtens den für den Stadtbezirk des Anstaltssitzes bestellten Bezirksarzt, dann in jenen Fällen, in welchen die Beurteilung tierischer Produkte in Betracht kommt, einen von Unserem Staatsministerium des Innern zu bestimmenden beamteten Tierarzt zur Beratung beizuziehen.

Auch ist denselben unbenommen, vor Abgabe ihres Gutachtens, wo es nach den besonderen Verhältnissen des einzelnen Falles zur Aufklärung und zur richtigen Beurteilung der Sache dienlich erscheint, Sachverständige aus den Kreisen des betreffenden Industriezweiges oder der Landwirtschaft gutachtlich zu vernehmen.

§ 10.

Über die Einnahmen und Ausgaben der einzelnen Untersuchungsanstalten ist eigene Kasse und Rechnung zu führen. Die Buch- und Kasseführung sowie die Rechnungsablage übertragen Wir den Universitätskassen gegen eine von Unserem Staatsministerium des Innern im Benehmen mit Unserem Staatsministerium des Innern für Kirchen- und Schulangelegenheiten zu bestimmende angemessene Vergütung. Die Rechnungen unterliegen der Revision Unserer Rechnungskammer, welcher auch die Kassekuratel nach § 38 Unserer Verordnung vom 11. Januar 1826, das Finanzrechnungswesen für das Königreich betreffend, zusteht.

§ 11.

Unser Staatsministerium des Innern ist ermächtigt, im Benehmen mit Unserem Staatsministerium der Finanzen die von den Untersuchungsanstalten für die Vornahme von Untersuchungen und für die Abgabe von Gutachten zu beanspruchenden Gebühren zu regeln.

Den Untersuchungsanstalten bleibt hierbei unbenommen, mit einzelnen Gemeinden über die Vornahme von Untersuchungen und die Abgabe von Gutachten gegen Leistung einer jährlichen Pauschvergütung, vorbehaltlich der Genehmigung Unseres Staatsministeriums des Innern, Vereinbarungen zu treffen.

Ob und inwieweit die Bezirksärzte und die beamteten Tierärzte für ihre Mitwirkung (§ 9 Abs. 1) eine Vergütung zu beanspruchen haben, bemißt sich nach den allgemeinen Vorschriften über die Vergütung ärztlicher bezw. tierärztlicher Amtsgeschäfte.

§ 12.

Die Bestimmungen Unserer Verordnung vom 11. Februar 1875, die Aufrechnung der Tagegelder und Reisekosten bei auswärtigen Dienstgeschäften der Beamteten und Bediensteten des Zivilstaatsdienstes betreffend, finden auf die Beamten der Untersuchungsanstalten mit der Maßgabe Anwendung, daß die Vorstände der Untersuchungsanstalten unter § 6 lit. b a. a. O., die Assistenten unter § 6 lit. d einzureihen sind.

§ 13.

Die Landwirtschaftliche Kreisversuchsstation zu Speyer wird in widerruflicher Weise als öffentliche Untersuchungsanstalt für Nahrungs- und Genußmittel für den Regierungsbezirk der Pfalz anerkannt.

Insoweit dieselbe in dieser Eigenschaft fungiert, führt sie die Bezeichnung: „Landwirtschaftliche Kreisversuchsstation zu Speyer, als öffentliche Untersuchungsanstalt für Nahrungs- und Genußmittel."

In ihrer Eigenschaft als Untersuchungsanstalt untersteht dieselbe der Aufsicht der Regierung der Pfalz, Kammer des Innern, und Unseres Staatsministeriums des Innern und hat die von letzterem zu erlassenden Dienstesvorschriften zu befolgen.

Zur Aufstellung eines neuen Vorstandes der Kreisversuchsstation, sowie zur Aufstellung der für die Zwecke der Untersuchungsanstalt zu verwendenden Assistenten ist die Zustimmung Unseres Staatsministeriums des Innern zu erholen.

Die Bestimmungen der §§ 2, 7, 8, 9 und 11 der gegenwärtigen Verordnung finden auf die landwirtschaftliche Kreisversuchsstation zu Speyer in ihrer Eigenschaft als öffentliche Untersuchungsanstalt für Nahrungs-Genußmittel gleichmäßige Anwendung.

§ 14.

Unserem Staatsministerium des Innern bleibt vorbehalten, ausnahmsweise einzelne gemeindliche Untersuchungsanstalten, soferne dieselben nach allen Beziehungen vollkommen entsprechend ausgestattet sind, als öffentliche Untersuchungsanstalten für Nahrungs- und Genußmittel für den Gemeindebezirk anzuerkennen, so zwar, daß sie für den letzteren an die Stelle der einschlägigen staatlichen Untersuchungsanstalt treten.

§ 15.

Gegenwärtige Verordnung tritt mit dem 1. März 1884 in Kraft.

Linderhof, den 27. Januar 1884.

b) Bekanntmachung vom 2. Februar 1884, Untersuchungsanstalten für Nahrungs- und Genußmittel betreffend.

Königliche Staatsministerien der Justiz, des Innern beider Abteilungen und der Finanzen.

Zum Vollzuge der Allerhöchsten Verordnung vom 27. Januar l. J., Untersuchungsanstalten für Nahrungs- und Genußmittel betreffend, werden nachstehende Bestimmungen getroffen:

I. Staatliche Untersuchungsanstalten:

1. Die Dienstesaufgabe der amtlichen Ärzte und der beamteten Tierärzte wird durch die in § 2 der Allerhöchsten Verordnung den Untersuchungsanstalten zugewiesene Aufgabe nur insofern berührt, als den Untersuchungsanstalten die Vornahme der im Vollzuge des Reichsgesetzes vom 14. Mai 1879, betreffend den Verkehr mit Nahrungsmitteln, Genußmitteln und Gebrauchsgegenständen, erforderlichen technischen Untersuchungen obliegt.

Untersuchungen, welche besondere technische Hilfsmittel nicht erheischen oder so einfacher Natur sind, daß sie von den amtlichen Ärzten und Tierärzten leicht ausgeführt werden können, sind von diesen auch fernerhin vorzunehmen

2. Innerhalb des in § 2 Abs. 1 der Allerhöchsten Verordnung bestimmten Geschäftskreises ist es den Untersuchungsanstalten anheimgegeben, insoweit es ihre dienstlichen und geschäftlichen Verhältnisse gestatten, hin und wieder auf Ersuchen einzelner Gemeinden und auf deren Kosten Beamte der Untersuchungsanstalt dorthin abzuordnen, um gemeindlichen Polizeibediensteten bei Vornahme von Visitationen der Nahrungsmittel etc. als Sachverständige beratend zur Seite zu stehen.

Bezüglich der von den Untersuchungsanstalten von Zeit zu Zeit, in längeren Zwischenräumen zu veranstaltenden Unterrichtskurse zur Unterweisung von Polizeibediensteten in der Vornahme von Visitationen der Nahrungs- und Genußmittel bleibt besondere Verfügung vorbehalten.

3. Die Verpflichtung der Vorstände sowie der Assistenten der Untersuchungsanstalten (§ 7 der Allerhöchsten Verordnung) erfolgt im Auftrage des Kgl. Staatsministeriums des Innern durch den Vorstand des betreffenden Stadtmagistrates. Die Verpflichtungsprotokolle sind dem Kgl. Staatsministerium des Innern vorzulegen.

4. Die Untersuchungsanstalten sind Fachbehörden. Bei der Abgabe schriftlicher Gutachten in Strafsachen ist vorsorglich für den Fall, daß eine persönliche Vertretung des Gutachtens vor dem Strafgerichte erforderlich werden sollte, derjenige Beamte zu bezeichnen, welcher hierzu bestimmt ist. (§ 8 der Allerhöchsten Verordnung.)

5. Von der in § 9 Abs. 1 der Allerhöchsten Verordnung bezeichneten Befugnis ist Gebrauch zu machen, so oft es mit Rücksicht auf die Wichtigkeit der Sache oder die Schwierigkeit oder Zweifelhaftigkeit der Beurteilung veranlaßt erscheint.

Von der Ermächtigung des Abs. 2 a. a. O. ist unter den daselbst bezeichneten Voraussetzungen Gebrauch zu machen.

Die Beratung mit dem Bezirksarzte bezw. dem beamteten Tierarzte hat in einfachster Form — je nach Umständen mündlich oder schriftlich — zu erfolgen. In dem von der Untersuchungsanstalt abzugebenden schriftlichen Gutachten ist die erfolgte Einvernahme des Bezirksarztes bezw. des beamteten Tierarztes sowie dessen Einverständnis, eventuell dessen abweichende Ansicht hervorzuheben. Im Falle abweichender Meinungen ist es dem Bezirksarzte bezw. dem beamteten Tierarzte gestattet, ein schriftliches Sondergutachten abzugeben, welches dem Gutachten der Untersuchungsanstalt beizulegen ist.

6. Alle Untersuchungsanträge sind nach der Zeitfolge ihres Einlaufes in ein Geschäftstagebuch — mit hinreichendem Zwischenraume zwischen den einzelnen Nummern — einzutragen.

Das Tagebuch hat in tabellarischer Form, auf je zwei Seiten verteilt, zu enthalten: die laufende Nummer, das Datum und das Präsentatum des Antrages, die Bezeichnung des Antragstellers nach Namen und Wohnort, den Gegenstand der Untersuchung, eine kurze und bestimmte Vorbemerkung über das Ergebnis derselben und den Inhalt des erstatteten Gutachtens, ferner den Betrag der berechneten Gebühr und die laufende Nummer des Kontrollverzeichnisses (Ziff. 7 Abs. 4), endlich etwaige besondere Bemerkungen. In der Spalte „Bemerkungen" ist die etwa erfolgte Beiziehung des Bezirksarztes oder des beamteten Tierarztes oder sonstiger Sachverständigen (§ 9 der Allerhöchsten Verordnung) zu erwähnen. Ferner ist hier bei Anträgen von Privaten die Bezugsquelle der untersuchten Ware, soferne sie bekannt ist, vorzumerken.

7. Die Höhe der von den Untersuchungsanstalten für die Vornahme von Untersuchungen und die Abgabe schriftlicher Gutachten zu beanspruchenden Gebühren bemißt sich nach dem anliegenden Tarife, welcher auch zugleich die Mengen der zur Untersuchung einzusendenden Proben entnehmen läßt. Die Gebührenrechnung ist dem Gutachten gesondert beizulegen.

Ist der Untersuchungsantrag von einer Gemeinde ausgegangen, mit welcher eine Vereinbarung im Sinne des § 11 Abs. 2 der Allerhöchsten Verordnung getroffen wurde, so ist gleichwohl die Gebührenrechnung vorsorglich für den Fall, daß ein Dritter für zahlungspflichtig erklärt werden sollte, beizufügen.

Insoweit die zur Beratung beigezogenen Bezirksärzte und beamteten Tierärzte zur Inanspruchnahme einer Vergütung berechtigt sind (§ 9 Abs. 1, § 11 Abs. 3 der Allerhöchsten Verordnung), ist deren Gebührenrechnung gleichfalls beizulegen.

Über die anfallenden Gebühren haben die Untersuchungsanstalten ein Kontrollverzeichnis zu führen.

Den Kgl. Regierungen, Kammern des Innern, sowie dem Kgl. Staatsministerium des Innern haben die Untersuchungsanstalten auf Anforderung kostenfrei Gutachten zu erstatten.

8. Hinsichtlich der Ausgaben sind die Untersuchungsanstalten unter Haftung des Vorstandes, an den vom Kgl. Staatsministerium des Innern festzustellenden Jahresvoranschlag gebunden, im Falle eines unvorhergesehenen Bedürfnisses ist besondere ministerielle Genehmigung zu erwirken.

9. Im übrigen werden in bezug auf die Aufstellung des Voranschlages, auf die Führung des Kontrollverzeichnisses, sowie auf die Kasseverwaltung und Rechnungsstellung besondere Vorschriften ergehen.

10. Die Beamten der Untersuchungsanstalten haben sich bezüglich dessen, was sie amtlich erfahren haben, jeder Mitteilung gegenüber unberechtigten Dritten zu enthalten.

11. Bis zum 15. Februar jedes Jahres haben die Untersuchungsanstalten über ihre Geschäftstätigkeit im verflossenen Jahre an das Kgl. Staatsministerium des Innern Bericht zu erstatten.

II. Untersuchungsanstalt der landwirtschaftlichen Kreisversuchsstation zu Speyer:

12. Die Bestimmungen der Ziffern 1, 2, 3, 4, 5, 6, 7, 10 und 11 finden mit Ausnahme der Vorschrift über die Führung eines Kontrollverzeichnisses (Ziff. 7 Abs. 4) auf die Untersuchungsanstalt zu Speyer gleichmäßige Anwendung.

Die Verpflichtung des Vorstandes und der bei der Untersuchungsanstalt verwendeten Assistenten erfolgt im Auftrage der Kgl. Regierung der Pfalz, Kammer des Innern, durch einen Kommissär derselben. Das Verpflichtungsprotokoll ist bei der genannten Regierung aufzubewahren.

Dr. Frhr. v. Lutz. Dr. v. Fäustle. Dr. v. Riedel. Frhr. v. Feilitzsch.

Der General-Sekretär:
Ministerialrat v. Schlereth.

c) Bekanntmachung vom 25. Juli 1890, Untersuchungsanstalten für Nahrungsmittel, Genußmittel und Gebrauchsgegenstände betreffend.

Kgl. Staatsministerien der Justiz, des Innern beider Abteilungen und der Finanzen.

Der im Anschlusse an Ziff. 7 der Ministerial-Bekanntmachung vom 2. Februar 1884 — Gesetz- und Verordnungsblatt 1884 S. 49—58 — veröffentlichte Gebührentarif der öffentlichen Untersuchungsanstalten für Nahrungsmittel, Genußmittel und Gebrauchsgegenstände mit Angabe der zur Untersuchung einzuliefernden Mengen wurde einer Revision unterzogen und wird mit Bezugnahme auf die §§ 11, 13 und 14 der Königlich Allerhöchsten Verordnung vom 27. Januar 1884, Untersuchungsanstalten für Nahrungs- und Genußmittel betreffend, — Gesetz- und Verordnungsblatt 1884 S. 43 — der neu festgestellte Gebührentarif mit Angabe der zur Untersuchung einzuliefernden Mengen im nachstehenden bekanntgegeben.

Der neue Gebührentarif tritt an Stelle des seitherigen Gebührentarifes mit 1. Oktober 1890 in Kraft, so daß von diesem Zeitpunkte ab die Inanspruchnahme der öffentlichen Untersuchungsanstalten mit Untersuchungen und Gutachten nach dem neuen Tarife zu bemessen ist.

Die nach § 11 Abs. 2 der Königlich Allerhöchsten Verordnung vom 27. Januar 1884 getroffenen besonderen Vereinbarungen mit den öffentlichen Untersuchungsanstalten werden durch den neuen Gebührentarif nicht berührt.

Frhr. v. Feilitzsch. Frhr. v. Leonrod. Dr. v. Müller.
v. Pfistermeister, Staatsrat.

Der General-Sekretär:
Ministerialrat v. Nies.

Gebührentarif der öffentlichen Untersuchungsanstalten für Nahrungsmittel, Genußmittel und Gebrauchsgegenstände.

I. Allgemeine Bestimmungen.

1. Die im Tarife festgesetzten Gebühren schließen die Vergütung für die bei der Untersuchung etwa verbrauchten Stoffe oder Werkzeuge, sowie für die Erstattung des schriftlichen Befundberichtes und Gutachtens in sich.

2. Für Untersuchungen, welche im Tarife nicht vorgesehen sind, wird die Gebühr nach Maßgabe der für die Untersuchung und die Ausarbeitung des Befundberichtes und Gutachtens aufgewendeten Zeit mit zwei Mark für jede angefangene Stunde berechnet. Der Zeitaufwand ist in der Kostenrechnung genau anzugeben. Die für die Untersuchung etwa verbrauchten Stoffe und Werkzeuge sind in diesem Falle der Anstalt besonders zu vergüten.

Für Gutachten, mit welchen keine Experimentaluntersuchungen verbunden sind, beträgt die Gebühr je nach dem Umfange und der Schwierigkeit der Sache zwei bis zwanzig Mark.

3. Für mikroskopische Untersuchungen bei den unter II aufgeführten Gegenständen ist im allgemeinen eine Gebühr von drei Mark zu berechnen.

Nach besonderer Lage des Falles, z. B. bei spezieller Fragestellung nach der Natur einer Hefeart, bei eingehender Untersuchung von Trübungen und Absätzen in Bier, Wein, Wasser, bei bakteriologischen Arbeiten, hat der Zeittarif in Anwendung zu kommen.

4. Da die Gebühren für die vorzunehmenden Untersuchungen bei einem und demselben Gegenstande je nach der Art und Ausdehnung der Untersuchung verschieden sind, so sind jederzeit sogleich mit der Übergabe eines Gegenstandes an die Untersuchungsanstalt die erforderlichen Mitteilungen über Veranlassung und Zweck des Auftrages auf Untersuchung zu verbinden, damit hiernach bemessen werden kann, worauf sich die Untersuchung des Gegenstandes zu richten hat.

II. Einzelbestimmungen.

Nr.	Gegenstand der Untersuchung	Gebühr Mk.	Zur Untersuchung einzuliefernde Menge
1.	**Bier.**		
	a) Bestimmung des spezifischen Gewichtes, des Gehaltes an Alkohol, Extrakt, Asche, Säure und Berechnung der ursprünglichen Würzekonzentration und des Vergärungsgrades	6	1 l
	b) Gesamtanalyse, welche einschließt a sowie die Bestimmung von Zucker, Stickstoff und Phosphorsäure	15	2 l
	c) Bestimmung jedes einzelnen weiteren normalen Bestandteiles, je	4	1/2 l
	d) Bestimmung einer flüchtigen Säure, z. B. Essigsäure, schweflige Säure etc., je	4	1/2 l
	e) Prüfung auf Salicylsäure	2	1/2 l
	f) Nachweis einer stattgefundenen Neutralisation	5	1/2 l
	g) Nachweis der Hopfensurrogate nach Dragendorff	20	4 l
2.	**Branntwein, Liköre.**		
	a) Bestimmung des spezifischen Gewichtes, des Gehaltes an Alkohol, Extrakt, Asche und eventuell Säure	6	1/2 l
	b) Bestimmung des Fuselöles	5	1 l
3.	**Brot.**		
	Bestimmung des Wasser- und Aschengehaltes	3	100 g
4.	**Essig.**		
	a) Bestimmung des Gehaltes an Essigsäure	2	1/4 l
	b) Prüfung auf Mineralsäure, Metalle und scharfe Pflanzenstoffe	2	1/4 l
	c) Bestimmung der Metalle, je	5	1 l
5.	**Fabrikate aus Mehl und Zucker.** (Konditoreiwaren, Suppennudeln usw.)		
	a) Prüfung auf schädliche Farbstoffe	3	1—2 Stück bezw. 50—100 g
	b) Bestimmung der Asche nebst Prüfung auf mineralische Beimengungen	3	
	c) Bestimmung von Arsen und Zinn oder eines anderen Metalles, je	5	
6.	**Fette** (Butter, Schmalzbutter, feste und flüssige Speisefette).		
	a) Bestimmung des Wassergehaltes	3	50 g
	b) Bestimmung des Fettgehaltes	5	
	c) Bestimmung des spezifischen Gewichtes	2	
	d) Bestimmung des Ranziditätsgrades	2	
	e) Bestimmung der Asche nebst Prüfung auf mineralische Beimengungen	3	
	f) Prüfung auf fremde Fette:		
	1. nach Becchi	2	100 g
	2. nach Hübl	6	
	3. nach Köttstorfer	4	
	4. nach Meißl	6	
	g) Prüfung auf fremde Farbstoffe	3	100 g
	h) Prüfung auf Borsäure	3	100 g
7.	**Fruchtsäfte.**		
	Prüfung auf künstliche Farbstoffe	3	50 g
8.	**Gebrauchsgegenstände.**		
	1. Kleiderstoffe, bedruckte und gefärbte, Tapeten, Buntpapiere, Kinderspielwaren usw.		

Nr.	Gegenstand der Untersuchung	Gebühr Mk.	Zur Untersuchung einzuliefernde Menge
	a) Prüfung auf die Beschaffenheit der Farbstoffe	3	2 qdm bezw. 1—2 Stück
	b) Bestimmung des Gehaltes an gesundheitsschädlichen Farben, für jede Farbe	5	
	2. Farbkästen.		
	Prüfung auf die Beschaffenheit der Farben, für jede Farbe vierzig Pfennige, jedoch im ganzen nicht weniger als 2 Mk. und nicht mehr als 10 Mk. .	2—10	1 Kasten
	3. Kochgeschirre. (Gewöhnliche Töpferwaren, emaillierte Eisengeschirre.)		
	a) Prüfung auf die Beschaffenheit der Glasur oder des Emails im Sinne des Reichsgesetzes vom 25. Juni 1887	3	1 Stück
	b) Bestimmung der Menge des in Essig löslichen Bleies.	5	1 Stück
	4. Metallgerätschaften (Metallfolien, verzinnte Waren, Zinnblei-Legierungen).		
	Bestimmung des Bleigehaltes	5	1 Stück
9.	Gewürze.		
	Bestimmung des Aschengehaltes und des in Salzsäure unlöslichen Teiles	3	50 g
10.	Hefe (Hefe, Preßhefe).		
	a) Bestimmung des Wassergehaltes, Prüfung auf fremde Beimengungen	5	50 g
	b) Bestimmung der Triebkraft	3	
11.	Honig.		
	Prüfung auf Reinheit	15	100 g
12.	Käse.		
	a) Bestimmung der Asche nebst Prüfung auf mineralische Beimengungen	3	50 g
	b) Bestimmung des Fettes	5	100 g
	c) Prüfung auf fremde Fette nach Meißl	6	100 g
13.	Kaffee.		
	1. Rohbohnen (Samenkerne)		
	Prüfung auf künstliche Färbung	2	100 g
	2. Gemahlener, gebrannter		
	a) Bestimmung des Fettes, Zuckers, der Asche (und des Extraktes) sowie physikalische Prüfung	10	100 g
	Bestimmung des Koffeingehaltes	10	100 g
14.	Kakao, Schokolade.		
	a) Prüfung auf Zusatz von fremden Fetten	6	50 g
	b) Bestimmung der Stärke, des Zuckers, des Fettes, je	4	100 g
15.	Konserven.		
	a) Prüfung auf Metalle, insbesondere Zinn, Blei, Kupfer, Zink	3	Eine Büchse oder ein Glas
	b) Bestimmung ihrer Menge, je	5	
	c) Bestimmung des Zuckers	4	
	d) Prüfung auf Konservierungsmittel	3	
	e) Bestimmung der schwefligen Säure	4	
16.	Mehl.		
	Bestimmung des Wasser- und Aschengehaltes . .	3	100 g

Nr.	Gegenstand der Untersuchung	Gebühr Mk.	Zur Untersuchung einzuliefernde Menge
17.	**Milch** (Rahm).		
	a) Bestimmung des spezifischen Gewichtes der Milch oder des Milchserums, je	2	} 1 l
	b) Bestimmung des spezifischen Gewichtes und Fettgehaltes	3	
	c) Bestimmung des spezifischen Gewichtes, des Fettgehaltes und der Trockensubstanz	5	1 l
	d) Bestimmung jedes einzelnen weiteren normalen Bestandteiles sowie der Asche, je	4	1 l
	e) Prüfung auf Konservierungsmittel	3	1 l
18.	**Petroleum.**		
	a) Prüfung auf die dem Gesetze entsprechende Beschaffenheit	2	1/4 l
	b) Fraktionierte Destillation und Prüfung auf fremde Beimengungen	6	1 l
19.	**Tee.**		
	a) Bestimmung der Asche nebst Prüfung auf mineralische Beimengungen	3	50 g
	b) Prüfung auf Färbungen und fremde Beimengungen durch botanische Untersuchungen	5	50 g
	c) Bestimmung des Theingehaltes	10	50 g
20.	**Wasser** (ausschließlich der Mineralwässer).		
	a) Prüfung auf die Brauchbarkeit als Trinkwasser, welche einschließt die Prüfung auf Ammoniak und salpetrige Säure sowie die Bestimmung der Menge an Abdampfrückstand, Chlor und Salpetersäure, der organischen Substanz (Oxydierbarkeit durch Kaliumpermanganat)	6	2 l
	b) Härtebestimmung maßanalytisch	2	1 l
	c) Bestimmung von Kalk und Magnesia	6	2 l
	d) Bestimmung jedes weiteren Bestandteiles, je . .	4	2—10 l
21.	**Wein** (Obstwein).		
	a) Bestimmung des spezifischen Gewichtes, des Gehaltes an Alkohol, Extrakt und Asche, der Gesamtmenge der freien Säuren sowie der Polarisation	8	3/4 l
	b) Bestimmung jedes einzelnen weiteren normalen Bestandteiles, je	4	1/2 l
	c) Polarisation	3	1/2 l
	d) Prüfung auf fremde Farbstoffe	3	1/2 l
	e) Bestimmung einer flüchtigen Säure, z. B. Essigsäure, schweflige Säure usw., je	4	1/2 l
	f) Prüfung auf Salicylsäure	2	1/2 l
22.	**Wurstwaren.**		
	a) Bestimmung des Wassergehaltes	3	100 g
	b) Prüfung auf Stärkemehl	2	50 g
	c) Bestimmung des Gehaltes an Stärkemehl . . .	5	100 g
	d) Prüfung auf künstliche Färbung	3	50 g
	e) Prüfung auf Konservierungs-Mittel	3	100 g
23.	**Zucker.**		
	a) Prüfung auf fremde Beimengungen	3	100 g
	b) Polarisation	3	100 g

d) Kgl. Allerhöchste Verordnung vom 5. Juli 1892, Untersuchungsanstalten für Nahrungs- und Genußmittel betreffend.

Im Namen Seiner Majestät des Königs.

Luitpold

von Gottes Gnaden Königlicher Prinz von Bayern, Regent.

Wir finden Uns bewogen, unter Abänderung der §§ 6, 7, 8 und 12 der Allerhöchsten Verordnung vom 27. Januar 1884, Untersuchungsanstalten für Nahrungs- und Genußmittel betreffend, — Gesetz- und Verordnungsblatt 1884 Seite 43 ff. — zu verordnen, was folgt:

§ 1.

Der jeweilige Vorstand des Hygienischen Institutes der Universität zu München, des Laboratoriums für angewandte Chemie an der Universität zu Erlangen und des Technologischen Attributes der Universität zu Würzburg ist unter dem Titel „Direktor der Kgl. Untersuchungsanstalt für Nahrungs- und Genußmittel" zugleich Vorstand der damit verbundenen Untersuchungsanstalt und bekleidet diese Stelle als Nebenfunktion gegen Bezug einer von dem Kgl. Staatsministerium des Innern im Benehmen mit dem Kgl. Staatsministerium des Innern für Kirchen- und Schulangelegenheiten zu bestimmenden jährlichen Remuneration.

Jeder Anstalt wird ein Inspektor und die erforderliche Anzahl von Assistenten beigegeben.

Die Inspektoren werden unter Einreihung in die Klasse XI Lit. b des mit Allerhöchster Verordnung vom 11. Juni 1892, die Gehaltsbezüge der pragmatischen Staatsdiener betreffend (Gesetz- und Verordnungsblatt S. 209), bekanntgegebenen Gehaltsregulativs Anlage C von Uns ernannt, die Assistenten auf Vorschlag des Akademischen Senates der betreffenden Universität durch das Kgl. Staatsministerium des Innern im Benehmen mit dem Kgl. Staatsministerium des Innern für Kirchen- und Schulangelegenheiten gegen Bezug eines Jahresgehaltes, jedoch ohne Anspruch auf Pension oder Sustentation in widerruflicher Weise aufgestellt werden.

§ 2.

Die Direktoren, die Inspektoren und die Assistenten werden auf die gewissenhafte Erfüllung ihrer Obliegenheiten eidlich verpflichtet.

Außerdem haben dieselben den Verfassungseid (Titel X § 3 der Verfassungsurkunde) sowie den durch die Allerhöchste Verordnung vom 15. März 1850 Regierungsblatt S. 241 vorgeschriebenen Eid, soweit sie diese Eide noch nicht geleistet haben, zu leisten.

§ 3.

Die Direktoren der Untersuchungsanstalten werden im Falle der Verhinderung durch die Inspektoren vertreten; außerdem sind dieselben befugt, nach Gutbefinden den Inspektor oder einen der Assistenten zur Vertretung der Anstalt in einzelnen Angelegenheiten vor Gerichten oder Behörden abzuordnen.

§ 4.

Die Bestimmungen der Allerhöchsten Verordnung vom 11. Februar 1875, die Aufrechnung der Tagegelder und Reisekosten bei auswärtigen Dienstgeschäften der Beamten und Bediensteten des Zivilstaatsdienstes betreffend (Gesetz- und Verordnungsblatt, S. 105) finden auf die Beamten der Untersuchungsanstalten mit der Maßgabe Anwendung, daß die Direktoren der Untersuchungsanstalten unter § 6 Lit. b, die Inspektoren unter § 6 Lit. c und die Assistenten unter § 6 Lit. d dortselbst einzureihen sind.

§ 5.

Gegenwärtige Verordnung, durch welche die §§ 6, 7, 8 und 12 der eingangs genannten Allerhöchsten Verordnung vom 27. Januar 1884 aufgehoben werden, tritt mit dem 1. Juli 1892 in Kraft.

e) Kgl. Allerhöchste Verordnung vom 26. Juni 1898, Untersuchungsanstalten für Nahrungs- und Genußmittel betreffend.

Im Namen Seiner Majestät des Königs.

Luitpold

von Gottes Gnaden Königlicher Prinz von Bayern, Regent.

Wir finden Uns bewogen, unter Aufhebung der Allerhöchsten Verordnung vom 5. Juli 1892 und in Abänderung der §§ 6, 7, 8 und 12 der Allerhöchsten Verordnung vom 27. Januar 1884, Untersuchungsanstalten für Nahrungs- und Genußmittel betreffend, zu verordnen, was folgt:

§ 1.

Der jeweilige Vorstand des pharmazeutischen Instituts und Laboratoriums für angewandte Chemie an den Kgl. Universitäten zu München und zu Erlangen sowie des technologischen Attributes an der Kgl. Universität zu Würzburg ist unter dem Titel „Direktor“ zugleich Vorstand der damit verbundenen Kgl. Untersuchungsanstalt für Nahrungs- und Genußmittel und bekleidet diese Stelle als Nebenfunktion gegen Bezug einer von dem Kgl. Staatsministerium des Innern im Benehmen mit dem Kgl. Staatsministerium des Innern für Kirchen- und Schulangelegenheiten zu bestimmenden jährlichen Vergütung.

Jeder der drei Kgl. Untersuchungsanstalten wird ein Oberinspektor, ein Inspektor und die erforderliche Anzahl von Assistenten beigegeben.

Die Oberinspektoren und die Inspektoren werden, und zwar erstere unter Einreihung in die Klasse VII b, letztere unter Einreihung in die Klasse XI b des mit Allerhöchster Verordnung vom 11. Juni 1892, die Gehaltsbezüge der pragmatischen Staatsdiener betreffend, bekanntgegebenen Gehaltsregulatives Anlage C von Uns ernannt, die Assistenten auf Vorschlag des Akademischen Senates der betreffenden Universität durch das Kgl. Staatsministerium des Innern im Benehmen mit dem Kgl. Staatsministerium des Innern für Kirchen- und Schulangelegenheiten nach Maßgabe der Allerhöchsten Verordnung vom 26. Juni 1894, die Dienstverhältnisse der nichtpragmatischen Staatsbeamten und Staatsbediensteten betreffend, aufgestellt.

§ 2.

Die Direktoren, die Oberinspektoren, die Inspektoren und die Assistenten werden auf die gewissenhafte Erfüllung ihrer Obliegenheiten eidlich verpflichtet.

Außerdem haben dieselben den Verfassungseid (Titel X § 3 der Verfassungsurkunde) sowie den durch die Allerhöchste Verordnung vom 15. März 1850 vorgeschriebenen Eid, soweit sie diese Eide noch nicht geleistet haben, zu leisten.

§ 3.

Die Direktoren der Kgl. Untersuchungsanstalten werden im Falle der Verhinderung durch die Oberinspektoren vertreten; außerdem sind sie befugt, zur Vertretung der Anstalt vor Gerichten und Behörden nach Gutbefinden Beamte der Untersuchungsanstalt abzuordnen.

§ 4.

Die Bestimmungen der Allerhöchsten Verordnungen vom 11. Februar 1875 und bezw. vom 13. Juli 1892, die Aufrechnung der Tagegelder und Reisekosten bei auswärtigen Dienstgeschäften der Beamten und Bediensteten des Zivilstaatsdienstes betreffend, finden auf die Beamten der Kgl. Untersuchungsanstalten in dem Sinne Anwendung, daß die Direktoren unter § 6 Lit. b, die Oberinspektoren unter § 6 Lit. c, die Inspektoren und Assistenten unter § 6 Lit. D dortselbst einzureihen sind.

§ 5.

Gegenwärtige Verordnung tritt mit dem 1. August 1898 in Kraft.

f) Bekanntmachung vom 10. September 1906, Untersuchungsanstalten für Nahrungs- und Genußmittel betreffend.

Kgl. Staatsministerium des Innern.

Seine Kgl. Hoheit Prinz Luitpold, des Königreichs Bayern Verweser, haben Allerhöchst zu bestimmen geruht, daß in Abänderung der Kgl. Allerhöchsten Verordnung vom 26. Juni 1898 (Gesetz- und Verordnungsblatt S. 351) vom 16. September 1906 an

1. die Vorstände der Kgl. Untersuchungsanstalten für Nahrungs- und Genußmittel den Titel „Erste Direktoren" führen.
2. den drei Kgl. Untersuchungsanstalten je ein zweiter Direktor beigegeben werde, der in die Klasse V b der Anlage C zur Verordnung vom 11. Juni 1892, die Gehaltsbezüge der pragmatischen Staatsdiener betreffend, eingereiht wird und den ersten Direktor im Verhinderungsfalle zunächst zu vertreten hat.

Gehaltsverhältnisse an den Kgl. Untersuchungsanstalten.

	Gehalt in den Dienstjahren					Gehaltszulage in den Ortsklassen	
	1–5		6–10	11–15	16–20	I	II
I. Direktoren[1]	—		—	—	—	—	—
II. Direktoren[2]	4920		5280	5640	6000[6]	810	765
Oberinspektoren[3]	3900		4260	4620	4980[6]	690	645
	1–3	4–5					
Inspektoren[4]	2820	3000	3180	3360	3540[6]	360	315
Assistenten 1. Ordnung[5]	1860	2040	2220	2400	2580[7]	360	315
Assistenten 2. Ordnung	1500	1680	1860	2040	—	255	210

[1]) Die I. Direktoren, welche diese Stelle im Nebenamte bekleiden, erhalten jährlich einen Funktionsbezug von 800 Mk.

[2]) Nach Klasse V b des Gehaltsregulativs für pragmatische Staatsdiener.

[3]) „ „ VII b „ „ „ „ „

[4]) „ „ XI b „ „ „ „ „

[5]) „ „ II a „ „ „ nichtpragmatische Staatsdiener.

[6]) Vom vollendeten 20. Dienstjahre für jedes weitere Quinquennium Mehrung von 180 Mk. jährlich.

[7]) Vom 21—25. Dienstjahre 2760 Mk., vom 26. ab 2940 Mk.

A. Staatliche Anstalten.

(112) Erlangen.

1. Verhältnisse der Anstalt:

a) **Amtsbezeichnung:** Königliche Untersuchungsanstalt für Nahrungs- und Genußmittel zu Erlangen.

b) **Amtsbezirk:** Die Regierungsbezirke Oberfranken, Mittelfranken, Oberpfalz und Regensburg.

c) **Charakter der Anstalt:** Staatliche Anstalt (auch im Sinne des § 16 der Prüfungsvorschriften für Nahrungsmittelchemiker vom 22. Februar 1894) und seit ihrem Bestehen öffentliche Anstalt im Sinne des § 17 des Reichsgesetzes vom 14. Mai 1879. Im übrigen wird auf die oben abgedruckten landesrechtlichen Verordnungen verwiesen.

d) **Errichtung und geschichtliche Entwickelung:** Die Anstalt ist vom Kgl. Bayer. Staatsministerium des Innern im Jahre 1884 errichtet und dem Laboratorium für angewandte Chemie an der Kgl. Universität Erlangen angegliedert.

e) **Aufsicht:** Kgl. Staatsministerium des Innern. Den inneren Betrieb beaufsichtigt auch der I. Direktor.

f) **Unterhaltung:** Die Anstalt wird vom Staat unterhalten. Die Untersuchungsgebühren werden nach dem vom Kgl. Staatsministerium des Innern im Jahre 1890 revidierten Tarif (s. landesr. Verordn. S. 165) berechnet. Die vertragsmäßig angeschlossenen Gemeinden (zur Zeit 14 unmittelbare und 2 mittelbare Städte sowie 94 Distrikte in dem unter 1 b angegebenen Bezirk) bezahlen Pauschalsummen.

2. Verhältnisse der Beamten:

a) **Oberleiter:** Universitätsprofessor Dr. phil. Carl Paal als I. Direktor im Nebenamte (erhält für seine einschlägige Tätigkeit jährlich eine Funktionszulage von 800 Mk.).

b) **Leiter:** Dr. E. v. Raumer, 50 Jahre alt, Dienstalter: 21 Jahre; Besoldung: 4920 Mk. pensionsfähiges Gehalt und 765 Mk. jährliche Zulage (s. S. 171). Auszeichnung: Kgl. Professor.

c) **Technische Mitglieder:** 1 Oberinspektor mit 3900 Mk. pensionsfähigem Gehalt und 645 Mk. Zulage. 2 Inspektoren mit je 2820 Mk. pensionsfähigem Gehalt und 315 Mk. Zulage. 2 Assistenten mit je 1860 Mk. pensionsfähigem Gehalt und 315 Mk. Zulage (s. auch S. 171).

Sämtliche Beamte sind Nahrungsmittelchemiker. Dem Oberinspektor Dr. E. Spaeth wurde im Jahre 1906 der Titel Kgl. Professor verliehen.

d) **Sonstige Hilfskräfte:** 1 Schreiber und 1 Diener.

3. Tätigkeit der Anstalt:

Die Probeentnahme erfolgt teils durch die Beamten der Anstalt, teils durch die Ortspolizeibehörden. Die Kontrolltätigkeit erhellt aus folgenden Zahlen:

In den Jahren	1902	1903	1904	1905	1906
a) Anzahl der besuchten Gemeinden	821	865	930	914	969
b) Anzahl der revidierten Geschäfte	9113	9491	9553	9921	10361

In den Jahren	1902	1903	1904	1905	1906
c) Anzahl der untersuchten Proben	20122	18823	27382	40790	47565
Hiervon durch die Vorprüfung erledigt	10607	9123	17548	33278	41188

(113) München.

1. Verhältnisse der Anstalt:

a) **Amtsbezeichnung:** Königliche Untersuchungsanstalt für Nahrungs- und Genußmittel zu München.

b) **Amtsbezirk:** Die 3 Regierungsbezirke Oberbayern, Niederbayern, Schwaben und Neuburg.

c) **Charakter der Anstalt:** Staatliche Anstalt (auch im Sinne der Prüfungsvorschriften für Nahrungsmittelchemiker vom 22. Februar 1894) und seit dem 1. Januar 1880 öffentliche Anstalt im Sinne des § 17 des Reichsgesetzes vom 14. Mai 1879. Im übrigen wird auf die oben abgedruckten landesrechtlichen Verordnungen verwiesen.

d) **Errichtung und geschichtliche Entwickelung:** Auf M. v. Pettenkofers Veranlassung wurde am 1. Januar 1880 eine Station für Untersuchung von Lebensmitteln und Gebrauchsgegenständen bei dem Hygienischen Institut der Kgl. Universität München unter der Bezeichnung „Untersuchungsstation des Hygienischen Instituts zu München" errichtet. Der einschlägige Ministerialerlaß hatte folgenden Wortlaut:

K. B. St.-M. d. Innern. München, den 5. April 1880.

Betreff:
Die Untersuchungsstation
des Hygienischen Instituts zu München.

Bei dem Hygienischen Institute der Kgl. Ludwigs-Maximilians-Universität München ist vom 1. Januar l. Js. an eine Station für Untersuchung von Lebensmitteln und Gebrauchsgegenständen eingerichtet, welche alle vom Kgl. Staatsministerium des Innern oder vom Ober-Medizinal-Ausschusse zu Zwecken der Gesundheitspflege ihr zugewiesenen Untersuchungen, soferne nicht dritte die Kosten zu tragen haben, unentgeltlich vorzunehmen hat.

Die Kgl. Regierung, K. d. I., wird hiervon mit dem Beifügen in Kenntnis gesetzt, daß die bezüglichen Anträge mit den betreffenden Untersuchungsobjekten anher vorzulegen sind.

Anträge auf Untersuchung von Gebrauchsgegenständen zu Zwecken der Strafeinschreitung sind hierbei ausgeschlossen.

von Pfeufer.

An die Kgl. Regierungen, Der Generalsekretär:
Kammern des Innern. Ministerialrat von Schlereth.

Diese Untersuchungsstation war in Bayern die erste amtliche Einrichtung zum Vollzuge des Reichsgesetzes vom 14. Mai 1879 und zwar eine öffentliche Anstalt im Sinne dieses Gesetzes. Am 1. März 1884 wurde die Untersuchungsstation in die Kgl. Untersuchungsanstalt für Nahrungs- und Genußmittel umgewandelt, und zugleich wurde ihr der unter 1 b angegebene Amtsbezirk überwiesen. Bis zum 1. August 1894 war die Anstalt mit dem Hygienischen Institute verbunden. Seit dieser Zeit ist sie dem Pharm. Institut und Laboratorium für angewandte Chemie an der Universität angegliedert.

Im Jahre 1907 mußten infolge von Raummangel, der durch die Erweiterung der Dienstgeschäfte eintrat, 2 Nebenstellen eingerichtet werden.

Leiter der Nebenstelle I ist einer der Inspektoren, z. Z. Dr. phil. S. Holzmann, dem 2 wissenschaftliche Hilfsbeamte und 1 Diener zugeteilt sind. Leiter der Nebenstelle II ist Dr. phil. C. Mai, der über einen wissenschaftlichen Hilfsbeamten und einen Diener verfügt.

e) **Aufsicht:** Kgl. Staatsministerium des Innern. Den inneren Betrieb beaufsichtigt auch der I. Direktor.

f) **Unterhaltung:** Die Anstalt wird vom Staat unterhalten. Die Untersuchungen werden nach dem vom Kgl. Staatsministerium des Innern im Jahre 1890 revidierten Tarif (s. landesrechtl. Verordn. S. 165) berechnet. Die vertragsmäßig angeschlossenen Gemeinden (zur Zeit 16 unmittelbare und 2 mittelbare Städte sowie 84 Distrikte in dem unter 1 b angegebenen Bezirk) bezahlen Pauschalsummen.

2. Verhältnisse der Beamten:

a) **Oberleiter:** Als I. Direktor im Nebenamte Universitätsprofessor Dr. phil. Theodor Paul, Kaiserl. Geh. Reg.-Rat, Mitglied des Reichsgesundheitsrates, a. o. Mitglied des Bayer. Obermedizinalausschusses, a. o. Beisitzer des Medizinalkomitees, Mitglied des Gesundheitsrates der Haupt- und Residenzstadt München, Inhaber des Preußischen Roten Adlerordens IV. Klasse. Der I. Direktor erhält für seine Tätigkeit eine jährliche Funktionszulage von 800 Mk.

b) **Leiter:** Dr. phil. Rudolf Sendtner, II. Direktor. Alter: 53 Jahre. Dienstalter: 27 Jahre. Besoldung nach Klasse V b des Gehaltsregulativs für pragm. Staatsdiener. Pensionsfähiges Gehalt 4920 Mk., Zulage 810 Mk. (s. S. 171). Auszeichnung: Kgl. Professor.

c) **Technische Mitglieder:** 1. 1 Oberinspektor nach Klasse VII b mit 3900 Mk. pensionsfähigem Gehalt und 690 Mk. Zulage. 2. 2 Inspektoren nach Klasse XI b mit je 2820 Mk. pensionsfähigem Gehalt und 360 bezw. 315 Mk. Zulage. 3. 3 Assistenten I. Ordn. nach Klasse II a des Gehaltsregulativs für nichtpragmatische Staatsbeamte mit je 1860 Mk. pensionsfähigem Gehalt und 360 bezw. 315 Mk. Zulage. 4. 3 wissenschaftliche Hilfsarbeiter mit je 2160 Mk. Funktionsbezug (s. auch S. 171).

Sämtliche Beamte sind geprüfte Nahrungsmittelchemiker.

Dem Oberinspektor Dr. Neufeld wurde im Jahre 1906 der Titel Kgl. Professor verliehen.

d) **Sonstige Hilfskräfte:** 2 Expedienten und 3 Diener.

3. Tätigkeit der Anstalt:

Die Proben werden in der Stadt München durch besondere städtische Bezirksinspektoren, die unter Leitung eines Oberinspektors stehen, in den auswärtigen Bezirken dagegen meistens durch die Beamten der Untersuchungsanstalt selbst, zum Teil auch durch die Polizei entnommen. Auf Wunsch und im Bedarfsfalle erfolgt Belehrung und Unterweisung der Polizeibeamten in der Probenahme durch die Beamten der Anstalt. Die Kontrolltätigkeit erhellt aus folgenden Zahlen:

In den Jahren	1902	1903	1904	1905	1906
Anzahl der besuchten auswärtigen Gemeinden	794	772	853	872	960
Anzahl der revidierten Geschäfte	5028	4734	5228	6097	6145
Anzahl der untersuchten Proben	28944	30271	38103	43904	43051

(114) Würzburg.

1. Verhältnisse der Anstalt:

a) **Amtsbezeichnung:** Kgl. Untersuchungsanstalt für Nahrungs- und Genußmittel zu Würzburg.

b) **Amtsbezirk:** Der Regierungsbezirk Unterfranken und Aschaffenburg. Außerdem ist der Großh. Sachsen-Weimarische Verwaltungsbezirk Dermbach durch Vertrag an die Anstalt angeschlossen.

c) **Charakter der Anstalt:** Staatliche Anstalt (auch im Sinne des § 16 der Prüfungsvorschriften für Nahrungsmittelchemiker vom 22. Februar 1894) und seit ihrem Bestehen öffentliche Anstalt im Sinne des § 17 des Reichsgesetzes vom 14. Mai 1879. Im übrigen wird auf die oben abgedruckten einschlägigen landesrechtlichen Verordnungen verwiesen.

d) **Errichtung und geschichtliche Entwickelung:** Die Anstalt ist vom Kgl. Bayer. Staatsministerium des Innern im Jahre 1884 errichtet und dem Technologischen Attribute der Universität Würzburg angegliedert.

e) **Aufsicht:** Kgl. Staatsministerium des Innern. Den inneren Betrieb beaufsichtigt auch der I. Direktor.

f) **Unterhaltung:** Die Anstalt wird vom Staat unterhalten. Die Untersuchungen werden nach dem vom Kgl. Staatsministerium des Innern im Jahre 1890 revidierten Tarif (s. landesr. Verordn. S. 165) berechnet. Die vertragsmäßig angeschlossenen Gemeinden (zur Zeit 4 unmittelbare Städte und 35 Distrikte) bezahlen Pauschalsummen.

2. Verhältnisse der Beamten:

a) **Oberleiter:** Der Univ.-Professor Dr. phil. Ludw. Medicus als I. Direktor im Nebenamte, Ritter des Kgl. bayer. Verdienstordens vom hl. Michael III. Kl. und des Militärverdienstordens II. Kl. Der I. Direktor erhält für seine Tätigkeit jährlich eine Funktionszulage von 800 Mk.

b) **Leiter:** Dr. phil. Herm. Röttger; Lebensalter: 53 Jahre, Dienstalter: 21 Jahre; Besoldungsverhältnisse nach Kl. V b des Gehaltsregulativs für pragmatische Staatsdiener, wie S. 171 angegeben ist. Auszeichnung: Kgl. Professor.

c) **Technische Mitglieder:** 1. 1 Oberinspektor nach Kl. VII b des Gehaltsregulativs für pragmatische Staatsdiener. 2. 3 Assistenten nach dem Gehaltsregulativ für nichtpragmatische Staatsbeamte (s. S. 171).

Sämtliche Beamte sind Nahrungsmittelchemiker.

Dem Oberinspektor Dr. Wirthle wurde im Jahre 1906 der Titel Kgl. Professor verliehen.

d) **Sonstige Hilfskräfte:** 1 Diener.

3. Tätigkeit der Anstalt:

Die Entnahme der Proben erfolgt teils durch die Beamten der Anstalt selbst, teils durch die Ortspolizeibehörden. Über den Umfang der Kontrolltätigkeit geben folgende Zahlen Aufschluß:

In den Jahren	1902	1903	1904	1905	1906
a) Anzahl der besuchten Gemeinden	408	462	501	568	578
b) Anzahl der revidierten Geschäfte	3893	4557	4918	5000	5118
c) Anzahl der untersuchten Proben	15397	18347	18566	20529	21723

B. Kommunale Anstalten.

(115) Fürth.

1. Verhältnisse der Anstalt:

a) **Amtsbezeichnung:** Städtische Untersuchungsanstalt für Nahrungs- und Genußmittel in Fürth.

b) **Amtsbezirk:** Stadtkreis Fürth.

c) **Charakter der Anstalt:** Städtische Anstalt; seit ihrer Errichtung als öffentliche Anstalt im Sinne des § 17 des Reichsgesetzes vom 14. Mai 1879 durch das Kgl. Staatsministerium des Innern anerkannt.

d) **Errichtung und geschichtliche Entwickelung:** Die Anstalt wurde von der Stadt Fürth am 1. Juli 1883 eröffnet. Sie ist mit der Kgl. Realschule verbunden, in deren chemischem Laboratorium die Untersuchungen ausgeführt werden.

e) **Aufsicht:** Die Untersuchungsanstalt untersteht dem Magistrat der Stadt Fürth und dem Kgl. Staatsministerium des Innern.

f) **Unterhaltung:** Der Magistrat der Stadt Fürth zahlt zur Unterhaltung jährlich etwa 1800 Mk. Die Untersuchungen für die Stadt werden nicht besonders berechnet.

2. Verhältnisse der Beamten:

a) **Leiter:** Dr. phil. J. Langhans, Rektor der Kgl. Realschule, 63 Jahre alt, Dienstalter 23 Jahre. Ihm steht ein Assistent zur Seite, der Nahrungsmittelchemiker und gleichzeitig Kgl. Reallehrer ist. Als Vergütung erhalten der Leiter wie der Assistent jährlich je 800 Mk.

3. Tätigkeit der Anstalt:

Die Proben werden von Polizeibeamten entnommen, die von dem Leiter mit Unterweisungen versehen werden. Folgende Zählen geben eine Übersicht über die Tätigkeit der Anstalt:

In den Jahren	1902	1903	1904	1905
Anzahl der untersuchten Proben	1189	1243	1379	2355
Anzahl der erstatteten Gutachten und Berichte	1	1	4	4

Außerdem wurden durch die Polizeibeamten jährlich 4000—5000 Milchprüfungen mit dem Laktodensimeter vorgenommen.

(116) Ludwigshafen a. Rh.

1. Verhältnisse der Anstalt:

a) **Amtsbezeichnung:** Öffentliche Untersuchungsanstalt für Nahrungs- und Genußmittel zu Speyer, Zweigstelle Ludwigshafen.

b) **Amtsbezirk:** Stadt Ludwigshafen a. Rh.

c) **Charakter der Anstalt:** Wie der der Mutteranstalt in Speyer (s. Nr. 119), jedoch fällt die Hälfte der Strafgelder der Stadtkasse zu.

d) **Errichtung:** Durch die Kgl. Regierung der Pfalz im Dezember 1906.

e) **Aufsicht:** Die Mutteranstalt in Speyer.

f) **Unterhaltung:** Die Stadt Ludwigshafen stellt die Räume, Gas, Licht, Wasser, unterhält den Diener und zahlt jährlich als Zuschuß zum Gehalt des Anstaltsleiters 3000 Mk. sowie zur Unterhaltung 1800 Mk. Dafür fallen der Stadt die Einnahmen aus der Auslandsfleischbeschau zu, deren chemische

Untersuchungen die Anstalt auszuführen hat. Ihre Hauptaufgabe wird aber die Nahrungsmittelkontrolle bilden. Die Gebühren für diese Untersuchungen werden nach dem Tarif für die Kgl. Bayer. Untersuchungsanstalten (s. S. 165) berechnet.

2. Verhältnisse der Beamten:

a) **Leiter:** Dr. phil. Wilh. Haß; Lebensalter: 31 Jahre; Dienstalter: 1½ Jahre an der Untersuchungsanstalt in Speyer; Gehalt: zurzeit 3000 Mk. ohne Pensionsberechtigung.

b) **Technische Mitglieder:** Zurzeit noch nicht vorhanden.

c) **Sonstige Hilfskräfte:** 1 Diener.

3. Tätigkeit der Anstalt:

Hierüber läßt sich zurzeit noch nichts angeben. Die Überwachung der Verkaufsräume und die Entnahme der Proben sollen für jedes Polizeirevier durch angelernte Schutzmänner ausgeübt werden.

(117) Nürnberg.

1. Verhältnisse der Anstalt:

a) **Amtsbezeichnung:** Städtische Untersuchungsanstalt für Nahrungs- und Genußmittel in Nürnberg.

b) **Amtsbezirke:** Stadtkreis Nürnberg.

c) **Charakter der Anstalt:** Die Anstalt ist von der Stadt errichtet und seit dem 1. Juli 1884 vom Kgl. Staatsministerium des Innern in widerruflicher Weise als öffentliche Anstalt im Sinne des § 17 des Reichsgesetzes vom 14. Mai 1879 anerkannt. Im übrigen wird auf die oben abgedruckten landesrechtlichen Verordnungen verwiesen.

d) **Errichtung und geschichtliche Entwickelung:** Im Jahre 1876 wurde vom Magistrat der Stadt Nürnberg ein Stadtchemiker angestellt, der gleichzeitig Lehrer der Chemie an der Industrieschule war und alle notwendig werdenden Untersuchungen von Nahrungs-, Genußmitteln und Gebrauchsgegenständen, sowie solche technischer und hygienischer Art auszuführen hatte. Selbst nach Anerkennung der Anstalt als öffentliche im Sinne des Reichsgesetzes vom 14. Mai 1879 blieb sie mit dem chemischen Laboratorium der Kgl. Industrieschule verbunden. Im Jahre 1899 wurden der Anstalt jedoch unter Abtrennung von der Industrieschule neue Diensträume in dem ehemaligen Schulhause (Schildgasse 10) überwiesen und gleichzeitig wurden die Beamten an derselben vermehrt.

e) **Aufsicht:** Magistrat der Stadt Nürnberg, Kgl. Regierung von Mittelfranken, Kammer des Innern, und Kgl. Staatsministerium des Innern.

f) **Unterhaltung:** Vom Magistrat der Stadt Nürnberg.

Im Jahre 1905 betrugen z. B. die Einnahmen:

Aus Untersuchungen auf Grund des Fleischbeschaugesetzes (Auslandsfleischbeschau)	25 522	Mk.
Aus Strafgeldern	743	„
Aus Untersuchungen auf Grund des § 16 des N.-M.-G.	1 933	„
Aus Untersuchungen für Private	399	„
Im ganzen	28 597	Mk.

Für die polizeilichen Untersuchungen werden besondere Gebühren nicht berechnet.

2. Verhältnisse der Beamten:

a) **Leiter:** Hans Schlegel, Oberinspektor; Lebensalter: 46 Jahre; Dienstalter: 21 Jahre; Besoldung: Anfangsgehalt 5460 Mk., alle 3 Jahre 300 Mk. pensionsberechtigte Zulage. Von dem Anfangsgehalt sind 4500 Mk. pensionsberechtigt; als Pension wird gerechnet bei 1—10 Dienstjahren 7/10, bei 10—20 Dienstjahren 8/10, bei 20—40 Dienstjahren 9/10, von da an bezw. vom 70. Lebensjahre an das volle Gehalt.

b) **Technische Mitglieder:** 1. Ein Inspektor mit 4350 Mk. Anfangsgehalt und alle 3 Jahre 250 Mk. pensionsberechtigter Zulage. Von dem Anfangsgehalt sind 3600 Mk. in denselben Stufen wie beim Leiter pensionsberechtigt. 2. Ein Assistent mit 3000 Mk. Anfangsgehalt und alle 3 Jahre 180 Mk. pensionsberechtigte Zulage. Von dem Anfangsgehalt sind 2400 Mk. pensionsberechtigt in denselben Stufen wie beim Leiter. Beide Beamte sind Nahrungsmittelchemiker und besitzen Unwiderruflichkeitsrecht.

c) **Sonstige Hilfskräfte:** Die Anstalt verfügt außerdem über 3 angelernte Kontrolleure, 1 Schreibhilfe und 1 Diener.

3. Tätigkeit der Anstalt:

Die Proben werden durch Beamte der Anstalt bei Revision der Geschäfte entnommen; hierbei wird schon eine Anzahl unverdächtiger Proben erledigt. Die im Sinne des Nahrungsmittelgesetzes und der Nachtragsgesetze sonst entfaltete Tätigkeit erhellt aus folgenden Zahlen:

In den Jahren	1902	1903	1904	1905	1906
Anzahl der revidierten Geschäfte	3371	2377	3437	3851	4312
Anzahl der untersuchten Proben	10737	11390	8810	9636	9368
Anzahl der erstatteten Gutachten und Berichte	726	1099	1235	1133	1293

(118) Regensburg.

1. Verhältnisse der Anstalt:

a) **Amtsbezeichnung:** Städtische Untersuchungsanstalt für Nahrungs- und Genußmittel in Regensburg.

b) **Amtsbezirk:** Stadtkreis Regensburg und Stadtamhof.

c) **Charakter der Anstalt:** Die Anstalt ist von der Stadt Regensburg errichtet und seit dem 1. Juni 1905 öffentliche Anstalt im Sinne des § 17 des Reichsgesetzes vom 14. Mai 1879 für den Stadtkreis Regensburg.

d) **Errichtung und geschichtliche Entwickelung:** Die Anstalt ist im September 1904 aus städtischen Mitteln ins Leben gerufen. Ihre Organisation ist noch nicht abgeschlossen.

e) **Aufsicht:** Die Aufsicht führen der Magistrat der Stadt Regensburg, die Kgl. Regierung für die Oberpfalz, Kammer des Innern, und das Kgl. Staatsministerium des Innern.

f) **Unterhaltung:** Die Unterhaltungskosten betragen jährlich etwa 6000 Mk. und werden zum Teil aus den Einnahmen für die Untersuchungen für die Auslandsfleischbeschau, durch Zuschüsse des Wasserwerkes und Beiträge der Stadt Stadtamhof, zum Teil aus Honoraranalysen gedeckt, für die der allgemeine amtliche Gebührentarif (siehe landesrechtliche Verordnung S. 165) zugrunde gelegt wird.

2. Verhältnisse der Beamten:

a) **Leiter:** Dr. phil. Friedrich Wiedmann, Nahrungsmittelchemiker, 34 Jahre alt, 2 Dienstaltersjahre, im Nebenamte Lehrer der Chemie und Baumaterialienlehre an der städtischen Baugewerkschule; Besoldung: 3720—5160 Mk. pensionsfähiges Gehalt.

b) **Technische Mitglieder:** Keine.

c) **Sonstige Hilfskräfte:** 1 Kontrolleur und 1 Diener.

3. Tätigkeit der Anstalt:

Die Proben werden durch den Leiter, einen Kontrolleur und die Polizeimannschaft entnommen. Für die beiden letzten Jahre ergaben sich:

	1905	1906
Anzahl der untersuchten Proben	1511	1753
Anzahl der erstatteten Gutachten und Berichte .	125	182

(119) Speyer.

1. Verhältnisse der Anstalt:

a) **Amtsbezeichnung:** Landwirtschaftliche Kreisversuchsstation und öffentliche Untersuchungsanstalt für Nahrungs- und Genußmittel in Speyer.

b) **Amtsbezirk:** Der Regierungsbezirk der Pfalz. Der Anstalt sind zur Zeit 16 Bezirksämter mit 657 Gemeinden der Pfalz auf Grund von Verträgen angeschlossen.

c) **Charakter der Anstalt:** Anstalt der pfälzischen Kreisgemeinde, seit dem 27. Januar 1884 öffentliche Untersuchungsanstalt für Nahrungs- und Genußmittel nach § 17 des Reichsgesetzes vom 14. Mai 1879.

d) **Errichtung und geschichtliche Entwickelung:** Als landwirtschaftliche Kreisversuchsstation besteht die Anstalt seit 1875; durch Allerhöchste Verordnung vom 27. Januar 1884 wurde sie in widerruflicher Weise als öffentliche Untersuchungsanstalt für Nahrungs- und Genußmittel für den Regierungsbezirk der Pfalz anerkannt und ihr die amtliche Nahrungsmittelkontrolle übertragen. Mit dem 1. Januar 1902 ging die gesamte Anstalt durch Schenkung auf die pfälzische Kreisgemeinde über und wird als nunmehrige Kreisanstalt auch vom Kreis unterhalten.

e) **Aufsicht:** Als Anstalt für Lebensmittelkontrolle untersteht sie der Aufsicht der Kgl. Regierung der Pfalz, Kammer des Innern, und dem Kgl. Staatsministerium des Innern.

f) **Unterhaltung:** Vom Staat erhält die Anstalt keine Zuschüsse, vom Kreis 6000 Mk. Die Einnahmen aus Untersuchungsgebühren betragen etwa 16000 Mk. Für die Berechnung der Gebühren gilt der vom Kgl. Staatsministerium des Innern unter dem 25. Juli 1890 revidierte Tarif (s. landesr. Verordn. S. 165).

2. Verhältnisse der Beamten:

a) **Leiter:** Dr. phil. Anton Halenke; Lebensalter: 60 Jahre; Dienstalter: 32 Jahre; pensionsberechtigte Besoldung 5130 Mk. Auszeichnung: Kgl. Professor.

b) **Technische Mitglieder:**

Ein Oberassistent bezw. ein Oberinspektor mit	3900	Mk. Gehalt
Ein 2. Assistent } bezw. Inspektoren	3000	" "
Ein 3. Assistent } bezw. Inspektoren	2955	" "
Ein 4. und 5. Assistent mit je	2135	" "

Von den Assistenten sind vier Nahrungsmittelchemiker. Außerdem ist ein Weinsachverständiger angestellt, der ausschließlich mit der Weinkellerkontrolle beschäftigt wird.

c) **Sonstige Hilfskräfte:** 1 Sekretär, 1 Schreiber, 1 Hausmeister und 1 Diener.

3. **Tätigkeit der Anstalt:**

Die Lebensmittelkontrolle wird in derselben Weise wie von den vorgenannten drei Königlichen Anstalten ausgeübt, indem die Proben teils durch Beamte der Anstalt bei der ambulanten Kontrolltätigkeit, teils durch die Ortspolizeibehörde entnommen werden. Folgende Zahlen gewähren eine Übersicht über die entfaltete Tätigkeit:

In den Jahren	1902	1903	1904	1905	1906
Anzahl der besuchten Gemeinden .	—	386	369	359	447
Anzahl der revidierten Einzelgeschäfte	—	4970	4308	5147	6110
Anzahl der Weinkellervisitationen .	—	486	1195	1200	459
Anzahl der untersuchten Proben .	2851	6053	8905	10126	6752
Anzahl der erstatteten Gutachten und Berichte	84	250	914	1000	1000

D. Aus privaten Mitteln eingerichtete Anstalt.

(120) Landshut.

1. **Verhältnisse der Anstalt:**

a) **Amtsbezeichnung:** Chemisches Laboratorium von Dr. H. Willemer in Landshut.

b) **Amtsbezirk:** Stadt und Bezirksamt Landshut.

c) **Charakter der Anstalt:** Die Anstalt ist aus privaten Mitteln errichtet und nicht öffentliche Anstalt im Sinne des Reichsgesetzes vom 14. Mai 1879.

d) **Errichtung und geschichtliche Entwickelung:** Dem Laboratorium (errichtet im Jahre 1867) werden bereits seit dem 1. Oktober 1877 von den Behörden der unter b aufgeführten Bezirke die einschlägigen Untersuchungen überwiesen.

e) **Aufsicht:** Die Aufsicht führen der Magistrat und das Bezirksamt von Landshut.

f) **Unterhaltung:** Zur Unterhaltung der Anstalt hat die Stadt Landshut jährlich 1200 Mk., das Bezirksamt 100 Mk. gewährt.

2. **Verhältnisse der Beamten:**

a) **Leiter:** Dr. phil. H. Willemer, 62 Jahre alt, Inhaber des Laboratoriums, seit 1877 im Dienstvertrage mit der Stadt und dem Bezirksamt Landshut.

b) **Technische Mitglieder:** Keine.

c) **Sonstige Hilfskräfte:** Keine.

3. **Tätigkeit der Anstalt:**

Die Proben werden von dem Inhaber der Anstalt und einem Marktinspektor entnommen. Die Anstalt führt im Auftrage der Kgl. Regierungen von Ober- und Niederbayern die monatlichen Untersuchungen der Isar aus.

Folgende Zahlen geben eine Übersicht über die Tätigkeit auf dem Gebiete der Lebensmittelkontrolle:

In den Jahren	1902	1903	1904	1905	1906
Anzahl der untersuchten Proben	390	570	803[1]	602	611
Anzahl der erstatteten größeren Gutachten und Berichte	13	7	9	7	7

IV. Sachsen.

Landesrechtliche Verordnung.

Verordnung des Ministeriums des Innern, betr. Ausübung der Nahrungsmittelkontrolle, vom 3. Mai 1901[2].

Wie das Ministerium des Innern aus den erstatteten Berichten ersehen hat, findet, abgesehen von einigen Städten, gegenwärtig keine regelmäßige und genügende Überwachung des Verkehrs mit Nahrungs- und Genußmitteln und Gebrauchsgegenständen statt. Da jedoch eine derartige Überwachung sowohl im Interesse der öffentlichen Gesundheitspflege wie für die Erhaltung von Treu und Glauben im öffentlichen Handelsverkehr von größter Wichtigkeit ist, befindet das Ministerium des Innern, daß die Ortspolizeibehörden, zu deren Zuständigkeit diese Überwachung gehört, zu einer regelmäßigen und vermehrten Ausübung derselben unter Mitwirkung eines der Leitung eines geprüften Nahrungsmittelchemikers unterstehenden Laboratoriums anzuhalten sind.

Um die Gemeinden dadurch nicht über Gebühr zu belasten, hat das Ministerium des Innern beschlossen, die Zentralstelle für öffentliche Gesundheitspflege zu Dresden und die bei dem hygienischen Institut der Universität Leipzig einzurichtende Untersuchungsanstalt für diesen Zweck zur Verfügung zu stellen, und ist außerdem mit dem Verein öffentlicher analytischer Chemiker Sachsens in Verbindung getreten, wobei eine Verständigung mit den Mitgliedern dieses Verbandes auf folgender Grundlage erzielt worden ist:

1. die betreffenden Laboratorien verpflichten sich, in denjenigen Gemeinden, welche ihnen die Ausübung der Nahrungsmittelkontrolle übertragen, alljährlich eine bestimmte Anzahl von Untersuchungen aller Art, und zwar 30 auf 1000 Einwohner, auszuführen und zu diesem Zwecke die Proben an Ort und Stelle selbst zu entnehmen;
2. die Gemeinden zahlen dafür eine Pauschalgebühr von 5 Pfg. auf den Kopf der Bevölkerung, ohne daß ihnen daneben — außer dem etwa für die Proben zu zahlenden Kaufpreis — irgendwelche andere Vergütungen, insbesondere für Reiseaufwand der Chemiker angesonnen werden dürfen;
3. die Laboratorien haben ordnungsmäßige Bücher über die Untersuchungen zu führen und sich in dieser Beziehung ebenso wie inbetreff des Zustandes ihrer Laboratorien staatlicher Aufsicht zu unterstellen.

---

[1] Darunter 246 Wasseruntersuchungen.

[2] Fischer, Zeitschr f. Praxis und Gesetzgebung der Verwaltung, 1902, Nr. 23, S. 57.

Die hierzu getroffenen näheren Ausführungsvorschriften sind in der Beilage A zusammengestellt. Dieselben Bedingungen haben zu gelten, soweit die Untersuchungen von den vorgenannten beiden staatlichen Instituten ausgeführt werden.

Nach Vorstehendem wollen die Kreishauptmannschaften tunlichst dahin wirken, daß außer den Städten Dresden, Leipzig und Chemnitz, wo besondere Einrichtungen bestehen, womöglich alle Gemeinden von der gebotenen Füglichkeit Gebrauch machen. Wenn aber eine Gemeinde sich dessen weigern sollte, so ist strenge Aufsicht darüber zu führen, daß in dieser Gemeinde mindestens eine gleich große Anzahl Untersuchungen verschiedener Art von einem anderen geprüften Nahrungsmittelchemiker ausgeführt werden.

Das Ministerium des Innern geht davon aus, daß die nötigen Vorarbeiten bis zum 1. Oktober d. J. beendet sein können, und daß daher die amtliche Nahrungsmittelkontrolle spätestens zu diesem Zeitpunkte überall ins Leben treten kann.

A.

1. Die Tätigkeit der mitwirkenden Laboratorien hat sich auf alle Gegenstände, die unter das Nahrungsmittelgesetz vom 14. Mai 1897 und die zugehörigen Nebengesetze fallen, zu erstrecken, mit Ausnahme von Wasser.

Bei der Untersuchung und Abgabe des Gutachtens ist im allgemeinen davon auszugehen, daß, abgesehen von den beiden Staatsinstituten, welche unter der Leitung approbierter Ärzte stehen, der Nahrungsmittelchemiker lediglich die chemische Zusammensetzung des betreffenden Gegenstandes und die Tatsache, ob er nachgemacht oder verfälscht ist oder nicht, festzustellen, nicht aber die Frage zu erörtern hat, ob die Nachahmung oder Fälschung auch gesundheitsschädlich ist.

2. Zur Ausübung der Kontrolle haben sich bereit erklärt für den amtshauptmannschaftlichen Bezirk: 1. Pirna: Herr Dr. Schmidt in Dresden, Moritzstraße 2. 2. Meißen: Herr Dr. Filsinger in Dresden, Albrechtstraße 38 I. 3. Dippoldiswalde: Herr Dr. Schmidt in Dresden, Moritzstraße 2. 4. Großenhain: Herr Dr. Hefelmann in Dresden, Schreibergasse 6. 5. Freiberg mit der Delegation Sayda: Herr Dr. W. Raßmann in Freiberg. 6. Dresden-Altstadt und 7. Dresden-Neustadt: Die Zentralstelle für öffentliche Gesundheitspflege in Dresden. 8. Leipzig und 9. Grimma: Die Untersuchungsanstalt für Nahrungs- und Genußmittel und Gebrauchsgegenstände bei dem hygienischen Institute der Universität Leipzig. 10. Borna und 11. Döbeln: Herr Dr. Röhrig in Leipzig, Lindenstraße 20. 12. Rochlitz: Herr Benno Kohlmann in Leipzig, Gabelsbergerstraße 4. 13. Oschatz und 14. Flöha: Herr Dr. Prager in Leipzig, Kolonnadenstraße 9. 15. Chemnitz: Herr Dr. Kallir in Leipzig, Petersstraße 27. 16. Annaberg und 17. Marienberg: Herr Dr. Trübsbach in Chemnitz. 18. Glauchau: Herr Dr. Scheitz in Meerane. 19. Zwickau: Herr Dr. Falck in Zwickau. 20. Plauen, 21. Ölsnitz und 22. Auerbach: Herr Dr. Forster in Plauen i. V. 23. Schwarzenberg: Herr Dr. Elsner in Leipzig, Sidonienstraße 51. 24. Zittau und 25. Löbau: Herr Dr. Jonscher in Zittau. 26. Bautzen und 27. Kamenz: Herr Dr. Hefelmann in Dresden.

3. Die Beauftragung der Laboratorien mit der Ausübung der Kontrolle soll in den Landgemeinden und den Städten mit der Städteordnung für mittlere und kleine Städte durch die zuständige Amtshauptmannschaft vermittelt werden, ebenso deren Bezahlung.

Die letztere soll vierteljährlich postnumerando dergestalt erfolgen, daß die einzelnen Gemeinden, die den Laboratorien für die Ausübung der Kontrolle zu zahlenden Beträge rechtzeitig an die Amtshauptmannschaft einsenden und diese wieder die Gesamtsumme an den Chemiker auszahlt. Die durch die Versendung von Schriftstücken und Proben entstehenden Portokosten hat, wenn die Gemeinde die Absenderin ist, diese zu tragen; ist der Absender der Chemiker, so fallen sie ihm zur Last.

Sind in einem Jahre bereits je 30 Untersuchungen auf 1000 Einwohner für eine Gemeinde vorgenommen worden, und macht sich eine weitere Untersuchung notwendig, so ist solche, wird die Probe dem Chemiker von der Gemeinde zugeschickt, unentgeltlich zu bewirken; wünscht dagegen die Gemeinde, daß der Chemiker die Probe an Ort und Stelle entnehme, so hat auch hier die eigentliche Untersuchung unentgeltlich zu geschehen, der Reiseaufwand des Chemikers aber ist ihm diesfalls von der Gemeinde besonders zu vergüten.

Die Städte mit revidierter Städteordnung sollen die Beauftragung der einzelnen Chemiker mit der Nahrungsmittelkontrolle innerhalb ihres Bezirkes selbständig bewirken.

4. Vertreter des Chemikers kann nur ein geprüfter Nahrungsmittelchemiker sein, der entweder selbst Inhaber eines Laboratoriums ist oder mindestens ein halbes Jahr in dem Bezirke des betreffenden Chemikers bereits praktisch gearbeitet hat.

Der Vertreter ist der Amtshauptmannschaft bezw. dem Stadtrate rechtzeitig namhaft zu machen.

Das Hilfspersonal braucht nicht aus geprüften Nahrungsmittelchemikern zu bestehen, der Inhaber des Laboratoriums trägt jedoch für die betreffenden Personen die volle Verantwortung nach außen.

5. Die mitwirkenden Chemiker haben die Proben in der Regel an Ort und Stelle persönlich zu entnehmen.

Die Ortspolizeibehörden haben auf Wunsch des Chemikers diesem einen Polizeibeamten zur Unterstützung mitzugeben. In geeigneten Fällen kann die Probeentnahme auch durch Vermittlung vertrauenswürdiger dritter Personen geschehen. Die Kosten der Probe (deren Kaufpreis) hat die Gemeinde zu tragen.

6. Die Laboratorien werden vor dem Inkrafttreten der Organisation von einem Beauftragten des Ministeriums des Innern besichtigt werden. Etwaige, von dem Ministerium auf Grund dieser Besichtigung als erforderlich bezeichnete Erweiterungen und Ergänzungen ihrer Laboratorien sind vorzunehmen.

Des weiteren werden die Laboratorien einer fortlaufenden Revision seitens des Ministeriums des Innern — ähnlich wie bei den Apotheken — unterworfen.

Es sind folgende Bücher zu führen:

1. ein Eingangsjournal, in welches alle Eingänge unter fortlaufenden Nummern eingetragen sind;
2. ein Arbeitsjournal (zur Aufnahme einer genauen Beschreibung der Untersuchung);
3. ein Journal, in welches die Gutachten einzutragen sind.

Außerdem kann die Anlegung von besonderen Konten für jeden einzelnen Händler unter entsprechender Geheimhaltung ihres Inhaltes folgen.

7. Die Vornahme von Nahrungsmitteluntersuchungen für Privatpersonen aus dem den einzelnen mitwirkenden Laboratorien zugewiesenen Bezirke ist unzulässig, sofern nicht im einzelnen Falle die Amtshauptmannschaft bezw. der Stadtrat eine Ausnahme zuläßt. Soweit hiernach derartige Privatunter-

suchungen zulässig sind, haben sich die Chemiker dabei einer Bezugnahme auf ihre Funktion als amtliche Sachverständige zu enthalten.

8. Die mitwirkenden Laboratorien haben über ihre Tätigkeit Jahresberichte bei den Amtshauptmannschaften einzureichen behufs Weitergabe an das Ministerium des Innern. Diese Jahresberichte haben sich auch auf die in den Städten mit revidierter Städteordnung vorgenommenen Untersuchungen zu beziehen.

9. Für die Untersuchungsmethoden sollen die „Vereinbarungen zur einheitlichen Untersuchung und Beurteilung von Nahrungs- und Genußmitteln sowie von Gebrauchsgegenständen für das Deutsche Reich" maßgebend sein.

Die vorzunehmenden Untersuchungen sind soweit zu erstrecken, als es für die Zwecke der Polizeiverwaltung erforderlich ist, um festzustellen, ob genügender Grund zu vorläufigen Maßregeln und zur Herbeiführung der Bestrafung vorliegt.

10. Das Auftragsverhältnis zwischen Gemeinde und Laboratorien soll beiderseits halbjährlich für den 1. Januar und 1. Juli gekündigt werden können. Für die Städte mit der Städteordnung, für mittlere und kleine Städte und für die Landgemeinden soll das Kündigungrecht der betreffenden Amtshauptmannschaft mit der Maßgabe zustehen, daß die Kündigung für die sämtlichen Gemeinden Wirksamkeit hat.

A. Staatliche Anstalten.

(121) Dresden.

1. Verhältnisse der Anstalt:

a) **Amtsbezeichnung:** Abteilung für Nahrungsmittelchemie bei der Kgl. Zentralstelle für öffentliche Gesundheitspflege in Dresden.

b) **Amtsbezirk:** Amtshauptmannschaft Dresden-Altstadt (31 Gemeinden), Amtshauptmannschaft Dresden-Neustadt mit der Stadt Radeberg und Amtshauptmannschaft Meißen mit den Städten Lommatzsch und Nossen.

c) **Charakter der Anstalt:** Staatlich, auch im Sinne des § 16 der Prüfungsvorschriften für Nahrungsmittelchemiker vom 22. Februar 1894.

d) **Errichtung und geschichtliche Entwickelung:** Die Abteilung wurde im Jahre 1901 an die seit 1871 bestehende Kgl. Zentralstelle für öffentliche Gesundheitspflege angegliedert.

e) **Aufsicht:** Das Kgl. Ministerium des Innern.

f) **Unterhaltung:** Durch die seitens der Gemeinden zu entrichtenden Gebühren im Betrag von 5 Pfg. auf den Kopf der Bevölkerung; 50 Mk. für 30 Proben auf 1000 Köpfe.

2. Verhältnisse der Beamten:

a) **Leiter:** Geh. Medizinalrat Professor Dr. med. Renk, Ministerialrat, Direktor der Kgl. Zentralstelle für öffentliche Gesundheitspflege und des Hygienischen Institutes an der Kgl. Technischen Hochschule zu Dresden. Auszeichnungen: Ritterkreuz I. Klasse vom Verdienstorden, Komtur II. Klasse des Albrechtsordens, franz. Palmes d'or-Orden.

b) **Technische Mitglieder:** Dr. phil. Emil Fickert und Dr. phil. Paul Süß, beide Nahrungsmittelchemiker; Amtstitel: Chemiker; Dr. phil. Paula

Köpcke, Nahrungsmittelchemikerin, wissenschaftliche Hilfsarbeiterin. Sämtliche drei Mitglieder sind pensionsberechtigte Staatsdiener. Das Jahresgehalt der Chemiker beträgt 2700—3900 Mk., das der wissenschaftlichen Hilfsarbeiter 1500—3600 Mk.

c) **Sonstige Hilfskräfte:** 1 Diätist und 2 Diener.

3. Tätigkeit der Anstalt:

Die Proben werden von den Herren Dr. Fickert und Dr. Süß eingeholt. Die beiden Herren vertreten die Befundangaben und Gutachten auch vor Gericht.

Untersucht wurden:

In den Jahren .	1901	1902	1903	1904	1905	1906
Anzahl Proben .	33	4670	5435	6816	6803	6968

(122) Leipzig.

1. Verhältnisse der Anstalt:

a) **Amtsbezeichnung:** Kgl. Untersuchungsanstalt beim Hygienischen Universitäts-Institut Leipzig.

b) **Amtsbezirk:** Amtshauptmannschaften Leipzig und Grimma mit im ganzen 280 Stadt- und Landgemeinden.

c) **Charakter der Anstalt:** Staatliche Anstalt, auch im Sinne des § 16 der Prüfungsvorschriften für Nahrungsmittelchemiker vom 22. Februar 1894; sie ist dem Hygienischen Institut der Universität Leipzig als besondere Abteilung angegliedert.

d) **Errichtung und geschichtliche Entwickelung:** Das Hygienische Institut der Universität Leipzig hat mit Genehmigung des Kgl. Ministeriums des Kultus und öffentlichen Unterrichts schon seit 1875 für den Rat der Stadt Leipzig Untersuchungen von Nahrungs- und Genußmitteln ausgeführt und ist dann vom 1. Oktober 1901 auf Veranlassung des Kgl. Ministeriums des Innern mit einer besonderen Abteilung als staatliche Untersuchungsanstalt für Nahrungs-, Genußmittel und Gebrauchsgegenstände ausgestattet worden.

e) **Aufsicht:** Kgl. Ministerium des Innern.

f) **Unterhaltung:** Die Kosten für die Unterhaltung der Anstalt decken sich zum Teil aus den Einnahmen der Kontrolle (5 Pfg. für den Kopf der Bevölkerung des Bezirkes); der Fehlbetrag wird vom Kgl. Ministerium des Innern gedeckt; die Einnahmen betrugen z. B. im Jahre 1906/07 12 160 Mk., die Ausgaben 21 120 Mk., also Staatszuschuß 8510 Mk.

2. Verhältnisse der Beamten:

a) **Leiter:** Dr. med. Franz Hofmann, Universitätsprofessor; Alter: 63 Jahre; Dienstalter: 28 Jahre als Universitätsprofessor; Besoldung: Bezieht als Leiter der Anstalt kein Gehalt, sondern nur als Universitätsprofessor. Auszeichnungen: Geh. Med.-Rat, Komtur II. des Verdienstordens, Komtur II. des Albrechtordens, Ritter II. des Bayr. Militär-Verdienstordens.

b) **Technische Mitglieder:** I. Chemiker als Oberinspektor (Dr. phil. F. Härtel) mit 3000—4200 Mk. Gehalt, zurzeit 3300 Mk.

2 Chemiker mit je 2700—3900 Mk. Gehalt, zurzeit mit 2900 bezw. 2700 Mk.

Die drei wissenschaftlichen Beamten, die Nahrungsmittelchemiker sind, sind unkündbar und mit Pensionsberechtigung angestellt.

c) **Sonstige Hilfskräfte:** 1 Expedient, 1 Diätist und 1 Diener.

3. Tätigkeit der Anstalt[1]**:**

Die Nahrungsmittelkontrolle bezw. Probeentnahme von Nahrungsmitteln wird durch die Beamten der Anstalt selbst ausgeführt. In den Orten mit Milchregulativ wird von den betreffenden Polizeibehörden außerdem noch eine Milchkontrolle mittelst Laktodensimeters und Laktoskops vorgenommen und die hierbei als verdächtig befundenen Proben werden zur weiteren Untersuchung eingesandt. Die Probeentnahme wird den Ortsbehörden schriftlich angezeigt, damit mit der Führung des Beamten ein Polizeibeamter rechtzeitig beauftragt werden kann. In den kleineren Gemeinden übernehmen die Gemeindevorstände die Führung meist selbst, während sie in größeren Gemeinden ausschließlich durch Polizeibeamte erfolgt.

Der Probeentnahme wird ganz besondere Aufmerksamkeit gewidmet; sie wird folgendermaßen gehandhabt:

Der Beamte läßt sich von den Geschäftsinhabern die verschiedensten Waren vorzeigen und entnimmt nach freier Wahl Proben; hierbei werden natürlich die verdächtig erscheinenden Waren besonders berücksichtigt. Von Waren, bei welchen durch Lagern Entmischung eintreten kann, wird stets eine Mischprobe hergestellt. Über Entnahme, Gewicht und Preis der Probe werden an Ort und Stelle in die von den Beamten geführten Entnahmebücher entsprechende Eintragungen gemacht; ferner wird noch der handelsübliche Preis und, wenn möglich, der Lieferer verzeichnet. Um eine Verwechslung zu vermeiden, werden die Proben mit laufender Nummer versehen. Über jede Probeentnahme wird ein Bericht ausgefertigt. Jede Beanstandung wird in diesen Berichten einzeln eingehend begründet und werden die zweckmäßig erscheinenden Maßnahmen empfohlen.

Der Umfang der Tätigkeit erhellt aus folgenden Zahlen:

In den Jahren	1902	1903	1904	1905	1906
Anzahl der untersuchten Proben	8920	7712	7563	7359	7903

B. Kommunale Anstalten.

(123) Chemnitz.

1. Verhältnisse der Anstalt:

a) **Amtsbezeichnung:** Chemisches Untersuchungsamt der Stadt Chemnitz.

b) **Amtsbezirk:** Stadt Chemnitz.

c) **Charakter der Anstalt:** Die Anstalt ist aus städtischen Mitteln errichtet, besteht selbständig für sich und ist durch Verfügung des Kgl. Ministeriums des Innern vom 2. Juni 1903 öffentliche Anstalt im Sinne des § 17 des Reichsgesetzes vom 14. Mai 1879.

[1]) Übersicht über die Jahresberichte etc. bearbeitet vom Kaiserl. Gesundheitsamt. Berlin 1905, 17.

d) **Errichtung und geschichtliche Entwickelung:** Die Errichtung eines selbständigen städtischen Untersuchungsamtes wurde vom Rat der Stadt Chemnitz am 14. April 1902 beschlossen, und dieser Beschluß wurde vom Stadtverordneten-Kollegium am 24. April 1902 genehmigt. Zum Leiter der Anstalt wurde Dr. phil. H. Lührig gewählt, der am 1. August 1902 sein Amt antrat. Am 3. Februar 1903 konnte die Anstalt dem öffentlichen Dienste übergeben werden, nachdem schon seit November 1902 regelmäßige Milchuntersuchungen in derselben vorgenommen worden waren. Am 1. Juli 1906 schied Dr. Lührig aus, um einem Rufe der Stadt Breslau zu folgen. An seiner Stelle übernahm am 15. Juli 1906 Dr. phil. A. Behre die Leitung der Anstalt.

e) **Aufsicht:** Wohlfahrtspolizeiamt der Stadt Chemnitz.

f) **Unterhaltung:** Durch die Stadt Chemnitz; der jährliche Zuschuß schwankt bis jetzt zwischen 4000—12 000 Mk., die Einnahmen aus Untersuchungen für die Auslandsfleischbeschau, Gerichtsbehörden und Privatpersonen betragen etwa 2000 Mk.

2. **Verhältnisse der Beamten:**

a) **Leiter:** Dr. phil. Alfred Behre, 31 Jahre alt, Direktor, in der Stellung seit 15. Juli 1906; Besoldung: 5000—6500 Mk., mit einer Steigerung von je 300 Mk. alle 3 Jahre, also in 5 Stufen; jedoch ist eine Neuregelung des Gehaltes in Aussicht genommen. Der Leiter ist pensionsberechtigt angestellt.

b) **Technische Mitglieder:** I. Assistent mit 3000—4800 Mk. Gehalt, II. Assistent mit 2400—3900 Mk. Gehalt, beide mit Pensionsberechtigung und Steigerung des Gehaltes um je 300 Mk. alle 3 Jahre; III. Assistent mit 2000 Mk. Gehalt. Der Chemiker des Tiefbauamtes erhält 3600 Mk. Gehalt. Derselbe wird vom Tiefbauamt besoldet, untersteht aber dem Leiter der Anstalt; die Stellung ist nicht definitiv.

c) **Sonstige Hilfskräfte:** 1 Expedient, 1 Schreiber, 1 Laborant als Diener, 1 Meßgehilfe und eine Spülaushilfe.

3. **Tätigkeit der Anstalt:**

Die Proben werden durch 7 Schutzleute und einen Wachtmeister des Wohlfahrtspolizeiamtes entnommen. Die Weinkontrolle und die Aufsicht über Margarinefabriken werden durch den Leiter und den I. Assistenten der Anstalt ausgeübt.

Die Tätigkeit der Anstalt erhellt aus folgenden Zahlen:

In den Jahren	1903	1904	1905	1906
Anzahl der Proben, insgesamt	6518	8177	8102	9758
„ „ „ für Behörden	6185	7138	7657	7707
Anzahl der erstatteten Gutachten und Berichte	1447	1751	1334	1278

Dazu kommen verschiedene Veröffentlichungen über allgemeine wissenschaftliche Untersuchungen, sowie Vorträge im Milchwirtschaftlichen Verein für Chemnitz und Umgegend.

(124) Dresden.

1. **Verhältnisse der Anstalt:**

a) **Amtsbezeichnung:** Chemisches Untersuchungsamt der Stadt Dresden.

b) **Amtsbezirk:** Stadt Dresden.

c) **Charakter der Anstalt:** Die Anstalt ist aus städtischen Mitteln errichtet, besteht selbständig für sich und ist seit ihrer Errichtung öffentliche Anstalt im Sinne des § 17 des Reichsgesetzes vom 14. Mai 1879.

d) **Errichtung und geschichtliche Entwickelung:** Die Anstalt wurde am 1. August 1896 durch den Rat der Stadt Dresden errichtet.

e) **Aufsicht:** Wohlfahrtspolizeiamt der Stadt Dresden.

f) **Unterhaltung:** Die Untersuchungsgebühren werden nach folgendem Tarif berechnet:

Gebühren-Tarif

des Chemischen Untersuchungsamtes der Stadt Dresden.

I. Der vorliegende Tarif bezieht sich nur auf die am häufigsten vorkommenden chemischen Untersuchungen und Einzelbestimmungen, weil die Aufstellung eines ganz genauen und alles umfassenden Gebührenverzeichnisses teils wegen der Fülle des Materiales, teils wegen der Verschiedenheit der Ansprüche an die Ergebnisse der chemischen Analyse untunlich ist. Chemische Arbeiten, welche sich nachstehend nicht speziell aufgeführt finden, oder deren Umfang sich in Anbetracht der zu lösenden Aufgaben nicht im voraus feststellen läßt, werden nach denjenigen Grundsätzen berechnet, welche bei Aufstellung des Tarifes maßgebend waren. Schwierigere oder umfangreichere Gutachten sind besonders zu berechnen.

II. Bei der Erteilung eines Auftrages sind vom Auftraggeber diejenigen Punkte anzugeben, um welche es sich bei der betreffenden Untersuchung handelt, weil anderenfalls eine unnötige Vermehrung der Kosten entsteht. Enthält der vorliegende Tarif für ein und dieselbe Untersuchung verschiedene Gebührensätze, so findet der niedere Satz dann Anwendung, wenn ein verwendbares Untersuchungsergebnis in verhältnismäßig kurzer Zeit und ohne besondere Schwierigkeiten erzielt wurde. Ermäßigungen der angesetzten Preise bei regelmäßig sich wiederholenden Aufträgen unterliegen besonderen Vereinbarungen.

III. Die Kosten für amtliche Probe-Entnahmen werden mit 3 Mk. für jede angefangene Stunde berechnet. Etwa entstandene Fahrkosten usw. sind besonders zu vergüten.

IV. Diejenigen Proben, welche keiner raschen Verderbnis unterliegen, werden, soweit sie nicht zur Untersuchung Verwendung gefunden haben, vier Wochen lang aufbewahrt — vergleiche indes § 10 der Geschäftsordnung.

V. Die Angaben des Tarifs über die einzusendende Menge der Untersuchungsgegenstände sollen nur einen ungefähren Anhalt bieten. Im allgemeinen empfiehlt es sich, eher mehr als weniger einzureichen.

VI. Für in Dresden wohnende Privatpersonen und Gewerbetreibende, welche sich über die gesetzmäßige Beschaffenheit der von ihnen zum eigenen Konsum oder Weiterverkauf bezogenen Nahrungs- und Genußmittel oder der nachstehend unter c aufgeführten Gebrauchsgegenstände unterrichten wollen, werden zu ermäßigten Preisen sogenannte Vorprüfungen ausgeführt, welche ein Urteil darüber gewähren, ob die Waren grob verfälscht oder der Verfälschung verdächtig sind.

Für diese Vorprüfungen sind folgende Gebühren zu berechnen:

a) je 1 Mk. bei Fleisch, Milch, Butter, Fett, Öl, Käse, Brot, Mehl, Essig, Hefe, Gewürz und Soda;

b) je 2 Mk. bei Bier, Wein, Branntwein, Kakao, Schokolade, Konserven, einschließlich getrockneten Früchten, Fruchtsäften, Marmeladen, Honig und Wurst.

c) Die Vorprüfung aller anderen Nahrungs- und Genußmittel, sowie der in § 1 des Reichsgesetzes, betreffend den Verkehr mit Nahrungs- und Genußmitteln sowie Gebrauchsgegenständen, vom 14. Mai 1879, aufgeführten Gebrauchsgegenstände, nämlich Spielwaren, Tapeten, Farben, Eß-, Trink- und Kochgeschirre, sowie Petroleum, ist je nach der größeren oder geringeren Schwierigkeit mit 1 oder 2 Mk. zu berechnen.

Nr.	Gegenstand der Untersuchung	Einzusendende Menge	Preis der Untersuchung in Mark
1.	**Asphalt.**		
	a) Bitumengehalt	100 g	8
	b) Mineralische Bestandteile (Asche)	100 g	3
	c) Vollständige Analyse	100 g	24
2.	**Bienenwachs.**		
	a) Schmelz- und Erstarrungspunkt	25 g	3
	b) Säurezahl	50 g	4
	c) Verseifungszahl	50 g	8
	d) Prüfung auf minderwertige Zusätze	100 g	10–20
3.	**Bier.**		
	a) Spezifisches Gewicht	1 l	1
	b) Alkohol	1 l	3
	c) Extrakt	1 l	3
	d) Mineralstoffe (Asche)	1 l	3
	e) Stammwürze und Vergärungsgrad (spezifisches Gewicht, Alkohol, Extrakt)	1 l	6
	f) Gesamtsäure (Säuregrad, Acidität)	1 l	2
	g) Kohlensäure	1 l	4
	h) Essigsäure	1 l	4
	i) Phosphorsäure	1 l	8
	k) Schweflige Säure	1 l	7
	l) Salicylsäure und salicylsaures Natron, qualitativ	1 l	2
	m) Glycerin	1 l	6
	n) Saccharin, qualitativ	1 l	4
	o) Stickstoffsubstanzen	1 l	6
	p) Maltose	1 l	6
	q) Dextrin	1 l	10
	r) Stärkezucker durch Dialyse	1 l	12
	s) Qualitative Prüfung auf Zuckercouleur	1 l	3
	t) „ „ „ Süßholz	1 l	12
	u) „ „ „ doppeltkohlens. Natron	1 l	4
	v) Mikroskopische Prüfung etwaiger Ausscheidungen	1 l	3–6
	w) Vorprüfung auf Hopfensurrogate	3 l	10
	x) Nachweis von Alkaloiden und fremden Bitterstoffen	5 l	30
	y) Übliche Handelsanalyse (spezifisches Gewicht, Alkohol, Extrakt, Mineralstoffe, Säuregrad, Stammwürze und Vergärungsgrad)	2 l	10
	z) Wie vorstehend und mikroskopische Untersuchung	2 l	12–15
	aa) Gesamtanalyse (ausschließlich Aschenanalyse, Vorprüfung auf Hopfensurrogate sowie Nachweis von Alkaloiden und fremden Bitterstoffen)	5 l	50
4.	**Branntwein, Rum, Kognak, Arrak und Liköre.**		
	a) Spezifisches Gewicht	1/4 l	1
	b) Alkohol	1/4 l	3
	c) Extrakt	1/4 l	3
	d) Mineralsubstanzen (Asche)	1/4 l	3
	e) Freie Säure	1/4 l	2
	f) Spezifisches Gewicht, Alkohol, Extrakt und Asche	3/4 l	8
	g) Amylalkohol (Fuselöl)	1/2 l	6
	h) Zucker (durch Polarisation)	1/4 l	3
	i) „ (titrimetisch)	1/4 l	5
	k) „ (gewichtsanalytisch)	1/4 l	9
	l) Qualitative Prüfung auf Saccharin	1/4 l	4

Nr.	Gegenstand der Untersuchung	Einzusendende Menge	Preis der Untersuchung in Mark
	m) Qualitative Prüfung auf giftige Farbstoffe . .	1/2 l	6
	n) „ „ „ Metalle	1/2 l	3—8
	o) „ „ „ schädliche Pflanzenstoffe	1 l	15
	p) Gesamtanalyse (ausschließlich Farbstoffe und schädliche Pflanzenstoffe)	1 l	20
5.	**Brennmaterialien (Braunkohlen, Steinkohlen, Koks usw.).**		
	a) Feuchtigkeit	200 g	3
	b) Kohlenstoff und Wasserstoff	200 g	16
	c) Stickstoff	200 g	7
	d) Asche	200 g	3—5
	e) Feuchtigkeit und Asche zusammen	200 g	5—7
	f) Schwefel	200 g	8
	g) Phosphor	200 g	8
	h) Verkokungsprobe	100 g	5
	i) Übliche Analyse (Feuchtigkeit, Kohlenstoff, Wasserstoff, Stickstoff, Asche, Schwefel und Berechnung des Heizwertes)	1000 g	35
6.	**Brot, Backwaren, Konditorwaren, Mehl und Stärke.**		
	a) Vorprüfung des Mehles auf Unkrautsamen . .	100 g	1
	b) Desgleichen auf mineralische Beimengungen .	100 g	1
	c) Wassergehalt	100 g	2
	d) Asche	100 g	2—3
	e) Mineralische Beimengungen, qualitativ . . .	100 g	3
	f) „ „ quantitativ . .	100 g	6—12
	g) Mutterkorn qualitativ	100 g	2
	h) Mikroskopische Untersuchung	100 g	2—8
	i) Fett	100 g	4
	k) Zucker	100 g	8
	l) Phosphorsäure	100 g	8
	m) Cellulose	100 g	6
	n) Gesamt-Stickstoff	100 g	6
	o) Qualitative Prüfung auf giftige Farben . . .	100 g	6
	p) „ „ „ Saccharin	100 g	4
	q) Wasserbindende Kraft des Klebers	250 g	6
7.	**Butter, Kunstbutter und Schmalz.**		
	a) Vorprüfung	100 g	1
	b) Wassergehalt	100 g	2
	c) Kochsalzgehalt	100 g	3
	d) Fettgehalt	100 g	4
	e) Käsestoffgehalt	100 g	6
	f) Asche	100 g	2
	g) Säuregrad	100 g	2
	h) Qualitative Prüfung auf organische Beimengungen	100 g	2
	i) „ „ „ metallische „	100 g	3—8
	k) „ „ „ Färbemittel	100 g	3—5
	l) „ „ „ Konservierungsmittel . .	100 g	3
	m) Refraktion	100 g	1
	n) Spezifisches Gewicht des Fettes bei 100° C . .	100 g	2
	o) Temperaturerhöhung mit Schwefelsäure . . .	100 g	4
	p) Schmelz- und Erstarrungspunkt	100 g	3
	q) Verseifungszahl (Köttstorferzahl)	100 g	4
	r) Wollnyzahl	100 g	8
	s) Hehnerzahl	100 g	6
	t) Jodzahl	100 g	8

Nr.	Gegenstand der Untersuchung	Einzusendende Menge	Preis der Untersuchung in Mark
	u) Ölsäurejodzahl	100 g	15
	v) Bechis Reaktion	100 g	1
	w) Reaktion nach Welmans	25 g	1
	x) Soltsiens Probe	100 g	2
	y) Salpetersäureprobe	50 g	1
8.	**Kakao, Schokolade, Kaffee, Kaffeesurrogate, Tee.**		
	a) Wassergehalt	100 g	3
	b) Asche	100 g	3
	c) Fett	100 g	5
	d) Extrakt (des in Wasser löslichen)	100 g	5
	e) Caffein (Thein), Theobromingehalt je	100 g	12
	f) Proteinstoffe (Gesamt-Stickstoff)	100 g	6
	g) Rohfaser	100 g	10
	h) Zusätze, wie Mehl, Stärkemehl usw., qualitativ	100 g	3—10
	i) Metallische Beimengungen, qualitativ	100 g	3—10
	k) Zucker (durch Polarisation)	100 g	3
	l) „ (titrimetrisch)	100 g	5
	m) „ (gewichtsanalytisch)	100 g	9
	n) Saccharin (qualitativ)	100 g	4
	o) Phosphorsäure	100 g	8
	p) Prüfung auf künstliche Färbung	100 g	3—6
	q) „ des Tees auf fremde Blätter	50 g	3—10
	r) „ der Kaffeebohnen auf Echtheit . . .	50 g	3—10
	s) „ des gemahlenen Kaffees auf Surrogate	100 g	5—20
	t) Mikroskopische Untersuchung	100 g	3—40
	u) Übliche Handelsanalyse (Wassergehalt, Asche, Fett, Proteinstoffe)	250 g	15
9.	**Konserven.**		
	a) Prüfung auf schädliche Metalle	100 g	3—10
	b) Prüfung auf Pilze und Bakterien	100 g	5—40
10.	**Chlorkalk.**		
	Wirksames Chlor	50 g	4
11.	**Essenzen.**		
	Prüfung auf schädliche Metalle usw. qualitativ .	1/4 l	3—8
12.	**Essig.**		
	a) Vorprüfung auf Essigsäuregehalt	1/4 l	1
	b) Essigsäuregehalt	1/4 l	2
	c) Prüfung auf freie Mineralsäuren	1/4 l	2
	d) Prüfung auf Metalle, schädliche	1/4 l	3—8
	e) Mikroskopische Untersuchung	1/4 l	2
	f) Prüfung auf zugesetzte Pflanzenstoffe	1/4 l	5
	g) Ob reiner Weinessig (Extrakt, Glycerin, Weinstein)	1 l	15
13.	**Farben für Nahrungs- und Genußmittel.**		
	Prüfung auf giftige Bestandteile	100 g	3—20
14.	**Farbstoffe.**		
	Ermittelung von Verfälschungen (Gips, Schwerspat, Kreide usw. im Bleiweiß, Zinkweiß, Mennige, Zinnober usw.)	150 g	8—20
15.	**Fette und Öle** (siehe auch Butter und Olivenöl).		
	a) Fettsäuren	100 g	8
	b) Glycerin	100 g	8

Nr.	Gegenstand der Untersuchung	Einzusendende Menge	Preis der Untersuchung in Mark
	c) Prüfung auf fremde Zusätze	150 g	5—20
	d) Prüfung von Leinölfirnis auf Reinheit und Erhärtungsfähigkeit	150 g	6
16.	**Fleischextrakte.**		
	a) Wassergehalt	100 g	3
	b) Asche	100 g	4
	c) Kochsalz	100 g	6
	d) Stickstoff	100 g	6
	e) Phosphorsäure	100 g	8
17.	**Fruchtsäfte, eingekochte Früchte und Fruchtgelees.**		
	a) Spezifisches Gewicht	200 g	3
	b) Alkohol	200 g	3
	c) Säure	150 g	2
	d) Zuckergehalt und Prüfung auf Stärkezucker	200 g	8
	e) Saccharin, qualitativ	150 g	4
	f) Prüfung auf fremde Farbstoffe und Konservierungsmittel	200 g	3—20
18.	**Gebrauchsgegenstände.**		
	a) Bekleidungsstoffe, Farben, Gummiwaren, Kerzen, Kinderspielsachen, künstliche Blumen, Papiere, Tapeten usw.: Qualitative Prüfung auf gesundheitsschädliche Farben (Gesetz vom 5. Juli 1887)	nach Bedarf	3—8
	b) Untersuchung auf Zinn und Arsen, laut Bekanntmachung vom 10. April 1888, je	„	12
19.	**Geheimmittel.**		
	Die Untersuchungsgebühren werden nach dem Zeitaufwande berechnet und betragen für die Arbeitsstunde einschließlich der Reagenzien und Gefäße 3 Mk.; keine Analyse ist jedoch mit weniger als 5 Mk. zu berechnen.	nach Bedarf	
20.	**Gewürze.**		
	a) Mikroskopische Vorprüfung auf fremde Beimengungen	25 g	1—2
	b) Wassergehalt	50 g	3
	c) Gesamtanalyse	50 g	3
	d) Sandgehalt	50 g	1—2
	e) Äther-, Alkohol- und Wasserextrakt, je	50 g	5
	f) Chemisch-mikroskopische Untersuchung auf fremde Beimengungen	75 g	3—20
	g) Busses Bleizahl	40 g	12
21.	**Hackfleisch.**		
	a) Sulfite, qualitativ	75 g	1
	b) „ quantitativ	125 g	6
	c) Borsäure, qualitativ	75 g	2
	d) „ quantitativ	125 g	12
22.	**Hefe.**		
	a) Mikroskopische Prüfung auf Stärke usw.	100 g	3
	b) Wassergehalt, Asche, Stärkemehl	100 g	10
	c) Gärfähigkeit (Triebkraft)	100 g	8

Nr.	Gegenstand der Untersuchung	Einzusendende Menge	Preis der Untersuchung in Mark
23.	**Honig.**		
	a) Mikroskopische Prüfung	100 g	3
	b) Spezifisches Gewicht einer Lösung 1:2	100 g	3
	c) Wassergehalt	100 g	3
	d) Asche (Mineralstoffe)	50 g	3
	e) Polarisation, direkt	50 g	3
	f) „ nach der Inversion	50 g	4
	g) „ „ „ Alkoholfällung	50 g	4
	h) Gärversuch	50 g	4
	i) Alkoholfällung (Dextrin)	50 g	2
	k) Zucker vor der Inversion	50 g	8
	l) „ nach „ „	50 g	8
	m) Saccharin, qualitativ	150 g	4
24.	**Käse und Margarinekäse.**		
	a) Fettgehalt	100 g	5
	b) Prüfung auf fremde Beimischungen	200 g	4—20
	c) „ „ Metalle (Blei, Kupfer)	100 g	3—12
	d) Refraktion des Fettes	250 g	3
25.	**Kindernährmittel.**		
	a) Wassergehalt	1 Dose	3
	b) Asche	1 „	3
	c) Gesamt-Stickstoff (Protein)	1 „	3
	d) Fettgehalt	1 „	5
	e) Prüfung auf Konservierungsmittel	1 „	3—15
	f) Wasser, Asche, Proteinstoffe und Fett	1 „	15
	g) Vollständige Analyse, einschließlich Stärke, Dextrin, Zucker, Phosphorsäure usw.	1 „	40—50
26.	**Koch-, Eß- und Trinkgeschirr.**		
	a) Qualitative Prüfung der Glasur auf Blei	1 Stück	3
	b) Bestimmung des Bleigehaltes nach dem Gesetze vom 25. Juni 1887	1 „	6
27.	**Leinwand.**		
	Ob nur aus Leinenfäden gewebt	1 handgroßes Stück	3
28.	**Luft.**		
	a) Kohlensäuregehalt (ohne die Kosten der Probeentnahme)	—	7
	b) Prüfung auf Kohlenoxyd, Schwefelwasserstoff usw.	—	10—25
29.	**Milch und Rahm.**		
	a) Vorprüfung auf Wasserzusatz	3/4 l	1
	b) Desgleichen auf Fettgehalt mittelst Zentrifuge	3/4 l	1
	c) Spezifisches Gewicht	3/4 l	1—2
	d) Fettgehalt	3/4 l	5
	e) Trockensubstanz	3/4 l	5
	f) Asche	3/4 l	3
	g) Prüfung auf Konservierungsmittel und fremde Substanzen außer Wasser	3/4 l	3—15
	h) Gehalt an Schmutz und Kuhexkrementen	1 1/2 l	5
	i) Übliche Handelsanalyse (spezifisches Gewicht, Fettgehalt und Trockensubstanz)	3/4 l	8

Nr.	Gegenstand der Untersuchung	Einzusendende Menge	Preis der Untersuchung in Mark
30.	**Mineralwässer.**		
	a) Kohlensäuregehalt	2 Flaschen	5
	b) Prüfung auf gesundheitsschädliche Metalle . .	2 „	4—10
31.	**Olivenöl.**		
	a) Elaidinprobe	50 g	1
	b) Schwefelprobe	50 g	1
	c) Baudouins Reaktion	50 g	1
	d) Vollständige Untersuchung auf Reinheit als Olivenöl (spezifisches Gewicht, Elaidinprobe, Schmelzpunkt der Fettsäuren, Jodzahl) . .	50 g	15
	Anmerkung: Siehe auch Nr. 7.		
32.	**Papier.**		
	a) Asche (Beschwerungsmittel)	1 Bogen	3
	b) Prüfung auf Holzstoff.	1 „	4
	Anmerkung: Siehe auch Nr. 18.		
33.	**Petroleum.**		
	a) Spezifisches Gewicht und Entflammungspunkt, nach der Verordnung vom 24. Februar 1882	3/4 l	3
	b) Raffinationsgrad und Prüfung auf Säure . . .	3/4 l	3
	c) Fraktionierte Destillation, jede Fraktion . . .	3/4 l	3
34.	**Schmiermaterialien.**		
	a) Spezifisches Gewicht	750 g	2—4
	b) Raffinationsgrad	100 g	3
	c) Prüfung auf freie Säure	100 g	3
	d) Viskosität, für jede einzelne Bestimmung . .	500 g	4
	e) Prüfung auf fette Öle	500 g	3—8
	f) „ „ Harzgehalt	500 g	3—8
	g) Entflammungspunkt	250 g	5
	h) Kältepunkt	250 g	5
	i) Gehalt an Mineralstoffen (Asche)	500 g	3
35.	**Seife.**		
	a) Wassergehalt	1 Stück	3
	b) Asche	1 „	3
	c) Fettsäuren	1 „	6
	d) Carbonatgehalt	1 „	6
	e) Alkaligehalt	1 „	5
	f) Prüfung auf Harz, qualitativ	1 „	4
	g) „ „ „ quantitativ	1 „	10
	h) „ „ Füllmittel, qualitativ	1 „	5
	i) „ „ „ quantitativ	1 „	6—15
	k) Glycerin	1 „	8
36.	**Senf.**		
	Prüfung auf Reinheit	100 g	8—10
37.	**Sirup.**		
	Gehalt an Wasser, Zucker, sonstigen organischen Stoffen und Asche	200 g	8—12
	Anmerkung: Siehe auch Nr. 17.		
38.	**Soda.**		
	Wertbestimmung (Gehalt an kohlensaurem Natron)	100 g	4

Nr.	Gegenstand der Untersuchung	Einzusendende Menge	Preis der Untersuchung in Mark
39.	**Speisesalz.**		
	a) Feuchtigkeitsgehalt	100 g	4
	b) Analyse	100 g	15—25
40.	**Stanniol.**		
	Bestimmung des Bleigehaltes, laut Gesetz vom 25. Juni 1887	20 g	6
41.	**Tabak.**		
	a) Qualitative Prüfung von Schnupftabak und Kautabak auf Bleigehalt	50 g	3
	b) Quantitative Prüfung von desgleichen	50 g	6
	c) Mineralsubstanzen (Asche, Sand)	50 g	3—12
	d) Prüfung auf fremde Blätter:		
	α) bei ganzen Blättern und Zigarren	25 g	3—6
	β) bei geschnittenen Rauchtabaken	25 g	6—15
	e) Nikotingehalt	100 g	15
42.	**Wasser.**		
	a) Vorprüfung auf Genußfähigkeit	1 l	3—5
	b) Prüfung auf Genußfähigkeit	3 l	10—15
	c) Prüfung auf technische Verwendbarkeit, zur Dampfkesselspeisung usw.	3 l	12—20
	d) Mikroskopische Untersuchung des Bodensatzes	1 l	3—5
	e) Bakteriologische Prüfung	—	10—50
	Anmerkung: Eingehendere Wasseranalysen unterliegen besonderer Vereinbarung.		
43.	**Wein, Schaumwein und Obstwein.**		
	(Sämtliche Bestimmungen werden nach den vom Reichskanzler am 25. Januar 1896 bekannt gegebenen Vorschriften für die chemische Untersuchung des Weines ausgeführt.)		
	a) Spezifisches Gewicht, pyknometrisch	1 Flasche	3
	b) Alkoholgehalt	„	3
	c) Extraktgehalt	„	3
	d) Mineralbestandteile	„	3
	e) Freie Gesamtsäure, als Weinsäure berechnet	„	2
	f) Flüchtige Säuren, als Essigsäure berechnet	„	4
	g) Flüchtige, sowie nichtflüchtige Säuren	„	5
	h) Freie Weinsteinsäure	„	4—8
	i) Weinstein	„	6
	k) Schwefelsäure, bezw. neutrales schwefelsaures Kalium (Gesetz vom 20. April 1892)	„	5
	l) Phosphorsäure	„	8
	m) Schweflige Säure	„	6
	n) Gerbsäure	„	7
	o) Chlor (Kochsalz)	„	5
	p) Glycerin	„	7
	q) Zucker	„	8
	r) Zucker nach der Inversion	„	8
	s) Polarisation, direkt	„	3
	t) „ invertiert	„	5
	u) „ nach dem Vergären	„	5
	v) Mikroskopische Untersuchung	„	3—8
	w) Qualitative Prüfung auf Saccharin	„	4
	x) „ „ „ Gummi und Dextrin	„	10
	y) „ „ „ Salpetersäure	„	2
	z) „ „ „ Teerfarbstoffe	„	3—10
	aa) „ „ „ Salicylsäure	„	2

Nr.	Gegenstand der Untersuchung	Einzusendende Menge	Preis der Untersuchung in Mark
	bb) Übliche Handelsanalyse für Weißweine (spezifisches Gewicht, Alkohol, Extrakt, Mineralstoffe, freie Säure, Polarisation)	3 Flaschen	15
	cc) Dieselbe für Rotweine (spezifisches Gewicht, Alkohol, Extrakt, Mineralstoffe, freie Säure, Polarisation, Schwefelsäure, Prüfung auf Fuchsin)	3 Flaschen	20
	dd) Dieselbe für Süßweine (spezifisches Gewicht, Alkohol, Extrakt, Mineralstoffe, freie Säure, Polarisation, Zucker, Phosphorsäure, Prüfung auf Saccharin)	3 Flaschen	33
	Anmerkung: Die Gebührensätze für vorstehende Handelsanalysen erfahren bei gleichzeitiger Mitbestimmung des Gehaltes an flüchtigen sowie nichtflüchtigen Säuren eine Erhöhung um 3 Mk., ebenso bei gleichzeitiger Mitbestimmung des Glyceringehaltes eine solche um 5 Mk.		
44.	**Wurst.**		
	a) Wassergehalt	100 g	3
	b) Qualitative Prüfung auf Zusatz von Mehl und dergleichen	100 g	3
	c) Qualitative Prüfung auf künstliche Färbung .	250 g	5
	d) „ „ „ Konservierungsmittel .	250 g	3—15
	e) Quantitative Ermittelung des Mehlgehaltes . .	250 g	15
45.	**Zinngeräte** usw.		
	a) Vorprüfung auf zulässigen Bleigehalt	1 Stück	1
	b) Bestimmung des Bleigehaltes (Gesetz vom 25. Juni 1887)	1 Stück	6
46.	**Zucker.**		
	a) Zuckergehalt (Polarisation)	100 g	3
	b) Asche	100 g	5
	c) Qualitative Prüfungen auf fremde Beimengungen	100 g	3—8

Die Einnahmen betrugen im Jahre 1906 17 450 Mk.; in diesem Jahre leistete die Stadt einen Zuschuß von 8520 Mk., im Jahre 1907 einen solchen von 6265 Mk. (Voranschlag).

2. Verhältnisse der Beamten:

a) **Leiter:** Dr. phil. Adolf Beythien, 39 Jahre alt, im Dienst seit 1896, seit 1. Dezember 1899 definitiver Leiter; Besoldung 5500—7500 Mk. (alle 3 Jahre um 500 Mk. steigend), zurzeit 6000 Mk. Die Stelle ist pensionsberechtigt.

b) **Technische Mitglieder:** I. Assistent 3000—3900 Mk., zurzeit 3300 Mk.; II. Assistent 2000—3500 Mk., zurzeit 2000 Mk.; 3 wissenschaftliche Hilfsarbeiter mit einem Anfangsgehalt von je 1800 Mk., nach einem Jahr 2000 Mk.

Von den Assistenten sind drei Nahrungsmittelchemiker.

c) **Sonstige Hilfskräfte:** 1 Ratssekretär, 1 Kopist und 1 Diener.

3. Tätigkeit der Anstalt:

Die Proben werden durch die Aufsichtsmannschaften der Wohlfahrtspolizei entnommen; für auf dem Markte feilgebotene Pilze werden als Pilzkenner erprobte Lehrer herangezogen. Besonders auch überwacht das Untersuchungsamt den Warenverkehr in den städtischen Anstalten und Stiftungen, womit es recht gute Erfolge erzielt hat.

Folgende Zahlen entwerfen ein Bild von der Tätigkeit des Untersuchungsamtes:

In den Jahren . . .	1900	1901	1902	1903	1904	1905	1906
Zahl der untersuchten Proben	3819	5238	5942	7344	7984	8285	8270
Umfangreichere Gutachten und Berichte . . .	64	76	120	195	207	196	200
Revisionen	5	4	8	12	44	125	100
Veröffentlichung von Abhandlungen	10	5	5	5	7	12	12
Vorträge	3	4	6	6	1	4	6

(125) Leipzig.

1. Verhältnisse der Anstalt:

a) **Amtsbezeichnung:** Chemische Untersuchungsanstalt der Stadt Leipzig, Leipzig, Dresdenerstrasse 17.

b) **Amtsbezirk:** Die Stadt Leipzig. Die Anstalt führt auch die amtlichen Untersuchungen für die Auslandsfleischbeschau und die zollamtlichen Untersuchungen des Baumöles aus.

c) **Charakter der Anstalt:** Die Anstalt ist aus städtischen Mitteln errichtet, besteht selbständig für sich und ist seit März 1904 öffentliche Anstalt im Sinne des § 17 des Reichsgesetzes vom 14. Mai 1879.

d) **Errichtung und geschichtliche Entwickelung:** Die Untersuchungsanstalt wurde am 1. Januar 1904 durch den Rat der Stadt Leipzig errichtet, indem das frühere Privatlaboratorium des jetzigen Leiters übernommen wurde.

e) **Aufsicht:** Rat der Stadt Leipzig (Gesundheitsamt).

f) **Unterhaltung:** Die Anstalt unterhält sich vorwiegend aus den Einnahmen für die Untersuchungen für die Auslandsfleischbeschaustelle sowie aus den zollamtlichen Untersuchungen. Private Untersuchungen werden nicht ausgeführt. Seitens der Stadt wurden folgende Zuschüsse geleistet:

In den Jahren	1903	1904	1905
	6000 Mk.	1591 Mk.	1771 Mk.

Im Jahre 1906 betrug die Mehreinnahme 1822,88 Mk.

2. Verhältnisse der Beamten:

a) **Leiter:** Dr phil. Armin H. Röhrig; von 1889—1903 Inhaber eines Privatlaboratoriums, das von 1902—1904 mit der amtlichen Nahrungsmittelkontrolle in zwei Amtsbezirken beauftragt war; 43 Jahre alt, in städtischen Diensten seit 4 Jahren; Besoldung: 5400 Mk. mit 5-maliger Steigerung um je 300 Mk., dazu eine persönliche Zulage von 1000 Mk. Der Leiter ist pensionsberechtigt angestellt.

b) **Technische Mitglieder:** I. Assistent mit 3600 Mk. Gehalt, II. Assistent mit 2500 Mk. Gehalt, beide mit 5-maliger Steigerung um je 250 Mk.; III. und IV. Assistent mit je 2400 Mk. Gehalt.

Die 4 Assistenten sind Nahrungsmittelchemiker. Den Beamten ist jedwede Einnahme aus sonstiger Tätigkeit untersagt.

c) **Sonstige Hilfskräfte:** 1 Expedient, 1 Diener und 1 Maschinenschreiberin.

3. Tätigkeit der Anstalt:

Die Proben werden durch Beamte der Ratswache der Stadt Leipzig entnommen. Der Umfang der Tätigkeit läßt sich aus folgenden Zahlen ermessen:

In den Jahren	1903	1904	1905	1906
Anzahl der untersuchten Proben	3604 [1])	7458	8719	9479
Anzahl der erstatteten Gutachten und Berichte	—	568	655	839
Davon umfangreichere	—	73	60	75

D. Von Chemikern aus privaten Mitteln eingerichtete Anstalten.

(Vergl. die oben S. 181 abgedruckte Landesrechtliche Verordnung.)

(126) Bautzen.

1. Verhältnisse der Anstalt:

a) **Amtsbezeichnung:** Öffentliches chemisches Laboratorium von Dr. Hugo Haupt in Bautzen.

b) **Amtsbezirk:** Stadt bezw. Kreishauptmannschaft Bautzen.

c) **Charakter der Anstalt:** Die Anstalt wurde aus privaten Mitteln errichtet und ist nicht öffentliche Anstalt im Sinne des § 17 des Reichsgesetzes vom 14. Mai 1879 (vergl. aber die Landesrechtl. Verordnung S. 181).

d) **Errichtung und geschichtliche Entwickelung:** Auf Veranlassung des Stadtrates zu Bautzen wurde die Anstalt am 1. Oktober 1905 errichtet und seit dem 1. Oktober 1906 mit der amtlichen Lebensmittelkontrolle beauftragt.

e) **Aufsicht:** Kgl. Ministerium des Innern.

f) **Unterhaltung:** Nach der Verordnung des Kgl. Ministeriums des Innern werden für die amtliche Untersuchung jeder Probe von Nahrungsmitteln 1,66 Mk. berechnet; die Bruttoeinnahme aus der Nahrungsmittelkontrolle beträgt hiernach 1400—1500 Mk. Die übrigen Einnahmen aus der Tätigkeit für Behörden und Gerichte belaufen sich auf etwa 1500 Mk. im Jahre, so daß das Laboratorium nach Angabe des Inhabers nur lebensfähig ist, wenn sein amtlicher Wirkungskreis erweitert wird.

2. Verhältnisse der Beamten:

a) **Leiter:** Dr. phil. Hugo Haupt, 33 Jahre alt, Nahrungsmittelchemiker chemischer Beirat der Kgl. Gewerbeinspektionen Bauzen und Zittau, Inhaber des Laboratoriums.

b) **Technische Mitglieder:** Keine.

c) **Sonstige Hilfskräfte:** 1 Diener.

[1]) Außerdem wurden 9962 Proben durch Ratsbeamte vorgeprüft.

3. Tätigkeit der Anstalt:

Die Proben werden von dem Inhaber des Laboratoriums in Begleitung des Laboratoriumsdieners entnommen. Im letzten Vierteljahr 1906 wurden 237 Proben untersucht.

(127) Chemnitz.

1. Verhältnisse der Anstalt:

a) **Amtsbezeichnung:** Öffentliches chemisches Laboratorium von Dr. Trübsbach in Chemnitz.

b) **Amtsbezirk:** Kgl. Amtshauptmannschaft Annaberg (mit den Städten Annaberg, Buchholz, Ehrenfriedersdorf, Geyer und Thum) und Kgl. Amtshauptmannschaft Marienberg (mit den Städten Marienberg und Olbernhau).

c) **Charakter der Anstalt:** Die Anstalt wurde aus privaten Mitteln errichtet und ist nicht öffentliche Anstalt im Sinne des § 17 des Reichsgesetzes vom 14. Mai 1879 (vergl. aber die Landesrechtl. Verordnung S. 181).

d) **Errichtung und geschichtliche Entwickelung:** Das Laboratorium wurde im Jahre 1898 gegründet und am 1. Oktober 1901 mit der amtlichen Nahrungsmittelkontrolle in den unter b) genannten Bezirken beauftragt.

e) **Aufsicht:** Kgl. Ministerium des Innern.

f) **Unterhaltung:** Nach der Verordnung des Kgl. Sächs. Ministeriums des Innern vom 3. Mai 1901, S. 181.

2. Verhältnisse der Beamten:

a) **Leiter:** Dr. phil. Trübsbach, Nahrungsmittelchemiker, Inhaber des Laboratoriums.

b) **Technische Mitglieder:** —

c) **Sonstige Hilfskräfte:** Schreib- und Reinigungshilfe.

3. Tätigkeit der Anstalt:

Die Probeentnahme erfolgt durch den Inhaber des Laboratoriums persönlich.

Die Tätigkeit der Anstalt erhellt aus folgenden Zahlen:

In den Jahren	1901/02	1903	1904
Anzahl der untersuchten Proben . .	6185	5067	5093
Anzahl der erstatteten größeren Gutachten	—	—	58

(128) Döbeln.

1. Verhältnisse der Anstalt:

a) **Amtsbezeichnung:** Öffentliches chemisches Laboratorium von Oskar Bauer in Döbeln.

b) **Amtsbezirk:** Kgl. Amtshauptmannschaft und Stadt Döbeln.

c) **Charakter der Anstalt:** Die Anstalt wurde aus privaten Mitteln errichtet und ist nicht öffentliche Anstalt im Sinne des § 17 des Reichsgesetzes vom 14. Mai 1879 (vergl. aber die Landesrechtl. Verordnung, S. 181).

d) **Errichtung und geschichtliche Entwickelung:** Das Laboratorium ist am 1. Juli 1904 eröffnet und demnächst mit der Nahrungsmittelkontrolle in dem unter b angegebenen Bezirk betraut worden.

e) **Aufsicht:** Kgl. Sächs. Ministerium des Innern.

f) **Unterhaltung:** Nach der Verordnung des Kgl. Sächs. Ministeriums des Innern vom 3. Mai 1901, S. 181.

2. Verhältnisse der Beamten:

a) **Leiter:** Oskar Bauer, Nahrungsmittelchemiker, 32 Jahre alt, Inhaber des Laboratoriums.

b) **Technische Mitglieder:** Für die Dauer von 8—9 Monaten wird regelmäßig jährlich ein Assistent beschäftigt.

c) **Sonstige Hilfskräfte:** —

3. Tätigkeit der Anstalt:

Die Proben werden durch den Inhaber des Laboratoriums selbst in den Verkaufsstellen entnommen. Über das Ergebnis der Untersuchungen wird dem Stadtrat in Döbeln durchweg 12 mal, den ländlichen Gemeinden in der Regel nur einmal im Jahre Bericht erstattet; geringfügige Verstöße gegen die Gesetze werden nur dem Gemeindevorstand, bedenkliche dagegen auch der Kgl. Amtshauptmannschaft mitgeteilt.

Es wurden untersucht in den Jahren	1904 ($^1/_2$ Jahr)	1905	1906
Anzahl der Proben	752	2380	2439

(129) Dresden I.

1. Verhältnisse der Anstalt:

a) **Amtsbezeichnung:** Öffentliches chemisches Laboratorium von Dr. F. Filsinger in Dresden.

b) **Amtsbezirk:** Stadtkreis Meißen.

c) **Charakter der Anstalt:** Die Anstalt wurde aus privaten Mitteln errichtet und ist nicht öffentliche Anstalt im Sinne des § 17 des Reichsgesetzes vom 14. Mai 1879 (vergl. aber die Landesrechtl. Verordnung S. 181).

d) **Errichtung und geschichtliche Entwickelung:** Das Laboratorium besteht seit 1. April 1875 und ist seit 1902 mit der Nahrungsmittelkontrolle in dem unter b genannten Bezirk beauftragt.

e) **Aufsicht:** Kgl. Ministerium des Innern.

f) **Unterhaltung:** Der Laboratoriumsbesitzer erzielt (nach dem Einheitssatz von 5 Pfg. für den Kopf der Bevölkerung und Entnahme von 30 Proben auf je 1000 Einwohner, also für jede Probe = 1,66 Mk.) aus der Lebensmittelkontrolle eine Einnahme von 1600 Mk. im Jahre.

2. Verhältnisse der Beamten:

a) **Leiter:** Dr. phil. F. Filsinger, Nahrungsmittelchemiker, 67 Jahre alt, besitzt das Laboratorium seit 1. April 1875.

b) **Technische Mitglieder:** 2 Assistenten mit einem Gehalt von 1600 bezw. 1200 Mk. jährlich.

c) **Sonstige Hilfskräfte:** 1 Aufwärter.

3. Tätigkeit der Anstalt:

Die Probeentnahme in der Stadt Meißen wird von Dr. Filsinger persönlich ausgeübt. Untersucht wurden:

In den Jahren . . .	1903	1904	1905	1906
Anzahl der Proben . .	943	930	—	—

(130) Dresden II.

1. Verhältnisse der Anstalt:

a) **Amtsbezeichnung:** Öffentliches chemisches Laboratorium von Dr. Hefelmann in Dresden, Schreibergasse 6.

b) **Amtsbezirk:** Amtshauptmannschaft Bautzen mit der Stadt Bischofswerda und der Stadt Bautzen (bis 30. September 1906 [1]), Amtshauptmannschaft Kamenz mit den Städten Kamenz und Pulsnitz [2]), Amtshauptmannschaft Großenhain mit den Städten Großenhain und Riesa und 40 Gemeinden der Amtshauptmannschaft Dresden-Altstadt.

c) **Charakter der Anstalt:** Das Laboratorium wurde aus privaten Mitteln errichtet und ist nicht öffentliche Anstalt im Sinne des § 17 des Reichsgesetzes vom 14. Mai 1879 (vergl. aber Landesrechtl. Verordnung S. 181).

d) **Errichtung und geschichtliche Entwickelung:** Die Anstalt wurde 1876 von Dr. Ewald Geißler, nachmaligen o. Professor an der tierärztlichen Hochschule zu Dresden, gegründet, 1886 von Dr. Otto Schweißinger, jetzigem Medizinalrat, Mitglied des Reichsgesundheitsrats, des Landesmedizinalkollegiums und Apothekenbesitzer in Dresden, übernommen und 1892 von dem jetzigen Inhaber erworben.

Die Abteilung für die Nahrungsmittelkontrolle wurde im Herbst 1901 als gesonderte Zweiganstalt gegründet.

e) **Aufsicht:** Kgl. Ministerium des Innern.

f) **Unterhaltung:** Nicht angegeben, aber wohl wie bei den vorhergehenden Laboratorien.

2. Verhältnisse der Beamten:

a) **Leiter:** Dr. phil. Rudolf Hefelmann, Nahrungsmittelchemiker, 44 Jahre alt, Inhaber des Laboratoriums.

Amtlich verpflichteter Stellvertreter: Dr. phil. Winny Schmitz-Dumont, Nahrungsmittel-Chemiker, 43 Jahre alt.

b) **Technische Mitglieder:** 2 promovierte Chemiker.

c) **Sonstige Hilfskräfte:** 1 Expedient, und 1 Aufwärter.

3. Tätigkeit der Anstalt:

Die Probeentnahme und die Besichtigung der Lebensmittelgeschäfte wird von dem Leiter des Laboratoriums oder von seinem Stellvertreter ausgeübt.

Der Umfang der Tätigkeit der Nahrungsmittelabteilung erhellt aus folgenden Zahlen:

In den Jahren	1902	1903	1904	1905	1906
Anzahl der untersuchten Proben	10574	10456	10596	10630	10626

---

1) Am 1. Oktober 1906 wurde die Kontrolle im Stadtbezirk Bautzen dem Nahrungsmittelchemiker Dr. phil. H. Haupt (s. Nr. 126, S. 198) übertragen, der sich im Jahre 1905 in Bautzen als Chemiker niedergelassen hatte.

2) Die Stadt Pulsnitz schied 1903 aus und ließ die für die polizeiliche Nahrungsmittelkontrolle erforderlichen Untersuchungen durch das Laboratorium des Dr. Pleissner in Pulsnitz ausführen. Dieses Laboratorium ging am 1. Mai 1904 wieder ein, weil Dr. Pleissner als Hilfsarbeiter in das Kaiserl. Gesundheitsamt eintrat. Daher übertrug die Stadt Pulsnitz ihre Untersuchungen wieder dem obigen Laboratorium.

(131) Dresden III.

1. Verhältnisse der Anstalt:

a) **Amtsbezeichnung:** Öffentliches chemisches Laboratorium von Dr. Friedrich Schmidt in Dresden, Moritzstr. 2.

b) **Amtsbezirk:** Die Amtshauptmannschaften Pirna und Dippoldiswalde sowie die in diesen beiden Bezirken liegenden, den Amtshauptmannschaften nicht unterstehenden Städte; im ganzen ein Bezirk mit rund 200000 Bewohnern.

c) **Charakter der Anstalt:** Die Anstalt ist aus privaten Mitteln errichtet, wurde am 1. Oktober 1901 mit der Nahrungsmittelkontrolle in dem unter b angegebenen Bezirk beauftragt und ist nicht öffentliche Anstalt im Sinne § 17 des Reichsgesetzes vom 14. Mai 1879 (vergl. aber die Landesrechtliche Verordnung S. 181).

d) **Errichtung und geschichtliche Entwickelung:** Die Anstalt wurde im Jahre 1895 eingerichtet. Vergl. im übrigen die Ausführungen unter c.

e) **Aufsicht:** Kgl. Ministerium des Innern.

f) **Unterhaltung:** Nach der Verordnung des Ministeriums des Innern vom 3. Mai 1901; die Bruttoeinnahme aus der Lebensmittelkontrolle beträgt hiernach rund 10000 Mk. jährlich.

2. Verhältnisse der Beamten:

a) **Leiter:** Dr. phil. Friedrich Schmidt, Nahrungsmittelchemiker, Inhaber des Laboratoriums, 44 Jahre alt.

b) **Technische Mitglieder:** 2 Assistenten, von denen einer Nahrungsmittelchemiker ist.

c) **Sonstige Hilfskräfte:** 1 Schreibhilfe (Stenographin) und 1 Laboratoriumsdiener.

3. Tätigkeit der Anstalt:

Die zu untersuchenden Proben werden in der großen Hauptsache von dem Inhaber des Laboratoriums selbst entnommen; derselbe hält auch über Fragen dieses Gebietes in dem Kontrollbezirk verschiedentlich Vorträge. Untersucht wurden:

In den Jahren . .	1901/02	1903	1904	1905	1906
Zahl der Proben .	6981	6534	6285	6289	6600

Über jede Untersuchung wird ein kürzeres oder längeres Gutachten erstattet.

(132) Dresden IV.

1. Verhältnisse der Anstalt:

a) **Amtsbezeichnung:** Öffentliches chemisches Laboratorium von R. Weber in Dresden, Wettiner Str. 31.

b) **Amtsbezirk:** Die Amtshauptmannschaften Rochlitz und Schwarzenberg sowie die Städte Aue, Burgstädt, Eibenstock, Lößnitz, Mittweida, Neustädtel, Penig, Rochlitz, Schneeberg und Schwarzenberg.

c) **Charakter der Anstalt:** Die Anstalt ist aus privaten Mitteln errichtet und nicht öffentliche Anstalt im Sinne des § 17 des Reichsgesetzes vom 14. Mai 1879 (vergl. aber die Landesrechtl. Verordnung S. 181).

d) **Errichtung und geschichtliche Entwickelung:** Das Laboratorium ist am 1. Oktober 1902 errichtet. Es besitzt in der Stadt Aue eine Nebenuntersuchungsstelle, wozu die Stadt Aue die Räume und die Möbel zur Verfügung gestellt hat. Diese dient hauptsächlich der Milch- und Fleischuntersuchung im Sommer.

e) **Aufsicht:** Kgl. Ministerium des Innern.

f) **Unterhaltung:** Nach der Verordnung des Kgl. Ministeriums des Innern vom 3. Mai 1901; die Bruttoeinnahme aus der Nahrungsmittelkontrolle betrug im Jahre 1906 = 12 500 Mk.

2. Verhältnisse der Beamten:

a) **Leiter:** Richard Weber, Nahrungsmittelchemiker, 46 Jahre alt, Inhaber des Laboratoriums, Kgl. Preuß. Oberapotheker a. D.

b) **Technische Mitglieder:** 1 Assistent, geprüfter Nahrungsmittelchemiker.

c) **Sonstige Hilfskräfte:** 1 Aufwärter.

3. Tätigkeit der Anstalt:

Die zu untersuchenden Proben werden hauptsächlich von dem Inhaber des Laboratoriums bezw. den Assistenten, z. T. auch durch die Ortsbehörden entnommen. Der Umfang der Tätigkeit erhellt aus folgenden Zahlen:

In den Jahren	1903	1904	1905	1906
Anzahl der untersuchten Proben	7256	7480	7675	7500
Anzahl der erstatteten Gutachten und Berichte	246	261	270	265

(133) Freiberg i. S.

1. Verhältnisse der Anstalt:

a) **Amtsbezeichnung:** Öffentliches chemisches Laboratorium von Dr. Wilh. Raßmann in Freiberg i. S.

b) **Amtsbezirk:** Kgl. Amtshauptmannschaft Freiberg.

c) **Charakter der Anstalt:** Die Anstalt ist aus privaten Mitteln errichtet und nicht öffentliche Anstalt im Sinne des § 17 des Reichsgesetzes vom 14. Mai 1879 (vergl. aber die Landesrechtl. Verordnung S. 181).

d) **Errichtung und geschichtliche Entwickelung:** Das Laboratorium bestand im Nebenbetriebe der Apotheke in Freiberg schon seit 1890, wurde am 1. Juli 1900 abgetrennt und am 1. Oktober 1901 mit der amtlichen Lebensmittelkontrolle in der Kgl. Amtshauptmannschaft Freiberg beauftragt.

e) **Aufsicht:** Kgl. Ministerium des Innern.

f) **Unterhaltung:** Nach der Verordnung des Kgl. Ministeriums des Innern vom 3. Mai 1901 betragen die Bruttoeinnahmen etwa 6000 Mk.

2. Verhältnisse der Beamten:

a) **Leiter:** Dr. phil. Wilhelm Raßmann, Nahrungsmittelchemiker, 53 Jahre alt, Inhaber des Laboratoriums.

b) **Technische Mitglieder:** zeitweilig 1 wissenschaftlich gebildeter Chemiker.

c) **Sonstige Hilfskräfte:** 1 Diener.

3. Tätigkeit der Anstalt:

Die Probenahme erfolgt durch den Inhaber des Laboratoriums persönlich. Auf dem Lande werden durchweg 70—80 Proben in der Woche angekauft, über die Ergebnisse wird den Gemeindevorständen Bericht erstattet.

Durchschnittlich werden im Jahre rund 3600 Proben (1904 3642 Proben) untersucht.

(134) Leipzig I.

1. Verhältnisse der Anstalt:

a) **Amtsbezeichnung:** Chemische Untersuchungsanstalt. Dr. E. Donath, Leipzig, Dresdener Straße 17.

b) **Amtsbezirk:** Amtshauptmannschaft Borna, sowie folgende Städte mit revidierter Städteordnung: Borna, Pegau, Groitsch. Leisnig, Hainichen, Roßwein und Waldheim.

c) **Charakter der Anstalt:** Die Anstalt ist aus privaten Mitteln errichtet und nicht öffentliche Anstalt im Sinne des § 17 des Reichsgesetzes vom 14. Mai 1879 (vergl. aber die Landesrechtl. Verordnung S. 181).

d) **Errichtung und geschichtliche Entwickelung:** Das Laboratorium wurde im Jahre 1888 errichtet, im Jahre 1901 mit der Nahrungsmittelkontrolle in der Amtshauptmannschaft Borna und z. T. auch in der von Döbeln beauftragt und bis zum Jahre 1904 von Dr. phil. A. Röhrig geleitet. Nach Übernahme der Untersuchungsanstalt der Stadt Leipzig durch Dr. Röhrig (s. Nr. 125 S. 197) ging das Laboratorium mit seinen obigen Befugnissen auf Dr. E. Donath über.

e) **Aufsicht:** Kgl. Ministerium des Innern.

f) **Unterhaltung:** Nach der Verordnung des Kgl. Ministeriums des Innern vom 3. Mai 1901 betrugen die Bruttoeinnahmen aus der Nahrungsmittelkontrolle im Jahre 1906 rund 5500 Mk.

2. Verhältnisse der Beamten:

a) **Leiter:** Dr. phil. Emil Donath, Nahrungsmittelchemiker, 35 Jahre alt, seit 1904 Inhaber des Laboratoriums.

b) **Technische Mitglieder:** 1—2 Assistenten.

c) **Sonstige Hilfskräfte:** 1 Expedientin, 1 Aufwärter.

3. Tätigkeit der Anstalt:

Die Proben werden in den Geschäften vom Inhaber des Laboratoriums selbst entnommen. Untersucht wurden:

In den Jahren . .	1904	1905	1906
Anzahl der Proben	3400	3330	3457

(135) Leipzig II.

1. Verhältnisse der Anstalt:

a) **Amtsbezeichnung:** Öffentliches chemisches Laboratorium von Dr. J. Kallir in Leipzig.

b) **Amtsbezirk:** Amtshauptmannschaft Chemnitz und die Städte Limbach und Stollberg.

c) **Charakter der Anstalt:** Die Anstalt ist aus privaten Mitteln errichtet und nicht öffentliche Anstalt im Sinne des § 17 des Reichsgesetzes vom 14. Mai 1879 (vergl. aber die Landesrechtl. Verordnung S. 181).

d) **Errichtung und geschichtliche Entwickelung:** Das Laboratorium besteht seit dem Jahre 1888 und wurde im Jahre 1891 von dem jetzigen Inhaber übernommen; am 1. Oktober 1901 wurde es mit der Ausübung der Nahrungsmittelkontrolle in den unter b) genannten Bezirken beauftragt.

e) **Aufsicht:** Kgl. Ministerium des Innern.

f) **Unterhaltung:** Nach der Verordnung des Kgl. Ministeriums des Innern vom 3. Mai 1901.

2. Verhältnisse der Beamten:

a) **Leiter:** Dr. phil. Jacob Kallir, Nahrungsmittelchemiker, 44 Jahre alt, Inhaber des Laboratoriums.

b) **Technische Mitglieder:** 1 Assistent.

c) **Sonstige Hilfskräfte:** 1 Diener.

3. Tätigkeit der Anstalt:

Die Entnahme der Proben geschieht in der Regel durch den Inhaber des Laboratoriums selbst; Petroleum- und Milchproben werden durch Polizeibeamte entnommen. Die Ortsbehörden werden von den Untersuchungsergebnissen in Kenntnis gesetzt; alle Beanstandungen werden gleichzeitig der Kgl. Amtshauptmannschaft angezeigt. Untersucht wurden:

In den Jahren	1901/02	1903	1904	1905	1906
Zahl der Proben . . .	6823	5488	5322	5239	5700

(136) Leipzig III.

1. Verhältnisse der Anstalt:

a) **Amtsbezeichnung:** Öffentliches chemisches Untersuchungs-Laboratorium von Dr. Albert Prager in Leipzig, Sternwartenstrasse 14.

b) **Amtsbezirk:** Amtshauptmannschaften Flöha und Oschatz.

c) **Charakter der Anstalt:** Die Anstalt ist aus privaten Mitteln errichtet und nicht öffentliche Anstalt im Sinne des § 17 des Reichsgesetzes vom 14. Mai 1879 (vergl. aber die Landesrechtl. Verordnung S. 181).

d) **Errichtung und geschichtliche Entwickelung:** Das Laboratorium besteht seit 1892 und ist im Jahre 1898 in den Besitz von Dr. phil. A. Prager übergegangen; seit dem 1. Oktober 1901 ist es mit der amtlichen Nahrungsmittelkontrolle in den unter b) genannten Bezirken beauftragt.

e) **Aufsicht:** Kgl. Ministerium des Innern.

f) **Unterhaltung:** Nach der Verordnung des Kgl. Ministeriums des Innern vom 3. Mai 1901 betragen die Bruttoeinnahmen für die Nahrungsmittelkontrolle rund 7000 Mk.

2. Verhältnisse der Beamten:

a) **Leiter:** Dr. phil. Albert Prager, Nahrungsmittelchemiker, 46 Jahre alt, Inhaber des Laboratoriums.

b) **Technische Mitglieder:** 1 Assistent mit 1500 Mk. jährlicher Remuneration.

c) **Sonstige Hilfskräfte:** 1 Schreiber und 1 Diener.

3. Tätigkeit der Anstalt:

Die zu untersuchenden Proben werden in der Regel durch den Laboratoriumsleiter persönlich, Milch- und Petroleumproben dagegen durch Polizeibeamte entnommen. In größeren Orten ist bei der Probenahme durch den Laboratoriumsleiter ein Polizeibeamter zugegen.

Die Anzahl der untersuchten Proben betrug:

In den Jahren . .	1901/02	1903	1904	1905	1906
Zahl der Proben .	5076	4220	3536	4426	4300

(137) Meerane i. S.

1. Verhältnisse der Anstalt:

a) **Amtsbezeichnung:** Öffentliches chemisches Laboratorium von Dr. E. Scheitz in Meerane i. S.

b) **Amtsbezirk:** Kgl. Amtshauptmannschaft und Stadt Glauchau, sowie die Städte Collenberg, Hohenstein, Ernstthal, Lichtenstein, Meerane und Waldenburg.

c) **Charakter der Anstalt:** Das Laboratorium ist aus privaten Mitteln errichtet worden und ist nicht öffentliche Anstalt im Sinne des § 17 des Reichsgesetzes vom 14. Mai 1879 (vergl. aber die Landesrechtl. Verordnung S. 181).

d) **Errichtung und geschichtliche Entwickelung:** Das Laboratorium ist von dem Apothekenbesitzer Dr. Scheitz errichtet; seine Diensträume sind aber unabhängig von der Apotheke. Mit der amtlichen Ausübung der Nahrungsmittelkontrolle in dem unter b) genannten Bezirk wurde das Laboratorium am 1. Oktober 1901 beauftragt.

e) **Aufsicht:** Kgl. Ministerium des Innern.

f) **Unterhaltung:** Nach der Verordnung des Kgl. Ministeriums des Innern vom 3. Mai 1901 betragen die Bruttoeinnahmen aus nahrungsmittelchemischen Untersuchungen etwa 7470 Mk. jährlich. Die Einnahmen aus sonstigen Analysen belaufen sich auf etwa 700—800 Mk. jährlich.

2. Verhältnisse der Beamten:

a) **Leiter:** Dr. E. Scheitz, Apothekenbesitzer und Nahrungsmittelchemiker, 65 Jahre alt, seit 30 Jahren Inhaber des Laboratoriums; Auszeichnung: Ritter des Albrecht-Ordens I. Kl.

b) **Technische Mitglieder:** 1 Nahrungsmittelchemiker. Gehalt: 2400 Mk. jährlich.

c) **Sonstige Hilfskräfte:** 1 Diener.

3. Tätigkeit der Anstalt:

Die Städte und Dörfer des Kontrollbezirkes werden wöchentlich 2-mal durch den Laboratoriumsinhaber besucht und jedesmal werden hierbei 70 bis 80 Proben entnommen. Bei den Besuchen in den Geschäften wird der Probenehmer von Schutzleuten oder Gemeindedienern begleitet. Untersucht wurden:

In den Jahren . .	1901/02	1903	1904	1905	1906
Zahl der Proben .	4903	4396	4420	4515	4563

(138) Plauen i. V.

1. Verhältnisse der Anstalt:

a) **Amtsbezeichnung:** Chemische Untersuchungsstelle Plauen i. V., Hofrat Dr. Arthur Forster; Plauen i. V., Reichsstraße 28.

b) **Amtsbezirk:** Die Kgl. Amtshauptmannschaften Auerbach, Ölsnitz und Plauen, sowie die Städte Auerbach, Falkenstein, Lengenfeld, Treuen, Adorf, Markneukirchen, Mylau, Ölsnitz, Schöneck. Netschkau, Plauen und Reichenbach.

c) **Charakter der Anstalt:** Die Anstalt ist aus privaten Mitteln errichtet und nicht öffentliche Anstalt im Sinne des § 17 des Reichsgesetzes vom 14. Mai 1879 (vergl. aber die Landesrechtl. Verordnung S. 181).

d) **Errichtung und geschichtliche Entwickelung:** Das Laboratorium wurde im Jahre 1879 durch Dr. A. Forster in Plauen i. V. errichtet, und seit dieser Zeit wurden darin die Nahrungsmitteluntersuchungen für die Stadt Plauen ausgeführt. Vom Jahre 1897 ab wurde in der Stadt Plauen eine schärfere Kontrolle des Milchverkehrs und vom 1. April 1898 ab eine ausgedehnte Nahrungsmittelkontrolle eingerichtet. Seit dem 1. Oktober 1901 ist das Laboratorium mit der amtlichen Nahrungsmittelkontrolle in den unter b) genannten Bezirken beauftragt worden.

e) **Aufsicht:** Kgl. Ministerium des Innern.

f) **Unterhaltung:** Nach der Verordnung des Kgl. Ministeriums des Innern vom 3. Mai 1901, S. 181, nämlich als Honorar für den Kopf der Bevölkerung 5 Pfg. = 19 300 Mk. jährlich.

2. Verhältnisse der Beamten:

a) **Leiter:** Dr. phil. Arthur Forster, Nahrungsmittelchemiker, geb. 1852, Inhaber des Laboratoriums, chemischer Beirat bei zwei Kgl. Sächsischen Gewerbeinspektionen. Auszeichnungen: Kgl. Sächs. Hofrat, Mitglied des Reichsgesundheitsrates.

b) **Technische Mitglieder:** Der Anzahl nach wechselnd; für Untersuchungen von Nahrungsmitteln 2 Nahrungsmittelchemiker; Anfangsgehalt 2400 Mk.

c) **Sonstige Hilfskräfte:** Buchhalterin, Maschinenschreiberin, Mädchen zum Reinigen.

3. Tätigkeit der Anstalt:

Die Probeentnahme erfolgt in Ausübung der amtlichen Lebensmittelkontrolle in der Regel durch den Leiter des Laboratoriums bezw. seinen Stellvertreter; mit ihr ist eine Besichtigung der Geschäftsräume und eine Aussprache über etwa vorgefundene Mängel verbunden, eventuell werden verdorbene Gegenstände außer Verkehr gesetzt.

Die Untersuchungen der Proben werden so weit ausgeführt, als es erforderlich ist, um festzustellen, ob Anlaß zu weiteren Maßregeln und zur Herbeiführung einer Bestrafung vorliegt.

Außerdem werden die Weinlager im Bezirk revidiert.

Der Umfang der Tätigkeit erhellt aus folgenden Zahlen:

In den Jahren	1901/02	1903	1904	1905	1906
Zahl der untersuchten Proben	14301	11408	11539	11234	12139
Zahl der erstatteten größeren Gutachten	50	24	9	8	11

(139) Zittau.

1. Verhältnisse der Anstalt:

a) **Amtsbezeichnung:** Öffentliches chemisches Laboratorium von Dr. A. Jonscher in Zittau.

b) **Amtsbezirk:** Die Kgl. Amtshauptmannschaften Zittau und Löbau, sowie die Städte Zittau, Löbau und Bernstadt.

c) **Charakter der Anstalt:** Die Anstalt ist aus privaten Mitteln errichtet und nicht öffentliche Anstalt im Sinne des § 17 des Reichsgesetzes vom 14. Mai 1879 (vergl. aber die Landesrechtl. Verordnung S. 181).

d) **Errichtung und geschichtliche Entwickelung:** Das Laboratorium wurde am 1. April 1893 von Dr. A. Jonscher errichtet und im Mai 1896 von der Stadt Zittau mit der Kontrolle der Nahrungsmittel etc. betraut; diesem Beispiele folgte 1900 der Rat der Stadt Löbau und 1901 die Stadt Bernstadt; am 1. Oktober 1902 wurde dem Laboratorium die amtliche Nahrungsmittelkontrolle in den unter b) genannten Bezirken übertragen.

e) **Aufsicht:** Kgl. Ministerium des Innern.

f) **Unterhaltung:** Nach der Verordnung des Kgl. Ministeriums des Innern vom 3. Mai 1901; die Bruttoeinnahme beträgt hiernach für die Nahrungsmittelkontrolle etwa 10143 Mk.

2. Verhältnisse der Beamten:

a) **Leiter:** Dr. phil. Albert Jonscher, Nahrungsmittelchemiker, 39 Jahre alt, Inhaber des Laboratoriums.

b) **Technische Mitglieder:** 1 Assistent.

c) **Sonstige Hilfskräfte:** 1 Buchhalterin und 1 Gehilfe.

3. Tätigkeit der Anstalt:

Die Proben werden durch den Laboratoriumsinhaber entnommen mit Ausnahme von Milch, für deren Probenahme Schutzleute ausgebildet sind. Mit der Probenahme wird eine Besichtigung der Verkaufs- und Lagerräume verbunden. Zu jeder beanstandeten Probe wird ein besonderes Gutachten erstattet und der nach Lage der Sache am gangbarsten erscheinende Weg behufs Verfolg der Sache empfohlen. Auf diese Weise werden Mißgriffe vermieden.

Es wurden untersucht:

In den Jahren . . .	1902	1903	1904	1905	1906
Zahl der Proben . .	3099	6256	5977	5839	5978

(140) Zwickau.

1. Verhältnisse der Anstalt:

a) **Amtsbezeichnung:** Öffentliche chemische Untersuchungs-Station von Dr. Ernst Falck.

b) **Amtsbezirk:** Kgl. Amtshauptmannschaft Zwickau sowie die Städte mit revidierter Städteordnung in diesem Bezirk.

c) **Charakter der Anstalt:** Die Anstalt ist aus privaten Mitteln errichtet worden. Sie ist nicht öffentliche Anstalt im Sinne des § 17 des Reichsgesetzes vom 14. Mai 1879 (vergl. aber die Landesrechtl. Verordnung S. 181).

d) **Errichtung und geschichtliche Entwickelung:** Das Laboratorium wurde von Dr. E. Falck im Jahre 1890 in Zwickau gegründet und am 1. Oktober 1901 mit der amtlichen Nahrungsmittelkontrolle im genannten Amtsbezirk beauftragt.

e) **Aufsicht:** Kgl. Ministerium des Innern.

f) **Unterhaltung:** Nach der Verordnung des Kgl. Ministeriums des Innern vom 3. Mai 1901 S. 181.

2. Verhältnisse der Beamten:

a) **Leiter:** Dr. phil. Ernst Falck, Nahrungsmittelchemiker, 47 Jahre alt, Inhaber des Laboratoriums.

b) **Technische Mitglieder:** 2—3 Assistenten, davon gewöhnlich ein Nahrungsmittelchemiker; das Gehalt schwankt zwischen 1200—3600 Mk.

c) **Sonstige Hilfskräfte:** 1 Schreiberin und 1 Aufwärterin.

3. Tätigkeit der Anstalt:

Der Außendienst besteht in der Entnahme von Proben, Besichtigung von Verkaufsräumen für Wein und Margarine, sowie in der Belehrung über etwa in den Geschäften beobachtete Mißstände. Die Proben werden auf dem Lande von dem Laboratoriumsinhaber selbst, in den Städten unter Hinzuziehung von Schutzleuten entnommen. Die Untersuchungen werden zunächst nur so weit vorgenommen, daß eine Sichtung der verdächtigen von den unverdächtigen Proben erfolgen kann; die verdächtigen Proben werden dann weiter untersucht.

Im ganzen wurden untersucht:

In den Jahren . .	1901/02	1903	1904	1905	1906
Zahl der Proben .	10529	9294	9026	9030	9337

V. Württemberg.

Landesrechtliche Verordnung.

Erlaß des Kgl. Ministeriums des Innern an die Kgl. Kreisregierungen, die Kgl. Oberämter und Oberamtsphysikate sowie an die Gemeindebehörden, betr. die Errichtung eines hygienischen Laboratoriums bei dem Kgl. Medizinalkollegium. Vom 31. Januar 1898 (Amtsbl. d. Minist. d. Innern S. 42).

Nachdem das bisherige bakteriologische Laboratorium des Kgl. Medizinalkollegiums durch Angliederung eines chemischen Laboratoriums erweitert worden ist, wird das Laboratorium künftighin den Namen „Hygienisches Laboratorium des Kgl. Medizinalkollegiums" führen.

Der Geschäftskreis des Laboratoriums, welches in eine bakteriologische und in eine chemische Abteilung zerfällt, erstreckt sich auf die Vornahme von bakteriologischen, mikroskopischen und chemischen Untersuchungen einschließlich der Abgabe von Gutachten hierüber auf dem gesamten Gebiet des Gesundheits- und des Veterinärwesens sowie der gerichtlichen Medizin.

Die Untersuchungen werden in der Regel nur für Behörden ausgeführt. Untersuchungen für Privatpersonen sind jedoch gestattet, wenn die vorhandenen Einrichtungen und Arbeitskräfte des Laboratoriums ausreichen und

a) eine andere Gelegenheit im Lande für die Untersuchungen nicht besteht oder
b) die Untersuchungen im Interesse der Krankenfürsorge gelegen sind.

Die Gebühren für die ausgeführten Untersuchungen werden nach einem zunächst in provisorischer Weise festgesetzten Tarif erhoben. Der die chemischen Untersuchungen betreffende Teil des Tarifs, in welchem zugleich die einzuliefernde Menge der betreffenden Gegenstände angegeben ist, ist in der Anlage abgedruckt.

Dabei ist im Interesse einer besseren Nahrungsmittelkontrolle bestimmt worden, daß für alle Untersuchungen, welche von den Ortspolizeibehörden auf dem Gebiete der Nahrungsmittelpolizei veranlaßt werden, nur die Hälfte der ordentlichen Gebühren zum Ansatz kommen darf. Die gleiche Ermäßigung greift auch Platz bei Trinkwasseruntersuchungen, welche im Auftrag von Gemeinden und sonstigen öffentlichen Körperschaften vorgenommen werden.

Hiervon wird den obengenannten Behörden Kenntnis gegeben.

A. Staatliche Anstalten.

(141) Stuttgart I.

Amtsbezeichnung: Chemisches Laboratorium der Kgl. Zentralstelle für Gewerbe und Handel in Stuttgart.

Dieses chemische Laboratorium besteht schon lange und ist gleichzeitig mit der im Jahre 1850 neugeschaffenen Kgl. Zentralstelle für Handel und Gewerbe ins Leben gerufen; es sollte teils allgemeine Fragen chemisch-technischer Natur behandeln, teils Anfragen von Privaten durch analytische Arbeiten beantworten und lösen. Diese Arbeiten mußten zuerst im Laboratorium des Kgl. Polytechnikums ausgeführt werden; im Jahre 1859 wurde für den Zweck ein besonderes Laboratorium nebst Hörsaal eingerichtet. Außer den genannten Untersuchungen liegt dem Leiter ob, teils einzelnen Gewerbetreibenden, die nicht in der Lage sind, umfassende Studien in der Chemie zu machen, kursorische Unterweisung in den für ihren Gewerbszweig wichtigsten chemischen Verfahren und Verrichtungen zu erteilen, teils jungen Technikern und Chemikern Gelegenheit zu bieten, sich in Bereitung von chemisch-technischen Erzeugnissen und in analytischen Übungen auf den verschiedensten Gebieten auszubilden, schließlich ganzen Gruppen von Gewerbetreibenden in den Abendstunden chemische Unterrichtskurse unter besonderer Berücksichtigung auf die unmittelbaren praktischen Bedürfnisse zu geben, z. B. außer für rein technische Arbeiter auch für Bierbrauer, Bäcker usw. Auch Vorträge über Nahrungs- und Genußmittel werden abgehalten.

Das Laboratorium untersteht der Kgl. Zentralstelle für Handel und Gewerbe und mit dieser dem Kgl. Württ. Ministerium des Innern.

Leiter der Anstalt ist Prof. Abel seit 1893, nachdem er schon seit 1875 als Chemiker an derselben tätig gewesen war. An der Anstalt sind zwei Chemiker als wissenschaftliche Hilfskräfte, ferner eine Kopistin und ein Diener tätig.

Die Tätigkeit auf analytischem Gebiet erstreckt sich vorwiegend auf technische Gegenstände. An Nahrungs- und Genußmitteln usw. wurden untersucht Proben:

In den Jahren	1902	1903	1904	1905	1906
a) Nahrungs- und Genußmittel usw.	237	314	372	262	255
b) Aus dem Gebiete der Gesundheitspflege	110	63	66	24	29

(142) Stuttgart II.

Amtsbezeichnung: Hygienisches Laboratorium des Kgl. Medizinalkollegiums, Chemische Abteilung, in Stuttgart.

Das Laboratorium des Kgl. Medizinalkollegiums in Stuttgart zerfällt in drei selbständige Abteilungen, eine medizinische, eine tierärztliche und eine chemische. Die letztere Abteilung ist neben den ersteren im Jahre 1897 eingerichtet und besitzt nach § 16, Ziffer 4, Absatz 4 der Prüfungsvorschriften für Nahrungsmittelchemiker die Berechtigung zur praktischen Ausbildung der Nahrungsmittelchemiker. Durch Erlaß des Ministeriums des Innern vom 31. Januar 1898 (s. S. 209) erstreckt sich die Tätigkeit des Hygienischen Laboratoriums auf das gesamte Gebiet des Gesundheits- und Veterinärwesens sowie der gerichtlichen Medizin; die chemische Abteilung ist ausschließlich mit der Untersuchung von Nahrungs-, Genußmitteln und Gebrauchsgegenständen beauftragt. Die Untersuchungen werden in der Regel nur für Behörden ausgeführt; Untersuchungen für Privatpersonen sind jedoch gestattet, wenn die vorhandenen Einrichtungen und Arbeitskräfte ausreichen und

a) eine andere Gelegenheit im Lande für die Untersuchungen nicht besteht oder

b) die Untersuchungen im Interesse der Krankenfürsorge gelegen sind.

Die Gebühren für die ausgeführten Untersuchungen werden nach einem Tarif erhoben; um die Nahrungsmittelkontrolle wirksamer zu gestalten, wird für alle Untersuchungen, die von Ortspolizeibehörden auf dem Gebiete der Nahrungsmittelpolizei veranlaßt werden, nur die Hälfte der ordentlichen Gebühren in Ansatz gebracht. Dasselbe ist der Fall bei Trinkwasseruntersuchungen, die von Gemeinden oder sonstigen öffentlichen Körperschaften beantragt werden.

Das Hygienische Laboratorium untersteht dem Kgl. Medizinalkollegium und damit dem Kgl. Ministerium des Innern.

Leiter der chemischen Abteilung der Anstalt ist Regierungsrat Dr. phil. H. Spindler, chemisch-technisches Mitglied des Medizinalkollegiums; er hat im Laboratorium zwei ständige Hilfsarbeiter.

Die ausgeführten Untersuchungen betrafen:

In den Jahren	1902	1903	1904	1905	1906
a) Nahrungs- und Genußmittel	297	600	874	800	681
b) Gesundheitspflege und Physiologie	598	572	554	556	483

B. Kommunale Anstalt.

(143) Stuttgart.

1. Verhältnisse der Anstalt:

a) Amtsbezeichnung: Chemisches Laboratorium und Untersuchungsamt der Stadt Stuttgart.

b) Amtsbezirk: Stadtkreis Stuttgart.

c) Charakter der Anstalt: Die Anstalt ist aus städtischen Mitteln errichtet und seit dem 18. Juni 1880 öffentliche Anstalt im Sinne des § 17 des

Reichsgesetzes vom 14. Mai 1879. Seit dem 16. März 1895 ist sie den staatlichen Anstalten im Sinne des § 16 Abs. 4 der Prüfungsvorschriften für Nahrungsmittelchemiker vom 22. Februar 1894 gleichgestellt[1]).

d) **Errichtung und geschichtliche Entwickelung:** Das städtische Laboratorium besteht seit dem Jahre 1869 und war ursprünglich eine Gaskontrollstation. Nach Errichtung des städtischen Eichamtes im Jahre 1871 wurde der Inhaber dieser Gastechnikerstelle, Dr. phil. A. Klinger, unter gleichzeitiger Übertragung der Eichamtsvorstandschaft, städtischer Beamter. Nachdem dieser Beamte schon von Anfang an in kleinerem Umfang und mit bescheidenen Mitteln einzelne chemische Untersuchungen für die Stadtverwaltung ausgeführt hatte, wurde im Jahre 1873 das Laboratorium entsprechend eingerichtet und zu einer amtlichen Anstalt für die Untersuchungen und Begutachtungen von Nahrungs- und Genußmitteln, sowie Gebrauchsgegenständen mit der Bezeichnung „Städtisches chemisches Laboratorium" erweitert. Als im Jahre 1879 das Reichsnahrungsmittelgesetz in Kraft trat, wurden wesentliche Änderungen im Betrieb nicht erforderlich.

Das Laboratorium befindet sich zurzeit noch in dem Hause Forststraße 20 p.; seine Räume, 216 qm umfassend, genügen nicht mehr; i. J. 1908 wird das Laboratorium in das Gebäude Forststraße 18 verlegt werden.

e) **Aufsicht:** Das Stadtschultheißenamt (Oberbürgermeister).

f) **Unterhaltung:** Durch die Stadt. Ausnahmsweise werden auch Untersuchungen für Private vorgenommen, nämlich wenn die Untersuchung im Interesse der Nahrungsmittelkontrolle liegt. Alsdann wird folgender Tarif zugrunde gelegt[2]):

Gebühren-Tarif des städtischen chemischen Laboratoriums und Untersuchungsamtes der Residenzstadt Stuttgart.

I. Allgemeine Bestimmungen.

1. Alle in diesem Tarif nicht aufgeführten Untersuchungen werden auf Grund von 3 **Mark** für jede angefangene Stunde, einschließlich des Materialverbrauchs berechnet.

2. Bei der Einsendung von Aufträgen ist die Veranlassung und der Zweck der Untersuchung genau anzugeben und mindestens die im Tarif genannte Menge einzusenden.

3. Für die richtige Probenahme und geeignete Verpackung ist Sorge zu tragen; erforderlichen Falles ist das chemische Untersuchungsamt vorher über Art und Verpackung der Probenahme um Auskunft anzugehen.

4. Für die Gewerbetreibenden und Privaten kann bei der Einlieferung von einwandfrei entnommenen Proben, an denen die polizeiliche Nahrungsmittelkontrolle ein Interesse hat, die ermäßigte Gebühr in Anrechnung gebracht, auf Ansuchen auch von der Polizeiabteilung des Gemeinderats ganz nachgelassen werden.

5. Das auf Grund einer Analyse ausgestellte Gutachten gilt nur für die untersuchte Probe. Eine Veröffentlichung solcher Gutachten bezw. Analysen-Resultate ohne behördliche Genehmigung ist in keiner Form gestattet. Für Reklamezwecke werden Analysen nicht vorgenommen.

[1]) An der Anstalt haben bisher 9 Kandidaten die Hauptprüfung als Nahrungsmittelchemiker zurückgelegt.

[2]) Genehmigt im Juni 1897.

II. Einzelbestimmungen.

Nr.	Gegenstand	Gebühren normale Mk.	Gebühren ermäßigte Mk.	Zur Untersuchung einzuliefernde Menge
	A. Nahrungs- und Genußmittel.			
1.	**Apfelschnitzel** siehe unter Nr. 8d.			
2.	**Bier.**			0,7–1 l (1 Flasche)
	a) Vorprüfung, ob grob verfälscht oder verdächtig (Vergärungsgrad, Säure, event. mikroskopische Prüfung)	5	2	
	b) Spezifisches Gewicht { aräometrisch . . .	—.50		
	{ pyknometrisch . .	1	—	—
	c) Alkohol nach den spezifischen Gewichten oder durch Destillation	2		
	d) Extrakt	2		
	e) Glycerin	5		
	f) Asche (Mineralstoffe)	2		
	g) Kohlensäure	5	—	das geschloss. Originalgefäß (Flasche, Syphon etc.)
	h) Phosphorsäure { direkt aus der Asche durch Titrieren	2		
	{ nach der Molybdänmethode	4		
	i) Säure: α) gesamte	1	—.50	
	„ β) flüchtige (Essigsäure, schweflige Säure etc., je)	3	1	—
	l) Eiweißstoffe (Proteine)	4		
	m) Zucker (Maltose)	3		
	n) Stammwürzengehalt ergibt sich aus Alkohol und Extrakt, oder aus den spezifischen Gewichten, letzteres	3	1.50	
	o) Vergärungsgrad (Ballings Methode) . .	3	1.50	
	p) Gesamt-Analyse (auch Konservierungsmittel) Prüfung auf fremde Stoffe (auch Hopfensurrogate) je nach Umständen und Zeitaufwand.	20	—	4–6 l
	q) Mikroskopische Prüfung des Sediments . .	2—5		
	r) Nachweis einer stattgefundenen Neutralisation	5	2	—
	s) Nachweis von Salicylsäure	3	1	—
	t) Nachweis von Saccharin { mittelst Kostprobe . . .	4	—	1 l
	{ Kalischmelzmethode . . .	6		
	{ quantitativ	7		
3.	**Branntweine** (auch Rum, Arrak, Kognak, Liköre).			½ l
	a) Vorprüfung, ob grob verfälscht oder verdächtig (Alkoholgehalt, Extrakt, Metalle, Farbstoff etc. und Prüfung durch die Sinne)	5	2	
	b) Spezifisches Gewicht { aräometrisch . . .	—.50	—	—
	{ pyknometrisch . .	1		
	c) Alkohol	2	—	—
	d) Extrakt	2		
	e) Asche	2		
	f) Säure	1		
	g) Zucker	3		
	h) Fremde Stoffe und metallische Beimengungen	3–5	—	—
	i) Fuselölbestimmung	5	2	½ l
4.	**Brot, Mehl etc.**			250 g bezw. ein od. mehrere Stücke des Gebäckes
	a) Vorprüfung, ob grob verunreinigt (Mineralbestandteile) oder sonst verdächtig (Chloroformprobe und mikroskopische Prüfung)	3	1	
	b) Wasser (Feuchtigkeit)	2	1	
	c) Asche	2	1	

Nr.	Gegenstand	Gebühren normale Mk.	Gebühren ermäßigte Mk.	Zur Untersuchung einzuliefernde Menge
	d) Sand	2	1	
	e) Phosphorsäure	4		
	f) Fett (Ätherextrakt)	3		
	mit Bestimmung der Phosphorsäure in organischer Verbindung	6		
	g) Kohlehydrate (löslich)	4		
	h) Eiweißstoffe	4		
	i) Rohfaser	5		
	k) Kleber	3		
	l) Freie Säure	1		
	m) Mikroskopische Prüfung, je nach Zeitaufwand, jedoch nicht unter	2		
	chemische Prüfung auf Mutterkorn	2		
	n) Metalle, Alaunzusatz, Kupfervitriol etc. qualitativ	2		
	quantitativ jede einzelne Substanz	5		
	o) Gesamt-Analyse (ausschließlich m)	20		
	p) Prüfung auf künstliche Färbung	3	1	
5.	**Butter und Schmalz** (vergleiche auch „Fette und Öle"):			mindestens 125 g
	a) Vorprüfung auf Wasser und Nichtfett, Ranzidität etc.	5—7	2—4	
	b) Wasser	2	—	—
	c) Salze (Kochsalz und Nichtfett)	5	—	—
	d) Konservierungsmittel	3—4		
	e) Weitere Prüfung, wie bei Fette und Öle			
	f) Mikroskopische Prüfung	2—3	1	
	g) Ermittelung fremden Fettes	6—10	Siehe Vorprüfung 1 ℳ	
	h) Ranziditätsgrad	2		
6.	**Cacao, Schokolade, Kaffee, Kaffeesurrogate, Tee.**			100—200 g
	a) Vorprüfung, ob grob verfälscht oder verdächtig (Chloroformprobe, wo anwendbar, und mikroskopische Prüfung)	3	1	
	b) Wasser	2		
	c) Asche	2		
	d) Phosphorsäure	4		
	e) Extrakt	4		
	f) Eiweißstoffe	4		
	g) Kohlehydrate (löslich) — Zucker —	4	—	—
	h) Fett	3		
	i) Rohfaser	5		
	k) Koffein bezw. Theobromin	10	—	—
	l) Gerbsäure	5		
	m) Mikroskopische Prüfung	3—5		
	n) Prüfung auf fremde Fette	6—10	3	—
	o) Bestimmung der Stärke	4		
	p) Künstliche Färbung (Ermittelung der Natur des Farbstoffes)	5	1—3	
7.	**Conditoreiwaren** (Schokolade siehe unter Cacao, vergl. auch Nr. 4, „Brot und Mehl" etc.).			Mehrere Stücke
	a) Bestimmung der Asche (mineralische Beimengungen) vergl. c u. d unter 4	2	—	
	b) Prüfung auf giftige Farben	3	1	—
	c) Bestimmung von Arsen, Zinn oder einem anderen Metall	5	—	—

Nr.	Gegenstand	Gebühren normale Mk.	Gebühren ermäßigte Mk.	Zur Untersuchung einzuliefernde Menge
8.	**Conserven.**			Originalgefäß bezw. 100—200 g
	a) Bestimmung des Zuckers	4	—	
	b) Prüfung auf Konservierungsmittel	3—4	1	
	c) Bestimmung der schwefligen Säure . . .	4	2	—
	d) Prüfung auf schädliche Metalle, insbesondere auf Zinn, Blei, Kupfer und Zink . . .	3	1	—
	e) Bestimmung der Menge derselben, je . . .	5	2	—
	f) Prüfung auf Saccharin, siehe Nr. 2 „Bier“ t			
9.	**Essig.**			
	a) Säuregehalt	1	—.50	1/4 l
	b) Prüfung auf Mineralsäuren, Metalle je . .	2	1	1/4 l
	c) Quantitative Bestimmung der Metalle, jedes Metall	5	—	1 l
	d) Extrakt und Asche, je	2	2	1/4 l
	e) Prüfung von Weinessig auf Echtheit (Extrakt, Asche, Glycerin, Weinstein) . . .	10	5	1 l
10.	**Fette und Öle.**			
	a) Vorprüfung, sofern es sich um Speisefette und Speiseöle handelt, auf Verdorbensein, Identität mittelst Jodzahl oder der Köttstorferschen Methode je nach der Ausdehnung der Untersuchung und die einfachen Farbenreaktionen	5—7	2—4	200—500 g je nach der Ausdehnung der Untersuchung
	b) Bestimmung des Wassergehaltes	2	—	—
	c) Bestimmung des Fettgehaltes	5	—	—
	d) Spezifisches Gewicht	2	—	—
	e) Schmelzpunkt	1		
	f) Erstarrungspunkt	1		
	g) Freie Fettsäuren (Ranzidität)	2	—	—
	h) Hehnersche Zahl	4		
	i) Reichert-Meißlsche Zahl	5	—	—
	k) Köttstorfersche Zahl	3	—	—
	l) v. Hübls Jodzahl	5	—	—
	m) die einfachen Reaktionen (Becchi, Baudouin, Welmans, Maumené, amtliche Sesamölprobe etc.) je	1	—	—
	n) Prüfung auf fremde Farbstoffe	3	—	—
	o) Borsäure	3	—	—
11.	**Fleisch und Wurstwaren.**			
	a) Vorprüfung auf Verdorbensein, Stärkemehl etc. und künstliche Färbung	3	1	1 Stück oder 100 g
	b) Wassergehalt	2	—	
	c) Gesamtanalyse: Wasser, Asche, Mineralbestandteile, Fett, Eiweißstoffe, Kohlehydrate, Rohfaser siehe unter 4. „Brot und Mehl“.			200 g
	d) Glykogenbestimmung	5		
	e) Prüfung auf Konservierungsmittel	3	1	
	f) Stärkemehlbestimmung in Würsten . . .	5	siehe Vorprüfung	
	g) Prüfung auf künstliche Färbung und Ermittelung des Farbstoffes	5	do.	
12.	**Fruchtsäfte.**			100 g
	a) Prüfung auf künstliche Färbung	3—5	1	—
	b) „ „ gesundheitsschädliche Metalle .	3	1	—
	c) Quantitative Bestimmung jeden Metalles .	5		

Nr.	Gegenstand	Gebühren normale Mk.	Gebühren ermäßigte Mk.	Zur Untersuchung einzuliefernde Menge
13.	**Gewürze.**			50—100 g Safran 1—5 g je nachdem
	a) Mikroskopische Voruntersuchungen auf grobe Verfälschungen und Chloroformprobe . .	3	1	
	b) Wasser	2		
	c) Asche	2	—	—
	d) Sand	2	—	—
	e) Extrakt	4	—	—
	f) Mikroskopische Prüfung nach Zeitaufwand, jedoch nicht unter 2 Mk.			
14.	**Hefe (Preßhefe).**			100 g bezw. ein Originalpaket
	a) Vorprüfung, mikroskopisch	3	1	
	b) Wasser	2	—	—
	c) Asche	2		
	d) Mikroskopische Prüfung.	3		
	e) Bestimmung der Trieb- bezw. der Gärkraft	5	—	—
15.	**Honig.**			
	a) Vorprüfung	4—6	2—3	125 g
	b) Spezifisches Gewicht	2		
	c) Polarisation	2—5		
	d) Asche	2		
	e) Zucker	4		
	f) Mikroskopische Prüfung nicht unter 2 Mk.			
	g) Gesamtanalyse je nach Zeitaufwand.			
16.	**Käse.**			125 g bezw. ein kleines Originalpaket
	a) Bestimmung der Asche nebst Prüfung auf mineralische Beimengungen	3	—	—
	b) Bestimmung des Fettes	3	—	—
	c) Prüfung auf fremde Fette nach Meißl . .	5	—	—
	d) Prüfung auf Stärkemehl (qualitativ) . . .	2		
	e) Bestimmung von Wasser	2		
	f) Gesamtanalyse a, b und e, sowie Proteinstoffe	12		
17.	**Kakao** siehe unter Nr. 6.			
18.	**Kaffee** siehe unter Nr. 6.			
19.	**Kindermehl** siehe unter Nr. 4.			
20.	**Mehl** siehe unter Nr. 4.			
21.	**Milch.**			½—1 l
	a) Vorprüfung, ob grob verfälscht oder verdächtig (spezifisches Gewicht und Fett, letzteres nach einer sog. Schnellmethode)	3	1	—
	b) Spezifisches Gewicht	1	—	—
	c) " " des Serums	2		
	d) Fett	3	—	—
	e) Trockensubstanz	2		
	f) Mineralbestandteile	2	—	—
	g) Casein	4		
	h) Albumin	5		
	i) Milchzucker	4	2	
	k) Prüfung auf Konservierungsmittel	3	1	—
	l) Sonstige Beimengungen je nach Zeitaufwand			
22.	**Most** siehe unter Nr. 28.			
23.	**Schmalz** siehe unter Nr. 5.			

Nr.	Gegenstand	Gebühren normale Mk.	Gebühren ermäßigte Mk.	Zur Untersuchung einzuliefernde Menge
24.	**Speisefett** siehe unter Nr. 5.			
25.	**Speiseöle** siehe unter Nr. 10.			
26.	**Tee** siehe unter Nr. 6.			
27.	**Wasser** (einschließlich der künstlichen Mineralwässer).			2 l
	a) Vorprüfung, umfassend f, g, l, m und o	5		
	b) Prüfung auf Brauchbarkeit als Trinkwasser, welche einschließt c, f, g, l, m und o	10		
	c) Abdampf- und Glührückstand	2	—	—
	d) Kalk	3		
	e) Magnesia	3	—	—
	f) Chlor	2		
	g) Salpetersäure	3		
	h) Schwefelsäure	3		
	i) Gesamthärte nach Boutron	1	—	—
	k) Bleibende Härte	2	—	—
	l) Organisches (Oxydierbarkeit durch Kaliumpermanganat)	3		
	m) Ammoniak (qualitativ)	1	—	—
	n) „ (quantitativ)	3		
	o) Salpetrige Säure (qualitativ)	1		
	p) Gesamtanalyse von c bis o	20		
	q) Ermittelung der Keimzahl und	—	—	—
	r) Mikroskopische Prüfung der Sedimente etc. je nach Zeitaufwand.			
	Mineralwasser (natürliche und künstliche) Untersuchung nur auf Brauchbarkeit zum Genuß	—	—	2 Flaschen in Originalverpackung
	Kohlensäure	5		
	Sonstige Beimengungen (Mineralbeimengungen) nach Zeitaufwand.			
	Sogen. Quellenanalysen werden nicht vorgenommen.			
28.	**Wein und Obstwein** (Most).			½ l
	I. Moste (süße):			
	Ermittelung der Öchsleschen Grade	1	—.50	
	II. Angegorene Moste:			
	a) Ermittelung der Öchsleschen Grade nach Balling	2		
	b) nach dem Destillationsverfahren	3		
	Zu I und II:			
	Zuckerbestimmung (nach Allihn)	3	—	¼ l
	Bestimmung der Säure	1	—.50	
	III. Wein und Obstwein:	—	—	1½–2 Liter, wenn nach der amtl. Anleitung zu analysieren ist, sonst 1 Liter
	a) Vorprüfung, ob grob verfälscht oder verdächtig, umfassend:			
	c, d, e, f, g, t (f und t qualitativ)	8	3	
	Prüfung nach der amtlichen Anleitung:			
	b) Spezifisches Gewicht	1	—	—
	c) Alkohol	2		
	d) Extrakt	2		
	e) Mineralbestandteile	2		
	f) Schwefelsäure bei Rotweinen (Prüfung auf Gipsung)	3		
	g) Freie Säuren (Gesamtsäure)	1		
	h) Flüchtige Säuren	2	—	—

Nr.	Gegenstand	Gebühren normale Mk.	Gebühren ermäßigte Mk.	Zur Untersuchung einzuliefernde Menge
	i) Nicht flüchtige Säuren für sich (ergeben sich aus g minus h)	3		
	k) Glycerin	3		
	l) Zucker	3		
	m) Polarisation	3	—	—
	n) Unreiner Stärkezucker	6		
	o) Fremde Farbstoffe bei Rotweinen	3—5	—	—
	p) Schweflige Säure	3	—	—
	q) Saccharin und verwandte Körper, Isolierung und Geschmacksprobe siehe unter 2 „Bier".			
	r) Desgl. quantitativ.			
	s) Salicylsäure	3		
	t) Chlor	3	ad t vergleiche die Vorprüfung	—
29.	**Wurst** siehe unter 11.			
30.	**Zucker.**			
	a) Prüfung auf fremde Beimengungen . . .	3—5		
	b) Polarisation	3		
	B. Gebrauchsgegenstände.			
31.	**Blei- und zinkhaltige Gegenstände.**			
	Eß-, Trink- und Kochgeschirre und Flüssigkeitsmaße von Zinn,			1 Stück oder 2—3 g abgefeilte Probe
	Verzinntes Blech, Gelötete Metalle, Deckel von Bierkrügen, Metallpfeifen für Kinder, Puppengeschirre von Metall, Konservenbüchsen von Blech (Lötung) etc.,			
	Bestimmung des Bleigehaltes	5	2	
	Töpfergeschirre, Emailgeschirre:			
	Bestimmung des in 4%-igem Essig löslichen Bleis	5	2	
	Desgl. kolorimetrische Bestimmung des Bleis .	2	1	
	Desgl. qualitative Bestimmung des Bleis . . .	1	—.20 für jed. Stück	
	Druckvorrichtungen zum Ausschank von Bier,			
	Metallene Leitungsröhren,			
	Bestimmung des Bleigehaltes	5	2	—
	Syphons für kohlensäurehaltige Getränke,			
	Bestimmung des Bleigehaltes	5		
	Metallteile für Kindersaugflaschen,			
	Bestimmung des Bleigehaltes	5	2	—
	Metallene Ausgüsse an Mühlsteinen,			
	Bestimmung des Bleigehaltes	5		
	Verzinnung der Apparate, Geschirre und Gefäße für Mineralwasser- und Brauselimonadefabrikation etc.,			
	Bestimmung des Bleigehaltes	5	—	—
	Metallfolien (Stanniol) als Packung für Schnupf- und Kautabake und Käse,			
	Bestimmung des Bleigehaltes	5	2	—
32.	**Gummiwaren.**			
	Mundstücke, Kindersauger, Warzenhütchen, Trinkbecher, Spielwaren,			
	Leitungsschläuche für Bier, Wein, Essig,			
	Untersuchung auf Blei, bezw. Zink:			
	qualitativ	3	1	
	quantitativ	5	2	

Nr.	Gegenstand	Gebühren normale Mk.	Gebühren ermäßigte Mk.	Zur Untersuchung einzuliefernde Menge
33.	**Gesundheitsschädliche Farben.**			
	Gefäße, Verpackungen und Umhüllungen von Nahrungs- und Genußmitteln, Schutzmittel für Nahrungs- und Genußmittel (wie Fliegenschränke und Glocken aus gefärbtem Drahtgeflecht etc.)			1—2 Stück bezw. 2—3 Quadratdezimeter
	Prüfung auf die Beschaffenheit der Farbstoffe	3	1	—
	Bestimmung des Gehaltes an gesundheitsschädlichen Farben, für jede Farbe	5	—	—
	Seifen, Zahnseifen, Zahnpulver, Mundwasser, Puder, Schminken, Pomaden, Creme, Haarfärbemittel, Spielwaren, ausgenommen solche, die mit in Glasmasse und Glasur eingeschlossenen Farben hergestellt sind, ferner: Bilderbücher, Bilderbogen, Blumentopfgitter, Künstliche Christbäume:			
	Prüfung der Farben	3	1	—
	quantitative Bestimmung des Gehalts an gesundheitsschädlichen Farben	5	—	—
	Malkästchen für Kinder,			1 Stück
	qualitative Prüfung auf die Beschaffenheit der Farben, für jede Farbe	—.50	—	—
	Tapeten, Teppiche, Gespinste, Möbel- und Vorhangstoffe (besonders bedruckte), Masken, Bunte Kerzen, Künstliche Blätter, Blumen und Früchte, Schreibmaterialien, Tinte, Farbenstifte, Buntes Papier, Lampen- und Lichtschirme, Oblaten (auch weiße):	jedoch nicht weniger als 2 Mk. u. nicht mehr als 10 Mk.		2—3 Quadratdezimeter
	Prüfung auf die Beschaffenheit der Farbstoffe	3	1	
	Bestimmung des Gehaltes an gesundheitsschädlichen Farben	5	—	—
	Bestimmung von Arsen	5	—	—
	Wasser- und Leimfarben zum Anstrich von Wohn- und Geschäftsräumen (Fußböden, Wände, Türen, Decken etc.) auf Arsen . .	5	—	—
34.	**Petroleum.**			½ l
	Entflammungspunkt (Testhaltigkeit) eine Prüfung	2	1	—
	Bei drei und mehr Prüfungen je	1		
	Fraktionierte Destillation und Prüfung auf fremde Beimengungen	6—10		

2. Verhältnisse der Beamten:

a) **Leiter:** Dr. phil. Alfons Bujard (geb. 1861 zu Pforzheim, Großherzogt. Baden), Nahrungsmittelchemiker, Dienstalter: 20 Jahre (8 Jahre Assistent und 12 Jahre Leiter); im Nebenamt auch Vorstand des Eichamtes und chemischer Beirat für das städtische Beleuchtungswesen; Gehaltsklasse I: 4250 Mk. mit Erhöhung von je 500 Mk. alle 3 Jahre, vorläufig bis zu 7250 Mk.; pensionsberechtigt angestellt. Fernere Einnahmen sind die Gebühren für gerichtliche Termine und Gebühren für behördliche Gutachten ohne vorhergehende Untersuchungen. Eine allgemeine Erhöhung der Bezüge der städtischen Beamten steht bevor.

b) **Technische Mitglieder:** I. Assistent: Dr. rer. nat. Otto Mezger, Nahrungsmittelchemiker, ständiger Stellvertreter des Leiters in allen Funktionen mit dem Titel eines II. Stadtchemikers, Gehaltsklasse III von 3450—5610 Mk. nach 18 Jahren Dienstzeit; pensionsberechtigt angestellt. II. Assistent mit 2300—2800 Mk. nach 6 Jahren. Ein Assistent für das städtische Beleuchtungswesen mit 2500—3400 Mk. nach 9 Jahren. Ein wissenschaftlicher Hilfsarbeiter mit 5 Mk. fortlaufendem Tagegeld. Zwei der Assistenten sind Nahrungsmittelchemiker.

c) **Sonstige Hilfskräfte:** Schreibgehilfin und Diener.

3. **Tätigkeit der Anstalt:**

Die Aufgaben des Laboratoriums erstrecken sich auf sämtliche chemische und chemisch-technische Arbeiten und Begutachtungen, welcher eine Stadtverwaltung mit ihren technischen und hygienischen Einrichtungen und Betrieben bedarf (Tiefbauamt mit Wasserwerk, Kanalisation, Kläranlagen, Hochbauamt, Gas- und Elektrizitätswerke, Stadtarztstelle, Fleischbeschau, die Stadtpflege für Materialienprüfung etc.). Die vielseitigste Tätigkeit hat das Laboratorium für das Stadtpolizeiamt zu entfalten, welchem letzteren die Nahrungsmittelkontrolle obliegt. Aber außer den durch die Nahrungsmittelgesetze und deren Ausführungsbestimmungen notwendig werdenden Untersuchungen und Begutachtungen fallen auch solche durch andere gesetzliche und ortsstatutarische Bestimmungen der Anstalt zu. Von diesen seien genannt: Die Verordnungen betr. den Handel mit Giften, betr. die Lagerung leicht entzündlicher Flüssigkeiten, betr. den Verkehr mit Sprengstoffen, die Carbid- und Acetylenverordnungen u. a. Auch von der Kriminalpolizei wird das Laboratorium häufig in Anspruch genommen, ferner von hiesigen und auswärtigen Gerichtsbehörden. Der Vorstand und dessen Stellvertreter sind gerichtlich beeidigte Experten, ebenso, wie es deren Vorgänger schon seit Jahren gewesen waren.

Ein Bild der Entwickelung und des Geschäftsbereiches des Laboratoriums geben am besten die Zahlen der Untersuchungsnummern von verschiedenen Jahren und die Jahresberichte. Es betrugen:

In den Jahren	1878	1888	1900	1905	1906
Die Untersuchungsnummern .	423	1350	3952	7050	7079

Die Probeentnahme von Nahrungs- und Genußmitteln erfolgt erforderlichenfalls unter Mitwirkung der Beamten der Anstalt durch einen lediglich für diese Zwecke angestellten Polizeiinspektor und zwei Schutzleute. An Nahrungs- und Genußmitteln wurden folgende Proben untersucht:

In den Jahren . . .	1902	1903	1904	1905	1906
Anzahl der Proben .	1494	1592	2396	4341	3383

C. Von Chemikern aus privaten Mitteln eingerichtete Anstalten.

I. Als städtische Anstalten charakterisiert:

(144) Heilbronn.

1. **Verhältnisse der Anstalt:**

a) **Amtsbezeichnung:** Chemisch-technisches Laboratorium und städtisches Untersuchungsamt in Heilbronn.

b) **Amtsbezirk:** Stadtkreis Heilbronn.

c) **Charakter der Anstalt:** Die Anstalt hat den Charakter einer städtischen Anstalt, ist jedoch eine von der Stadt subventionierte, aus privaten Mitteln des Leiters unterhaltene (also keine rein kommunale) Anstalt. Sie ist aber seit dem 1. November 1884 als öffentliche Anstalt im Sinne des § 17 des Reichsgesetzes vom 14. Mai 1879 anerkannt und besitzt die Berechtigung zur Ausbildung von Nahrungsmittelchemikern gemäß § 16 der Prüfungsvorschriften vom 22. Februar 1894.

d) **Errichtung und geschichtliche Entwickelung:** Das Laboratorium ist am 1. November 1884 gegründet; mit ihm ist ein Unterrichtslaboratorium verbunden, in welchem Studierende der Chemie nach Vorbildung auf Hochschulen für die Praxis vorbereitet werden. Alljährlich wird in demselben ein Kursus für Weinkunde und Weinbehandlung abgehalten. Außer bei mehreren Landgerichten sind der Leiter des Laboratoriums und sein Stellvertreter auch für den Zollamtsbezirk Heilbronn und die Auslandsfleischbeschau als Sachverständige beeidigt.

e) **Aufsicht:** Keine.

f) **Unterhaltung:** Die Stadt Heilbronn stellt die Räume, Gas (bis 3000 cbm) und Wasser und gewährt einen jährlichen baren Zuschuß von 4000 Mk. Die Gehälter und sonstigen Betriebskosten fallen dem Leiter des Laboratoriums zur Last.

2. Verhältnisse der Beamten:

a) **Leiter:** Dr. phil. G. Benz, Nahrungsmittelchemiker, 43 Jahre alt, seit neun Jahren als Leiter an der Anstalt tätig.

b) **Technische Mitglieder:** 3—5 Assistenten.

c) **Sonstige Hilfskräfte:** 1 Polizeioffiziant, Schreiber, Diener.

3. Tätigkeit der Anstalt:

Die Proben von Nahrungs- und Genußmitteln werden zum größten Teil durch einen der Anstalt beigegebenen Polizeioffizianten, zum Teil auch durch die Chemiker der Anstalt entnommen, oder auch durch Vertrauenspersonen unter Aufsicht eingekauft. Es wurden erledigt:

In den Jahren	1902	1903	1904	1905	1906
Nahrungs-, Genußmittel und Gebrauchsgegenstände (amtlich)	2276	2266	2117	2497	2553
Größere Gutachten und Berichte	108	126	154	122	127
Markt-, Ladenkontrollen und Revisionen	—	—	—	—	729

(145) Reutlingen.

Amtsbezeichnung: Chemisches Untersuchungsamt der Stadt Reutlingen.

Die Stadt Reutlingen besitzt seit 1889 ein Untersuchungsamt, welches sich in ähnlicher Weise wie das in Heilbronn (s. Nr. 144) unterhält. Die Stadt stellt die Räume, Gas, Heizung, auch einige Apparate und gewährt einen jährlichen baren Zuschuß von 1000 Mk. Hierfür übernimmt das Laboratorium die im Dienste der Nahrungsmittelkontrolle und für die Stadt sonst notwendigen Untersuchungen ohne besondere Berechnung. Die Kosten aller anderen (privaten) Untersuchungen werden von dem Laboratorium besonders berechnet. Letztere kommen aber fast ganz in Wegfall, nachdem am 1. Juli 1906 das Untersuchungsamt an das Laboratorium des Technikums für Textilindustrie angegliedert ist. Seit dieser Zeit kommen nur noch die städtischen und textilchemischen Untersuchungen in Betracht.

Leiter des Untersuchungsamtes ist Dr. phil. Gg. Lumpp, 42 Jahre alt.

Es werden jährlich durchschnittlich 1000—1200 Proben Milch, jedoch meistens nur mittelst des Laktodensimeters auf dem Polizeiamt, und 250—300 Proben sonstiger Nahrungs- und Genußmittel chemisch untersucht.

(146) Ulm a. D.

1. Verhältnisse der Anstalt:

a) **Amtsbezeichnung:** Städtisches chemisches Untersuchungsamt in Ulm a. D.

b) **Amtsbezirk:** Stadtkreise Ulm und Neuulm.

c) **Charakter der Anstalt:** Die Anstalt hat, wie die in Heilbronn (s. Nr. 144), den Charakter einer städtischen Anstalt; sie wird von der Stadt subventioniert, sonst aber aus privaten Mitteln unterhalten. Sie ist seit dem 1. August 1907 öffentliche Anstalt im Sinne des § 17 des Reichsgesetzes vom 14. Mai 1879 und außerdem den staatlichen Anstalten im Sinne des § 16 der Prüfungsvorschriften vom 22. Februar 1904 gleichgestellt.

d) **Errichtung und geschichtliche Entwickelung:** Das Laboratorium ist im Jahre 1875 errichtet und seit 1895 chemisches Untersuchungsamt der Stadt Ulm. Neben der Nahrungsmittelkontrolle in den Städten Ulm und Neuulm werden darin auch die Untersuchungen für die Gerichtsbehörden in Ulm, Ravensburg, Ellwangen und Tübingen, sowie für die Hauptzollämter Friedrichshafen und Ulm ausgeführt.

e) **Aufsicht:** Keine; nur wird alljährlich ein Rechenschaftsbericht über die Tätigkeit an den Gemeinderat abgegeben.

f) **Unterhaltung:** Wie bei Heilbronn überläßt die Stadtverwaltung kostenlos die Räumlichkeiten für das Laboratorium, trägt Steuern, Unfallversicherung, ebenso die Reparaturkosten für die Räume, stellt freies Gas, Licht, Heizung, Bedienung, Telephon und gewährt einen jährlichen baren Zuschuß von 4000 Mk. Als Gegenleistung hierfür müssen die Untersuchungen für das Stadtpolizeiamt, Hoch- und Tiefbauamt, die Hospitalverwaltung, Gasanstalt usw. kostenfrei ausgeführt werden. Die Einnahmen aus gerichtlichen Untersuchungen und von auswärtigen Stadtverwaltungen fallen dem Leiter des Laboratoriums zu. Die Kosten für diese Untersuchungen werden teils nach dem Tarif der „Vereinbarungen“ (Heft III), teils nach dem Tarif der Stadt Stuttgart (s. Nr. 143, S. 212) teils und zwar für bayerische Gemeinden nach dem Tarif der Kgl. bayer. Untersuchungsanstalten (S. 165) berechnet.

2. Verhältnisse der Beamten:

a) **Leiter:** Dr. phil. Karl Wacker sen., Nahrungsmittelchemiker, 69 Jahre alt, seit 21 Jahren an dem Laboratorium tätig; Auszeichnungen: Kgl. Württ. Hofrat, Ritter des Ordens der Württ. Krone, des Friedrichsordens I. Kl., des Olga-Ordens, Inhaber der Großen Goldenen Medaille für Kunst und

Wissenschaft am Bande, des Preuß. Roten Adlerordens IV. Kl., des Bayr. Verdienstkreuzes, der Jub.-Med., Kriegsdenkmünze usw.

b) **Technische Mitglieder:** 2 Assistenten mit je 2200 Mk. Gehalt und 1 bis 2 Volontäre.

c) **Sonstige Hilfskräfte:** Diener.

3. Tätigkeit der Anstalt:

Die Proben werden durch gut unterrichtete Polizeibeamte, gegebenenfalls unter Aufsicht des Leiters des Untersuchungsamtes oder des Assistenten, entnommen. Der Umfang der Tätigkeit im Dienste der Nahrungsmittelkontrolle erhellt aus folgenden Zahlen:

In den Jahren	1902	1903	1904	1905
Anzahl der untersuchten Proben: Milch .	620	1206	1353	1137
Sonstige Nahrungs- und Genußmittel . .	330	428	550	580
Erstattete größere Gutachten und Berichte	15	21	27	35

2. Lediglich private Anstalten:

(147) Göppingen.

1. Verhältnisse der Anstalt:

a) **Amtsbezeichnung:** Chemisch-analytisches Laboratorium Göppingen. Dr. Beitter und Dr. Mauch.

b) **Amtsbezirk:** Göppingen.

c) **Charakter der Anstalt:** Die Anstalt ist aus privaten Mitteln errichtet und nicht öffentliche Anstalt gemäß § 17 des Reichsgesetzes vom 14. Mai 1879.

d) **Errichtung und geschichtliche Entwickelung:** Das Laboratorium wurde bereits im Jahre 1881 von dem Apothekenbesitzer Prof. Dr. Mauch in seiner Apotheke errichtet und verblieb in dieser bis Frühjahr 1903; von da an bestand es unter Übernahme durch Dr. Alb. Beitter als private Anstalt weiter; in demselben gelangen alle von der Polizei, dem Kgl. Amtsgericht und dem Publikum eingesandten Proben von Nahrungs- und Genußmitteln zur Untersuchung; die Kosten der Analysen werden nach dem Gebührensatz des städtischen chemischen Untersuchungsamtes in Stuttgart (vergl. Nr. 143, S. 212) berechnet. Die Einnahmen hieraus betrugen im Jahre 1906 etwa 6000 Mk.

2. Verhältnisse der Beamten:

Der Laboratoriumsinhaber, Dr. phil. Albert Beitter, ist 35 Jahre alt und seit 1903 im Besitze des Laboratoriums; von 1897—1903 war Dr. Beitter Assistent am Pharmazeutisch-chemischen Institut in Straßburg. Dr. Beitter ist vereidigter Gerichtschemiker. Technische Hilfskräfte sind nicht vorhanden.

3. Tätigkeit der Anstalt:

Die Tätigkeit des Laboratoriums auf dem Gebiete der Untersuchung von Nahrungs- und Genußmitteln erhellt aus folgenden Zahlen:

In den Jahren	1903	1904	1905	1906
Anzahl der untersuchten Proben .	154	244	265	260
Anzahl der erstatteten Gutachten .	63	108	127	101

(148) Tübingen.

Amtsbezeichnung: Chemisches Laboratorium von Dr. Jul. Denzel in Tübingen.

In der Stadt Tübingen unterhält seit 1887 Dr. Jul. Denzel ein Privatlaboratorium, welchem die von der Polizei und dem Kgl. Staatsanwalt veranlaßten Untersuchungen von Nahrungs- und Genußmitteln überwiesen werden. Da diese Untersuchungen nach dem niedrigen Gebührensatz des Hygienischen Laboratoriums des Kgl. Medizinalkollegiums in Stuttgart ausgeführt werden müssen, so gewähren sie dem Laboratoriumsinhaber mehr eine Schadloshaltung als einen Gewinn.

VI. Baden.

Landesrechtliche Verordnungen.

a) **Verordnung, betr. den Verkehr mit Nahrungs- und Genußmitteln, vom 8. Juni 1888.** (Ges.- und Verordn.-Bl. f. d. Großh. Baden. S. 289.)

An Stelle des unter 1 Ziffer 1 der Verordnung vom 28. Febr. 1882 (Gesetzes- und Verordnungsblatt Nr. VI) erwähnten chemischen Laboratoriums der polytechnischen Schule in Karlsruhe tritt die neu errichtete und unterm 30. v. Mts. eröffnete „Großherzogliche Lebensmittelprüfungsstation der Technischen Hochschule in Karlsruhe“, deren Statut in der Anlage abgedruckt ist.

Karlsruhe, den 8. Juni 1888.

Großh. Minist. d. Justiz, des Kultus u. Unterrichts. Großh. Minist. d. Innern.

Statut

der Großherzoglichen Lebensmittelprüfungsstation der Technischen Hochschule in Karlsruhe. (Vom 8. Juni 1888.)

§ 1. An der Großherzoglichen Technischen Hochschule dahier wird eine dem Ministerium des Innern unterstellte Station für Untersuchung von Nahrungs- und Genußmitteln sowie von Gebrauchsgegenständen errichtet und mit derselben eine Abteilung für bakteriologische Untersuchungen, insbesondere von Wässern, verbunden.

Diese Anstalt führt den Namen „Großherzogliche Lebensmittelprüfungsstation der Technischen Hochschule“.

§ 2. Die Station wird von einem aus drei Professoren der naturwissenschaftlichen Disziplinen der Technischen Hochschule bestehenden Kuratorium geleitet, welchem das erforderliche Hilfspersonal beigegeben wird.

Das Ministerium des Innern als Oberaufsichtsbehörde wird der Station einen Medizinalbeamten als Sachverständigen und Berater in Fragen der Hygiene zur Seite stellen; dasselbe ist jederzeit berechtigt, einen seiner Medizinalreferenten in seinem Auftrag an den Beratungen des Kuratoriums teilnehmen zu lassen.

§ 3. Die Station veranstaltet die im § 1 dieses Statuts bezeichneten Untersuchungen auf den Antrag von staatlichen Behörden und, soweit ein öffentliches Interesse in Frage kommt, auf Ersuchen kommunaler Behörden und von Privaten sowie aus eigener Initiative und erstattet über die Ergebnisse ihrer Untersuchungen schriftliche Gutachten. Zur Ablehnung eines von einer kommunalen Behörde oder von einem Privaten nachgesuchten Gutachtens bedarf es eines Beschlusses des Kuratoriums.

§ 4. Die Station steht der Benutzung für Lehrzwecke in der Weise zur Verfügung, daß einzelnen Studierenden der Technischen Hochschule gestattet werden kann, Arbeiten aus dem Gebiete der Lebensmittelprüfung darin auszuführen.

§ 5. Für die Untersuchung und Begutachtung der in dem Verzeichnisse der Verordnung vom 28. Februar 1882, den Verkehr mit Nahrungs-, Genußmitteln und Gebrauchsgegenständen betreffend (Gesetzes- und Verordnungsblatt S. 32), aufgezählten Stoffe wird die dort festgesetzte Gebühr seitens der Station berechnet. Für die Untersuchung von Stoffen, die in jenem Verzeichnisse nicht genannt sind, wird eine unter Berücksichtigung des Aufwandes von Zeit und Material und unter entsprechender Anwendung der Bestimmungen des Verzeichnisses zu bemessende Gebühr in Anrechnung gebracht.

Für bakteriologische Untersuchungen wird eine nach dem Aufwand von Arbeit und Material zu bemessende Vergütung in jedem einzelnen Falle berechnet.

Die gleiche Art der Berechnung der Vergütung kann ausnahmsweise auch bei sonstigen Untersuchungen stattfinden, wenn dieselben besonders schwierig und umfangreich sind.

§ 6. Sämtliche Gebühren fließen in die Staatskasse und gelangen durch die Amtskasse zur Erhebung.

§ 7. Die Bestimmungen der §§ 5 und 6 dieses Statuts gelten auch für die Erstattung schriftlicher Gutachten in Strafsachen und Verwaltungssachen; hingegen gehört die mündliche Erstattung von Gutachten in Strafsachen und Verwaltungssachen, sowie die Erstattung aller Gutachten in Zivilsachen nicht zu den Aufgaben der Station als solcher, sondern ist Sache der einzelnen Mitglieder des Kuratoriums beziehungsweise der Assistenten. Dieselben haben daher in diesen Fällen Anspruch auf die Sachverständigengebühren.

§ 8. Die Station tritt mit den betreffenden Staatsbehörden, welche ihre Tätigkeit in Anspruch nehmen, sowie mit den kommunalen Behörden und den Privaten in unmittelbaren Verkehr.

§ 9. Über ihre Tätigkeit hat die Station alljährlich nach Ablauf des Kalenderjahres Bericht an das Ministerium zu erstatten.

Karlsruhe, den 8. Juni 1888.

Großherzogliches Ministerium des Innern.

b) Verordnung, betr. den Verkehr mit Nahrungs- und Genußmitteln sowie Gebrauchsgegenständen, vom 21. März 1906.

An die Stelle des durch die Verordnung vom 22. Mai 1890 (Gesetzes- und Verordnungsblatt Nr. XIX Seite 261) festgesetzten Verzeichnisses der für die Untersuchung von Nahrungs- und Genußmitteln sowie Gebrauchsgegenständen zu berechnenden Gebühren tritt mit Wirkung vom 1. April d. J. das nachstehend abgedruckte Verzeichnis.

Die darin enthaltenen Gebührensätze umfassen auch die Vergütung für die bei der Untersuchung etwa verbrauchten Hilfsmittel sowie für die Erstattung des schriftlichen Gutachtens.

Karlsruhe, den 21. März 1906.

Großherzogliches Ministerium des Innern.

Verzeichnis der für Untersuchung von Nahrungs- und Genußmitteln sowie von Gebrauchsgegenständen zu berechnenden Gebühren.

Gegenstände	Gebühr Mk.	Zur Untersuchung einzuliefernde Menge
A. Nahrungs- und Genußmittel.		
I. Milch- und Molkereierzeugnisse.		
Milch.		
a) Bestimmung des spezifischen Gewichtes, des Gehaltes an Trockensubstanz und an Fett und Berechnung der fettfreien Trockensubstanz	4	½ l
b) Bestimmungen wie bei a nebst Ermittelung des spezifischen Gewichtes des Milchserums, des Gehaltes an Salpetersäure und an Mineralbestandteilen	6	½ l
c) Prüfung auf gebräuchliche Konservierungsmittel	5	½ l
Rahm.		
a) Chemische und mikroskopische Prüfung auf fremde Zusätze	4	100 g
b) Bestimmung des Fettgehaltes	4	100 g
Butter.		
a) Bestimmung des Gehaltes an Wasser, an freien und flüchtigen Fettsäuren (Reichert-Meißlsche Zahl)	10	100 g
b) Prüfung auf gebräuchliche Konservierungsmittel	5	100 g
Käse.		
a) Bestimmung des Brechungsvermögens des Käsefettes und mikroskopische Untersuchung	5	50 g
b) Bestimmung der Reichert-Meißlschen Zahl des Käsefettes	6	100 g
II. Speisefette und Öle.		
Margarine.		
a) Bestimmung des Wassergehaltes, der flüchtigen Fettsäuren und des Sesamöls	10	100 g
b) Bestimmung der Verseifungszahl	4	100 g
c) Prüfung auf Konservierungsmittel	4	100 g
Schweinefett.		
a) Bestimmung des Gehaltes an Wasser, der Hüblschen Jodzahl, Ausführung der Becchi- und Welmanschen Reaktion	10	100 g
b) Prüfung auf Phytosterin	10	100 g
c) Prüfung auf Konservierungsmittel	4	100 g
Speiseöle wie Speisefette.		
III. Mehl und Brot (Backwaren).		
Mehl.		
a) Bestimmung des Wassergehaltes, des Gehaltes an Mineralbestandteilen und mikroskopische Prüfung	5	200 g
b) Bestimmung der Backfähigkeit und des Klebers	5	200 g
c) Prüfung auf Mutterkorn und dergleichen	5	100 g

Gegenstände	Gebühr Mk.	Zur Untersuchung einzuliefernde Menge
Brot.		
Bestimmung des Wassergehaltes, der Mineralbestandteile, des Säuregehaltes und mikroskopische Untersuchung	5	200 g
Eierteigwaren.		
a) Prüfung auf künstliche Farbstoffe	5	100 g
b) Bestimmung des Lecithin-Phosphorsäuregehaltes	10	100 g
Konditoreiwaren.		
a) Prüfung auf gesundheitsschädliche Farbstoffe	5	100 g
b) Prüfung auf künstliche Süßstoffe (qualitativ)	5	100 g
IV. Kakao und Schokolade.		
a) Bestimmung des Wassergehaltes, der Mineralbestandteile und mikroskopische Untersuchung	5	100 g
b) Bestimmung des Fettes	5	100 g
c) Bestimmung des Zuckers	4	100 g
d) Bestimmung des Theobromins	20	200 g
V. Kaffee- und Kaffeesurrogate.		
a) Bestimmung des Wassergehaltes und der Mineralbestandteile sowie mikroskopische Prüfung	6	100 g
b) Prüfung auf künstliche Färbung und Glasur	5	100 g
c) Bestimmung des Coffeins	15	200 g
VI. Tee.		
a) Bestimmung des Wassergehaltes und der Mineralbestandteile sowie mikroskopische Untersuchung	6	100 g
b) Bestimmung des Coffeins	15	200 g
VII. Zucker.		
Bestimmung des Wassergehaltes, Polarisation und mikroskopische Untersuchung	6	100 g
VIII. Honig.		
a) Bestimmung des spezifischen Gewichtes, des Gehaltes an Wasser, der Mineralbestandteile, Polarisation vor und nach der Inversion, der freien Säure sowie mikroskopische Prüfung	10	100 g
b) Gärprobe	8	100 g
IX. Gewürze.		
a) Bestimmung der Mineralbestandteile und mikroskopische Prüfung	5	50 g
b) Bestimmung des Alkohol- bezw. Ätherextraktes	5	50 g
X. Fruchtsäfte und Gelees (Marmeladen).		
a) Bestimmung des Wassergehaltes, der Mineralbestandteile, Prüfung auf gebräuchliche Konservierungsmittel	6	100 g
b) Prüfung auf künstliche Farbstoffe	3	100 g
c) Prüfung auf gesundheitsschädliche Metallsalze	5	100 g
d) Prüfung auf künstliche Süßstoffe (qualitativ)	5	100 g
XI. Gemüse und Fruchtdauerwaren.		
a) Prüfung auf Konservierungsmittel	5	200 g
b) Prüfung auf künstliche Farb- und Süßstoffe	5	200 g
d) Prüfung auf gesundheitsschädliche Metallsalze	5	200 g

Gegenstände	Gebühr Mk.	Zur Untersuchung einzuliefernde Menge
XII. Fleisch- und Wurstwaren.		
Hackfleisch.		
Prüfung auf Konservierungsmittel	5	100 g
Wurstwaren.		
a) Chemisch-mikroskopische Prüfung auf einen Gehalt an fremdem Stärkemehl	2	100 g oder 1 Stück
b) Bestimmung des Wassergehaltes	3	
c) Prüfung auf Konservierungs- und Färbemittel .	5	
XIII. Eier.		
Bestimmung des spezifischen Gewichtes	1	2 Stück
Bei mehreren Eiern für jedes Stück	0,10	
XIV. Gärungserzeugnisse.		
Bier.		
a) Bestimmung des spezifischen Gewichtes, des Alkohols, des Extraktes, der Mineralbestandteile, der Gesamtsäure, Berechnung der Stammwürze und des Vergärungsgrades	10	1 l
b) Prüfung auf Konservierungsmittel	5	1 l
c) Prüfung auf künstliche Süßstoffe (qualitativ) .	5	1 l
d) Prüfung auf Hopfensurrogate	20	5 l
Wein.		
a) Bestimmung des spezifischen Gewichtes, des Alkohols, des Extraktes, der Mineralbestandteile, der Gesamtsäure, der flüchtigen Säure und des Zuckers	10	1 l
b) Bestimmung des spezifischen Gewichtes, des Alkohols, des Extraktes, der Mineralbestandteile, der Alkalität, der Asche, der Gesamtsäure, der flüchtigen Säure, des Zuckers, der Gesamtweinsteinsäure, des Glycerins und des Chlors, sowie bei Rotweinen Prüfung auf Teerfarbstoffe und Schwefelsäure	15	1 l
c) Prüfung auf gebräuchliche Konservierungsmittel	5	1 l
d) Prüfung auf Baryum und Strontium	2	1 l
e) Prüfung auf künstliche Süßstoffe (qualitativ) .	5	1 l
Obstwein wie bei Wein.		
Branntwein und Liköre.		
a) Bestimmung des Alkohols und Extraktes, der Mineralbestandteile, der Gesamtsäure und des Zuckers	8	1 l
b) Bestimmung der Blausäure	4	1 l
c) Bestimmung des Fuselöls	5	1 l
d) Prüfung auf künstliche Süßstoffe (qualitativ) .	5	1 l
Essig.		
a) Bestimmung des Essigsäuregehaltes, des Extraktes und der Mineralbestandteile und Prüfung auf Mineralsäuren	5	1 l
b) Prüfung auf schädliche Metalle	6	1 l
c) Ermittelung der Abstammung (Bestimmung der Weinsteinsäure und des Glycerins)	10	1 l

Gegenstände	Gebühr Mk.	Zur Untersuchung einzuliefernde Menge
XV. Hefe.		
a) Mikroskopische Prüfung auf Stärkemehl . . .	2	50 g
b) Bestimmung der Gärkraft und des Glührückstandes	3	50 g
XVI. Trinkwasser.		
Chemisch-mikroskopische Untersuchung:		
a) Bestimmung des Abdampf-Glührückstandes, der Oxydierbarkeit, der Salpetersäure und des Chlors (die beiden letzteren quantitativ durch Titration), der salpetrigen Säure, der schwefelsauren und phosphorsauren Salze, des Ammoniaks, der Gesamthärte, der bleibenden Härte sowie mikroskopische Untersuchung . . .	8	2 l
b) Bestimmung des Kalkes (quantitativ)	5	2 l
c) Untersuchung wie bei a; hierzu: Bestimmung des Eisenoxyds und der Tonerde, des Kalkes und der Magnesia	20	5 l
d) Bestimmung der Gesamtalkalien	10	10 l
Bakteriologische Untersuchung	6	100 ccm in sterilisierten Fläschchen
XVII. Luft.		
a) Bestimmung der Feuchtigkeit und der Kohlensäure (nach v. Pettenkofer)	8	
b) Bestimmung des Kohlenoxyds	10	
B. Gebrauchsgegenstände.		
XVIII. Eß-, Trink- und Kochgeschirre.		
Glasuren und Email.		
a) Prüfung nach den Vorschriften des Reichsgesetzes vom 25. Juni 1887, den Verkehr mit blei- und zinkhaltigen Gegenständen betreffend	3	1 Stück
b) Quantitative Bestimmung des gelösten Bleies .	5	1 Stück
Metalllegierungen (Metallfolien, verzinnte und gelötete Gerätschaften, Zinn- und Bleilegierungen) Bestimmung des Bleigehaltes	6	1 Stück oder 50 g
Kautschuk zur Herstellung von Mundstücken für Saugflaschen, Saugringen, Warzenhütchen, Trinkbechern, Spielwaren und Kautschukschläuchen . Bestimmung des Bleies bezw. des Zinkes . . .	6	1 Stück oder 100 g
XIX. Farben.		
Prüfung nach den Vorschriften des Reichsgesetzes vom 5. Juli 1887, die Verwendung gesundheitsschädlicher Farben bei der Herstellung von Nahrungsmitteln, Genußmitteln und Gebrauchsgegenständen betreffend, als: Untersuchung von Gefäßen zur Aufbewahrung oder Verpackung, Umhüllung oder Schutzbedeckung von Nahrungs- und Genußmitteln		1 Stück oder 50 g
von kosmetischen Mitteln, Spielwaren, Gespinsten und Geweben, künstlichen Blumen, Blättern und Früchten, Farbkästen, Tuschfarben und Tapeten auf gesundheitsschädliche Farben	6	1 qdm oder 1 Stück

Gegenstände	Gebühr Mk.	Zur Untersuchung einzuliefernde Menge
XX. Petroleum.		
Bestimmung des Entflammungspunktes	2	1/4 l
Allgemeine Untersuchungsmethoden.		
Bestimmung des spezifischen Gewichtes von Flüssigkeiten mittelst Aräometer, Pyknometer oder der Westphalschen Wage	1	
Bestimmung des Wassergehaltes fester Stoffe und sirupartiger Flüssigkeiten	3	
Bestimmung des Stickstoffes bezw. der Proteinstoffe nach Kjeldahl	6	
Bestimmung des Fettes (Ätherextraktes)	5	
Bestimmung der Gesamtmenge der wasserlöslichen Kohlenhydrate	6	
Bestimmung der Zuckerarten durch Polarisation .	3	
Bestimmung der Zuckerarten mittelst Fehlingscher Lösung (nach Allihn)	6	
Bestimmung der Stärke durch Aufschließen im Dampftopf	8	
Bestimmung der Rohfaser	6	
Bestimmung der Mineralstoffe	3	

Für Untersuchungen, welche in dem Gebührenverzeichnis nicht vorgesehen sind, ist für jede Stunde, die ausschließlich für die Untersuchung eines Gegenstandes und Erstattung des Gutachtens verwendet wurde, eine Gebühr von 2 Mk. in Anrechnung zu bringen.

A. Staatliche Anstalt.

(149) Karlsruhe.

1. Verhältnisse der Anstalt:

a) **Amtsbezeichnung:** Großherzogliche Lebensmittel-Prüfungsstation der Technischen Hochschule Karlsruhe.

b) **Amtsbezirk:** Stadt und Landbezirk Karlsruhe sowie andere Landesteile Badens (vergl. auch vorstehende Landesrechtliche Verordnung S. 224).

c) **Charakter der Anstalt:** Staatliche Anstalt (auch im Sinne des § 16 der Prüfungsvorschriften für Nahrungsmittelchemiker vom 22. Februar 1894), besteht für sich selbständig und ist seit 1879 öffentliche Anstalt im Sinne des § 17 des Reichsgesetzes vom 14. Mai 1879.

d) **Errichtung und geschichtliche Entwickelung:** Schon mit dem 1. Januar 1877 wurde im Chemischen Laboratorium des Großherzoglichen Polytechnikums eine Zentralstelle geschaffen, bei der die in chemischen Vorprüfungen ausgebildeten Polizeibeamten sich Rat holen konnten. Schwierigere chemische und mikroskopische Untersuchungen von Lebensmitteln übernahm die Zentralstelle selbst. Durch Großherzogliche Verordnung vom 28. Februar 1882 wurde das Chemische Laboratorium der Polytechnischen Hochschule mit der Untersuchung von Nahrungs-, Genußmitteln und Gebrauchsgegenständen beauftragt.

An seine Stelle trat dann am 30. Mai 1888 die Großherzogliche Lebensmittelprüfungsstation als selbständige Abteilung der Technischen Hochschule, in der auch Studierende der Technischen Hochschule Arbeiten auf dem Gebiete der Lebensmittelprüfung ausführen können. Der Anstaltsleiter hat gleichzeitig einen Lehrauftrag zur Abhaltung eines Kursus für die Untersuchung von Nahrungsmitteln und Gebrauchsgegenständen.

e) **Aufsicht:** Ministerium des Innern.

f) **Unterhaltung:** Vom Staat; die Kosten der Analysen werden nach dem vorstehenden Gebührentarif vom 23. März 1906, S. 226, berechnet.

2. Verhältnisse der Beamten:

a) **Leiter:** Prof. Gustav Rupp, Nahrungsmittelchemiker, 53 Jahre alt, seit 1883 im Dienste der Anstalt; Gehalt 5800 Mk., pensionsberechtigt angestellt. Auszeichnungen: Prädikat Professor, Mitglied des Reichsgesundheitsrats, Ritterkreuz I. Kl. des Ordens vom Zähringer Löwen, Rote Kreuzmedaille III. Kl.

b) **Technische Mitglieder:** 3 Assistenten, die alle 3 Nahrungsmittelchemiker sind; Gehälter 1800—2400 Mk.

c) **Sonstige Hilfskräfte:** 1 Schreibhilfe und 1 Diener.

3. Tätigkeit der Anstalt:

Die Proben werden durch Schutzmänner bezw. Gendarmen auf Anordnung der einzelnen Bezirkssämter nach den vom Anstaltsleiter gegebenen Vorschriften entnommen. Über den Umfang der Tätigkeit geben folgende Zahlen Aufschluß:

In den Jahren	1902	1903	1904	1905
Anzahl der untersuchten Proben	2052	2154	2910	3479
Anzahl der erstatteten umfangreicheren Gutachten	31	40	39	52

B. Kommunale Anstalten.

(150) Freiburg i. Br.

1. Verhältnisse der Anstalt:

a) **Amtsbezeichnung:** Öffentliches Untersuchungsamt der Stadt Freiburg i. Br.

b) **Amtsbezirk:** Stadt und Kreis Freiburg i. Br.

c) **Charakter der Anstalt:** Städtisch; die Anstalt besteht selbständig für sich; sie gilt seit 1879 als öffentliche Anstalt im Sinne des § 17 des Reichsgesetzes vom 14. Mai 1879 und ist ferner den staatlichen Anstalten in bezug auf die praktische Ausbildung von Nahrungsmittelchemikern (§ 16 des Bundesratsbeschlusses vom 22. Februar 1894) gleichgestellt.

d) **Errichtung und geschichtliche Entwickelung:** Die Anstalt ist auf Anregung des Ortsgesundheitsrates im Jahre 1878 durch den Stadtrat der Hauptstadt Freiburg i. Br. errichtet; ihr ist die städtische Desinfektionsanstalt unterstellt.

e) **Aufsicht:** Der Stadtrat zu Freiburg i. Br. unter Oberaufsicht des Ministeriums des Innern in Karlsruhe.

f) **Unterhaltung:** Ausschließlich aus Gemeindemitteln; die Untersuchungsgebühren werden nach vorstehendem Gebührentarif vom 21. März 1906 berechnet und fließen in die Stadtkasse; die Einnahmen hieraus und aus den Geldstrafen betrugen im Jahre 1906 = 5069 Mk.

2. Verhältnisse der Beamten:

a) **Leiter:** Dr. phil. Otto Korn, Nahrungsmittelchemiker; 36 Jahre alt, seit 1900 als Leiter der Anstalt im Dienst; Gehalt 5300 Mk. (4500—7500 Mk.), pensionsberechtigt nach 10 jähriger Dienstzeit wie üblich.

b) **Technische Mitglieder:** 1 Volontär-Assistent.

c) **Sonstige Hilfskräfte:** 1 Diener.

3. Tätigkeit der Anstalt:

Die Proben werden auf Anordnung des Großh. Bezirksamtes durch die Schutzmannschaft entnommen und auch von Privatpersonen eingeliefert.

Es wurden an Nahrungs- und Genußmitteln untersucht:

In den Jahren . . .	1902	1903	1904	1905	1906
Anzahl der Proben .	1257	1640	1692	1135	1592

(151) Heidelberg.

1. Verhältnisse der Anstalt:

a) **Amtsbezeichnung:** Städtisches chemisches Laboratorium Heidelberg.

b) **Amtsbezirk:** Stadt Heidelberg und Umgegend.

c) **Charakter der Anstalt:** Städtisch; sie besteht selbständig für sich und gilt von Anfang an (1. Februar 1883) als öffentliche Anstalt im Sinne des § 17 des Reichsgesetzes vom 14. Mai 1879; seit dem 6. März 1895 ist sie den staatlichen Anstalten im Sinne des Absatzes 4 des § 16 der Prüfungsvorschriften für Nahrungsmittelchemiker vom 22. Februar 1894 gleichgestellt.

d) **Errichtung und geschichtliche Entwickelung:** Das Laboratorium ist mit Genehmigung des Großherzogl. Ministeriums durch die Stadtgemeinde Heidelberg am 1. Februar 1883 errichtet (vergl. unter c).

e) **Aufsicht:** Der Stadtrat Heidelberg.

f) **Unterhaltung:** Die Stadt Heidelberg zahlt zur Unterhaltung jährlich 5310 Mk. Die Kosten für die zu honorierenden Untersuchungen werden nach dem vorstehenden Gebührentarif vom 21. März 1906 (s. S. 226) berechnet; die Einnahmen hieraus und aus den Strafgeldern fließen in die Stadtkasse.

2. Verhältnisse der Beamten:

a) **Leiter:** Dr. phil. A. Buecher, vereidigter Chemiker; 58 Jahre alt, Dienstalter 19 Jahre (seit 1888); Gehalt 3200 Mk. und 250 Mk. aus privaten Untersuchungen. Derselbe ist Rittmeister a. D. und besitzt die L.-D. I. Kl. sowie Kr.-D. 1870/71.

b) **Technische Mitglieder:** Keine.

c) **Sonstige Hilfskräfte:** 1 Diener.

3. Tätigkeit der Anstalt:

Die Proben werden nach den für die Prüfungsanstalt in Karlsruhe gegebenen Vorschriften durch Schutzleute in Zivilkleidung entnommen, dabei die Milchproben teils in den Verkaufsläden, teils auf der Straße, teils bei der Ankunft auf dem Bahnhof. Letztere gelangen dann erst auf dem Schlachthofe zur Voruntersuchung und erst im Falle einer Beanstandung zur weiteren Untersuchung im Laboratorium. Die Anzahl der untersuchten Proben erhellt aus folgenden Zahlen:

In den Jahren . . .	1902	1903	1904	1905	1906
Anzahl der Proben .	1532	1526	1375	1305	1209

(152) Konstanz.

1. Verhältnisse der Anstalt:

a) **Amtsbezeichnung:** Chemisches Untersuchungsamt der Stadt Konstanz.

b) **Amtsbezirk:** Stadt und Kreis Konstanz.

c) **Charakter der Anstalt:** Städtisch; sie besteht seit 1901 selbständig für sich und gilt seit 1898 als öffentliche Anstalt im Sinne des § 17, des Reichsgesetzes vom 14. Mai 1879.

d) **Errichtung und geschichtliche Entwickelung:** Schon vom Jahre 1879 an wurden in dem Laboratorium der Tiergarten-Apotheke amtliche Untersuchungen von Nahrungs-, Genußmitteln und Gebrauchsgegenständen ausgeführt; eine geordnete Nahrungsmittelkontrolle trat aber erst im Jahre 1891 ein; i. J. 1898 wurde das Laboratorium in eine öffentliche Gemeindeanstalt umgewandelt. Da in der Folgezeit der Geschäftsumfang stetig stieg, wurden der Anstalt im Jahre 1901 besondere Diensträume überwiesen. Seit 1906 führt sie die Bezeichnung „Chemisches Untersuchungsamt der Stadt Konstanz“.

e) **Aufsicht:** Die Anstalt untersteht der Aufsicht des Stadt- bezw. des Ortsgesundheitsrates und der Oberaufsicht des Ministeriums des Innern.

f) **Unterhaltung:** Durch die Stadt und den Kreis Konstanz; die Stadt gewährte für das Jahr 1907 einen Zuschuß von 4730 Mk., der Kreis einen solchen von 1500 Mk. Die Kosten der zu honorierenden Analysen werden nach dem vorstehenden Tarif (S. 226) berechnet.

2. Verhältnisse der Beamten:

a) **Leiter:** August Wingler, approb. Apotheker und Nahrungsmittelchemiker, 51 Jahre alt, seit 1884 Leiter der Anstalt. Gehalt etwa 5000 Mk. Eine Pensionsberechtigung wird angestrebt.

b) **Technische Mitglieder:** Sind nicht vorhanden.

c) **Sonstige Hilfskräfte:** Diener.

3. Tätigkeit der Anstalt:

Die Proben werden in der Stadt Konstanz durch einen Sergeanten der Stadtpolizei allmonatlich nach bestimmter Reihenfolge in den Geschäften entnommen. Auch der Markt- und Milchverkehr wird durch die Polizei ständig und strenge überwacht. Die auswärtigen Amtsbezirke bewirken die Probenahme in den Gemeinden ebenfalls durch die Polizeibeamten. Der Umfang der Tätigkeit ergibt sich aus folgenden Zahlen:

In den Jahren	1902	1903	1904	1905	1906
Anzahl der untersuchten Proben	1069	1186	1374	1652	1789
Anzahl der erstatteten umfangreicheren Gutachten	—	—	—	26	23

Der Anstalt fallen auch die Untersuchungen des Bodenseewassers und des Planktons für die Seewasserversorgung der Stadt Konstanz zu, ferner auch die chemischen Untersuchungen auf Grund des Fleischbeschaugesetzes.

(153) Mannheim.

1. Verhältnisse der Anstalt:

a) **Amtsbezeichnung:** Städtisches Untersuchungsamt Mannheim.

b) **Amtsbezirk:** Hauptstadt und Großh. Bezirksamt Mannheim.

c) **Charakter der Anstalt:** Städtisch seit 1. Oktober 1906 (vergl. unter d); die Anstalt besteht selbständig für sich und gilt seit dem 28. Februar 1881 als öffentliche Anstalt im Sinne des § 17 des Reichsgesetzes vom 14. Mai 1879. Am 12. August 1907 wurde das Amt den staatlichen Anstalten im Sinne des § 16 der Prüfungsvorschriften für Nahrungsmittelchemiker vom 22. Febr. 1894 in bezug auf die praktische Ausbildung gleichgestellt.

d) **Errichtung und geschichtliche Entwickelung:** In der Hauptstadt Mannheim bestand schon seit 1877 unter städtischer Verwaltung ein chemisches Laboratorium für Untersuchung von Nahrungs-, Genußmitteln und Gebrauchsgegenständen. Als der Leiter dieser Anstalt im Jahre 1896 starb, übertrug die Stadt diese Untersuchungen einem dort seit längerer Zeit bestehenden Privatlaboratorium und vom 1. Oktober 1900 ab dem Laboratorium von Dr. A. Cantzler dortselbst. Am 1. Oktober 1906 ist dieses Laboratorium dann ganz in eine städtische Anstalt umgewandelt worden.

e) **Aufsicht:** Die Stadtverwaltung Mannheim.

f) **Unterhaltung:** Von der Stadt Mannheim; die Unterhaltungskosten werden teils durch die Untersuchungsgebühren für die Untersuchungen auf Grund des Fleischbeschaugesetzes, teils aus den Strafgeldern bei Verurteilungen wegen Verfehlung gegen das Nahrungsmittelgesetz, teils durch Einnahmen aus sonstigen Untersuchungen gedeckt; letztere werden nach den vorstehenden Gebührensätzen (S. 226) berechnet.

2. Verhältnisse der Beamten:

a) **Leiter:** Dr. phil. August Cantzler, Nahrungsmittelchemiker; Lebensalter: 41 Jahre; Dienstalter als städtischer Beamter: seit 1. Oktober 1906; Gehalt: 6000 Mk.; die Pensionsverhältnisse werden noch geregelt.

b) **Technische Mitglieder:** 4 Assistenten, die sämtlich Nahrungsmittelchemiker sind; Gehalt 1800—3000 Mk.

c) **Sonstige Hilfskräfte:** Buchhalter und Schreibgehilfin sowie Laboratoriumsdiener.

3. Tätigkeit der Anstalt:

Im Außendienst sind mehrere Schutzleute als Offizianten mit der Vorkontrolle der Milch und der Erhebung von Milchproben beschäftigt. Dieselben kaufen in Zivilkleidung alle zur Untersuchung kommenden Gegenstände teils selbst, teils durch eine weitere Person ein und machen sämtliche Erhebungen. Der Umfang der Tätigkeit im Dienste der Nahrungsmittelkontrolle erhellt aus folgenden Zahlen:

In den Jahren	1902	1903	1904	1905	1906
Anzahl der untersuchten Proben	2209	1013	1697	3142	2019
Anzahl der erstatteten Berichte und Gutachten	206	158	262	352	284

Außer mit der Nahrungsmittelkontrolle ist die Anstalt auch mit den zollamtlichen Fettuntersuchungen, der Weinkellerkontrolle und den Untersuchungen für die Wasserversorgung und die Abwasserfrage beauftragt.

(154) Pforzheim.

1. Verhältnisse der Anstalt:

a) **Amtsbezeichnung:** Städtisches Untersuchungs-Laboratorium Pforzheim.

b) **Amtsbezirk:** Stadt und Bezirksamt Pforzheim.

c) **Charakter der Anstalt:** Bis zum 1. Mai 1907 privat, von da an städtisch; sie gilt bereits seit dem 1. Mai 1890 als öffentliche Anstalt im Sinne des § 17 des Reichsgesetzes vom 14. Mai 1879.

d) **Errichtung und geschichtliche Entwickelung:** Das Laboratorium wurde auf Beschluß der Stadtgemeinde im Frühjahr 1890, einerseits um die Untersuchung von Nahrungsmitteln, andererseits um die für den Betrieb des Gaswerkes nötige chemische Kontrolle auszuführen, in den Räumen des letzteren errichtet. Die von der Polizeibehörde und den städtischen Anstalten eingelieferten Proben wurden von dem Leiter des Laboratoriums gegen eine jährliche Pauschalgebühr untersucht, während die von Privaten beantragten Untersuchungen von dem Laboratoriumsleiter für sich berechnet werden durften. Das Gaswerk lieferte außerdem Gas, Heizung, Bedienung und einen Teil der Apparate. Vom 1. Mai 1907 ab ist das Laboratorium von dem Gaswerk abgetrennt und selbständig für sich in den Dienst der Nahrungsmittelkontrolle gestellt.

e) **Aufsicht:** Die Stadtgemeinde Pforzheim.

f) **Unterhaltung:** Bis zum 1. Mai 1907 zahlte die Stadt für die Untersuchung von Nahrungsmitteln 1700 Mk., das Gaswerk für die Tätigkeit in seinem Betriebe 500 Mk. und 2 Mk. Stundengelder. Vom 1. Mai 1907 übernahm die Stadt die Unterhaltung der Anstalt ganz.

2. Verhältnisse der Beamten:

a) **Leiter:** Dr. phil. Gustav von Roehl, Nahrungsmittelchemiker, 52 Jahre alt, seit 1890 im Dienste; Gehalt 3000 Mk., keine Pensionsberechtigung, Privatpraxis ist gestattet.

b) **Technische Mitglieder:** Keine.

c) **Sonstige Hilfskräfte:** 1 Diener.

3. Tätigkeit der Anstalt:

Die Probenahme wird durch Sergeanten der Schutzmannschaft und Revierschutzmänner bewerkstelligt, die hierin von dem Leiter des Laboratoriums unterwiesen werden. Von ihnen wird auch die regelmäßige Milchkontrolle mit dem Laktodensimeter vorgenommen; verdächtige Proben werden dem Laboratorium zur weiteren Untersuchung überwiesen. An Nahrungsmitteln wurden untersucht bezw. begutachtet:

In den Jahren	1902	1903	1904	1905
Anzahl der untersuchten Proben	606	494	507	598
Anzahl der erstatteten Berichte und Gutachten	20	13	16	13

D. Von Chemikern aus privaten Mitteln eingerichtete Anstalten.

(155) Baden-Baden.

1. Verhältnisse der Anstalt:

a) Amtsbezeichnung: Amtliche Untersuchungsanstalt Baden-Baden.

b) Amtsbezirk: Stadt Baden-Baden.

c) Charakter der Anstalt: Die Anstalt ist aus privaten Mitteln errichtet, ist selbständig für sich und gilt seit 1882 als öffentliche Anstalt im Sinne des § 17 des Reichsgesetzes vom 14. Mai 1879.

d) Errichtung und geschichtliche Entwickelung: Die Anstalt ist bereits im Jahre 1880 errichtet; 1889 übernahm sie Dr. K. Hoffmann, der 1902 in Dr. Brebeck einen Mitarbeiter gewann.

e) Aufsicht: Großherzogl. Bezirksamt.

f) Unterhaltung: Die Stadt Baden-Baden zahlt jährlich 1000 Mk., wofür 250 Proben zu untersuchen sind; die Untersuchung einer jeden weiteren Probe wird mit 5 Mk. berechnet. Für sonstige amtliche Untersuchungen wird der vorstehend (S. 226) mitgeteilte Tarif zugrunde gelegt.

2. Verhältnisse der Beamten:

Die Anstalt wird gemeinschaftlich von Dr. phil. Kurt Hoffmann und Dr. phil. Karl Brebeck geleitet. Dr. Hoffmann ist 45 Jahre alt und seit 1889 an der Anstalt tätig; er besitzt die L.-D. I. Kl. und die Friedrich-Luisen-Medaille. Dr. Brebeck ist 39 Jahre alt und seit 1902 an der Anstalt tätig.

3. Tätigket der Anstalt:

Die Proben werden im allgemeinen durch die Schutzmannschaft nach vorheriger Unterweisung, gelegentlich, z. B. auf Jahrmärkten, auch von einem der Anstaltsleiter entnommen. Die Anzahl der untersuchten Proben betrug:

In den Jahren	1902	1903	1904	1905	1906
Anzahl der Proben	232	279	271	213	364

(156) Weinheim und Mannheim.

1. Verhältnisse der Anstalt:

a) Amtsbezeichnung: Amtliche Untersuchungsanstalt und Gemeindelaboratorium der Stadt Weinheim, öffentliche Untersuchungsanstalt für Nahrungs-, Genußmittel und Gebrauchsgegenstände von Dr. Graff in Mannheim.

b) Amtsbezirk: Stadtkreis Weinheim.

c) **Charakter der Anstalt:** Die Anstalt wurde aus privaten Mitteln errichtet und von der Stadt Weinheim mit der Nahrungsmittelkontrolle beauftragt.

d) **Errichtung und geschichtliche Entwickelung:** Die Anstalt verdankt ihr Entstehen den Anregungen von Behörden. Das Gemeindelaboratorium der Stadt Weinheim wurde im Jahre 1900 gegründet und mit dem schon bestehenden Privatlaboratorium von Dr. K. Bittinger und Dr. G. Graff in Mannheim verbunden. Seit 1902 ist Dr. Graff alleiniger Inhaber des Laboratoriums.

e) **Aufsicht:** Die Stadtbehörde in Weinheim; die Oberaufsicht führt das Großherzogliche Ministerium in Karlsruhe.

f) **Unterhaltung:** Die Stadt Weinheim zahlt im Jahre eine Pauschalsumme von 300 Mk., wofür 60 Proben untersucht werden. Die außerdem für die Stadt Weinheim auszuführenden Analysen des städtischen Wassers werden besonders vergütet. Die Untersuchungen der Nahrungsmittel etc. werden nach dem vom Großherzoglichen Ministerium des Innern festgesetzten Tarif (S. 226) berechnet. Die Sätze dieser Gebührenordnung sind aber, wie bemerkt wird, vielfach so niedrig, daß kaum die Unkosten gedeckt werden.

2. Verhältnisse der Beamten:

a) **Leiter:** Dr. phil. Gustav Graff, Nahrungsmittelchemiker, 37 Jahre alt Besitzer der Anstalt.

b) **Technische Mitglieder:** Gewöhnlich 1 Assistent, der jährlich 1200—1800 Mk. Remuneration erhält.

c) **Sonstige Hilfskräfte:** 1 Diener.

3. Tätigkeit der Anstalt:

Ein Außendienst wird im allgemeinen nicht ausgeübt, sondern es wird den Polizeibeamten zwecks Entnahme von Proben eine besondere Dienstanweisung gegeben.

An Nahrungs- und Genußmitteln wurden untersucht:

In den Jahren . . .	1902	1903	1904	1905	1906
Anzahl der Proben .	817	646	766	700	648

VII. Hessen.

B. Kommunale Anstalten.

(157) Darmstadt.

1. Verhältnisse der Anstalt:

a) **Amtsbezeichnung:** Chemisches Untersuchungsamt der Stadt Darmstadt.

b) **Amtsbezirk:** Stadt Darmstadt und fast sämtliche Kreise der Provinz Starkenburg.

c) **Charakter der Anstalt:** Städtisch; besteht selbständig für sich; seit der Errichtung am 18. Mai 1883 öffentliche Anstalt im Sinne des § 17 des

Reichsgesetzes vom 14. Mai 1879; seit dem 7. September 1894 ist sie den staatlichen Anstalten zur technischen Untersuchung von Nahrungs- und Genußmitteln im Sinne des § 16 der Prüfungsvorschriften für Nahrungsmittelchemiker vom 22. Februar 1894 gleichgestellt.

d) **Errichtung und geschichtliche Entwickelung:** Das Untersuchungsamt ist mit Genehmigung des Großherzogl. Ministeriums des Innern von dem Großherzogl. Polizeiamt am 18. Mai 1883 in Darmstadt auf Grund eines Regulativs errichtet worden. Während sich die Nahrungsmittelkontrolle anfänglich nur auf die Stadt Darmstadt erstreckte, wurde sie später auf sämtliche Kreise der Provinz Starkenburg — mit Ausnahme des Kreises Offenbach a. M. — ausgedehnt. Das Untersuchungsamt ist auch außer der unter c) angeführten Berechtigung als Lehranstalt in das Programm der Technischen Hochschule in Darmstadt mit aufgenommen, so daß den Studierenden der Hochschule Gelegenheit geboten ist, sich an den Übungen in der chemischen und bakteriologischen Untersuchung von Nahrungs- und Genußmitteln zu beteiligen. Seit dem 8. August 1892 wurde das Untersuchungsamt vom Großherzogl. Ministerium mit der Untersuchung von Naturmosten und Weinen aus der Provinz Starkenburg und Oberhessen beauftragt, welche Untersuchungen auch für die Aufstellung einer Weinstatistik für Deutschland verwertet werden; auch werden von ihm die technischen Untersuchungen in bezug auf das Weingesetz vom 24. Mai 1901 für die Provinz Starkenburg ausgeführt.

e) **Aufsicht:** Großherzogliches Polizeiamt Darmstadt.

f) **Unterhaltung:** Hierüber können bestimmte Angaben nicht gemacht werden, weil die Verhältnisse anders geregelt werden sollen.

2. Verhältnisse der Beamten:

a) **Leiter:** Dr. phil. Heinrich Weller, Nahrungsmittelchemiker; Lebensalter: 53 Jahre, Dienstalter: 19 Jahre; das Gehalt wird neu geregelt. Auszeichnung: Großherzogl. Hess. Professor am 25. November 1902.

b) **Technische Mitglieder:** 2 Assistenten, wovon einer wenn möglich Nahrungsmittelchemiker ist; Gehalt 1600—1800 Mk. jährlich. Außerdem sind durchweg 1 oder 2 Volontäre tätig.

c) **Sonstige Hilfskräfte:** 1 Bureaugehilfe, 1 Rechner und 1 Hausmeister.

3. Tätigkeit der Anstalt:

Für den Außendienst wird die Lebensmittelkontrolle in der Stadt Darmstadt durch besonders beauftragte Schutzleute, in den Landgemeinden durch Beamte der Großherzogl. Gendarmerie ausgeübt. Über den Umfang der Tätigkeit geben folgende Zahlen Aufschluß:

In den Jahren	1902	1903	1904	1905	1906
Anzahl der untersuchten Proben	1887	1457	2559	3306	4170
Anzahl der erstatteten größeren Gutachten und Berichte	179	199	165	211	239

(158) Gießen.

1. Verhältnisse der Anstalt:

a) **Amtsbezeichnung:** Chemisches Untersuchungsamt für die Provinz Oberhessen in Gießen.

b) **Amtsbezirk:** Polizeiamt Gießen und die 6 Kreise der Provinz Oberhessen.

c) **Charakter der Anstalt:** Kommunalständisch, besteht seit 1896/97 für sich selbständig; seit 1. Mai 1891 öffentliche Anstalt im Sinne des § 17 des Reichsgesetzes vom 14. Mai 1879; ferner den staatlichen Anstalten gemäß § 16 der Prüfungsvorschriften für Nahrungsmittelchemiker vom 22. Februar 1894 gleichgestellt.

d) **Errichtung und geschichtliche Entwickelung:** Das Chemische Untersuchungsamt in Gießen wurde durch Beschluß des Provinzialtages am 1. Mai 1891 errichtet und durch Verfügung des Ministeriums des Innern und der Justiz zunächst mit dem Hygienischen Institut unter Oberleitung von Prof. Dr. med. Gaffky verbunden. Für die Hergabe der Räumlichkeiten erhielt das Hygienische Institut jährlich 500 Mk.; die Apparate wurden jedoch von der Provinzialverwaltung angeschafft und blieben deren Eigentum. Im Jahre 1896/97 bezog das Hygienische Institut einen Neubau, und seit der Zeit besteht das Untersuchungsamt selbständig in einem von der Stadt gemieteten Raume. Auch wurde seit der Zeit das Laboratorium wesentlich besser ausgestattet.

e) **Aufsicht:** Provinzialausschuß von Oberhessen bezw. die Großherzogl. Provinzialdirektion Oberhessen.

f) **Unterhaltung:** Der Zuschuß von der Provinz einschl. Stadt beträgt etwa 6500 Mk.; etwa 5000 Mk. werden aus Honoraranalysen von den angeschlossenen Kreisen und aus Untersuchungen für Private eingenommen. Die Kreise stellen eine vom Kreisausschuß bewilligte Pauschalsumme zur Verfügung, die für die Untersuchung von Nahrungsmitteln usw. aus den verschiedenen Orten des Kreises verwendet werden kann. Die Kosten werden nach einem auch für die Provinz Rheinhessen festgesetzten Tarif berechnet. Der Tarif wird neu vorbereitet. Für die im Auftrage der Kreise oder Gemeinden vorgenommenen Untersuchungen wird nur die Hälfte der Tarifsätze berechnet. Die Kreiskassen legen die jedesmaligen Gebühren erst vor. Die Strafgelder fallen der Provinzialkasse zu.

2. **Verhältnisse der Beamten:**

a) **Leiter:** Dr. phil. Traugott Günther, Nahrungsmittelchemiker; Lebensalter: 52 Jahre, Dienstalter: 13 Jahre (seit 1. Juni 1894); Gehalt: 4500 Mk.; pensionsberechtigt angestellt.

b) **Technische Mitglieder:** 2 Assistenten, von denen der I. jährlich 2400 Mk., der II. jährlich 1500 Mk. Gehalt bezieht. Der I. Assistent ist in der Regel Nahrungsmittelchemiker.

c) **Sonstige Hilfskräfte:** 1 Diener.

3. **Tätigkeit der Anstalt:**

Während es in den früheren Jahren den einzelnen Gemeinden überlassen wurde, von Zeit zu Zeit unter das Nahrungsmittelgesetz fallende Gegenstände bei den Verkäufern und Erzeugern in ihrem Wohnorte zu entnehmen und zur Untersuchung einzusenden, werden seit 1894/95 mehrere Male im Laufe des Jahres auf jedesmalige Veranlassung des chemischen Untersuchungsamtes hin durch die Bürgermeistereien oder durch die zuständigen Gendarmeriestationen bezw. Polizeiämter nach Art, Zahl, Menge und Verpackung genau bezeichnete Proben entnommen und eingesandt. Die Ergebnisse der Untersuchungen werden in Form eines Berichtes an die auftraggebende

Behörde zur weiteren Veranlassung übersandt. Der Umfang der Tätigkeit erhellt aus folgenden Zahlen:

In den Jahren	1902	1903	1904	1905	1906
Anzahl der untersuchten Proben .	10228	10880	8037	3352	1048
Erstattete umfangreichere Gutachten	6	8	16	12	—

Der Rückgang in der Anzahl der jährlich untersuchten Proben ist darauf zurückzuführen, daß in früheren Jahren etwa 5000—9000 Milchproben für Molkereien (Fettbestimmungen nach Gerber) untersucht wurden, welche die Untersuchungen jetzt selbst an Ort und Stelle ausführen lassen.

(159) Mainz.

1. Verhältnisse der Anstalt:

a) **Amtsbezeichnung:** Chemisches Untersuchungsamt für die Provinz Rheinhessen in Mainz.

b) **Amtsbezirk:** Die Provinz Rheinhessen.

c) **Charakter der Anstalt:** Kommunalständisch; selbständig für sich bestehend; seit Oktober 1882 öffentliche Anstalt im Sinne des § 17 des Reichsgesetzes vom 14. Mai 1879, ferner den staatlichen Anstalten gemäß § 16 der Prüfungsvorschriften für Nahrungsmittelchemiker vom 22. Februar 1894 gleichgestellt.

d) **Errichtung und geschichtliche Entwickelung:** Das Untersuchungsamt wurde gemäß einem Antrage des Provinzialausschusses vom 28. Dezember 1881 durch den Provinzialtag ins Leben gerufen und konnte bereits am 15. Oktober 1882 eröffnet werden; es war zunächst in einem gemieteten Privatlaboratorium, seit Herbst 1883 in den oberen Räumen der neu erbauten Eichanstalt untergebracht, ist aber seit 1906 im Besitze eines eigenen Gebäudes.

e) **Aufsicht:** Großherzogl. Provinzialdirektion Rheinhessen.

f) **Unterhaltung:** Aus Provinzialmitteln; für die regelmäßige Nahrungsmittelkontrolle wird seitens der Stadt Mainz und der Kreise der Provinz eine Pauschvergütung geleistet. Ein einheitlicher neuer Gebührentarif wird vorbereitet.

2. Verhältnisse der Beamten:

a) **Leiter:** Dr. phil. Josef Mayrhofer, Nahrungsmittelchemiker; Lebensalter: 58 Jahre, Dienstalter als Provinzialbeamter: 17 Jahre — von 1883 bis 1890 leitete Dr. Egger das Amt —; Gehalt: 6000 Mk., pensionsberechtigt angestellt. Auszeichnung: Großherzogl. Hess. Professor.

b) **Technische Mitglieder:** 1 Inspektor (Nahrungsmittelchemiker, zurzeit Dr. J. Alfa), Gehalt 3000 Mk. mit Triennien, pensionsberechtigt angestellt; I. Assistent mit 2400 Mk. Gehalt; II. und III. Assistent mit je 1800 Mk. Gehalt; 3 weitere Assistenten mit je 1200—1500 Mk. Gehalt.

c) **Sonstige Hilfskräfte:** 1 Diener.

3. Tätigkeit der Anstalt:

Die Probenahme für die Nahrungsmittelkontrolle erfolgt in der Stadt Mainz durch das Polizeiamt, in den Gemeinden der Kreise Mainz, Bingen und Oppenheim durch die Gendarmerie unter Zuziehung der Bürgermeistereien. Folgende Zahlen geben ein Bild von der Tätigkeit des Untersuchungsamtes:

In den Jahren	1902	1903	1904	1905	1906
Anzahl der untersuchten Proben	5138	6297	6404	7178	7203
Anzahl der erstatteten Gutachten und Berichte:					
a) insgesamt	1502	1682	1737	1853	1767
b) ohne vorherige Untersuchung	21	25	26	20	21

D. Von Chemikern aus privaten Mitteln eingerichtete Anstalten.

Als städtische Anstalten charakterisiert:

(160) Offenbach a. M.

1. Verhältnisse der Anstalt:

a) **Amtsbezeichnung:** Chemisches Untersuchungsamt Offenbach am Main.

b) **Amtsbezirk:** Stadt und Kreis Offenbach a. M.

c) **Charakter der Anstalt:** Die Anstalt ist aus privaten Mitteln eingerichtet, wird amtlich subventioniert, hat den Charakter einer städtischen Anstalt und gilt als öffentliche Anstalt im Sinne des § 17 des Reichsgesetzes vom 14. Mai 1879. Sie hat auch die Berechtigung zur praktischen Ausbildung von Nahrungsmittelchemikern nach § 16 der Vorschriften für die Prüfung von Nahrungsmittelchemikern vom 22. Februar 1894.

d) **Errichtung und geschichtliche Entwickelung:** Zuerst, vom 1. Januar 1893 bis Herbst 1900, war das Untersuchungsamt mit der Milchwirtschaftlichen Versuchsstation der Hessischen landwirtschaftlichen Genossenschaften in Offenbach vereinigt, und als diese im Herbst 1900 nach Darmstadt verlegt wurde, erfolgte auf Veranlassung der Stadtverwaltung und des Kreisamtes am 1. Januar 1901 unter Leitung von Dr. Popp und Dr. Becker in Frankfurt die Eröffnung einer neuen selbständigen Untersuchungsanstalt für Nahrungs- und Genußmittel, welche mit dem 1. Juli 1903 in den Besitz des Dr. J. Uhl überging. Unter dem 28. Oktober 1903 wurde der Anstalt vom Großherzogl. Ministerium die Berechtigung erteilt, wieder den Namen „Chemisches Untersuchungsamt Offenbach" führen zu dürfen, zugleich wurde sie mit den unter b) genannten Rechten ausgestattet.

e) **Aufsicht:** Großherzogl. Kreisamt und Stadtverwaltung Offenbach a. M.

f) **Unterhaltung:** Das Großherzogl. Kreisamt Offenbach zahlt 3000 Mk., die Stadt Offenbach 1000 Mk. zur Unterhaltung. Die Analysen werden auf Grund des unter Mitwirkung des Kaiserl. Gesundheitsamtes aufgestellten Tarifs („Vereinbarungen", Heft III) mit einem Rabatt von 25 % berechnet.

2. Verhältnisse der Beamten:

a) **Leiter:** Dr. phil. Jean Uhl, Lebensalter: 45 Jahre, Dienstalter: 14 Jahre.

b) **Technische Mitglieder:** 3 Assistenten, von denen zwei als Volontäre auf die Hauptprüfung als Nahrungsmittelchemiker vorbereitet werden.

c) **Sonstige Hilfskräfte:** 1 Schreibhilfe und 1 Diener.

3. **Tätigkeit der Anstalt:**

Die zu untersuchenden Proben werden durch die Polizeiorgane entnommen; ihre Anzahl betrug:

In den Jahren . . .	1902	1903	1904	1905	1906
Zahl der Proben . .	1053	1907	1694	2418	—

(161) Worms.

1. **Verhältnisse der Anstalt:**

a) **Amtsbezeichnung:** Chemisches Untersuchungsamt der Stadt Worms.

b) **Amtsbezirk:** Stadt und Kreis Worms.

c) **Charakter der Anstalt:** Die Anstalt ist aus privaten Mitteln errichtet, wird von der Stadt und dem Kreise subventioniert und ist seit dem Jahre 1900 öffentliche Anstalt im Sinne des § 17 des Reichsgesetzes vom 14. Mai 1879.

d) **Errichtung und geschichtliche Entwickelung:** Das Privatlaboratorium des Dr. Peters besteht schon seit 1886; im Jahre 1900 wurde es mit Genehmigung des Großherzogl. Ministeriums als „Chemisches Untersuchungsamt der Stadt Worms sowie des Kreisamtes Worms“ anerkannt und nach Inkrafttreten des neuen Weingesetzes durch Verfügung des Großherzogl. Ministeriums mit der Ausführung der im Kreise Worms erforderlichen Weinuntersuchungen beauftragt.

e) **Aufsicht:** Großherzogl. Bürgermeisteramt Worms.

f) **Unterhaltung:** Kreis- und Stadtkasse Worms zahlen bis jetzt einen jährlichen Zuschuß von 2900 Mk., jedoch ist Aussicht vorhanden, daß diese Verhältnisse neu geregelt werden. Die Analysen werden wie von den sonstigen Hessischen Untersuchungsämtern berechnet.

2. **Verhältnisse der Beamten:**

a) **Leiter:** Dr. phil. Otto Peters, Nahrungsmittelchemiker, 46 Jahre alt, seit 1886 Besitzer des Laboratoriums, ohne Pensionsberechtigung.

b) **Technische Mitglieder:** Keine.

c) **Sonstige Hilfskräfte:** 1 Putzfrau.

3. **Tätigkeit der Anstalt:**

Die zu untersuchenden Proben werden in der Stadt Worms durch Polizeibeamte, in den Landgemeinden durch die Gendarmerie entnommen; ihre Anzahl betrug:

In den Jahren . . .	1902	1903	1904	1905	1906
Zahl der Proben . .	1643	1769	1898	1784	1899

Der Laboratoriumsinhaber hält alljährlich mehrere Vorträge über Volkshygiene und verwandte Gebiete.

VIII. Mecklenburg-Schwerin.

Landesrechtliche Verordnung.

Bekanntmachung des Großherzogl. Ministeriums vom 25. Mai 1900, betreffend die Einrichtung einer Abteilung für die Untersuchung von Lebensmitteln im hygienischen Institut zu Rostock. (Reg.-Bl. S. 283.)

Im hygienischen Institut der Landesuniversität ist eine besondere Abteilung für die technische Untersuchung von Nahrungsmitteln, Genußmitteln und Gebrauchsgegenständen eingerichtet worden, welche ihren Betrieb am 1. Juli d. J. beginnt.

Die Abteilung dient für das Großherzogtum als öffentliche Anstalt zur technischen Untersuchung von Nahrungs- und Genußmitteln (§ 17 des Reichsgesetzes vom 14. Mai 1879, betr. den Verkehr mit Nahrungsmitteln etc. — Reichs-Gesetzblatt 1879, S. 145 — und § 16 der Anlage A zur Verordnung vom 7. September 1894, betr. die Prüfung der Nahrungsmittelchemiker, Regierungsblatt 1894, Nr. 25) und führt die Bezeichnung: Hygienisches Institut der Universität Rostock, Abteilung für die technische Untersuchung von Lebensmitteln.

Ihren Gebührentarif wird der Institutsdirektor in den Amtlichen Mecklenburgischen Anzeigen veröffentlichen.

Großh. Meckl. Ministerium, Abt. für Mediz.- und Unterr.-Angelegenheiten.

A. Staatliche Anstalt.

(162) Rostock.

1. Verhältnisse der Anstalt:

a) **Amtsbezeichnung:** Hygienisches Institut der Universität Rostock, Abteilung für die technische Untersuchung von Lebensmitteln.

b) **Amtsbezirk:** Großherzogtum Mecklenburg-Schwerin. Die Anstalt hat aber auch Anträge der Behörden des Großherzgtums Mecklenburg-Strelitz zu berücksichtigen.

c) **Charakter der Anstalt:** Staatlich; die Anstalt ist mit dem Hygienischen Institut der Universität verbunden; ihr Leiter ist der jeweilige Direktor des Hygienischen Instituts; sie bildet in Mecklenburg-Schwerin die einzige öffentliche Anstalt im Sinne des § 17 des Reichsgesetzes vom 14. Mai 1879.

d) **Errichtung und geschichtliche Entwickelung:** Die Abteilung für die technische Untersuchung von Lebensmitteln am Hygienischen Institut ist durch Verordnung des Großherzogl. Ministeriums am 1. Juli 1900 eingerichtet worden. Es liegt ihr ob, alle von Verwaltungs- und Gerichtsbehörden beantragten Untersuchungen von Nahrungsmitteln etc. auszuführen und hierüber Gutachten abzugeben; auch soll sie auf Ansuchen Gutachten über Gegenstände der öffentlichen Gesundheitspflege und der Verkehrspolizei erstatten, sofern dadurch die Haupttätigkeit, die Lebensmitteluntersuchung, nicht geschädigt wird. Unter dieser Voraussetzung ist es der Abteilung auch gestattet, Untersuchungen und Begutachtungen für fremde Behörden zu übernehmen, für Privatpersonen aber nur dann, wenn vorher die förmliche und schriftliche Erklärung abgegeben wird, daß die Gutachten nicht zu Reklamezwecken benützt werden sollen.

e) **Aufsicht:** Großherzogl. Ministerium, Abteilung für Medizinal- und Unterrichtsangelegenheiten.

f) **Unterhaltung:** Die Anstalt erhält aus der Landessteuerkasse einen jährlichen Zuschuß von 2000 Mk. Mit den Städten und Ämtern des Bezirkes werden Verträge auf Pauschentschädigungen abgeschlossen, die je nach der Einwohnerzahl bemessen werden. Hierfür werden die Vorprüfungen ausgeführt. Ergibt die Vorprüfung Anlaß zu einer genaueren Untersuchung, so muß hierfür noch ein Durchschnittsbetrag von 3 Mk. entrichtet werden. Die Gebühren für sonstige Untersuchungen und Gutachten werden nach einem vom Ministerium genehmigten Tarif berechnet.

2. Verhältnisse der Beamten:

a) **Leiter:** Dr. med. Ludwig Pfeiffer, o. Professor an der Universität und Direktor des Hygienischen Instituts.

b) **Technische Mitglieder:** 1 Assistent, Nahrungsmittelchemiker.

c) **Sonstige Hilfskräfte:** Diener.

3. Tätigkeit der Anstalt:

Die Proben werden durch die Polizeibehörden entnommen, jedoch ist die Anstalt verpflichtet, diese in der Probenahme zu unterrichten. Die Tätigkeit der Anstalt erhellt aus folgenden Zahlen:

In den Jahren	1902	1903	1904	1905	1906
Anzahl der untersuchten Proben . .	711	1033	—	—	—
Anzahl der erstatteten umfangreicheren Gutachten	28	19	—	—	—

IX. Sachsen-Weimar.

Landesrechtliche Verordnung.

Ministerialverordnung, betr. die Errichtung eines Nahrungsmittel-Untersuchungsamts an der Universität Jena, vom 2. Januar 1903. (Reg.-Bl. S. 3.)

Mit Höchster Genehmigung wird zur Ausführung des Reichsgesetzes vom $\frac{\text{14. Mai 1879}}{\text{29. Juni 1887}}$, betr. den Verkehr mit Nahrungsmitteln, Genußmitteln und Gebrauchsgegenständen (R.-G.-Bl. 1879 S. 145 und 1887 S. 276), sowie der im Anschluß daran erlassenen Gesetze und Verordnungen, insbesondere der Kaiserl. Verordnung vom 24. Februar 1882 über das gewerbsmäßige Verkaufen und Feilhalten von Petroleum (R.-G.-Bl. S. 40), der Reichsgesetze vom 25. Juni 1887, betr. den Verkehr mit blei- und zinkhaltigen Gegenständen (R.-G.-Bl. S. 273) vom 5. Juli 1887, betr. die Verwendung gesundheitsschädlicher Farben bei Herstellung von Nahrungsmitteln, Genußmitteln und Gebrauchsgegenständen (R.-G.-Bl. S. 277) und vom 15. Juni 1897, betr. den Verkehr mit Butter, Käse, Schmalz und deren Ersatzmitteln (R.-G.-Bl. S. 475), der Bekanntmachungen des Reichskanzlers vom 1. März 1902, betr. den Fett- und Wassergehalt der Butter (R.-G.-Bl. S. 64) und vom 18. Februar 1902, betr. gesundheitsschädliche Zusätze zu Fleisch und dessen Zubereitungen (R.-G.-Bl. S. 48), sowie des Süßstoffgesetzes vom 7. Juli 1902 (R.-G.-Bl. S. 253) unter Aufhebung der Ministerialverordnung vom 7. November 1901 (Reg.-Bl. S. 239) folgendes verordnet:

§ 1. Vom 1. Januar 1903 an besteht an der Universität Jena in Verbindung mit der Anstalt für Pharmazie und Nahrungsmittel-Chemie ein Nahrungsmittel-Untersuchungsamt zur technischen Untersuchung von Nahrungsmitteln, Genußmitteln und Gebrauchsgegenständen.

§ 2. Die technische Untersuchung von Trinkwasser verbleibt auch weiterhin der hygienischen Anstalt der Universität. Dem Nahrungsmittel-Untersuchungsamt steht jedoch die chemische Untersuchung von Trinkwasser aus Brunnen (mit Ausnahme von Zentralleitungen) derjenigen Behörden und Privatpersonen zu, mit denen das Untersuchungsamt gemäß § 5 Verträge abgeschlossen hat.

Die landwirtschaftliche Versuchsstation bleibt zuständig:

1. Für alle Wasseruntersuchungen, die nicht Trinkwasser betreffen,
2. für die Untersuchung von Roherzeugnissen der Landwirtschaft,
3. für die Untersuchung von Molkereierzeugnissen, sofern diese von Landwirten, landwirtschaftlichen Vereinen oder Molkereien beantragt werden,
4. für die Untersuchung von Dünge- und Futtermitteln,
5. für die Untersuchung von Bodenarten.

§ 3. Die in § 2 genannten Untersuchungsstellen werden innerhalb der Grenzen ihrer Zuständigkeit als öffentliche Anstalten bestellt.

§ 4. Wird die Vornahme einer technischen Untersuchung bei einer der drei Anstalten beantragt, die für die Untersuchung nach den vorstehenden Bestimmungen unzuständig ist, so hat diese Anstalt den Antrag nebst den eingesendeten Proben und sonstigen Gegenständen unter Benachrichtigung des Antragstellers ungesäumt an die zuständige Anstalt abzugeben.

§ 5. Für die von dem Nahrungsmittel-Untersuchungsamt und der landwirtschaftlichen Versuchsstation ausgeführten Untersuchungen erheben diese Anstalten Gebühren nach Maßgabe eines von dem Großherzogl. Staatsministerium zu genehmigenden Tarifs. Die Gebühren sind bei Stellung des Antrages auf Untersuchung bei dem Universitätsrentamt in Jena einzuzahlen.

Die beiden Anstalten sind jedoch ermächtigt, die dauernde Kontrolle der von ihnen zu untersuchenden Gegenstände für Behörden und Privatpersonen vertragsmäßig gegen eine Pauschgebühr zu übernehmen.

Die Vergütung für die von der hygienischen Anstalt vorzunehmenden Untersuchungen ist in jedem einzelnen Falle im voraus zu vereinbaren.

§ 6. Werden wegen Verletzung der Vorschriften über den Verkehr mit Nahrungsmitteln, Genußmitteln und Gebrauchsgegenständen Geldstrafen erkannt, welche nach Maßgabe der einschlagenden Gesetze dem Staate zustehen, so sind die Strafgelder, wenn die Untersuchung von einer der genannten Anstalten vorgenommen worden ist, an das Universitätsrentamt abzuführen.

Weimar, den 2. Januar 1903.

Großherzoglich Sächsisches Staatsministerium.

A. Staatliche Anstalt.

(163) Jena.

1. Verhältnisse der Anstalt:

a) **Amtsbezeichnung:** Nahrungsmittel-Untersuchungsamt der Universität Jena.

b) **Amtsbezirk:** Die Thüringischen Staaten Sachsen-Weimar, Sachsen-Meiningen, Schwarzburg-Rudolstadt und Sondershausen, Sachsen-Koburg und Gotha, sowie Reuß ä. L., soweit in diesen Staaten nicht noch besondere Anstalten bestehen.

c) **Charakter der Anstalt:** Staatlich; sie ist dem Institut für Pharmazie und Nahrungsmittel-Chemie an der Universität Jena angegliedert und seit ihrer Errichtung für genannten Bezirk öffentliche Anstalt im Sinne des § 17 des Reichsgesetzes vom 14. Mai 1879.

d) **Errichtung und geschichtliche Entwickelung:** Im Jahre 1902 war die Landwirtschaftliche Versuchsstation in Jena von dem Großherzogl. Ministerium mit der technischen Untersuchung von Nahrungs-, Genußmitteln und Gebrauchsgegenständen beauftragt worden. Mit der Errichtung des Institutes für Pharmazie und Nahrungsmittelchemie (i. J. 1903) ging der Auftrag an das letztere über, und haben sich die unter b) bezeichneten Thüringischen Staaten demselben angeschlossen.

e) **Aufsicht:** Großherzogl. Sächs. Kultusministerium.

f) **Unterhaltung:** Der Etat des Institutes für Pharmazie und Nahrungsmittelchemie und die Einnahmen aus Untersuchungen. Nach den Ministerialverordnungen ist für Verträge mit Städten ein Einheitspreis von 25 Mk. für je 10 Untersuchungen festgesetzt. Nach diesem Einheitssatz sind zum Teil auch mit den Staaten Verträge abgeschlossen. Die Kassengeschäfte besorgt das Universitätsrentamt. Der Gebührentarif ist in der Landesrechtlichen Verordnung für Sachsen-Meiningen enthalten (s. dort, S. 249)

2. Verhältnisse der Beamten:

a) **Leiter:** Univ.-Prof. Dr. phil. Hermann Matthes, geb. am 30. Juni 1869. Er ist als Universitäts-Professor Staatsbeamter. Für die Leitung des Untersuchungsamtes erhält er eine feste Vergütung.

b) **Technische Mitglieder:** In der Regel 2 Assistenten, die beide Nahrungsmittelchemiker sind.

c) **Sonstige Hilfskräfte:** Diener.

3. Tätigkeit der Anstalt:

Die Proben werden durch die Polizeiorgane entnommen. Ihre Anzahl betrug:

In den Jahren . . .	1903	1904	1905	1906
Zahl der Proben . . .	520	1369	1647	1807

X. Mecklenburg-Strelitz.

Im Großherzogtum Mecklenburg-Strelitz besteht kein Nahrungsmittel-Untersuchungsamt; die Behörden lassen die notwendig werdenden Untersuchungen im Hygienischen Institut der Universität Rostock ausführen (vergl. Nr. 162, S. 243).

XI. Oldenburg.

D. Aus privaten Mitteln errichtete und als städtische Anstalt charakterisierte Anstalt.

(164) Oldenburg.

1. Verhältnisse der Anstalt:

a) **Amtsbezeichnung:** Nahrungsmittel-Untersuchungsamt Oldenburg in Oldenburg.

b) **Amtsbezirk:** Das ganze Großherzogtum Oldenburg. Die Anstalt hat alle ihr von Staats- und Kommunalbehörden, Privatpersonen, Gesellschaften und Genossenschaften aus dem Großherzogtum zugehenden Untersuchungsaufträge — mit Ausschluß solcher, die unlauteren Reklamezwecken dienen — auszuführen.

c) **Charakter der Anstalt:** Die Anstalt ist aus privaten Mitteln eingerichtet, wird amtlich subventioniert, ist selbständig, hat den Charakter einer städtischen Anstalt und ist seit dem 1. November 1900 öffentliche Anstalt im Sinne des § 17 des Reichsgesetzes vom 14. Mai 1879.

d) **Errichtung und geschichtliche Entwickelung:** Die Anstalt ist auf Veranlassung der staatlichen und städtischen Behörde am 1. November 1900 errichtet; zur ersten Einrichtung wurde aus öffentlichen Mitteln ein Zuschuß von 750 Mk. gewährt, zugleich wurden die einschlägigen Untersuchungen Dr. R. Uster übertragen.

e) **Aufsicht:** Magistrat der Stadt Oldenburg.

f) **Unterhaltung:** Das Untersuchungsamt erhält seit 1. Januar 1903 einen jährlichen Zuschuß von 3000 Mk. aus öffentlichen Mitteln. Die einzelnen beantragten Untersuchungen werden dagegen nach einem mit dem Großh. Oldenb. Staatsministerium vereinbarten Gebührensatz berechnet; letzterer beträgt im Durchschnitt 4,29 Mk. für die Probe. Die Bruttoeinnahme hieraus beträgt etwa 3455 Mk. Die Polizeibehörden sind vom Großh. Ministerium angewiesen, im Interesse einer geordneten Nahrungsmittelkontrolle jährlich eine Mindestzahl von Nahrungsmittelproben bei den Gewerbetreibenden zu entnehmen und diese dem Untersuchungsamt in Oldenburg zu übersenden.

2. Verhältnisse der Beamten:

a) **Leiter:** Dr. phil. Rudolf Uster, 40 Jahre alt, seit 10 Jahren als Nahrungsmittelchemiker tätig, vorher Apotheker, ist Inhaber der Anstalt.

b) **Technische Mitglieder:** Keine.

c) **Sonstige Hilfskräfte:** 1 Arbeitsfrau.

3. Tätigkeit der Anstalt:

Die Kontrolle wird in der Weise ausgeübt, daß offen durch die Polizeibehörden Proben von Nahrungs- und Genußmitteln bei den Gewerbetreibenden entnommen und dem Untersuchungsamt eingesandt werden. Die Anzahl der untersuchten Proben war folgende:

In den Jahren	1902	1903	1904	1905	1906
Proben von Behörden	478	534	671	654	799
Proben von Auslandsfleischbeschaustellen	—	116	175	268	185
Proben von Privaten	83	95	177	76	82
Im ganzen	561	745	1023	998	1066

XII. Braunschweig.

Eine aus öffentlichen Mitteln errichtete Anstalt zur technischen Untersuchung von Nahrungs- und Genußmitteln sowie Gebrauchsgegenständen (gemäß § 17 des Reichsgesetzes vom 14. Mai 1879) gibt es im Herzogtum Braunschweig nicht.

An der Herzoglichen technischen Hochschule **(Nr. 165)** in Braunschweig besteht ein Laboratorium für Nahrungsmittelchemie unter Leitung des Geheimen Medizinalrates Prof. Dr. H. Beckurts, Mitglied des Reichsgesundheitsrates, welches vornehmlich Unterrichtszwecken dient, aber auch auf Veranlassung von Behörden des Herzogtums einschlägige Untersuchungen (insbesondere von Wasser und Wein) ausführt. Mit der Weinkontrolle ist im Herzogtum der an diesem Laboratorium beschäftigte Nahrungsmittelchemiker Dr. phil. Wilhelm Peters beauftragt.

Außerdem unterhält **(Nr. 166)** in Braunschweig der Verein für öffentliche Gesundheitspflege eine Untersuchungsstelle für Untersuchung und Beurteilung von Nahrungs- und Genußmitteln sowie Gebrauchsgegenständen, welche auf Veranlassung von Behörden und Konsumenten tätig ist. Diese Arbeiten werden zurzeit von dem Nahrungsmittelchemiker Dr. phil. H. Frerichs, Assistent am pharmazeutischen Institut der technischen Hochschule, ausgeführt.

Von den in der Stadt Braunschweig befindlichen 7 Handelslaboratorien wurden von den Polizei- und anderen Behörden mit einschlägigen Untersuchungen namentlich beauftragt: **(Nr. 167)** Dr. R. Frühling und Dr. J. Schultz, Inhaber Prof. Dr. R. Frühling und Dr. A. Rössing, Nahrungsmittelchemiker; sowie **(Nr. 168)** Dr. P. Nehring, Chemiker.

XIII. Sachsen-Meiningen.

Landesrechtliche Verordnungen.

a) Ausschreibungen, betr. die technische Untersuchung von Nahrungs- und Genußmitteln und Gebrauchsgegenständen vom 6. Januar 1903.

(Samml. der Ausschr. der landesherrl. Oberbehörden, S. 505.)

Zur Ausführung des Reichsgesetzes vom $\frac{\text{14. Mai 1879}}{\text{29. Juni 1887}}$, betreffend den Verkehr mit Nahrungsmitteln, Genußmitteln und Gebrauchsgegenständen, sowie der im Anschluß daran erlassenen Gesetze und Verordnungen wird unter Aufhebung des Ausschreibens vom 10. Dezember 1901 mit Höchster Genehmigung folgendes bestimmt:

§ 1. Mit dem 1. Januar d. J. ist an der Universität Jena in Verbindung mit der Anstalt für Pharmazie und Nahrungsmittel-Chemie ein Nahrungsmittel-Untersuchungsamt zur technischen Untersuchung von Nahrungsmitteln und Gebrauchsgegenständen in Tätigkeit getreten. Dieses Untersuchungsamt wird hiermit für das Gebiet des Herzogtums als öffentliche Anstalt bis auf weiteres bestellt (vergl. auch Nr. 163).

§ 2. Alle auf Grund des vorgedachten Reichsgesetzes auferlegten Geldstrafen sind, soweit sie dem Staat zustehen und die Untersuchung von dem genannten Untersuchungsamt vorgenommen worden ist, an das Universitätsrentamt in Jena abzuführen.

§ 3. Für die von dem Untersuchungsamt ausgeführten Untersuchungen werden Gebühren nach Maßgabe des unter A anliegenden Tarifs erhoben. Die Anstalt ist jedoch ermächtigt, die dauernde Kontrolle der von ihr zu untersuchenden Gegenstände für Behörden und Privatpersonen gegen eine Pauschgebühr zu übernehmen.

§ 4. Für die Untersuchung von Trinkwasser bewendet es bei den bestehenden Bestimmungen.

Meiningen, den 6. Januar 1903.

Herzogliches Staatsministerium.

A. Gebührentarif für das Nahrungsmittel-Untersuchungsamt an der Universität Jena.

I. Allgemeine Bestimmungen.

1. Die in dem Tarife festgesetzten Gebühren schließen die Vergütung für die bei der Untersuchung etwa verbrauchten Stoffe oder Werkzeuge, sowie für die Erstattung des schriftlichen Befundberichtes in sich.

2. Für die Vergütung von Untersuchungen des Nahrungsmittel-Untersuchungsamtes, die im Tarif nicht vorgesehen sind, ist bis auf weiteres der im Jahre 1898 von einem Sachverständigen-Ausschuß in Berlin ausgearbeitete Entwurf von Gebührensätzen für Untersuchungen von Nahrungsmitteln und Genußmitteln sowie Gebrauchsgegenständen (Berlin, Verlag von Julius Springer, 1902) maßgebend.

Für die auch in diesem Entwurf nicht vorgesehenen Untersuchungen des Nahrungsmittel-Untersuchungsamts und die im Tarif nicht vorgesehenen Untersuchungen der landwirtschaftlichen Versuchsstation wird die Gebühr nach Maßgabe der für die Untersuchung und die Ausarbeitung des Befundberichts aufgewendeten Zeit mit 2 Mk. für jede angefangene Stunde berechnet. Die aufgewendete Zeit ist

in der Kostenrechnung anzugeben. Die für die Untersuchung verbrauchten Stoffe und Werkzeuge sind in diesem Falle besonders zu vergüten.

Ebenso kann bei besonders schwierigen oder langwierigen Untersuchungen, z. B. bei Bestimmung der Natur einer Hefenart, bei eingehender Untersuchung von Trübungen und Absätzen in Bier, Wein, Wasser und dergl. sowie bei bakteriologischen Arbeiten die Gebühr nach der aufgewendeten Zeit (2 Mk. für jede angefangene Stunde) berechnet werden.

3. Für mikroskopische Untersuchungen wird in der Regel eine besondere Gebühr von 3 Mk. berechnet.

4. Ist ein ausführlich zu begründendes Gutachten, z. B. auf Ersuchen eines Gerichts, oder ein Gutachten abzugeben, das keine Experimental-Untersuchungen erfordert, so kann dafür eine besondere Gebühr nach der aufgewendeten Zeit (2 Mk. für die angefangene Stunde) berechnet werden.

5. Ist zum Zwecke der Untersuchung von dem Leiter, einem Beamten oder Assistenten der Anstalt eine Reise zu unternehmen, so ist die gesetzliche oder statutarische Reisekostenentschädigung besonders zu erstatten.

II. Gebührensätze.

Nr.	Gegenstand der Untersuchung	Gebührensatz Mk.	Zur Untersuchung einzuliefernde Menge
1.	**Bier.**		
	a) Bestimmung des spezifischen Gewichtes mit dem Pyknometer	3	1 l
	Bestimmung mit der Mohr-Westphal-Wage	2	
	Bestimmung des Gehaltes an Alkohol	5	
	Bestimmung des Gehaltes an Extrakt, indirekt mit dem Pyknometer	3	
	mit der Mohr-Westphal-Wage	2	
	Bestimmung des Gehaltes an Asche	4	
	Bestimmung des Gehaltes an Säure	2	
	b) Handelsanalyse:		
	Spezifisches Gewicht, Alkohol, Säure, Extrakt, Stammwürze, Vergärungsgrad	9	1 l
	Spezifisches Gewicht, Alkohol, Extrakt, Stammwürze, Vergärungsgrad, Mineralstoffe, Zucker, Glycerin, Säure, Stickstoff und künstliche Süßstoffe	25—50	2 l
	c) Bestimmung einer flüchtigen Säure:		
	Essigsäure	3	1/2 l
	Schweflige Säure	8	
2.	**Branntwein und Liköre.**		
	Bestimmung des spezifischen Gewichtes:		
	a) aräometrisch	1	1/2 l
	b) pyknometrisch	3	
	Bestimmung des Alkohols im Destillat	5	1/2 l
	„ „ Extraktes	2	1 l
	„ der Mineralstoffe	4	
	„ des Fuselöles	20	
	Prüfung auf freie Mineralsäuren:		
	a) qualitativ	1	
	b) quantitativ	4	
	Prüfung auf künstliche Süßstoffe und Bestimmung derselben:		
	a) qualitativ	5	
	b) quantitativ	15—20	

Nr.	Gegenstand der Untersuchung	Gebührensatz Mk.	Zur Untersuchung einzuliefernde Menge
3.	**Brot.**		
	Bestimmung des Wassergehaltes	4	500 g
	„ der Mineralstoffe	4	
	„ des Säuregehaltes	2	
4.	**Kakao und Schokolade.**		
	Bestimmung des Wassers	3	100 g
	„ der Mineralstoffe	4	
	„ des Fettes	5	
	„ der Stärke	12	
	„ des Zuckers polarimetrisch	4	
	Bestimmung des Zuckers nach F. Allihn	6	
	Mikroskopische botanische Untersuchung	3—12	
5.	**Konserven.**		
	Prüfung auf Metalle (Zinn, Blei, Kupfer) . . . . -	12	1 Büchse oder 1 Glas
	Bestimmung der freien Säuren	2	
	Prüfung auf Beschaffenheit (Schimmel, Fäulnis) . .	4	
6.	**Essig.**		
	Bestimmung des Säuregehaltes	2	1 l
	Qualitative Prüfung auf freie Mineralsäuren	1	
	Prüfung auf Schwermetalle	6	
7.	**Fabrikate aus Mehl und Zucker.**		
	(Konditoreiwaren, Suppennudeln etc.):		
	Prüfung auf Teerfarbstoffe	5—10	100 g
	Bestimmung der Asche nebst Prüfung auf mineralische Beimengungen	4	
8.	**Speisefette und Öle.**		
	a) Butter und Margarine, feste und flüssige Speisefette nach der amtlichen Anweisung vom 1. April 1898:		
	Bestimmung des Wassers	4	125 g
	„ „ Fettes	12	
	„ „ Brechungsvermögens	2	
	„ der flüchtigen, in Wasser löslichen Fettsäuren (der Reichert-Meißlschen Zahl) .	6	
	Handelsanalyse:		
	Bestimmung von Wasser und Brechungsvermögen des Fettes sowie Prüfung desselben auf Sesamöl	5	125 g
	Bestimmung von Wasser und Brechungsvermögen und der Reichert-Meißlschen Zahl, sowie Prüfung auf Sesamöl	10	
	b) Schweineschmalz:		
	Bestimmung des Wassers	4	125 g
	„ der Jodzahl nach v. Hübl	8	
	Prüfung auf Sesamöl	1	
	„ „ Baumwollsamenöl	2	
	„ „ Pflanzenöle im Schmalz mit Phosphormolybdänsäure	1	
	„ „ Phytosterin	10	
9.	**Fruchtsäfte.**		
	Bestimmung der freien Säuren	2	250 g
	Prüfung auf künstliche Farbstoffe	5—10	
	Prüfung auf künstliche Süßstoffe (qual.)	5	
10.	**Gebrauchsgegenstände.**		
	1. Kleiderstoffe, bedruckte und gefärbte, Tapeten, Buntpapiere, Kinderspielzeug etc.:		

Nr.	Gegenstand der Untersuchung	Gebühren-satz Mk.	Zur Untersuchung einzuliefernde Menge
	a) Prüfung auf die Beschaffenheit der Farbstoffe	5	5 qdm oder 1 bis 2 Stück
	b) Bestimmung des Gehaltes an gesundheitsschädlichen Farben	8—15	
	2. Farbkästen:		
	Prüfung auf die Beschaffenheit der Farben, für jede Farbe 50 Pfg., jedoch nicht weniger als 2 Mk. und nicht mehr als 15 Mk.	2—15	1 Kasten
	3. Kochgeschirre (gewöhnliche Töpferwaren, emaillierte Eisengeschirre):		
	a) Prüfung auf die Beschaffenheit der Glasur oder des Emails im Sinne des Reichsgesetzes vom 25. Juni 1887	3	1 Stück
	b) Bestimmung des in Essigsäure löslichen Bleies	10	
	4. Metallgerätschaften (Metallfolien, verzinnte Waren, Zinnbleilegierungen):		
	Bestimmung des Bleigehalts	10	1 Stück
11.	**Gewürze.**		
	Bestimmung des Aschengehaltes	4	50 g
	Bestimmung des in Salzsäure unlöslichen Teiles . .	2	
	Bestimmung des Gewichtsverlustes bei 100° . . .	3	
12.	**Hefe (Hefe, Preßhefe).**		
	Bestimmung des Wassergehalts und Prüfung auf fremde Beimengungen	5	50 g
	Bestimmung der Triebkraft	3	
13.	**Honig.**		
	Spez. Gewicht in der Lösung 1 + 2 aräometrisch . .	1,50	125 g
	„ „ „ „ „ pyknometrisch . . .	3	
	Polarisation vor der Inversion	3	
	Polarisation vor und nach der Inversion	8	
	Prüfung auf Stärkezucker, Dextrine etc. durch die Gärprobe	8	
	Prüfung nach J. König und W. Karsch	15	
14.	**Käse.**		
	Abscheidung des Fettes aus dem Käse durch Ausschmelzen	2	125 g
	Die einzelnen Bestimmungen im Käsefett werden nach den für die Untersuchung des Fettes der Butter angegebenen Gebührensätzen berechnet.		
	Prüfung auf Sesamöl	2	
15.	**Kaffee.**		
	1. Rohbohnen:		
	Prüfung auf künstliche Färbung	4	125 g
	2. Gemahlener, gebrannter Kaffee:		
	Prüfung auf Fette. Öle, Paraffine:		
	1. Gewinnung und Reinigung des Fettes . .	4	
	2. Die einzelnen zur Kennzeichnung des Fettes erforderlichen Bestimmungen werden nach den unter „Schweineschmalz" angegebenen Gebührensätzen berechnet.		
16.	**Mehl.**		
	Bestimmung des Wassergehaltes	3	125 g
	„ der Mineralstoffe	4	
	„ der Backfähigkeit	10—20	1000 g
17.	**Milch, Rahm.**		
	Bestimmung des spez. Gewichts	1	1 l
	„ „ Milchserums	2	
	„ „ Fettes		

Nr.	Gegenstand der Untersuchung	Gebührensatz Mk.	Zur Untersuchung einzuliefernde Menge
	1. nach Adams	5	1 l
	2. nach W. Thörner, N. Gerber oder einer anderen Schnellmethode	1—2	
	Handelsanalyse:		
	a) Spez. Gewicht, sowie Fett nach einer Schnellmethode und Berechnung der Trockensubstanz	2	
	b) Spez. Gewicht, sowie Fett, Trockensubstanz gewichtsanalytisch	9	
	c) Spez. Gewicht, Fett, Trockensubstanz gewichtsanalytisch, Berechnung des spez. Gewichts der Trockensubstanz, Nitrate qualitativ, spez. Gewicht des Serums	12	
18.	**Petroleum.**		
	Prüfung auf die dem Gesetze entsprechende Beschaffenheit	4	½ l
	Fraktionierte Destillation und Prüfung auf fremde Beimengungen	5	1 l
19.	**Tee.**		
	a) Bestimmung der Asche nebst Prüfung auf mineralische Beimengungen	4	50 g
	b) Bestimmung des Theingehaltes	15—20	
20.	**Wasser.**		
	Gebrauchsanalyse:		
	1. Trockensubstanz, Glühverlust, Chlor und Kaliumpermanganat-Verbrauch quantitativ, ferner Salpetersäure, salpetrige Säure und Ammoniak qual.	10	2 l
	2. Desgl. einschl. Untersuchung des Bodensatzes .	18	
	3. Desgl. mit quantitativer Bestimmung von Kalk, Magnesia, Schwefelsäure und Salpetersäure (ohne Bodensatzprüfung)	25	
21.	**Wein** (Obstwein, weinhaltige und weinähnliche Getränke).		
	Handelsanalyse:		
	a) Für Weiß- und Rotweine umfassend die Bestimmung von Alkohol, Extrakt, Mineralstoffen, Gesamtsäure, flüchtigen Säuren, Zucker, Alkalinität der Asche, Gesamt-Weinsteinsäure, Polarisation; bei Rotwein ferner Prüfung auf Farbe und Bestimmung der Schwefelsäure .	12—25	2 Weinflaschen
	b) Kleine Analyse (Kelleranalyse). Umfassend Bestimmung von: Extrakt, Mineralstoffen, Zucker, Gesamtsäure und flüchtigen Säuren	10	
	c) Für Süßweine, umfassend Bestimmungen: wie a, außerdem Phosphorsäure, Polarisation vor und nach der Inversion und Vergärung, ferner spez. Gewicht und Glycerin	12—30	1 l
22.	**Wurstwaren.**		
	a) Bestimmung des Wassergehaltes	4	100 g
	b) Prüfung auf Stärkemehl	1—2	
	c) Bestimmung des Gehaltes an Stärkemehl . . .	9—12	
	d) Prüfung auf künstliche Färbung	2	
	e) Prüfung auf Konservierungsmittel	1—15	
23.	**Zucker.**		
	a) Prüfung auf fremde Beimengungen	3	100 g
	b) Polarisation	3	

XIV. Sachsen-Altenburg.

D. Aus privaten Mitteln eingerichtete und als städtische Anstalt charakterisierte Anstalt.

(169) Altenburg S.-A.

1. Verhältnisse der Anstalt:

a) **Amtsbezeichnung:** Städtische Lebensmittel-Untersuchungsanstalt Altenburg, S.-A.

b) **Amtsbezirk:** Die Stadtkreise Altenburg, Lucka und Meuselwitz.

c) **Charakter der Anstalt:** Halb städtisch, halb privat, indem die Anstaltsräume und immobilen Einrichtungen (Gas- und Wasserleitung, Abzüge usw.) der Stadt Altenburg, die Apparate und sonstige Einrichtungen dem Anstaltsleiter gehören. Seit dem 6. September 1904 ist die Anstalt öffentliche Anstalt im Sinne des § 17 des Reichsgesetzes vom 14. Mai 1879.

d) **Errichtung und geschichtliche Entwickelung:** Von 1898—1904 wurde in Altenburg eine regelmäßige Nahrungsmittelkontrolle in der Weise ausgeübt, daß die Stadt in dem dortigen Chemischen Laboratorium jährlich 400 Proben Nahrungsmittel untersuchen ließ, die von Schutzleuten entnommen und dem Chemiker ohne Angabe des Namens der Verkäufer übergeben wurden. Seit dem 1. August 1904 wurde unter Überweisung von städtischen Räumen (vergl. unter c) an das Laboratorium eine regelrechte Kontrolle (Untersuchung von 30 Proben auf je 1000 Einwohner) eingeführt und diese auch auf die Städte Lucka und Meuselwitz ausgedehnt.

e) **Aufsicht:** Stadtrat zu Altenburg.

f) **Unterhaltung:** Die Anstalt erhält ein Honorar von 6 Pfg. für den Kopf der Bevölkerung, wofür 30 Proben auf je 1000 Einwohner zu untersuchen sind (also für jede Analyse) durchschnittlich 2 Mk. Die Kosten für sonstige Untersuchungen, die nicht unter die Nahrungsmittelkontrolle fallen, werden nach dem unter Mitwirkung des Kaiserl. Gesundheitsamtes festgesetzten Gebührensatz („Vereinbarungen", Heft III) berechnet.

2. Verhältnisse der Beamten:

a) **Leiter:** Dr. phil. Wilhelm Bouhon, Nahrungsmittelchemiker, 33 Jahre alt, seit 1. Oktober 1903 in Altenburg.

b) **Technische Mitglieder:** Keine.

c) **Sonstige Hilfskräfte:** 1 Diener.

3. Tätigkeit der Anstalt:

Milch- und Petroleumproben werden durch einen besonders unterrichteten Schutzmann in Zivilkleidung, alle anderen Proben von dem Anstaltsleiter persönlich entnommen. Der Umfang der Tätigkeit erhellt aus folgenden Zahlen:

In den Jahren	1902	1903	1904	1905	1906
Anzahl der untersuchten Proben . .	400	212	767	1387	1535
Anzahl der erstatteten größeren Gutachten	—	5	39	36	24

XV. Sachsen-Koburg-Gotha.

Landesrechtliche Verordnung.

Verordnung zur Ausführung des Reichsgesetzes vom $\frac{\text{14. Mai 1879}}{\text{29. Juni 1887}}$, betr. den Verkehr mit Nahrungsmitteln, Genußmitteln und Gebrauchsgegenständen, vom 28. Dezember 1901. (Gesetzsamml., S. 163.)

Zur Ausführung des Reichsgesetzes vom $\frac{\text{14. Mai 1879}}{\text{29. Juni 1887}}$, betr. den Verkehr mit Nahrungsmitteln, Genußmitteln und Gebrauchsgegenständen (R.-G.-Bl. $\left(\frac{\text{1879 S. 145}}{\text{1887 S. 276}}\right)$ sowie der den § 16 und 17 dieses Gesetzes für anwendbar erklärenden Reichsgesetze vom 25. Juni 1887 (R.-G.-Bl. S. 273), 5. Juli 1887 (R.-G.-Bl. S. 277), 15. Juni 1897 (R.-G.-Bl. S. 475), 24. Mai 1901 (R.-G.-Bl. S. 175) wird mit Höchster Genehmigung folgendes verordnet:

§ 1. Die landwirtschaftliche Versuchsstation an der Universität Jena wird vom 1. Januar 1902 ab bis auf weiteres für das Gebiet der Herzogtümer S.-Coburg und Gotha als öffentliche Anstalt zur technischen Untersuchung von Nahrungsmitteln, Genußmitteln und Gebrauchsgegenständen erklärt.

Unberührt hiervon bleibt der Wirkungsbereich des städt. Untersuchungsamts für Nahrungsmittel, Genußmittel und Gebrauchsgegenstände zu Gotha.

§ 2. Alle auf Grund der vorbezeichneten Gesetze auferlegten Geldstrafen fließen, soweit sie nicht der Stadt Gotha zustehen, in die Kasse der genannten Versuchsstation.

Die landwirtschaftliche Versuchsstation ist verpflichtet worden, auf Ersuchen der mit dem Vollzuge der im § 1 erwähnten Reichsgesetze betrauten Behörden und Gerichte die technische Untersuchung der in dem nachstehenden Tarife aufgeführten Nahrungsmittel, Genußmittel und Gebrauchsgegenstände gegen Gewähr der in diesem Tarife festgesetzten Gebühren vorzunehmen und hierüber Gutachten abzugeben, sowie, soweit es ihre geschäftlichen Verhältnisse gestatten, auch Privatpersonen (Produzenten, Konsumenten, Gewerbetreibenden) auf Wunsch über die Beschaffenheit von Nahrungsmitteln, Genußmitteln und Gebrauchsgegenständen der bezeichneten Art Auskunft zu erteilen.

§ 4. Die Untersuchung der Beschaffenheit des Trinkwassers kann von der Versuchsstation jederzeit dann abgelehnt werden, wenn der Antrag von Privatpersonen gestellt wird.

Herzoglich S. Staatsministerium.

Der folgende Gebührentarif stimmt wörtlich mit dem für das Herzogtum Sachsen-Meiningen für den gleichen Zweck erlassenen überein (s. dort, XIII, S. 249).

D. Von Chemikern aus privaten Mitteln eingerichtete Anstalten.

(170) Gotha.

1. Verhältnisse der Anstalt:

a) Amtsbezeichnung: Städtisches Untersuchungsamt für Nahrungsmittel, Genußmittel und Gebrauchsgegenstände von Dr. Hans Sänger zu Gotha.

b) **Amtsbezirk:** Stadt Gotha.

c) **Charakter der Anstalt:** Halbamtlich und selbständig für sich. Die Strafgelder fließen in die Stadtkasse; das Untersuchungsamt gilt daher als öffentliche Anstalt im Sinne des § 17 des Reichsgesetzes vom 14. Mai 1879.

d) **Errichtung und geschichtliche Entwickelung:** Das Untersuchungsamt ist bereits am 1. Juni 1883 durch den Stadtrat zu Gotha errichtet, im Jahre 1898 von dem jetzigen Inhaber übernommen und von ihm auf eigene Rechnung eingerichtet.

e) **Aufsicht:** Der Stadtrat zu Gotha.

f) **Unterhaltung:** Die Stadtkasse leistet einen jährlichen Zuschuß; auch einige Apparate sind von der Stadt angeschafft. Jede Untersuchung ist von demjenigen, der sie beantragt hat, nach folgendem Tarif zu bezahlen:

Gegenstand der Untersuchung	Preis der Untersuchung	
	qualitativ Mk.	quantitativ Mk.
Bier	4	15
Brot, Mehl, Mehlwaren (Gries etc.), Stärke	2	6
Branntwein, Essig	3	6
Butter, Käse	3	12
Schokolade, Kakao	3	15
Konditoreiwaren, Spielwaren, Gummiwaren, Lederwaren, Tapeten, Kleiderstoffe, Gewebe, Konserven, Farben	3	6 für je ein Metall in einem Gegenstand
Früchte, eingemachte, Fruchtsäfte	3	6
Gewürze	3	8
Kaffee, Tee	3	9
Milch	2	12
Petroleum, Untersuchung auf den Entflammungspunkt einschließlich event. Abstempelung des Gefäßes und Ausfertigung eines Zertifikats	4	—
Sonstige Öle	3	—
Mineralwässer	3	—
Salz, Zucker	2	15
Senf	2	10
Schnupftabak, Topfglasur, Zinngeräte	2	4
Wasser	4	15
Wein, weiß	4	15
Wein, rot	4	20
Wurstwaren	3	15

Die qualitative Prüfung erstreckt sich auf Beimengungen, welche als grobe Verfälschungen oder als gesundheitsschädlich anzunehmen sind.

Kurze mündliche Gutachten . . . . Mk. 1.—.

Besichtigung von gewerblichen und anderen Anlagen in der Stadt für die Stunde . . . . Mk. 2.—.

In Fällen, wo auf Veranlassung des Auftraggebers die zu untersuchenden Gegenstände oder Proben außerhalb des Gebiets der Stadt Gotha von dem Vorsteher des Untersuchungsamtes entnommen werden, oder wo außer der kurzen Bekanntgabe des Untersuchungsergebnisses ein besonderes Gutachten erfordert wird, ist die Feststellung des Honorars der Vereinbarung des Auftraggebers mit dem Vorsteher des Untersuchungsamtes anheim gestellt; auch schließt der vorstehende Tarif nicht aus, daß der Vorsteher des Untersuchungsamtes über die Vornahme einer Mehrzahl von Untersuchungen oder über die Vornahme periodischer Untersuchungen mit einzelnen Personen oder Gesellschaften hinsichtlich des Honorars besondere Vereinbarungen trifft.

Das hiernach berechnete sowie das tarifmäßige Honorar wird durch die Stadtkasse erhoben. Rückstände werden im Wege administrativer Zwangsvollstreckung beigetrieben.

Der Vorsteher des Untersuchungsamtes hat innerhalb seines Geschäftkreises die Polizeiverwaltung des Stadtrates bei deren Maßnahmen zur Bekämpfung der Verfälschungen, namentlich auch auf dem Gebiete der Marktpolizei, bereitwilligst zu unterstützen.

Dem Vorsteher des Untersuchungsamtes ist freigestellt, die dem letzteren dienenden Einrichtungen — unbeschadet der eigentlichen Aufgaben — zu Arbeiten zu benutzen, welche in der Instruktion nicht erwähnt sind, auch als Privatmann gegen Entgelt technische Untersuchungen auf Ansuchen vorzunehmen.

Bei Geschäften der letztgedachten Art hat er sich jeder amtlichen Kennzeichnung seiner Person zu enthalten.

Zur Aufrechterhaltung seiner Vertrauensstellung in bezug auf die Entdeckung von Verfälschungen hat der Vorsteher des Untersuchungsamtes alle unnötigen Mitteilungen an Unbeteiligte zu unterlassen.

2. Verhältnisse der Beamten:

a) Leiter: Dr. phil. Hans Sänger, Nahrungsmittelchemiker, Inhaber des Laboratoriums, 45 Jahre alt; seit 1898 im Dienste der Stadt Gotha.

b) Technische Mitglieder: keine.

c) Sonstige Hilfskräfte: keine.

3. Tätigkeit der Anstalt:

Die Entnahme der Proben erfolgt bei Milch und Schweinefett durch die Polizei, bei Abwasser, Butter und Ölen durch den Leiter des Amtes ohne jeweiligen Auftrag seitens des Stadtrates; die sonstigen Proben werden auf jedesmalige Anweisung des Stadtrates durch die Polizei oder den Amtsleiter entnommen. Die Anzahl der untersuchten Proben und der erstatteten umfangreicheren Gutachten ist folgende:

In den Jahren	1902	1903	1904	1905	1906
Anzahl der untersuchten Proben . .	427	530	516	498	520
Anzahl der erstatteten umfangreicheren Gutachten	7	4	1	—	1

(171) Koburg.

1. Verhältnisse der Anstalt:

Amtsbezeichnung: Chemisches Untersuchungsamt von Dr. O. Claus in Koburg.

Die Anstalt besteht als Privatanstalt selbständig für sich und zwar zunächst von 1870—1891 in Eisfeld (Sachsen-Meiningen) und seit 1891 in

Koburg. Der Anstalt werden vom Magistrat der Stadt und vom Landratsamt Koburg sowie von Privaten Untersuchungen von Lebensmitteln überwiesen, deren Kosten nach Übereinkommen mit den Auftraggebern sowie nach dem Tarif der Landw. Versuchsstation an der Universität Jena berechnet werden. Die Einnahmen aus sonstigen Honoraranalysen betragen 300—500 Mk. jährlich.

2. Verhältnisse der Beamten:

a) **Leiter:** Dr. phil. Otto Claus, Inhaber des Laboratoriums, 64 Jahre alt, seit 1870 als Chemiker tätig.

b) **Technische Mitglieder:** keine.

c) **Sonstige Hilfskräfte:** keine.

3. Tätigkeit der Anstalt:

Die Proben werden entweder von dem Laboratoriumsinhaber entnommen oder von Polizeibeamten oder von Privaten eingeliefert. Der Umfang der Tätigkeit auf dem Gebiet der Untersuchung von Nahrungsmitteln erhellt aus folgenden Zahlen:

In den Jahren	1902	1903	1904	1905	1906
Anzahl der untersuchten Proben	183	73	312	176	313
Anzahl der erstatteten Gutachten und Berichte	17	13	25	21	17

XVI. Anhalt.

A. Staatliche Anstalt.

(172) Bernburg.

1. Verhältnisse der Anstalt:

a) **Amtsbezeichnung:** Herzoglich Anhaltische Landw. Versuchsstation, Abt. Untersuchungsamt für Nahrungs- und Genußmittel in Bernburg.

b) **Amtsbezirk:** Herzogtum Anhalt.

c) **Charakter der Anstalt:** Staatlich; seit 1. April 1904 öffentliche Anstalt im Sinne des § 17 des Reichsgesetzes vom 14. Mai 1879.

d) **Errichtung und geschichtliche Entwickelung:** Die Herzogl. Anhalt. Landw. Versuchsstation ist vom Anhaltischen Staat am 1. April 1882 gegründet, wird von diesem unter Beihilfe verschiedener Gesellschaften unterhalten und hat sich hauptsächlich mit der Ernährungsfrage der Kulturpflanzen beschäftigt. Seit dem 1. April 1904 ist sie mit der amtlichen Untersuchung von Nahrungs- und Genußmitteln beauftragt.

e) **Aufsicht:** Die Herzogl. Regierung in Dessau.

f) **Unterhaltung:** Der Staat leistet 20000 Mk. jährlichen Zuschuß; etwa 29000 Mk. bringen Vereine und die Honoraranalysen auf; unter letzteren finden sich etwa 1000 Mk. für Untersuchung von Nahrungsmitteln; diese werden nach den im Kaiserl. Gesundheitsamt vereinbarten Gebührensätzen berechnet.

2. Verhältnisse der Beamten:

a) **Leiter:** Dr. phil. Wilh. Krüger; Lebensalter: 49 Jahre (geb. 21. November 1857); Dienstalter: $15^1/_2$ Jahre, pensionsberechtigt (seit 1884 in der Versuchstätigkeit); Gehalt: 5400 Mk. und freie Dienstwohnung im pensionsberechtigten Wert von 600 Mk. Auszeichnung: Prädikat Professor.

b) **Technische Mitglieder:** I. Assistent mit 4200 Mk. Gehalt, II. Assistent mit 4100 Mk., beide pensionsberechtigt angestellt. Außerdem noch 3 Assistenten. Zwei Assistenten sind Nahrungsmittelchemiker.

c) **Sonstige Hilfskräfte:** 4 Laboranten und Laborantinnen, 3 Diener.

3. Tätigkeit der Anstalt:

Es werden nur eingesandte Proben untersucht. Die Anzahl derselben betrug:

In den Jahren . .	1904	1905	1906
Proben	241	231	159

Nach Erweiterung der Anstalt (vom 1. 10. 1908 ab) soll auch die Kontrolle von Dünge- und Futtermitteln sowie Saatwaren ausgeübt werden.

D. Aus privaten Mitteln eingerichtete, als städtische Anstalten charakterisierte und staatlichen Anstalten gemäß Bundesratsbeschluß vom 22. Februar 1894 gleichgestellte Anstalten.

(173) Dessau.

1. Verhältnisse der Anstalt:

a) **Amtsbezeichnung:** Chemisches Untersuchungsamt der Stadt Dessau.

b) **Amtsbezirk:** Städte Dessau, Roßlau (s. Nr. 174) und Zerbst.

c) **Charakter der Anstalt:** Das Laboratorium ist zwar im selbständigen Besitze des Prof. Dr. C. Heyer, ist aber seit dem 1. Oktober 1905 für den Bezirk der Stadt Dessau und seit dem 1. Januar 1907 für den Bezirk der Stadt Roßlau öffentliche Anstalt im Sinne des § 17 des Reichsgesetzes vom 14. Mai 1879. Außerdem ist ihm unter 5. Dezember 1894 der Charakter einer staatlichen Anstalt zur technischen Untersuchung von Nahrungsmitteln usw. im Sinne des § 16 des Bundesratsbeschlusses vom 22. Februar 1894 verliehen worden.

d) **Errichtung und geschichtliche Entwickelung:** Das jetzige Untersuchungsamt wurde bereits am 1. Juli 1888 durch den jetzigen Inhaber, Professor Dr. C. Heyer, auf Veranlassung des Magistrats der Stadt Dessau und der Anhaltischen Steuerbehörde gegründet, nachdem Dr. Heyer im Jahre 1886 die Ursache der Bleivergiftungen in dem dortigen Leitungswasser erkannt, ein noch jetzt in Dessau und in einer Reihe anderer Städte in Anwendung befindliches Verfahren[1]) zur Beseitigung der Bleiaufnahme ausgearbeitet und bereits seit 1882 als Chefchemiker der Dessauer Zuckerraffinerie zahlreiche Untersuchungen im Auftrage der Stadt Dessau bewirkt hatte. Von der Herzogl. Anhalt. Zolldirektion wurde Dr. Heyer zum Zoll- und Steuer-Chemiker für das Herzogtum Anhalt am 1. Juli 1888 ernannt und vereidigt; auch seine Stellvertreter wurden stets auf das Zoll- und Steuer-Interesse besonders vereidigt. Ferner wurde Dr. Heyer zunächst ohne jede Beschränkung als Gerichtschemiker vereidigt; später wurde er nochmals „für die Gerichte des Herzogtums Anhalt" als „Sachverständiger in chemischen, chemisch-technischen und hygienischen Angelegenheiten" allgemein vereidigt. Die Herzogl. Anhalt. Regierung erkannte ihn, nachdem sie ihn am 26. Juni 1888 eidlich verpflichtet hatte, als chem.-technischen Sachverständigen für das Herzogtum Anhalt an. Seit 1894 (s. oben) galt das Laboratorium als Chemisches Untersuchungsamt für das Herzogtum Anhalt und wurde mit der Ausführung der amtlichen technischen Untersuchungen und Begutachtungen von Nahrungs- und Genußmitteln sowie Gebrauchsgegenständen beauftragt.

Nach der Zeit hat das Laboratorium manche Wandlungen durchgemacht.

Der Magistrat der Stadt Dessau wurde 1903 von der Herzogl. Regierung veranlaßt, die an Heyer 1894 erteilte Genehmigung zum Gebrauch eines Stempels mit dem Dessauer Stadtwappen und der Umschrift: „Chemisches Untersuchungsamt Dessau" zurückzuziehen und erst, nachdem Heyer dagegen beim Herzogl. Landes-Verwaltungsgericht Berufung und beim Herzogl. Ministerium Beschwerde eingelegt hatte, wurde dem Magistrat gestattet, das Verbot wieder aufzuheben und die Weiterführung des Stadtwappens als Stempel zu gestatten.

Inzwischen hatte auch die Stadt Zerbst, welche ebenso wie Dessau seit Anfang der 90er Jahre Heyer durch vom Gemeinderat genehmigte Verträge die Lebensmittelkontrolle und die Überwachung ihres Leitungswasserbetriebes übertragen hatte, Heyer die Berechtigung erteilt, Stempel und Siegel mit dem Zerbster Stadtwappen und der Umschrift: „Chemisches Untersuchungsamt der Stadt Zerbst" führen zu dürfen.

Auch die Stadt Roßlau hat Heyer kürzlich die Berechtigung verliehen, Stempel und Siegel mit dem Roßlauer Stadtwappen und der Umschrift: „Öffentliche Nahrungsmittel-Untersuchungsanstalt der Stadt Roßlau" führen zu dürfen.

Statt der von zwei Dessauer Stadtverordneten beantragten Errichtung eines kommunalen Laboratoriums in Dessau, beschloß im September 1905 der Dessauer Gemeinderat mit allen gegen 4 Stimmen, im Vertragsverhältnis mit Heyer zu bleiben, jedoch eine erhebliche Vermehrung der zu untersuchenden Proben (etwa auf das Doppelte der in den letzten Jahren untersuchten) dadurch eintreten zu lassen, daß vertragsmäßig festgelegt wurde, daß jährlich

[1]) In jedem einzelnen Wasserwerk hat dieses, in besonderen Anwendungsformen auch zur Beseitigung abnorm aggressiven Verhaltens von Wasser gegen Eisen, Mörtel, Zementputz usw. geeignete Verfahren erst den Eigenheiten des betreffenden zu korrigierenden Wassers angepasst werden müssen. Auch in Dessau ist das Verfahren seit 1886 wiederholt abgeändert worden und wird eben jetzt anläßlich des Umbaues der Wasserwerke in gänzlich neuer Gestaltung mit der Enteisenung und Entmanganung verbunden werden.

30 Proben auf je 1000 Einwohner (Dessau hat zurzeit 56000 Einwohner) untersucht werden sollen.

Vom Gemeinderat wurde ein Ortsstatut beschlossen, wonach in Dessau (unter Benutzung des Heyerschen Laboratoriums) am 1. Oktober 1905 eine öffentliche Anstalt im Sinne des Nahrungsmittelgesetzes unter der Bezeichnung: „Chemisches Untersuchungsamt der Stadt Dessau" errichtet wird; dieses Ortsstatut hat die Genehmigung der Herzogl. Regierung erhalten.

Mit Heyer wurde von der Stadt Dessau ein zunächst auf die Dauer von 9 Jahren unkündbarer neuer Vertrag abgeschlossen.

Die Stadt Roßlau, welche bisher zwar die Überwachung ihres Leitungswasserbetriebes (ebenso, wie zahlreiche andere deutsche Städte) Heyer vertragsmäßig gegen Pauschalhonorar übertragen, die Untersuchung von Lebensmitteln aber nur von Fall zu Fall durch zeitweise Einsendung einer Anzahl von Proben an das Heyersche Institut bewirkt hatte, folgte unter dem 1. Januar 1907 dem Dessauer Beispiel durch Erlaß eines Ortsstatutes und Abschluß eines festen, auch die Wasserkontrolle einschließenden Vertrages mit Heyer, wonach dieser sein Laboratorium ebenso wie der Stadt Dessau auch der Stadt Roßlau als städtisches Untersuchungsamt zur Verfügung stellt.

Auch in Roßlau (11000 Einwohner, 6 km von Dessau) wurde die Bestimmung getroffen, daß jährlich 30 Proben Nahrungsmittel usw. auf je 1000 Einwohner untersucht werden sollen.

e) **Aufsicht:** Die Herzogl. Regierung und das Herzogl. Staatsministerium.

f) **Unterhaltung:** Vom Staat erhält das Laboratorium keinen Zuschuß. Statt der früher von den Städten Dessau und Roßlau geleisteten Pauschalbeiträge wird jetzt das Honorar nach der Anzahl der untersuchten Proben berechnet und zwar für die Stadt Dessau zu 4,50 Mk., für die Stadt Roßlau zu 4 Mk. für jede untersuchte Probe. Die Stadt Zerbst zahlt eine jährliche Pauschalsumme von 450 Mk., wofür eine bestimmte Anzahl von Nahrungsmitteln — vorwiegend Butter, ausschließlich Milch — zu untersuchen sind. Die einzelnen Kosten der Untersuchung stellen sich auf knapp 6 Mk.

Die gerichtlichen Untersuchungen werden zu 2 Mk., in seltenen Fällen zu 5 Mk. für die Arbeitsstunde, neuerdings auch hin und wieder nach dem Entwurf von Gebührensätzen in den „Vereinbarungen" berechnet. Die steueramtlichen Untersuchungen, die 1888/89 eine ziemlich beträchtliche Einnahme gewährten, sind besonders nach dem Inkrafttreten des neuen Zuckersteuergesetzes wesentlich heruntergegangen. Von den dem Untersuchungsamt übertragenen chemischen Untersuchungen nach dem Fleischbeschaugesetz fallen dem Laboratorium 80 % der berechneten Kosten zu; jedoch sind die Untersuchungen für Anhalt nur sehr selten.

2. Verhältnisse der Beamten:

a) **Leiter:** Prof. Dr. Carl Heyer, Inhaber der Anstalt, 47 Jahre alt, seit 1882 als Chemiker tätig, seit 1. Juli 1888 in festem Vertragsverhältnis; bezieht kein festes Gehalt und besitzt keine Pensionsberechtigung; im übrigen wird auf die Ausführungen unter 1 Bezug genommen. Auszeichnungen: April 1888: Ritterzeichen II. Kl. und 1903: I. Kl. des Anhalt. Hausordens Albrecht des Bären; 1898: Anhalt. Gold. Verdienstorden f. Wissenschaft u. Kunst; 1901: Ernennung zum Herzogl. Anhalt. Professor.

b) **Technische Mitglieder:** Zurzeit 2 geprüfte Nahrungsmittelchemiker, 1 prom. Chemiker und 1 Laborant. Letzterer (seit 1889 angestellt) ist von der Herzogl. Regierung als öffentlicher Probenehmer vereidigt; auch die beiden ersten Chemiker wurden als Vertreter des Leiters vereidigt. Zeitweilig werden je nach Bedürfnis noch mehr Chemiker beschäftigt.

c) **Sonstige Hilfskräfte:** 1 Korrespondentin und 1 Laboratoriumsdiener.

3. **Tätigkeit der Anstalt:**

Die Proben werden durch besonders ausgebildete Polizeibeamte des städtischen Gesundheits-Polizeiamtes nach erteilten Anweisungen entnommen. Bei den Revisionen der Läden und öffentlichen Märkte werden die Proben von dem Leiter des Untersuchungsamtes oder seinem Stellvertreter besonders ausgewählt. In besonderen Fällen werden auch Proben durch Schutzleute in Zivil oder durch Frauen unter Aufsicht der ersteren gekauft. In Zerbst und anderen Gemeinden erfolgt die Probenahme durch Polizeibeamte. Der Umfang der Tätigkeit erhellt aus folgenden Zahlen:

In den Jahren	1902	1903	1904	1905	1906
Anzahl der untersuchten Proben . .	3240	3332	3490	4039	4675[1])
Anzahl der erstatteten umfangreicheren Gutachten	24	18	235	221	293

(174) Roßlau.

a) **Amtsbezeichnung:** Öffentliche Nahrungsmittel-Untersuchungs-Anstalt der Stadt Roßlau.

b) **Leiter:** Prof. Dr. Carl Heyer in Dessau.

Die Anstalt ist mit dem Chemischen Untersuchungsamt der Stadt Dessau verbunden und die Verhältnisse der Anstalt sind dort näher erörtert (s. Nr. 173, S. 259).

XVII. Schwarzburg-Sondershausen.

Landesrechtliche Verordnung.

Ministerialverordnung, betr. die Errichtung von Nahrungsmittel-Untersuchungsämtern an der Universität in Jena und in der Residenzstadt Sondershausen, vom 11. Mai 1903. (Ges.-Samml. 1903, S. 43.)

Der Wortlaut des Einganges der Verordnung und des Teils I, § 1 bis 6 einschließlich, stimmt fast wörtlich überein mit demjenigen der entsprechenden Ministerialverordnung von Sachsen-Weimar vom 2. Januar 1903 (s. S. 244).

1) Diese Zahl ergibt sich wie folgt: Proben von Nahrungsmitteln, Genußmitteln und Gebrauchsgegenständen 4183; aus dem Gebiete der Gesundheitspflege und physiologische Untersuchungen 70; steueramtliche Untersuchungen 48; technische Untersuchungen 299; gerichtliche Untersuchungen (12 Aufträge) 55; wissenschaftliche Untersuchungen 20. In der Gesamtzahl der Proben von Nahrungs- und Genußmitteln ist eine sehr erhebliche Anzahl Wasserproben einbegriffen, die aus den, Heyers ständiger Überwachung unterstellten zahlreichen Wasserwerken herrühren.

II.

§ 7. Neben den unter Nr. I gedachten Anstalten ist ein „Öffentliches Nahrungsmittel-Untersuchungsamt für das Fürstentum Schwarzburg-Sondershausen“ mit dem Sitze in Sondershausen errichtet, dessen Leitung der geprüfte Nahrungsmittel-Chemiker Medizinalassessor Dr. Wagner übernommen hat.

Die Anstalt wird im Sinne des § 16 Absatz 4 des Bundesratsbeschlusses vom 22. Februar 1894 einer staatlichen Anstalt zur Prüfung von Nahrungs- und Genußmitteln gleichgestellt.

Sie ist berechtigt, bei Ausfertigungen sich eines Siegels oder Stempels mit dem Schwarzburg-Sondershäusischen Doppeladler in der Mitte uud der Umschrift „Öffentliches Nahrungsmittel-Untersuchungsamt Sondershausen“ zu bedienen.

§ 8. Die Anstalt ist verpflichtet, alle von den Behörden des Fürstentums ihr übertragenen technischen Untersuchungen von Nahrungs-, Genußmitteln und Gebrauchsgegenständen gemäß dem Gesetze vom 14. Mai 1879 und den im Anschluß an dieses Gesetz ergangenen Gesetzen und Verordnungen sowie die Untersuchung von Wasser (einschließlich des Trinkwassers), von Roherzeugnissen der Landwirtschaft, von Dünge- und Futtermitteln, von Molkereierzeugnissen und von Bodenarten auszuführen und über den Befund auf Verlangen schriftliche Gutachten abzugeben.

Wird bei Fragen aus dem Gebiete der Gesundheitspolizei, insbesondere wenn es sich um die Beurteilung der Art und des Grades einer entstandenen Gesundheitsschädigung oder der Gesundheitsschädlichkeit eines Untersuchungsgegenstandes handelt, die Zuziehung eines ärztlichen Sachverständigen oder bei Fragen aus der Tierheilkunde die Zuziehung eines approbierten Tierarztes gewünscht, so wird die Anstalt einem solchen Antrage stattgeben; die hierdurch entstehenden Kosten hat indessen der Antragsteller besonders zu erstatten.

§ 9. Die Untersuchungen sind nach der Zeitfolge der Aufträge zu erledigen, doch gehen allen anderen vor:

1. die Aufträge der Behörden, sofern sie als eilige bezeichnet sind und
2. Aufträge von Geschäftsinhabern zur Untersuchung von Waren, die sich in den Lagerräumen der Eisenbahn, der Steuerbehörden oder von Spediteuren befinden und deren Annahme von der Feststellung der Beschaffenheit der Lieferung abhängig ist.

§ 10. Der im § 5 erwähnte Gebührentarif gilt bei Streitfällen auch für die Untersuchung der hiesigen Anstalt; auch ist es derselben unbenommen, für Behörden, Gemeinden und Privatpersonen die dauernde Kontrolle der Nahrungsmittel und der sonst polizeilich zu untersuchenden Gegenstände vertragsmäßig gegen eine Pauschgebühr zu übernehmen.

§ 11. Die auf Grund des Gesetzes vom 14. Mai 1879 auferlegten Geldstrafen fließen, soweit die vorausgegangenen Untersuchungen von der Sondershäuser Anstalt bewirkt sind, in die Staatskasse.

Sondershausen, den 11. Mai 1903.

Fürstlich Schwarzburg. Ministerium.

D. Aus privaten Mitteln eingerichtete als staatliche Anstalt charakterisierte Anstalt.

(175) Sondershausen.

1. Verhältnisse der Anstalt:

a) **Amtsbezeichnung:** Öffentliches Nahrungsmittel-Untersuchungsamt für das Fürstentum Schwarzburg-Sondershausen.

b) **Amtsbezirk:** Fürstentum Schwarzburg-Sondershausen.

c) **Charakter der Anstalt:** Die Anstalt ist aus privaten Mitteln des jetzigen Inhabers und Leiters errichtet und auf Grund der Ministerialverordnung vom 11. Mai 1903 (s. Landesrechtliche Verordnung S. 262) als öffentliche Anstalt im Sinne des § 17 des Reichsgesetzes vom 14. Mai 1879 anerkannt und den staatlichen Anstalten im Sinne des § 16 Abs. 4 des Bundesratsbeschlusses vom 22. Februar 1894 gleichgestellt.

d) **Errichtung und geschichtliche Entwickelung:** Das Laboratorium ist im Jahre 1900 errichtet und am 11. Mai 1903 als „Öffentliches Nahrungsmittel-Untersuchungsamt für das Fürstentum Schwarzburg-Sondershausen" mit der Berechtigung, ein amtliches Siegel zu führen, anerkannt. Am 25. März 1904 erfolgte durch das Fürstliche Ministerium die Genehmigung zur Einrichtung einer bakteriologischen und physiologisch-chemischen Abteilung. Vom 1. April 1904 ab wird die amtliche Nahrungsmittelkontrolle im Verwaltungsbezirk Sondershausen ausgeübt; seit 1. April 1906 ist sie im ganzen Fürstentum nach kgl. sächsischem Muster eingeführt. Auf je 100 Personen der Bevölkerung kommen jährlich 3 Proben zur Untersuchung.

e) **Aufsicht:** Ministerium von Schwarzburg-Sondershausen.

f) **Unterhaltung:** Vertragsmäßig zahlen die Gemeinden für die Nahrungsmittelkontrolle auf den Kopf der Bevölkerung jährlich 5 Pfg. (4245 Mk.). Zwei Fünftel des Betrages werden jedoch den Gemeinden aus der Staatskasse vergütet. Außerdem erhält der Leiter der Anstalt noch eine jährliche Remuneration von 150 Mk. aus der Staatskasse. Bei Bestrafungen werden die nach dem Tarif der landwirtschaftlichen Versuchsstation zu Jena berechneten Untersuchungsgebühren besonders vergütet. Die Geldstrafen fließen in die Staatskasse.

2. Verhältnisse der Beamten:

a) **Leiter:** Dr. phil. Bernhard Wagner, 47 Jahre alt, Nahrungsmittelchemiker, Medizinalassessor.

b) **Technische Mitglieder:** 1 approbierter Nahrungsmittelchemiker; Remuneration 2400 Mk. jährlich. 1 Volontärassistent.

c) **Sonstige Hilfskräfte:** 1 Laborant.

3. Tätigkeit der Anstalt:

Der Umfang der Tätigkeit ergibt sich aus folgender Zusammenstellung:

In den Jahren	1903/4	1904/5	1905/6	1906/7
Anzahl der untersuchten Proben . .	368	1053	1361	4846
Anzahl der Proben für die amtliche Nahrungsmittelkontrolle	—	551	548	2563

Die nicht für die amtliche Nahrungsmittelkontrolle ausgeführten Untersuchungen verteilen sich für das Jahr 1906/7 wie folgt:

Nahrungs- und Genußmittel für Private	147
Gerichtliche Sachen	14
Toxikologische Sachen	5
Physiologische und bakteriologische Sachen	135
Agrikulturchemische und technische Sachen	1982
Von diesen entfallen 1636 auf die Wipperwasserkontrolle.	
Anzahl der erstatteten umfangreicheren Gutachten und Berichte	22

Wissenschaftliche Arbeiten:

Über Anwendung des Zeißschen Eintauchrefraktometers zur quantitativen Bestimmung von chemisch reinen Körpern in Lösungen, zur quantitativen Bestimmung von Kalk und Magnesia und zur quantitativen Bestimmung von Alkohol in Maischen.

XVIII. Schwarzburg-Rudolstadt.

Landesrechtliche Verordnung.

Verordnung, betreffend die amtlichen Untersuchungsstellen für Nahrungs- und Genußmittel sowie Gebrauchsgegenstände an der Universität Jena, vom 13. März 1903. (Ges.-Samml. S. 9.)

Der Wortlaut dieser Verordnung stimmt fast genau mit dem der Verordnung für das Großherzogtum Sachsen vom 2. Januar 1903 überein (siehe dort, IX, S. 244).

XIX. Reuß j. L.

D. Aus privaten Mitteln eingerichtete Anstalt.

(176) Gera.

1. Verhältnisse der Anstalt:

a) **Amtsbezeichnung:** Geraer Chemisches Laboratorium und Öffentliche Konditionir-Anstalt. Dr. Fr. Moos in Gera.

b) **Amtsbezirk:** Stadt Gera und die beiden Landratsamtsbezirke Gera und Schleiz.

c) **Charakter der Anstalt:** Das Laboratorium ist im Besitze des Nahrungsmittelchemikers Dr. Fritz Moos; es ist mit der öffentlichen Lebensmittelkontrolle im Fürstentum Reuß j. L. beauftragt und gilt seit 1902 als öffentliche Anstalt im Sinne des § 17 des Reichsgesetzes vom 14. Mai 1879.

d) **Errichtung und geschichtliche Entwickelung:** Im Jahre 1890 wurde in der Stadt Gera ein öffentliches chemisches Laboratorium errichtet, dem i. J. 1895 eine Konditionieranstalt angegliedert wurde. Seit August 1902 ist für die Stadt Gera und seit Anfang 1903 für die Landbezirke des Fürstentums Reuß j. L. eine geregelte Kontrolle des Verkehrs mit Nahrungsmitteln, Genußmitteln und Gebrauchsgegenständen eingeführt und diese dem Nahrungsmittelchemiker Dr. Fr. Moos übertragen worden.

e) **Aufsicht:** Das Fürstlich-Reußische Ministerium in Gera.

f) **Unterhaltung:** Das Laboratorium erhält für die Ausübung der Nahrungsmittelkontrolle von den Gemeinden eine Vergütung, die sich nach der Kopfzahl der Bevölkerung richtet.

2. Verhältnisse der Beamten:

a) **Leiter:** Dr. phil. Fritz Moos, Nahrungsmittelchemiker, 45 Jahre alt; 19 Jahre lang als Chemiker tätig, Inhaber der Anstalt.

b) **Technische Mitglieder:** 1, zuweilen auch 2 Assistenten.

c) **Sonstige Hilfskräfte:** 1 Schreiber und 1 Diener.

3. Tätigkeit der Anstalt:

Die Proben werden an Ort und Stelle in der Regel durch den Laboratoriumsleiter persönlich entnommen, nur Milch und Petroleum durch Polizeibeamte. In besonderen Fällen werden für die Probenahme auch vertrauenswürdige dritte Personen hinzugezogen. Die Tätigkeit in der amtlichen Nahrungsmittelkontrolle erhellt aus folgenden Angaben:

In den Jahren	1903	1904	1905	1906
Anzahl der untersuchten Proben	4330	4385	4395	4531
Anzahl der erstatteten größeren Gutachten	48	66	52	45

XX. Schaumburg-Lippe.

Im Fürstentum Schaumburg-Lippe ist keine Lebensmittel-Untersuchungsanstalt vorhanden. Für die Stadt

(177) Bückeburg

besteht die „Öffentliche Chemische Untersuchungsstelle der Residenzstadt Bückeburg“, die an das Nahrungsmittel-Untersuchungsamt der Stadt Minden i. W. (s. Nr. 82, S. 120) angeschlossen ist. Letzteres erhält für die Lebensmittelkontrolle jährlich 300 Mk., wofür es 300 Proben zu untersuchen hat.

XXI. Lippe.

Im Fürstentum Lippe-Detmold besteht kein Untersuchungsamt für Nahrungsmittel usw. Die von der Polizeiverwaltung der Residenzstadt Detmold entnommenen Proben werden dem städtischen Nahrungsmittel-Untersuchungsamt in Bielefeld (als der von der Fürstlich Lippischen Regierung anerkannten öffentlichen Anstalt) überwiesen.

XXII. Lübeck.

D. Aus privaten Mitteln eingerichtete Anstalt.

(178) Lübeck.

1. Verhältnisse der Anstalt:

a) Amtsbezeichnung: Öffentliches Chemisches Laboratorium von Dr. Th. Wetzke in Lübeck.

Das Laboratorium war früher im Besitze von Dr. P. Klug, wurde 1892 von dem jetzigen Besitzer käuflich erworben und im Herbst 1896 in ein von ihm hierfür eigens erbautes Haus verlegt. Das Laboratorium besteht daher als Privatbesitz selbständig für sich. Der Besitzer ist von der Handelskammer, der Zollbehörde, dem Stadt- und Landamt als Chemiker vereidigt und führt im Bedarfsfalle für diese Behörden Untersuchungen aus. Der Verkehr mit Milch, Butter, Wein usw. wird von der Polizeibehörde selbst überwacht, die Auslandsfleischbeschau hat ebenfalls ihre besonderen Organe. Das Laboratorium erhält keine Zuschüsse aus öffentlichen Mitteln, sondern ist auf Einnahmen aus besonderen Aufträgen, sei es von Behörden, Genossenschaften oder Privaten, angewiesen.

2. Verhältnisse der Beamten:

a) Leiter: Dr. phil. Th. Wetzke, 56 Jahre alt, vereidigter Chemiker (vergl. unter Nr. 1).

b) Technische Mitglieder: Keine.

c) Sonstige Hilfskräfte: 1 Laboratoriumsdiener.

3. Tätigkeit der Anstalt:

Der Umfang der Tätigkeit des Laboratoriums erhellt aus folgenden Zahlen:

In den Jahren	1902	1903	1904	1905	1906
Anzahl der untersuchten Proben [1]	2260	2079	2145	2179	1513
Anzahl der erstatteten größeren Gutachten	11	5	7	13	7

[1]) Die Mehrzahl der Proben beziehen sich auf Milch, die von benachbarten Molkereien zur Betriebskontrolle eingesandt werden.

XXIII. Bremen.

A. Staatliche Anstalt.

(179) Bremen.

1. Verhältnisse der Anstalt:

a) Amtsbezeichnung: Chemisches Staatslaboratorium Bremen.

b) Amtsbezirk: Das Staatsgebiet der Freien Hansestadt Bremen. (Stadt Bremen, Landgebiet, Vegesack und Bremerhaven.)

c) Charakter der Anstalt: Staatlich und besteht selbständig für sich; seit 1879 öffentliche Anstalt im Sinne des Nahrungsmittelgesetzes.

d) Errichtung und geschichtliche Entwickelung[1]**:**

Als im Jahre 1872 in Bremen die systematische und eingehende Untersuchung der Brunnenwässer auf ihre chemische und hygienische Beschaffenheit seitens der Behörde beschlossen, und auch weitere Untersuchungen von Nahrungs- und Genußmitteln als wünschenswert erachtet wurden, entschied sich der Bremische Staat für die Errichtung einer amtlichen chemischen Anstalt zur Ausführung solcher Untersuchungen. Die Tätigkeit des angestellten Medizinalchemikers sollte darauf beschränkt sein, durch die Untersuchung möglichst sämtlicher Pumpbrunnenwässer der Stadt einen Einblick in die allgemeine und chemische Beschaffenheit derselben zu erhalten.

Nach dem im Jahre 1876 erfolgten Ableben des damaligen Medizinalchemikers wurde Dr. phil. Ludwig Janke die Leitung des Laboratoriums übertragen.

Bei Übernahme seines Amtes fand Dr. Janke weder Assistenten noch einen Diener vor, da die Arbeiten ohne jegliche Assistenz und ohne ständige Hilfe eines Dieners von dem Vorgänger ausgeführt worden waren. Mit der sehr bemerkbaren Entwickelung des Laboratoriums wurde die Anstellung eines ständigen Dieners zur Notwendigkeit. Dieselbe erfolgte aber erst im Jahre 1878.

Dem immer mehr fühlbaren Mangel an wissenschaftlichen Hilfskräften wurde vorerst durch Volontärassistenten abgeholfen, bis nach Beschluß von Senat und Bürgerschaft im Jahre 1882 die erste amtliche Assistentenstelle gegründet und besetzt wurde.

Infolge der staunenswerten Fortschritte auf dem Gesamtgebiete der chemischen Wissenschaften stiegen die Anforderungen in wissenschaftlicher und experimenteller Hinsicht auch für den hygienischen Chemiker, hier speziell für den mit der Nahrungsmittelchemie beschäftigten Chemiker, im Laufe der Jahre in nicht geringem Maße. Die Untersuchungen auf diesem Gebiete mußten eingehender durchgeführt werden, und demnach war eine größere Anzahl von Einzelbestimmungen und ein größerer Zeitaufwand dafür notwendig. So kam es denn, daß bereits im zweiten Drittel der achtziger Jahre die Hilfe eines Assistenten nicht mehr ausreichte, um die zahlreichen Aufträge zur Untersuchung der verschiedenartigsten Artikel prompt zu erledigen. Auch erschien eine möglichst schnelle Ausführung aller Untersuchungen schon mit Rücksicht auf gesetzliche Verordnungen dringend wünschenswert, ja notwendig.

In Erkenntnis und Würdigung dieser Verhältnisse hat der Senat von Bremen im Jahre 1889 seine Zustimmung zur Anstellung eines zweiten Assistenten erteilt welcher seine Stelle am 1. Januar 1890 antrat.

Die mehr und mehr anwachsenden Aufträge von seiten der Behörden und insbesondere die Überweisung der ständigen und geregelten Nahrungsmittelkontrolle in Bremerhaven an das Institut bewirkten eine weitere gesteigerte Arbeitsleistung, welche

[1]) Entnommen aus: „Das chemische Staatslaboratorium zu Bremen 1877—1901“, von Dr. Ludwig Janke.

von dem derzeitigen Beamtenpersonal immer schwieriger zu bewältigen war. Diese Verhältnisse machten es daher zur Notwendigkeit, einen dritten Assistenten anzustellen. Dieses geschah am 15. Juli 1900. Mit der Vermehrung des wissenschaftlichen Beamtenpersonals trat die Notwendigkeit hervor, neben dem Diener einen Laboranten anzustellen, dem die Schreibarbeiten überwiesen wurden, und der auch Handreichungen anderer Art zu verrichten hatte.

Das Laboratorium und die darin funktionierenden Beamten sind der Medizinal kommission des Senats unterstellt. Der Direktor ist Staatsbeamter mit lebensläng licher Anstellung und Ruhegehaltsberechtigung. Die drei Assistenten, welche akademische Vorbildung genossen haben, sind bremische Deputationsbeamte (jahrgeldberechtigte Angestellte mit dreimonatlicher Kündigung).

Das bis 1876 nur aus zwei wenig geräumigen Zimmern bestehende Laboratorium in der Katharinenstraße erfuhr bereits im Mai 1877 eine wesentliche Vergrößerung, indem zwei bisher zu einem anderen Zwecke benutzte Zimmer des dem Staate gehörenden Hauses in der Katharinenstraße zu Laboratoriumsräumen umgewandelt wurden. Aber schon nach wenigen Jahren zeigte es sich infolge der immer größer werdenden Anforderungen, welche an das Institut gestellt wurden, daß an bei weitem größere und zweckmäßiger verteilte und eingerichtete Räume gedacht werden mußte. Nicht allein deshalb, weil durch das inzwischen in Kraft getretene Nahrungsmittelgesetz die Untersuchungen auf dem Gebiete der Nahrungs- und Genußmittelchemie an Zahl weiter ausgedehnt und eingehender behandelt werden mußten, sondern weil auch Aufträge aus dem Landgebiet und den bremischen Städten Vesesack und Bremerhaven für die entsprechenden Behörden zu erledigen waren. Unter diesen schwierigen Verhältnissen wurde der Mangel eines besonderen Gebäudes schwer empfunden und, weil ein geeignetes Gebäude nicht gefunden werden konnte, die Errichtung eines Neubaues beschlossen. Derselbe wurde im Herbst 1884 begonnen und bereits Herbst 1885 beendet, so daß er am 18. November 1885 bezogen werden konnte.

e) **Aufsicht:** Die Medizinalkommission des Senates in Bremen.

f) **Unterhaltung:** Ganz vom Staat; alle chemisch-technischen Untersuchungen und Gutachten sind für die Staatsbehörden (Medizinal-, Polizei- und Gerichtsbehörden) kostenfrei; die sonstigen Behörden und Privaten haben eine Gebühr zu entrichten, die nach dem Gebührentarif in den „Vereinbarungen“ berechnet wird. Die Einnahmen hieraus betragen jährlich etwa 1000 Mk.

2. Verhältnisse der Beamten:

a) **Leiter:** Ludwig Wolfrum, Nahrungsmittelchemiker, 48 Jahre alt, seit 1884 als I. Assistent tätig, seit Juni 1906 Direktor der Anstalt; Gehalt 5000—7500 Mk., pensionsberechtigt angestellt.

b) **Technische Mitglieder:** I. Assistent mit 3000—5400 Mk. Gehalt (5 × 480 alle 3 Jahre); II. Assistent mit 3000—4400 Mk. Gehalt (2 × 700 alle 5 Jahre); III. Assistent mit 2000—3300 Mk. Gehalt (2 × 650 alle 5 Jahre); jahrgeldberechtigte Angestellte. Von den Assistenten ist keiner Nahrungsmittelchemiker.

c) **Sonstige Hilfskräfte:** 1 Laborant (Schreiber) und 1 Diener.

3. Tätigkeit der Anstalt:

Die Proben werden durch von dem Anstaltsleiter und dem Medizinalamt ausgebildete Polizeibeamten und Sanitätsgehilfen entnommen. Diese erhalten zu jeder Probenahme von den Vorgesetzten besonderen Auftrag. Mit jeder eingesandten zur Untersuchung gelangenden Probe wird eine Akte eingereicht, in welcher die nötigen Angaben über den Ankauf und über etwaige sonstige Wahrnehmungen angeführt sind. In solchen Fällen, wo bei dem Verkäufer schon verfälschte Waren angetroffen wurden oder Verdachtsmomente vorliegen, wird der Ankauf durch Frauen und Kinder unauffällig ausgeführt; Der Polizeibeamte ist jedoch verpflichtet, in solchem Falle sofort unter Hinzuziehung des Käufers nach dem Ankauf dem Verkäufer den Zweck der Entnahme mitzuteilen, ihm eine Bescheinigung hierüber sowie auf Verlangen eine versiegelte Gegenprobe einzuhändigen. Im übrigen erfolgen die Probenahmen offen und ohne Wahl.

Der Umfang der Tätigkeit erhellt aus folgenden Zahlen:

In den Jahren	1902	1903	1904	1905	1906
Anzahl der untersuchten Proben	1219	1073	1209	1286	1314
Anzahl der erstatteten größeren Gutachten	31	12	20	27	55

XXIV. Hamburg.

A. Staatliche Anstalt.

(180) Hamburg.

1. Verhältnisse der Anstalt:

a) **Amtsbezeichnung:** Hygienisches Institut Hamburg, Abteilung für Nahrungsmitteluntersuchung.

b) **Amtsbezirk:** Staatsgebiet der Freien und Hansestadt Hamburg (das Stadtgebiet und die vier Landherrschaften Geestlande, Marschlande, Ritzebüttel und Bergedorf).

c) **Charakter der Anstalt:** Staatliche Anstalt; sie bildet eine besondere aber selbständige Abteilung des Hygienischen Instituts, gilt seit 1893 als öffentliche Anstalt im Sinne des § 17 des Reichsgesetzes vom 14. Mai 1879 und besitzt die Berechtigung zur Ausbildung von Nahrungsmittelchemikern.

d) **Errichtung und geschichtliche Entwickelung:** Die Anstalt ist im Jahre 1893 als Untersuchungsstation der Polizeibehörde errichtet worden; die technische Leitung hatte das Hygienische Institut. Auf Grund eines Beschlusses von Senat und Bürgerschaft (auf Antrag des Medizinalkollegiums und der Polizeibehörde) wurde die Anstalt vom 1. Januar 1903 ab als besondere und selbständige unter der einheitlichen Leitung eines Abteilungsvorstehers stehende Abteilung mit dem Hygienischen Institut verbunden. In dieser Abteilung ist das gesamte Gebiet der Nahrungsmittelkontrolle in einzelne Gruppen eingeteilt, und die letzteren sind zur selbständigen Bearbeitung einzelnen erfahrenen Nahrungsmittelchemikern, denen Hilfskräfte zur Seite gestellt werden, übertragen, eine Einrichtung, die sich bewährt hat. Die Wahrung der Einheitlichkeit in der Untersuchung und Begutachtung ist Aufgabe des Abteilungsvorstehers.

Eine sehr umfangreiche Erweiterung hatte die Durchführung des Gesetzes betreffend die Schlachtvieh- und Fleischbeschau vom 3. Juni 1900 zur Folge, indem der Abteilung die im Sinne dieses Gesetzes notwendig werdenden chemischen Untersuchungen übertragen wurden. Die Fleischbeschauämter in Hamburg sind der Polizeibehörde, die chemischen Abteilungen dem Hygienischen Institut unterstellt, und zwar bilden die letzteren Unterabteilungen der Abteilung für Nahrungsmitteluntersuchung. Für die Unterabteilungen sind im Freihafen am Amerikahöft und auf Kuhwärder besondere Laboratorien eingerichtet. Diese erhalten alle chemisch zu untersuchenden Proben von dem Fleischbeschauamt Hamburg I daselbst, während die von dem Beschauamt Hamburg K an dem Bahnhof Sternschanze veranlaßten chemischen Untersuchungen auch im Hygienischen Institut und zwar in dem Laboratorium für allgemeine Nahrungsmittelkontrolle ausgeführt werden. Der Außendienst wird ausschließlich durch Angestellte der Fleischbeschauämter ausgeübt. Die Aufsicht hierüber führen Tierärzte, denen auch die Voruntersuchung der Fette obliegt. In besonderen Fällen werden auch Nahrungsmittelchemiker hinzugezogen.

e) **Aufsicht:** Das Medizinalkollegium der Freien und Hansestadt Hamburg.

f) **Unterhaltung:** Ganz vom Staat Hamburg; Honoraranalysen werden nicht ausgeführt. In Beanstandungsfällen erfolgt die Liquidation auf Grund des Regulativs betreffend die Gebühren der Medizinalpersonen vom 21. Oktober 1881 unter Berücksichtigung des Tarifs der „Vereinbarungen“.

2. Verhältnisse der Beamten:

a) **Direktor des ganzen hygienischen Institus:** Prof. Dr. Dunbar.

b) **Leiter der Abteilung für Nahrungsmitteluntersuchung:** Prof. Dr. phil. K. Farnsteiner; Lebensalter: 43 Jahre; Dienstalter: 13 Jahre; pensionsberechtigtes Gehalt: 7800—9000 Mk. (ohne Nebeneinnahmen).

c) **Leiter der Unterabteilungen** für Fleischbeschau sind Dr. phil. K. Lendrich und Dr. phil. P. Buttenberg, die mit Gehältern von 4000—7800 Mk. ebenfalls fest angestellt sind.

d) **Technische Mitglieder:** Außer den oben genannten 3 fest angestellte Chemiker mit 3600—5400 Mk. Gehalt; 15—17 nicht fest angestellte Chemiker mit 1800—3600 Mk. Gehalt. Von den Chemikern sind durchgängig 13—15 Nahrungsmittelchemiker.

e) **Sonstige Hilfskräfte:** 5 Bureaubeamte und 10 Laboratoriumsdiener.

3. Tätigkeit der Anstalt:

Die Proben für die Nahrungsmittelkontrolle werden ausschließlich durch unterwiesene Beamte der Polizeibehörden entnommen, die auf Grund des Fleischbeschaugesetzes durch Angestellte der Beschauämter. Der Umfang der Tätigkeit erhellt aus folgenden Zahlen:

In den Jahren	1902	1903	1904	1905	1906
a) Anzahl der untersuchten Proben:					
α) für die Nahrungsmittelkontrolle	5424	5799	5660	7496	8417
β) für die Fleischbeschau . . .	—	15802	27597	34889	38325
b) Anzahl der erstatteten umfangreicheren Gutachten	369	386	507	581	627

XXV. Elsaß-Lothringen.

Landesrechtliche Verordnung.

Bestimmungen des Ministeriums, Abt. des Innern, betr. Einrichtung des chemischen Laboratoriums der Kaiserlichen Polizeidirektion in Straßburg, vom 18. November 1893.

§ 1. Das chemische Laboratorium der Kaiserl. Polizeidirektion in Straßburg ist eine öffentliche Fachbehörde, welche die Aufgabe hat, chemische, physikalische und andere Untersuchungen vorzunehmen, wie sie zur Ausführung des Gesetzes, betreffend den Verkehr mit Nahrungsmitteln, Genußmitteln und Gebrauchsgegenständen, vom 14. Mai 1879 und seiner Folgegesetze notwendig werden, und die entsprechenden Gutachten zu erstatten.

Die Untersuchungen erfolgen im Auftrage der Polizeibehörden, der Gerichte oder der Staatsanwaltschaft.

Untersuchungen zu anderen Zwecken, welche in das technische Gebiet des Laboratoriums fallen, insbesondere solche im Interesse der Gesundheitspflege, können mit Genehmigung des Ministeriums ausgeführt werden.

Die Gemeindeverwaltung der Stadt Straßburg, welche dem Laboratorium — zunächst bis zum Ablaufe des Jahres 1894 — die erforderlichen Räume stellt und ihm die der Stadt gehörigen chemischen Apparate und Utensilien unentgeltlich zum Gebrauch überläßt, ist berechtigt, als Gegenleistung die kostenfreie Vornahme aller in das technische Gebiet des Laboratoriums fallenden Untersuchungen zu fordern, welche im öffentlichen oder städtischen Interesse liegen, sowie die Erstattung auf solche Fragen bezüglicher Gutachten. Auch der Polizeidirektor ist befugt, die unentgeltliche Vornahme von Untersuchungen, welche im allgemeinen gesundheitlichen Interesse der Stadt Straßburg liegen (z. B. Wasseruntersuchungen) zu fordern.

§ 3. Das Laboratorium ist berechtigt, auch von Privaten Aufträge zu technischen Untersuchungen entgegenzunehmen und auszuführen, soweit dadurch seine polizeilichen Aufgaben nicht beeinträchtigt werden. Ausgeschlossen sind Aufträge, bei welchen der Verdacht besteht, daß das Gutachten der Behörde zu marktschreierischen oder zu anderen ungehörigen Zwecken benutzt werden könnte.

Im Zweifel entscheidet über die Zurückweisung der Polizeidirektor.

§ 4. Das Laboratorium steht unter der Leitung eines geprüften Chemikers, der vom Ministerium auf einjährige, beiden Teilen zustehende Kündigung angestellt wird. Derselbe ist dem Polizeidirektor und den diesem vorgesetzten Behörden unterstellt und hat den Weisungen derselben Folge zu leisten. Er ist verpflichtet, einen fachmännisch gebildeten Assistenten, welcher die in den Geschäftsbereich des Laboratoriums fallenden Untersuchungen selbständig vornehmen und vor Gericht vertreten kann, auf seine Kosten anzustellen. Das Ministerium hat die Berufung des Assistenten zu genehmigen und kann dessen Entlassung zu jeder Zeit fordern.

Der Vorstand und der Assistent werden von dem Polizeidirektor vereidigt und besitzen die Eigenschaft von Landesbeamten, jedoch ohne Pensionsberechtigung. Urlaub wird denselben vom Polizeidirektor erteilt.

§ 5. Der Vorstand des Laboratoriums ist berechtigt, für alle Untersuchungen im Auftrage von öffentlichen Behörden, welche nicht unter § 2 fallen, Gebühren nach dem in der Anlage beigefügten Tarif zu berechnen. Dies ist insbesondere auch für die dem Laboratorium von den Gerichten und der Staatsanwaltschaft übertragenen und diejenigen von den Polizeibehörden veranlaßten Untersuchungen, deren Kosten gemäß Ziffer 6 der Verfügung vom 11. Mai 1890 gegen den Gerichtskostenfonds zu liquidieren sind, durch die Justizverwaltung ausgesprochen worden. (Ministerialverfügungen vom 3. Juni 1890 und 27. August 1890, II A. 1078, sowie vom 17. Januar 1893, II A 4744.) Gutachten über allgemeine auf die Nahrungsmittelchemie oder die Gesundheitspflege bezügliche Fragen, welche die Untersuchung bestimmter Gegenstände nicht bedingen, sind auf Anordnung der dem Laboratorium vorgesetzten Behörden unentgeltlich zu erstatten.

Die Kosten für Untersuchungen im Auftrage von Privatpersonen unterliegen der Vereinbarung zwischen diesen und dem Vorstande. Beschwerden entscheidet, wenn nicht der Rechtsweg beschritten wird, der Polizeidirektor. Es bleibt vorbehalten, auch für Untersuchungen privater Natur einen Tarif aufzustellen.

§ 6. Dem Laboratorium werden außer den der Stadt Straßburg gehörigen auch die im Besitz der Polizeidirektion befindlichen chemischen Apparate und Utensilien zur unentgeltlichen Benutzung überlassen. Im übrigen hat der Vorstand die Apparate und Utensilien, sowie die für die Untersuchungen erforderlichen Chemikalien in der Regel aus eigenen Mitteln zu beschaffen und für die Erhaltung der ihm zur Verfügung gestellten Apparate Sorge zu tragen. Ein genaues Inventar, welches vom Vorstand zu führen ist, hat die Eigentumsnachweise anzugeben.

Heizung, Beleuchtung, sowie das zu Untersuchungszwecken erforderliche Gas und Wasserleitungswasser, ferner die Schreibmaterialien und die Utensilien für die Reinigung stellt die Polizeidirektion. Sparsamkeit beim Verbrauch der Brennmaterialien und des Gases wird dem Vorstand zur Pflicht gemacht. Die Reinigung des Laboratoriums und der Utensilien fallen dem Vorstande zur Last.

§ 7. Der Vorstand und sein Assistent haben über alle an sie ergehenden Aufträge amtlicher und privater Natur, sowie über sonstige amtliche Vorgänge, welche bei Ausübung ihrer Tätigkeit zu ihrer Kenntnis gelangen, dem Publikum gegenüber Stillschweigen zu beobachten.

§ 8. Der Vorstand des Laboratoriums hat über alle ihm aufgetragenen und von ihm aufgeführten Untersuchungen ein Tagebuch zu führen, welches nach Ablauf des Kalenderjahres abzuschließen ist.

Dasselbe hat insbesondere auch die berechneten Gebühren ersichtlich zu machen.

Von jedem Gutachten ist die Urschrift zurückzubehalten und 5 Jahre lang aufzubewahren. Nach Ablauf des Kalenderjahres erstattet der Vorstand dem Polizeidirektor einen kurzen statistischen Bericht über die Zahl und Art der vorgenommenen Untersuchungen. Abschrift desselben erhält das Ministerium, sowie der Bürgermeister der Stadt Straßburg.

§ 9. Für die Aufstellung der Gebührenberechnungen bleiben die Verfügungen vom 11. Mai 1890 I A 3229 I, sowie vom 7. Februar 1893 I A 664, maßgebend.

Gebühren

für die in Gemäßheit des Erlasses vom 11. Mai 1890 — 1 A 3229 — vorgenommenen Untersuchungen von Nahrungsmitteln etc.

Lfd. Nr.	Gegenstand	Betrag Mk.
	I. Prüfung von Nahrungs- und Genußmitteln auf Fälschung, bei Verdacht auch quantitativ.	
1.	Bier	15
2.	Branntwein	6
3.	Brot	6
4.	Butter	10
5.	Essenzen	6
6.	Essig	8
7.	Fette	10
8.	Fruchtsäfte	8
9.	Gewürze	8
10.	Honig	6
11.	Käse	5
12.	Kaffee	5
13.	Kakao	10
14.	Konditorwaren	5
15.	Konserven	5
16.	Liköre	6
17.	Mehl	10
18.	Milch	3
19.	Öl	10
20.	Rahm	10
21.	Schokolade	10
22.	Tee	5
23.	Wein und Obstwein	12
24.	Wein und Obstwein bei vollständiger quantitativer Analyse	16
25.	Wurst und Fleisch	5
26.	Zucker, Zuckerwaren	6
	II. Untersuchungen zur Ausführung des Gesetzes, betreffend den Verkehr mit Ersatzmitteln für Butter.	
27.	Butter, Margarine und andere Speisefette	10
	III. Untersuchungen zur Ausführung des Gesetzes, betreffend den Verkehr mit blei- und zinkhaltigen Gegenständen.	
28.	Qualitative Untersuchung von Konservenbüchsen, Druckvorrichtungen für Bier, Eß-, Trink-, Kochgeschirre von Zinn, verzinntem Eisenblech, Steingut, Porzellan, Ton, Kautschukschläuchen zu Leitungen von Bier, Wein, Essig, Metallfolien zur Packung von Schnupftabak, Kautabak, Käse, Mundstücken für Saugflaschen, Saugringen, Warzenhütchen, Metallverschlußstücken von Siphons, Spielwaren und Trinkbecher von Kautschuk	6
29.	Quantitative Untersuchung dieser Gegenstände	12
	IV. Untersuchungen zur Ausführung des Gesetzes, betreffend die Verwendung gesundheitsschädlicher Farben.	
30.	Qualitative Untersuchung des Anstrichs von Wänden, Türen, Böden, Möbeln, häuslichen Gebrauchsgegenständen, von Bilderbogen, Bilderbüchern, künstlichen Blättern und Blumen, Blumentopfgittern, Christbäumen, Cosmeticis, künstlichen Früchten, Kerzen, Lampenschirmen, Masken, Möbelstoffen, Oblaten, Papier, Stoffen, Tapeten, Teppichen, Tuschfarben, Umhüllungen und Schutzbedeckungen von Nahrungs- und Genußmitteln	6

Lfd. Nr.	Gegenstand	Betrag Mk.
31.	Quantitative Untersuchung dieser Gegenstände . . . . . . Bestimmung von Arsen und Zinn in gefärbten Nahrungs- und Genußmitteln, ferner von Arsen in Gespinsten oder Geweben nach Maßgabe der durch die Verordnung vom 10. April 1888 (Zentralbl. f. d. R. S. 131) vorgeschriebenen Methoden . .	12 30
32.	V. Für den analytischen Fundbericht nebst Gutachten bei Feststellung von Fälschungen oder von sonstigen Verstößen gegen die in I—IV bezeichneten Gesetze (Ziff. 5 Abs. 2 des Ministerialerlasses vom 11. Mai 1890 — 1 A 3229) oder wenn ein solcher Fundbericht ausdrücklich verlangt wird . . . . bei Milchuntersuchungen jedoch nur	12 7
33.	VI. Bei besonders schwierigen Untersuchungen wird besondere Vereinbarung auf Antrag des Laboratoriums vorbehalten.	

A. Staatlich organisierte Anstalten.

(181) Metz.

1. Verhältnisse der Anstalt:

a) **Amtsbezeichnung:** Chemisches Laboratorium der Kaiserlichen Polizeidirektion in Metz.

b) **Amtsbezirk:** Stadt und Landgerichtsbezirk Metz. Nur die Weinuntersuchungen aus dem Landgerichtsbezirk Metz fallen dem Chemischen Laboratorium der Kaiserl. Polizeidirektion in Straßburg zu; dagegen sind die im Auftrage der Zollbehörden auszuführenden Weinuntersuchungen, sowie die nach dem Fleischbeschaugesetz von einem Nahrungsmittelchemiker auszuführenden Untersuchungen von Fett und Fleisch dem Chemischen Laboratorium in Metz übertragen.

c) **Charakter der Anstalt:** Das Laboratorium gilt als öffentliche Anstalt im Sinne des § 17 des Nahrungsmittelgesetzes vom 14. Mai 1879.

d) **Errichtung und geschichtliche Entwickelung:** Das Laboratorium ist durch das Kaiserl. Ministerium in Straßburg 1889 ins Leben gerufen und in dem Chemischen Laboratorium der Oberrealschule in Metz eingerichtet. Die Leitung wurde unter dem 11. Mai 1890 dem Oberlehrer Prof. Dr. Eichel übertragen.

e) **Aufsicht:** Kaiserl. Bezirkspräsidium in Metz.

f) **Unterhaltung:** Das Laboratorium unterhält sich aus den für die Untersuchung zu erhebenden Gebühren; bei der Berechnung wird der vorstehende für das Chemische Laboratorium geltende Gebührensatz zugrunde gelegt. Die jährlichen Einnahmen betragen 3000—4000 Mk.

2. Verhältnisse der Beamten:

a) **Leiter:** Oberlehrer Prof. Dr. Eichel, 55 Jahre alt und seit 1889 Leiter der Anstalt; der Leiter übt die Tätigkeit auf dem Gebiete der Nahrungsmittelkontrolle im Nebenamte aus.

b) **Technische Mitglieder:** Keine.
c) **Sonstige Hilfskräfte:** 1 Diener.

3. **Tätigkeit der Anstalt:**

Die Proben werden durch Wachtmeister der Schutzmannschaft entnommen. Die Anzahl der untersuchten Proben betrug:

In den Jahren .	1902	1903	1904	1905	1906
Proben . . .	171	311	404	815	921

(182) Straßburg i. E.

1. **Verhältnisse der Anstalt:**

a) **Amtsbezeichnung:** Chemisches Laboratorium des Kaiserlichen Polizeipräsidiums in Straßburg.

b) **Amtsbezirk:** Das Reichsland Elsaß-Lothringen; nur die Untersuchungen für den Landgerichtsbezirk Metz und für Mülhausen werden den chemischen Laboratorien in Metz (s. Nr. 181) und Mülhausen i. E. (s. Nr. 183) überwiesen.

c) **Charakter der Anstalt:** Staatlich organisierte Anstalt mit städtischer Unterstützung; das Laboratorium besteht selbständig für sich und gilt seit 1890 als öffentliche Anstalt im Sinne des § 17 des Reichsgesetzes vom 14. Mai 1879. Es ist ferner den staatlichen Anstalten im Sinne des § 16 der Prüfungsvorschriften für Nahrungsmittelchemiker vom 22. Februar 1894 gleichgestellt.

d) **Errichtung und geschichtliche Entwickelung:** Auf Anregung des Geh. Med.-Rates Dr. Krieger, damaligen Kreisarztes in Straßburg, vom 24. Oktober 1877 und nach Genehmigung durch den Bezirkspräsidenten des Unterelsaß vom 30. März 1878 wurde für die Zwecke der Nahrungsmittelkontrolle am 17. Juni 1878 ein chemisches Laboratorium bei der Kaiserl. Polizeidirektion in den unteren Räumen des Dienstgebäudes errichtet. Die Stadt Straßburg leistete einen Beitrag von 2400 Mk. Die Untersuchungen wurden zunächst von Dr. Krieger und dem I. Assistenten am Physiologischen Institut, jetzigem Professor Dr. von Mehring (Halle a. S.), ausgeführt. Infolge der ständigen Zunahme der Tätigkeit und der ungenügenden Räumlichkeiten mußte das Laboratorium zunächst in den ersten Stock des Polizeidienstgebäudes und von da (1887) in das Gebäude der Stadtbibliothek (ehemalige Faculté de Médecine) verlegt werden; im Jahre 1891 ist es in die jetzigen Räume, Pariserstaden 10, übergesiedelt. Den ersten Leitern des Laboratoriums folgte zunächst Prof. Dr. Kast-Karlsruhe und diesem im Jahre 1881 Dr. C. Amthor, der auch noch jetzt die Leitung inne hat. Im Jahre 1890 wurde die Nahrungsmittelkontrolle durch das Ministerium für Elsaß-Lothringen einheitlich geregelt und diesem Laboratorium als Landesanstalt mit der unter b) erwähnten Beschränkung übertragen.

e) **Aufsicht:** Das Kaiserl. Polizeipräsidium in Straßburg.

f) **Unterhaltung:** Die Stadt Straßburg zahlt eine Mietsentschädigung von 1000 Mk.; das Polizeipräsidium stellt kostenlos Gas, Heizung, Wasser und Schreibmaterialien. Im übrigen wird die Unterhaltung aus den Honoraranalysen gedeckt, wofür ein besonderer Tarif eingeführt ist (s. Landesrechtl. Verordnung, S. 274).

2. Verhältnisse der Beamten:

a) **Leiter:** Dr. phil. Carl Amthor; Lebensalter: 53 Jahre alt, Dienstalter: 26 Jahre; das Gehalt schwankt je nach den Einnahmen aus Honoraranalysen. Auszeichnung: Titel „Professor".

b) **Technische Mitglieder:** 3 Assistenten, von denen einer geprüfter Nahrungsmittelchemiker ist. Das Gehalt schwankt von 1440—1800 Mk. und wird vom Vorstande bestritten.

c) **Sonstige Hilfskräfte:** 1 Diener.

3. Tätigkeit der Anstalt:

Die Proben werden auf Grund der Ministerialverfügung vom 11. Mai 1890 durch Polizeibeamte entnommen. Die Anzahl der untersuchten Proben betrug:

In den Jahren .	1902	1903	1904	1905	1906
Proben . . .	2421	2404	3331	3395	—

Das Laboratorium wirkt bei der Ausübung der Kontrolle von Weinkellern auf Grund des § 10 des Weingesetzes im Elsaß und in Lothringen mit. Auch ist dasselbe an den Arbeiten für die amtliche Weinstatistik sowie an den Untersuchungen des Rheinwassers im Auftrage des Kaiserl. Gesundheitsamtes beteiligt.

B. Kommunale Anstalten.

(183) Mülhausen i. E.

1. Verhältnisse der Anstalt:

a) **Amtsbezeichnung:** Chemisches Untersuchungsamt der Stadt Mülhausen i. E.

b) **Amtsbezirk:** Stadt und Landkreis Mülhausen i. E.

c) **Charakter der Anstalt:** Städtisch; die Anstalt besteht selbständig für sich und gilt durch Ministerialverfügung vom 2. Februar 1905 als öffentliche Anstalt im Sinne des Reichsgesetzes vom 14. Mai 1879.

d) **Errichtung und geschichtliche Entwickelung:** Die Anstalt ist am 1. April 1904 von der Stadtverwaltung Mülhausen i. E. errichtet und wird von ihr unterhalten. Der Anstalt sind auch die zollamtlichen chemischen Untersuchungen und die für die Auslandsfleischbeschau übertragen. Auch die Justizbehörden im Oberelsaß sollen sich für die notwendig werdenden chemischen Untersuchungen der Anstalt bedienen. Eine geregelte ordnungsmäßige Nahrungsmittelkontrolle ist erst seit 1907 eingeführt.

e) **Aufsicht:** Die Stadtverwaltung Mülhausen i. E.

f) **Unterhaltung:** Die Stadt Mülhausen i. E. und die Kommunalverbände leisten einen jährlichen Zuschuß von 10 700 Mk. Außerdem werden für Private Untersuchungen nach einem von der Stadt festgesetzten Gebührensatz, für die Polizeibehörden des Bezirks nach einem vom Ministerium für Elsaß-Lothringen festgesetzten Tarif ausgeführt. Die Einnahmen aus diesen Nebenuntersuchungen beliefen sich in dem letzten Jahre auf 8800 Mk.

2. Verhältnisse der Beamten:

a) **Leiter:** Dr. phil. Albert Gronover, 36 Jahre alt, seit $2^1/_2$ Jahren im Dienst; Direktor, Gehalt 5000—6500 Mk., pensionsberechtigt angestellt.

b) **Technische Mitglieder:** 1 Assistent, Nahrungsmittelchemiker, Gehalt 3000 bis 4200 Mk.

c) **Sonstige Hilfskräfte:** 1 Diener.

3. Tätigkeit der Anstalt:

Die Proben werden nach Benennung seitens des Anstaltsleiters durch Polizeibeamte entnommen. In den Jahren 1904 und 1905 erstreckten sich die Kontrolluntersuchungen vorwiegend auf Milch, von 1906 an auch mehr auf andere Nahrungsmittel und sind erst von 1907 an allgemein geregelt. Der Umfang der Tätigkeit in den ersten drei Jahren des Bestehens erhellt aus folgenden Zahlen:

In den Jahren	1904	1905	1906
Anzahl der untersuchten Proben	414	814	1170
Anzahl der erstatteten größeren Berichte und Gutachten	—	52	109

Anhang.

Entwurf von Gebührensätzen für Untersuchungen von Nahrungs- und Genußmitteln sowie Gebrauchsgegenständen im Sinne des Nahrungsmittelgesetzes vom 14. Mai 1879[1]).

Vorbemerkungen.

Im Anschluß an die Beratungen über den Erlaß einheitlicher Normativbestimmungen für öffentliche Anstalten zur Untersuchung von Lebensmitteln, welche am 31. Oktober und 1. November 1898 im Kaiserlichen Gesundheitsamte zu Berlin stattfanden, wurde von den damals anwesenden Fachgenossen ein Ausschuß zur Vorberatung über einheitliche Gebührensätze für Untersuchungen von Nahrungsmitteln, Genußmitteln und Gebrauchsgegenständen im Sinne des Nahrungsmittelgesetzes vom 14. Mai 1879 sowie seiner Ergänzungsgesetze gewählt.

Diesem Ausschuß gehörten die folgenden Herren an:

Als Vorsitzender:

1. Dr. J. König, Geheimer Regierungsrat und Professor, zu Münster i. W.;

ferner:

2. Dr. H. Caro, Großherzoglich badischer Hofrat, zu Mannheim, als Vertreter des Vereins deutscher Chemiker;
3. Dr. B. Fischer, Professor, Direktor des städtischen chemischen Untersuchungsamtes, zu Breslau;
4. Dr. A. Forster, Inhaber der chemischen Untersuchungsstelle, zu Plauen i. V.;
5. Dr. E. Hintz, Professor, zu Wiesbaden, als Vertreter des Vereins deutscher Chemiker;
6. Dr. J. Mayrhofer, Professor, zu Mainz;
7. Dr. G. Popp, zu Frankfurt a. M., als Vertreter des Verbandes selbständiger öffentlicher Chemiker Deutschlands.

---

1) Die Anordnung der Gebührensätze ist ihrem Zwecke entsprechend im vorliegenden Entwurf den „Vereinbarungen zur einheitlichen Untersuchung und Beurteilung von Nahrungs- und Genußmitteln sowie Gebrauchsgegenständen für das deutsche Reich" angepaßt. Bei den Untersuchungsverfahren, für die besondere amtliche Anweisungen erlassen wurden, sind diese an entsprechender Stelle gemäß dem amtlichen Wortlaute berücksichtigt. Es beziehen sich demnach die in den Gebührensätzen am Kopfe der einzelnen Abschnitte angeführten Seitenzahlen, z. B. Bestimmung des Wassers, Heft 1 S. 1, auf die „Vereinbarungen", während die den einzelnen Abschnitten vorgedruckten Nummern und Buchstaben möglichst den im Wortlaut der „Vereinbarungen" pp. bezw. der „amtlichen Anweisungen" pp. gewählten Nummern und Buchstaben der in Betracht kommenden Abschnitte entsprechen.

An Stelle des Hofrats Dr. Caro trat später Medizinalrat Dr. E. A. Merck, zu Darmstadt, dem Ausschusse bei.

Nachdem die erforderlichen Grundlagen insonderheit durch die Herren Dr. Forster, Dr. Hintz und Dr. Popp gewonnen waren, wurde ein Entwurf von Gebührensätzen ausgearbeitet, welcher dem Ausschuß wiederholt zur Durchberatung unterbreitet wurde und an dessen Prüfung auch eine größere Anzahl von Untersuchungsanstalten in dankenswerter Weise teilnahm [1]).

Auf diese Weise wurden die nötigen Vorprüfungen für die Beantwortung der folgenden beiden Grundfragen gewonnen, nämlich:

1. welche Kosten zur Unterhaltung einer allein auf die Einnahmen aus den Untersuchungen angewiesenen chemischen Untersuchungsanstalt aufgebracht werden müssen, und

2. wieviel Zeit zur doppelten Ausführung der einzelnen Bestimmungen bei der Untersuchung von Nahrungsmitteln, Genußmitteln und Gebrauchsgegenständen erforderlich ist.

Der auf diesen Grundlagen ausgearbeitete Entwurf wurde sodann von den Mitgliedern der seit einer Reihe von Jahren zu freiwilliger Arbeit vereinigten Kommission von Nahrungsmittelchemikern, welche am 4. und 5. Januar 1901 zur Beratung über einheitliche Untersuchung und Beurteilung von Nahrungsmitteln, Genußmitteln und Gebrauchsgegenständen im Kaiserlichen Gesundheitsamte zu Berlin zusammengetreten waren, nach Erledigung ihrer wissenschaftlichen Aufgaben beraten und schließlich in der nachstehenden Form mit den folgenden Sätzen einstimmig angenommen:

1. Die Gebührensätze sind nach Maßgabe der Untersuchungsverfahren festgestellt, welche in den amtlichen Anweisungen zur Untersuchung von Nahrungs- und Genußmitteln sowie Gebrauchsgegenständen oder in den „Vereinbarungen zur einheitlichen Untersuchung und Beurteilung von Nahrungsmitteln" pp. Aufnahme gefunden haben. Die Gebühren sind als Mindestsätze zu betrachten und ist dabei vorausgesetzt, daß, wie bereits erwähnt, die Bestimmungen in der Regel doppelt ausgeführt werden.

Die Unterschiede in den für eine gleichartige Bestimmung bei verschiedenen Gegenständen angesetzten Preisen erklären sich durch die ungleiche Schwierigkeit der Ausführung in jenen Fällen.

2. In den nachstehenden Gebührensätzen sind nicht enthalten die Entschädigungen, welche den Sachverständigen für eine örtliche Besichtigung oder Arbeiten an Ort und Stelle zustehen. Als Betrag hierfür wird im allgemeinen eine Entschädigung von 5 M. für die Stunde für angemessen erachtet. Die durch die Reise erwachsenen baren Auslagen sind darin nicht eingeschlossen.

3. Eine Ermäßigung der Gebühren von 10% kann eintreten:

a) Wenn 10 oder mehr Proben ähnlicher Art gleichzeitig zur Untersuchung eingesandt werden, oder die Jahressumme aus Analysen ähnlicher Art für denselben Auftraggeber 200 M. erreicht;

b) Bei Verträgen mit Behörden, landwirtschaftlichen und anderen Vereinen, Fabriken usw., in denen eine jährliche Vergütung von mindestens 200 Mk. vereinbart worden ist. Jedoch soll hierbei außerdem diejenige Summe festgestellt werden, die sich auf Grund der nachstehenden Gebühren für die analytische Tätigkeit des betreffenden Jahres ergibt. Übersteigt der errechnete Betrag die Pauschsumme, so soll dieser übersteigende Betrag in allen Fällen neben der Pauschsumme gezahlt werden, wobei obengenannter Rabatt von 10% in Anrechnung gebracht werden kann;

c) Die öffentlichen oder staatlichen Untersuchungsämter sind für die amtliche Tätigkeit in dem ihnen überwiesenen Kontrollbezirke an die nachstehenden Tarifsätze nicht gebunden.

Sobald sie aber mit Zustimmung ihrer vorgesetzten Behörden Untersuchungen ausführen, die nicht zu ihrer amtlichen Kontrolltätigkeit gehören, sollen die nachstehenden Gebührensätze in Anwendung kommen.

4. Für manche Gegenstände sind abgekürzte, sogenannte Handels- oder Gebrauchsanalysen aufgenommen, die für gewöhnlich zur Beurteilung ausreichen. Für derartige Untersuchungen wird ein Preisnachlaß nicht bewilligt.

---

[1]) Auch ein Ausschuß deutscher Agrikulturchemiker ist zu ähnlichen Sätzen für gleiche Bestimmungen gelangt, obgleich das zugrunde gelegte Berechnungsverfahren ein anderes war.

Inhalt der Gebührensätze.

Art der Bestimmung	Gebührensätze nach den Vorschlägen der Kommission Mk.
A. Allgemeine Untersuchungsmethoden.	
I. Bestimmung des Wassers. Heft I, S. 1.	
1. Bestimmung des Wassers in festen Stoffen:	
a) bei festen lufttrockenen Stoffen	3,00
b) bei sehr wasserreichen festen Stoffen	4,00
2. Bestimmung des Wassers in sirupartigen Massen und Flüssigkeiten	3,00—4,00
II. Bestimmung des Stickstoffs und seiner Verbindungen. Heft I, S. 2.	
1. Bestimmung des Gesamtstickstoffes. Methode von J. Kjeldahl	6,00
2. Trennung der Stickstoffverbindungen:	
a) Bestimmung des Eiweißstickstoffes nach A. Stutzer .	10,00
b) Bestimmung des Ammoniaks	4,00
c) Bestimmung der Salpetersäure	
α) Methode von Schlösing-Wagner mit der Abänderung von Schulze-Tiemann	8,00
β) Methode von K. Ulsch .	5,00
γ) Methode von König-Böttcher	5,00
III. Bestimmung des Fettes. Heft I, S. 4.	
1. Bestimmung des Gesamtfettes (Ätherauszuges)	5,00
2. Bestimmung der freien Fettsäuren	3,00
IV. Bestimmung der stickstofffreien Extraktstoffe bezw. der Kohlenhydrate. Heft I, S. 5.	
A. Bestimmung der Gesamtmenge der wasserlöslichen Kohlenhydrate .	10,00
B. Anwendung der Fehlingschen Lösung zur quantitativen Bestimmung der Zuckerarten.	
1. α) Bestimmung des Zuckers direkt nach Fr. Soxhlet	8,00
β) Bestimmung des Zuckers direkt nach F. Allihn .	5,00
2. Bestimmung des Rohrzuckers, invertiert mittelst Salzsäure nach F. Allihn	6,00
3. Bestimmung der Dextrine nach der Inversion:	
α) Methode von Fr. Soxhlet	18,00
β) Methode von F. Allihn .	12,00
C. Bestimmung der Zuckerarten durch Polarisation.	
1. Bestimmung des Rohrzuckers	3,00
2. Bestimmung der Dextrose .	3,00
D. Trennung der löslichen Kohlenhydrate voneinander.	
1. Trennung der Dextrine von den Zuckerarten[1])	3,00
2. Bestimmung des Invertzuckers und Rohrzuckers nebeneinander:	
a) Bestimmung des Invertzuckers	
α) gewichtsanalytisch . . .	5,00
β) maßanalytisch	8,00
b) Bestimmung des Rohrzuckers	
α) gewichtsanalytisch . . .	6,00
β) maßanalytisch	9,00
γ) durch Polarisation (nach Clerget)	8,00
3. Bestimmung des Invertzuckers neben Dextrose bezw. anderer Zuckerarten nebeneinander:	
α) Titration mit Fehlingscher und mit Sachßescher Lösung	12,00
β) Titration mit Kjeldahlscher Lösung	10,00
4. Bestimmung der Dextrose und Lävulose durch Reduktion und Polarisation nach A. Halenke und W. Möslinger	8,00
E. Bestimmung der Stärke:	
a) durch Aufschließen im Dampftopf oder Druckfläschchen mit nachfolgender Inversion nach Sachße	9,00
b) Methode von M. Märcker und A. Morgen	12,00
c) Verzuckerung durch Diastase	10,00

[1]) Nur Trennung ohne Bestimmung.

Art der Bestimmung	Gebührensätze nach den Vorschlägen der Kommission Mk.
V. Bestimmung der Rohfaser. Heft I, S. 16.	
Weender Verfahren	9,00
VI. Bestimmung der Mineralstoffe. Heft I, S. 17.	
1. α) Bestimmung der Gesamtmineralstoffe	4,00
β) Bestimmung des in Salzsäure löslichen Teiles derselben	2,00
2. Bestimmung einzelner Mineralstoffe:	
a) Bestimmung der Phosphorsäure	9,00
b) Bestimmung des Chlors	
α) gewichtsanalytisch . .	6,00
β) maßanalytisch . . .	5,00—8,00
γ) in den unter Zusatz von Alkali erhaltenen Mineralstoffen	8,00
Handels- (Weender-) Analyse (Wasser-, Stickstoffsubstanz, Fett, Rohfaser und Asche)	24,00
VII. Bestimmung des spezifischen Gewichtes von Flüssigkeiten. Heft I, S. 20.	
1. mit dem Pyknometer . . .	3,00
2. mit der Mohr-Westphalschen Wage	2,00
3. mit dem Aräometer . . .	1,00
VIII. Prüfung der Nahrungsmittel auf Schimmel. Heft I, S. 20 . . .	4,00
B. Nachweis und Bestimmung der Konservierungsmittel. Heft I, S. 22.	
1. Bestimmung des Kochsalzes .	5,00–8,00
2. Nachweis und Bestimmung des Salpeters:	
α) qualitative Prüfung . . .	1,00
β) quantitative Bestimmung .	5,00—8,00
3. Nachweis und Bestimmung der Borsäure:	
a) qualitative Prüfung einschl. Veraschung	5,00
b) quantitative Bestimmung	
α) titrimetrisch	15,00
β) gewichtsanalytisch . .	30,00
4. Nachweis und Bestimmung der schwefligen Säure:	
a) qualitative Prüfung	
α) ohne Destillation . .	1,00
β) mit Destillation . . .	2,00
b) quantitative Bestimmung .	8,00
5. Nachweis und Bestimmung des Fluors:	
a) qualitative Prüfung . . .	5,00
b) quantitative Bestimmung .	15,00
6. Prüfung auf Salizylsäure (qualitativ)	3,00
7. Prüfung auf Benzoesäure (qualitativ)	3,00
8. Nachweis des Formaldehyds, Prüfung sub a—d (Heft I, S. 24 u. 25) je 2,00	8,00
C. a) Fleisch und Fleischwaren. Heft I, S. 26.	
1. Bestimmung der wichtigsten chemischen Bestandteile.	
a) Bestimmung des Wassers	4,00
b) Bestimmung des Stickstoffs nach J. Kjeldahl . . .	6,00
c) Bestimmung des Fettes .	5,00
d) Bestimmung der Mineralstoffe	4,00
des Bindegewebes und der Muskelfaser:	
α) Extraktivstoffe . . .	15,00
β) Bindegewebe	12,00
γ) Muskelfaser	7,00
2. Bestimmung der Tierspezies.	
a) Nachweis und Bestimmung des Glykogens nach W. Niebel:	
α) Bestimmung des Glykogens nach R. Külz und E. Brücke . . . β) Bestimmung des Zuckers γ) Bestimmung der fettfreien Trockensubstanz	40,00
b) Methode von A. Hasterlik einschl. Jodzahl des Fettes	25,00
3. Nachweis des embryonalen Fleisches, vergl. Bestimmung des Wassers.	
4. Erkennung und Nachweis der Fleischfäulnis; Prüfung auf:	
a) Indol, Skatol und Phenol	9,00
b) aromatische Oxysäuren .	5,00
5. Nachweis der Fäulnisalkaloide; Nachweis des Mytilotoxins in den giftigen Miesmuscheln nach L. Brieger (Darstellung des Golddoppelsalzes) . . .	50,00–75,00[1]

[1]) Der Tierversuch ist gesondert zu berechnen.

Art der Bestimmung	Gebührensätze nach den Vorschlägen der Kommission Mk.
6. Nachweis der Salicylsäure, des Salpeters, des Borax, der Borsäure, schwefligen Säure, des Formaldehyds vergl. unter B.	
7. Prüfung auf fremde Farbstoffe:	
a) Fuchsin nach H. Fleck	10,00
b) Teerfarbstoffe überhaupt	5,00
c) Carmin	3,00
C. b) Wurstwaren. Heft I, S. 38.	
Nachweis der Stärke.	
1. qualitative Prüfung	
a) chemisch	1,00
b) mikroskopisch	2,00
2. quantitative Bestimmung	
a) Inversionsmethode	12,00
b) Methode von J. Mayrhofer	9,00
C. c) Fleischextrakt und Fleischpepton. Heft I, S. 44.	
1. Bestimmung des Wassers	4,00
2. Bestimmung des Gesamtstickstoffs und der einzelnen Verbindungsformen desselben:	
a) Gesamtstickstoff	6,00
b) Stickstoff in Form von Fleischmehl und Albumin:	
α) unlöslicher Eiweißstickstoff	8,00
β) mikroskopische Untersuchung auf Fleischmehl	2,00
γ) koagulierbares Eiweiß	8,00
c) Albumosen-Stickstoff	8,00
d) Pepton- und Fleischbasen-Stickstoff:	
α) Pepton, qualitativer Nachweis	3,00
β) Fleischbasen, qualitativ	3,00
γ) Pepton- und Fleischbasen, quantitativ	10,00
e) Ammoniak-Stickstoff	4,00
3. Bestimmung des Fettes	5,00
4. Bestimmung von Zucker und Dextrin in den Suppenwürzen	15,00
5. Bestimmung der Mineralstoffe	4,00
6. Bestimmung des in Alkohol Löslichen:	
α) nach J. v. Liebig	7,00
β) nach H. Röttger	8,00

Art der Bestimmung	Gebührensätze nach den Vorschlägen der Kommission Mk.
Handelsanalyse.	
1. Liebigsche Analyse: Wasser, Asche, in 80 %-igem Alkohol Lösliches	15,00
2. desgl. + Gesamtstickstoff + Zinksulfatfällung	25,00
D. Eier. Heft 1, S. 52.	
1. Bestimmung des spezifischen Gewichtes	1,00
Bei mehreren Eiern für jedes Stück	0,10
2. Bestimmung der ätherlöslichen organischen Phosphorsäure	12,00
E. Kaviar. Heft 1, S. 53.	
F. a) Milch und Molkereierzeugnisse. Heft I, S. 54.	
I. Milch.	
1. Bestimmung des spezifischen Gewichts:	
a) der Milch (s. Allgem. Methoden, Heft I, S. 20)	1,00
b) des Serums	2,00
2. Bestimmung des Fettes:	
a) nach Adams	5,00
b) nach der allgemeinen Methode (Heft I, S. 4)	5,00
c) nach Fr. Soxhlet	4,00
d) nach W. Thörner, N. Gerber, S. M. Babcock	1,00—2,00
3. Bestimmung der Trockensubstanz:	
a) in Verbindung mit der Fettbestimmung nach Adams	3,00
b) im Trockenschrank b. 105°	4,00
c) im Fr. Soxhletschen Trockenschrank	4,00
4. Berechnung des spezifischen Gewichtes der Trockensubstanz und des Gehaltes an fettfreier Trockensubstanz	1,00
5. Bestimmung der Mineralstoffe	4,00
6. Bestimmung der Gesamteiweißstoffe:	
a) nach J. Kjeldahl	6,00
b) nach H. Ritthausen	8,00
7. Bestimmung des Milchzuckers	7,00
8. Bestimmung des Säuregrades	1,00

Art der Bestimmung	Gebührensätze nach den Vorschlägen der Kommission Mk.
9. Nachweis von Salpetersäure	2,00
10. Bestimmung des Schmutzgehaltes	5,00
11. Nachweis gekochter Milch .	2,00
12. Prüfung auf Konservierungsmittel:	
a) Natriumcarbonat nach A. Hilger	2,00
b) Salicylsäure nach Chr. Girard	3,00
c) Benzoesäure nach E. Meißl	3,00
d) Borsäure nach E. Meißl	5,00
e) Formaldehyd nach Thompson und den allgemeinen Methoden. Heft I, S. 24 u. 25	8,00
Handelsanalyse.	
a) Spezifisches Gewicht sowie Fett nach einer „Schnellmethode“ und Berechnung der Trockensubstanz	4,00
b) Spez. Gewicht, sowie Fett, Trockensubstanz; gewichtsanalytisch . . .	9,00
c) Spezif. Gewicht, Fett, Trockensubstanz gewichtsanalytisch, Berechnung des spez. Gewichts der Trockensubstanz, Nitrate qualitativ, spez. Gewicht des Serums	12,00
II. Rahm, Magermilch, Buttermilch, Molken.	
Hier finden die entsprechenden unter Milch angegebenen Gebührensätze Anwendung.	
III. Milchkonserven.	
1. Bestimmung der Keimzahl in sterilisierter Milch	10,00
2. Bestimmung des Zuckergehaltes:	
a) maßanalytisch nach A. W. Stokes und R. Bodmer	15,00
b) polarimetrisch nach E. v. Raumer und E. Späth	10,00
3. Prüfung auf Schwermetalle .	10,00
F. b) Käse.	
Nach der amtlichen Anweisung vom 1. April 1898.	
1. Bestimmung des Wassers:	
a) indirekt mit Einschluß des Fettes	10,00
b) direkt	4,00

Art der Bestimmung	Gebührensätze nach den Vorschlägen der Kommission Mk.
2. Bestimmung des Fettes:	
a) wie unter 1 a) mit Einschluß des Wassers . .	10,00
b) direkt	5,00
3. Bestimmung des Gesamtstickstoffs	6,00
4. Bestimmung der löslichen Stickstoffverbindungen . . .	12,00
5. Bestimmung der freien Säure	4,00
6. Bestimmung der Mineralbestandteile	4,00
7. Untersuchung des Käsefettes auf seine Abstammung:	
a) Abscheidung des Fettes aus dem Käse:	
α) durch Ausschmelzen .	2,00
β) durch Ausschleudern .	4,00
b) Untersuchung des Käsefettes:	
α) die einzelnen Bestimmungen im Käsefett werden nach den für die Untersuchung des Fettes der „Butter“ angegebenen Gebührensätzen berechnet.	
β) Prüfung auf Sesamöl .	2,00
G. Speisefette und Öle.	
G. a) Butter.	
Nach der amtlichen Anweisung vom 1. April 1898.	
1. Bestimmung des Wassers .	4,00
2. a) Bestimmung von Casein, Michzucker und Mineralbestandteilen	8,00
b) Bestimmung der Mineralbestandteile	4,00
c) Bestimmung des Chlors:	
α) gewichtsanalytisch . .	6,00
β) maßanalytisch	5,00—8,00
d) Bestimmung des Caseins .	8,00
e) Bestimmung des Milchzuckers (einschl. 2 a, b und d)	20,00
3. Bestimmung des Fettes (einschl. 1 und 2 a)	12,00
4. Prüfung auf Konservierungsmittel:	
a) Borsäure einschl. Verseifung und Veraschung . .	5,00
b) Salicylsäure (vergl. B) . .	3,00
c) Formaldehyd, [je 2 M. (S. Heft I, S. 24 u. 25]) . .	8,00
5. Untersuchung des Butterfettes:	
a) Bestimmung des Schmelz- und Erstarrungspunktes .	5,00

Art der Bestimmung	Gebührensätze nach den Vorschlägen der Kommission Mk.
b) Bestimmung des Brechungsvermögens	2,00
c) Bestimmung der freien Fettsäuren (des Säuregrades)	3,00
d) Bestimmung der flüchtigen, in Wasser löslichen Fettsäuren (der Reichert-Meißlschen Zahl)	6,00
e) Bestimmung der Verseifungszahl (der Köttstorferschen Zahl)	4,00
f) Bestimmung der unlöslichen Fettsäuren (der Hehnerschen Zahl)	8,00
g) Bestimmung der Jodzahl nach v. Hübl	8,00
h) Bestimmung der unverseifbaren Bestandteile	10,00
i) Prüfung auf fremde Farbstoffe	5,00
k) Prüfung auf Sesamöl	1,00
Handelsanalyse.	
1. Bestimmung von Wasser und Brechungsvermögen des Fettes sowie Prüfung desselben auf Sesamöl	5,00
2. Bestimmung von Wasser, Brechungsvermögen und der Reichert-Meißlschen Zahl, sowie Prüfung auf Sesamöl	10,00
3. Bestimmung des Brechungsvermögens, der Köttstorferschen Zahl, der Reichert-Meißlschen Zahl sowie Prüfung auf Sesamöl	12,00

G. b) Margarine.

Nach der amtlichen Anweisung vom 1. April 1898.

Die einzelnen Bestimmungen in der Margarine werden nach den für die Untersuchung der „Butter“ angegebenen Gebührensätzen berechnet.

G. c) Schweineschmalz.

Nach der amtlichen Anweisung vom 1. April 1898.

Art der Bestimmung	Gebührensätze nach den Vorschlägen der Kommission Mk.
1. Bestimmung des Wassers	4,00
2. Bestimmung der Mineralbestandteile	4,00
3. Bestimmung des Fettes	8,00
4. Untersuchung des klar filtrierten Schmalzes:	
a) Bestimmung des Schmelz- und Erstarrungspunktes	5,00
b) Bestimmung des Brechungsvermögens	2,00
c) Bestimmung der freien Fettsäuren (des Säuregrades)	3,00
d) Bestimmung der Reichert-Meißlschen Zahl	6,00
e) Bestimmung der Verseifungszahl (der Köttstorferschen Zahl)	4,00
f) Bestimmung der unlöslichen Fettsäuren (der Hehnerschen Zahl)	8,00
g) Bestimmung der Jodzahl nach v. Hübl	8,00
h) Bestimmung der unverseifbaren Bestandteile	10,00
i) Prüfung auf Sesamöl	1,00
k) Prüfung auf Baumwollsamenöl	2,00
l) Prüfung auf Pflanzenöle im Schmalz mit Phosphormolybdänsäure	1,00
m) Prüfung auf Phytosterin	10,00
Handelsanalyse.	
Bestimmung der Jodzahl nach v. Hübl sowie die Prüfung auf Baumwollsamenöl und andere Pflanzenöle	12,00

G. d) Die übrigen Speisefette und Öle.

Nach der amtlichen Anweisung vom 1. April 1898.

Art der Bestimmung	Gebührensätze nach den Vorschlägen der Kommission Mk.
1. Die einzelnen Bestimmungen, welche unter „Butter“ und „Schweineschmalz“ aufgeführt wurden, werden auch nach den dort angegebenen Gebührensätzen berechnet.	
2. Die Bestimmung des Schmelz- und Erstarrungspunktes der Fettsäuren der Öle	10,00
3. Wird die Bestimmung der unlöslichen Fettsäuren (der Hehnerschen Zahl) neben der unter 2. angegebenen Bestimmung ausgeführt, so werden für diese und die unter 2. aufgeführte Bestimmung zusammen berechnet	13,00

H. Mehl und Brot. Heft II, S. 7.

I. Mehl.

Art der Bestimmung	Gebührensätze nach den Vorschlägen der Kommission Mk.
1. Bestimmung des Wassergehaltes	3,00

Art der Bestimmung	Gebührensätze nach den Vorschlägen der Kommission Mk.
2. a) Bestimmung der Gesamtmineralstoffe	4,00
b) Bestimmung des in Salzsäure unlöslichen Teiles derselben	2,00
3. Bestimmung des Säuregehaltes	4,00
4. Bestimmung der Proteinstoffe	6,00
5. Bestimmung der Kohlenhydrate:	
a) Bestimmung der Gesamtmenge derselben	10,00
b) Bestimmung der Stärke (Differenzmethode)	19,00
6. Bestimmung des Zuckers	5,00
7. Bestimmung des Fettes	5,00
8. a) Bestimmung der Rohfaser (Weender-Verfahren)	9,00
b) Bestimmung der Rohfaser in Feinmehlen	11,00
9. Prüfung auf Mutterkorn	5,00
10. Prüfung auf Alaun, Kupfer, Zink und Blei	6,00—12,00
11. Bestimmung des Klebers	6,00
12. Teigprobe	2,00
13. Verkleisterungsprobe	2,00
14. Diastatische Probe	6,00
15. Backprobe	10,00—20,00
16. Das Pekarisieren	1,00
17. Siebprobe	2,00
18. Bamihlsche Probe	12,00
19. Milbenprobe	1,00
II. Brot.	
1. Bestimmung des Wassergehaltes	4,00
2. a) Bestimmung der Gesamtmineralstoffe	4,00
b) Bestimmung des in Salzsäure unlöslichen Teiles derselben	2,00
3. Bestimmung des Säuregehaltes	2,00
4. Nachweis von Alaun, von Kupfer- und Zinksalzen	6,00—12,00
5. a) Feststellung des Verhältnisses zwischen Krume und Rinde	2,00
b) Bestimmung des spezifischen Gewichtes, Porenvolumens, Trockenvolumens und der Porengröße	3,00
6. Bestimmung der gesamten Nährstoffe (Wasser, Protein, Fett, Zucker, Rohfaser, Mineralstoffe, sowie der stickstofffreien Extraktstoffe aus der Differenz)	30,00
7. Mikroskopische Untersuchung von Mehl und Brot	2,00—25,00[1])
III. Präparierte Mehle.	
Prüfung auf fremde Farbstoffe	5,00—10,00
IV. Stärkemehle.	
Mikroskopische Prüfung	3,00

I. Gewürze. Heft II, S. 53.

Art der Bestimmung	Gebührensätze nach den Vorschlägen der Kommission Mk.
I. Allgemeiner Teil.	
1. a) Bestimmung der Gesamtmineralstoffe	4,00
b) Bestimmung des in Salzsäure unlöslichen Teiles derselben	2,00
c) Chloroformprobe	1,00
2. Bestimmung des Gewichtsverlustes bei 100°	3,00
3. Bestimmung des alkoholischen bezw. ätherischen Auszuges	5,00
4. Bestimmung der Stärke bezw. der in Zucker überführbaren Stoffe	12,00
5. Bestimmung der Rohfaser (Weender-Verfahren)	9,00
6. Bestimmung des Gehaltes an ätherischem Öl	15,00
7. Stickstoffbestimmung	6,00
II. Besonderer Teil.	
1. Macis, qualitative Prüfung je	1,00
2. Pfeffer	
a) Bestimmung des Harzgehaltes	6,00
b) Bestimmung des Piperins	6,00
c) Bestimmung der Bleizahl	20,00—25,00
3. Safran, Prüfung auf fremde Farbstoffe	5,00—10,00
4. Senf, Senföl nach A. Schlicht oder J. Gadamer	10,00
III. Mikroskopische Untersuchung der Gewürze	2,00—25,00[1])

K. Essig. Heft II, S. 79.

Art der Bestimmung	Gebührensätze nach den Vorschlägen der Kommission Mk.
a) Bestimmung des Säuregehaltes	2,00
b) Qualitative Prüfung auf freie Mineralsäuren	1,00
c) Quantitative Bestimmung der freien Mineralsäuren	4,00
d) Prüfung auf Schwermetalle	6,00
e) Prüfung auf scharf schmeckende Stoffe	2,00
f) Prüfung auf Farbstoffe	5,00—10,00

[1]) Je nach der erforderlichen Zeit.

Art der Bestimmung	Gebührensätze nach den Vorschlägen der Kommission Mk.
g) Prüfung auf Oxalsäure und Bestimmung derselben . . .	6,00
h) Bestimmung des Alkohols .	5,00
i) Prüfung auf Konservierungsmittel und Bestimmung derselben (vergl. B.)	1,00—15,00
k) Ermittelung der Abstammung des Essigs . . . . . bis	50,00 [1]
L. a) Zucker. Heft II, S. 88.	
A. Rohrzucker.	
1. Ermittelung des Zuckergehaltes. Nach der amtlichen Anweisung zum Zuckersteuergesetz vom 27. Mai 1896:	
a) in der Raffinade	3,00
b) im Rohzucker	3,00
c) in Sirupen u. Melassen: durch direkte Polarisation . .	3,00
c) in Sirupen u. Melassen: durch Polarisation vor und nach der Inversion und Berechnung nach Clerget	8,00
d) Bestimmung von Rohrzucker neben Raffinose .	8,00
e) Bestimmung von Rohrzucker neben Stärkezucker	8,00
f) Bestimmung von Rohrzucker neben Milchzucker in der kondensierten Milch	10,00
Ermittelung des Wassergehaltes. Heft II, S. 93:	
a) in Raffinade	3,00
b) in Rohzucker	3,00
c) in Sirupen und Melassen	4,00
3. Bestimmung der Mineralstoffe. Heft II, S. 93	4,00
4. Bestimmung des spezifischen Gewichts, nach der amtlichen Anweisung zum Zuckersteuergesetz vom 27. Mai 1896:	
α) aräometrisch	1,00
β) pyknometrisch	3,00
5. Sonstige Prüfung bei Raffinaden. Nach Heft II, S. 95	1,00
Handelsanalyse.	
a) Polarisation, Asche, Wasser, sowie qualitativ Invertzucker	6,50
b) desgl., jedoch Invertzucker quantitativ	10,50
c) Polarisation und spez. Gewicht bei Melassen . . .	6,00

Art der Bestimmung	Gebührensätze nach den Vorschlägen der Kommission Mk.
B. Stärkezucker und Stärkesirup. Heft II, S. 95.	
I. Wasserbestimmung	
α) gewichtsanalytisch . .	4,00
β) aräometrisch	1,50
γ) pyknometrisch	3,00
II. Zucker- bezw. Dextrinbestimmung:	
1. Auf chemischem Wege:	
a) Bestimmung des Zuckers, gewichtsanalytisch	6,00
b) Bestimmung von Zucker und Dextrin nach F. Allihn	12,00
2. Durch Gärung	7,00
III. Bestimmung des Säuregehaltes	2,00
IV. Bestimmung der Mineralstoffe	4,00
(Auf vorstehende Gebührensätze für Zuckeranalysen finden Nachlaßbewilligungen nicht statt.)	
L. b) Zuckerwaren. Heft II, S. 99.	
a) Bestimmung der Mineralstoffe	4,00
b) Prüfung auf Mineralfarben und gesundheitsschädliche Metalle sowie Bestimmung derselben	12,00
c) Prüfung auf Teerfarbstoffe	5,00—10,00
d) Prüfung auf künstliche Süßstoffe und Bestimmung derselben:	
α) qualitativ	5,00
β) quantitativ	12,00—20,00
e) Prüfung der Verpackungsstoffe auf gesundheitsschädliche Farben	25,00
M. Fruchtsäfte und Gelees. Heft II, S. 103.	
1. Chemische Untersuchung:	
a) Bestimmung des Wassers	4,00
b) Bestimmung der organischen Substanz; gesondert	8,00
c) Bestimmung der Gesamtmineralstoffe	4,00
Bestimmung einzelner Mineralstoffe	2,00—9,00

[1] Je nach den erforderlichen Bestimmungen.

Art der Bestimmung	Gebührensätze nach den Vorschlägen der Kommission Mk.
d) Zuckerbestimmung, siehe Heft III, S. 145.	
e) Bestimmung der freien Säuren (Gesamtsäure) . .	2,00
f) Bestimmung des Stickstoffs nach J. Kjeldahl . . .	6,00
g) Bestimmung des Alkohols	5,00
h) Prüfung auf Konservierungsmittel	1,00—15,00[1]
i) Prüfung auf künstliche Süßstoffe:	
α) qualitativ	5,00
β) quantitativ	12,00—20,00
k) Prüfung auf Schwermetalle	12,00
l) Prüfung auf künstliche Farbstoffe	5,00—10,00
m) Prüfung auf fremde Säuren:	
α) Prüfung auf Weinsäure	5,00
β) Prüfung auf Zitronensäure nach W. Möslinger	5,00
n) Prüfung auf Gelatine und Agar-Agar in Gelees und Marmeladen:	
1. Nachweis von Gelatine	7,00
2. Nachweis von Agar-Agar	3,00
2. Botanisch-mikroskopische Untersuchung . .	2,00—25,00
N. Gemüse und Fruchtdauerwaren. Heft II, S. 110.	
1.} 2.} Bestimmung von Wasser, Zucker, Rohfaser, Mineralstoffen etc. vgl. Allgemeine Untersuchungsmethoden Heft I, S. 1—21.	
3. Prüfung auf Konservierungsmittel (vergl. B.)	1,00—15,00
4. Prüfung auf Metalle . . .	12,00
5. Prüfung auf fremde organische Farbstoffe	5,00—10,00
6. Bestimmung der freien Säuren	2,00
7. Prüfung auf dextrinhaltigen Stärkezucker	
α) durch Polarisation . . .	8,00
β) durch die Vergärungsprobe	8,00
8. Prüfung auf künstliche Süßstoffe	
α) qualitativ	5,00
β) quantitativ	12,00—20,00
9. Prüfung auf Beschaffenheit (Schimmel, Fäulnis etc.) . .	4,00

Art der Bestimmung	Gebührensätze nach den Vorschlägen der Kommission Mk.
O. Honig. Heft II, S. 116.	
I. Chemisch-physikalische Untersuchung:	
1. Spezifisches Gewicht in Lösung (1 + 2)	
α) aräometrisch	1,50
β) pyknometrisch	3,00
2. Bestimmung des Wassergehaltes	4,00
3. Bestimmung der Mineralstoffe	4,00
4. Polarisation	
α) vor der Inversion . . .	3,00
β) vor und nach der Inversion	8,00
5. Bestimmung des Invertzuckers	6,00
6. Bestimmung des Invertzuckers nach der Inversion und Berechnung des Rohrzuckers	12,00
7. Bestimmung der Dextrose und Lävulose	12,00
8. Prüfung auf Stärkezucker, Dextrine etc.	
α) durch die Gärprobe . . .	8,00
β) Prüfung nach J. König und W. Karsch	15,00
9. Bestimmung des Stickstoffes	6,00
10. Bestimmung der freien Säuren	2,00
II. Mikroskopische Untersuchung	3,00
P. Branntwein und Liköre. Heft II, S. 123.	
1. Bestimmung des spezifischen Gewichts	
α) aräometrisch	1,00
β) pyknometrisch	3,00
2. Bestimmung des Alkohols	
a) direkt, ohne Destillation .	1,00
b) im Destillat	5,00
3. Bestimmung des Extraktes a und b je	2,00
4. Bestimmung des Zuckers .	6,00
5. Bestimmung der Mineralstoffe	4,00
6. Bestimmung der Gesamtsäure	2,00
7. Bestimmung des Fuselöls .	20,00
8. Nachweis des Aldehyds	
α) Methode a (Heft II, S. 127)	10,00
β) Methoden b—e (Heft II, S. 127/128) je	1,00
9. Nachweis des Furfurols . .	1,00
10. Bestimmung der Gesamtester	4,00

[1]) Vergl. Heft 1 der Vereinbarungen zur einheitlichen Untersuchung und Beurteilung von Nahrungs- und Genußmitteln sowie Gebrauchsgegenständen für das Deutsche Reich S. 22 ff.

Art der Bestimmung	Gebührensätze nach den Vorschlägen der Kommission Mk.
11. Prüfung auf künstliche Süßstoffe und Bestimmung derselben: α) qualitativ . . .	5,00
β) quantitativ je .	12,00—20,00
12. Bestimmung von Glycerin in Likören	8,00
13. Prüfung auf Bitterstoffe etc.	
α) durch Geschmacksprobe .	2,00
β) nach G. Dragendorff bis	50,00
14. Prüfung auf Farbstoffe . .	5,00—10,00
15. Nachweis gesundheitsschädlicher Metalle	
α) qualitativ bis zu	10,00
β) quantitativ je	6,00—12,00
16. Prüfung auf freie Mineralsäuren	
α) qualitativ	1,00
β) quantitativ	4,00
17. Prüfung auf Denaturierungsmittel	
a) Pyridinbasen	4,00
b) Methylalkohol	50,00
18. Prüfung auf Blausäure und Bestimmung derselben:	
a) Prüfung auf freie Blausäure	1,00
b) Prüfung auf gebundene Blausäure	1,00
c) Bestimmung der freien Blausäure	5,00
d) Bestimmung der gesamten Blausäure	5,00
e) Bestimmung der an Aldehyde gebundenen Blausäure (einschl. Best. c und d) .	10,00

Q. Künstliche Süßstoffe. Heft II, S. 134.

Art der Bestimmung	Mk.
Qualitative Prüfung	5,00
Quantitative Bestimmung . .	12,00—20,00

R. Wasser. Heft II, S. 143.

Art der Bestimmung	Mk.
I. Chemische Untersuchung des Wassers:	
1. Bestimmung der Schwebestoffe	5,00
2. Bestimmung des Abdampfrückstandes und Glühverlustes	
a) Bestimmung des Abdampfrückstandes	3,00
b) desgl. einschließlich Bestimmung des Glühverlustes	6,00
3. Bestimmung des Kaliumpermanganat- bezw. Sauerstoff-Verbrauches	3,00
4. Nachweis des Ammoniaks und des Albuminoid-Ammoniaks	
a) qualitative Prüfung auf Ammoniak	1,00
b) quantitative Bestimmung desselben	
α) kolorimetrisch . . .	4,00
β) chemisch	4,00
c) Bestimmung des sogen. Albuminoid-Ammoniaks .	6,00
5. Nachweis der salpetrigen Säure	
a) qualitativ	1,00—3,00
b) quantitativ	
α) kolorimetrisch . . .	4,00
β) titrimetrisch	8,00
6. Nachweis der Salpetersäure	
a) qualitativer Nachweis .	1,00
b) quantitative Bestimmung	
α) nach K. Ulsch . .	5,00
β) nach Schulze-Tiemann	8,00
γ) nach der Indigomethode	10,00
7. Bestimmung des Chlors	
a) gewichtsanalytisch . . .	6,00
b) maßanalytisch	2,00
8. Bestimmung der Schwefelsäure	6,00
9. a) Prüfung auf freie Kohlensäure	
α) qualitativ	1,00
β) quantitativ	3,00
b) Bestimmung der halbgebundenen und Gesamt-Kohlensäure	
α) Gesamtkohlensäure wie in Mineralwässern (R. Fresenius, Quant. Analyse 6. Aufl. II, 191 bez. 211) . . .	20,00
β) halbgebundene Kohlensäure titrimetrisch .	3,00
10. Bestimmung der Phosphorsäure	9,00
11. Nachweis des Schwefelwasserstoffs	
a) qualitativ	1,00
b) quantitativ	8,00
12. Bestimmung der Kieselsäure	3,00—6,00 [1])
13. Bestimmung von Eisenoxyd und Tonerde	4,00—12,00
14. Bestimmung des Kalkes . .	5,00
15. Bestimmung der Magnesia	8,00
16. Bestimmung der Alkalien	
a) Bestimmung der Gesamtalkalien	10,00

[1]) Je nach der Menge.

Art der Bestimmung	Gebührensätze nach den Vorschlägen der Kommission Mk.
b) Bestimmung des Kalis gesondert	9,00
17. Bestimmung des kohlensauren Natriums......	7,00
18. Nachweis von Blei, Kupfer, Zink, Arsen	
α) qualitativ	2,00—10,00
β) quantitativ je	10,00—20,00
19. Bestimmung des in Wasser gelösten Sauerstoffs nach L. W. Winkler	8,00
20. Bestimmung des in Wasser gelösten Stickstoffs (einschl. gasometr. Analyse) ...	50,00—100,00
II. Mikroskopische Untersuchung des Bodensatzes	5,00—25,00
III. Bakteriologische Untersuchung:	
Feststellung der Keimzahl .	10,00
Gebrauchsanalyse.	
1. Trockensubstanz, Glühverlust, Chlor und Kaliumpermanganatverbrauch quantitativ, ferner Salpetersäure, salpetrige Säure und Ammoniak qualitativ	10,00
2. Desgl. einschließlich Untersuchung des Bodensatzes. .	18,00
3. Desgl. mit quantitativer Bestimmung von Kalk, Magnesia, Schwefelsäure und Salpetersäure (ohne Bodensatzprüfung)	25,00
(Für laufende Wasserfilterkontrollen können besondere Vereinbarungen getroffen werden.)	

S. Wein.

Art der Bestimmung	Gebührensätze nach den Vorschlägen der Kommission Mk.
Nach der amtlichen Anweisung vom 25. Juni 1896.	
1. Bestimmung des spezifischen Gewichts	2,00
2. Bestimmung des Alkohols .	4,00
3. Bestimmung des Extraktes	
a) bei Weinen bis zu 4 g Extrakt in 100 ccm des Weines	4,00
b) bei Weinen mit 4 und mehr Grammen Extrakt in 100 ccm	
α) durch Berechnung . .	1,00
β) Sonderbestimmung .	6,00
4. Bestimmung der Mineralstoffe	4,00
5. Bestimmung der Schwefelsäure in Rotweinen ...	6,00
6. Bestimmung der freien Säuren (Gesamtsäure)	2,00
7. Bestimmung der flüchtigen Säuren	4,00
8. Bestimmung der nichtflüchtigen Säuren (Sonderbestimmung)	6,00
9. Bestimmung des Glycerins	
a) in trockenem Wein . .	8,00
b) in Süßwein	10,00
10. Bestimmung des Zuckers (gewichtsanalytisch)	
a) des Invertzuckers ...	4,00
b) des Rohrzuckers ...	10,00
11. Polarisation	3,00
12. Nachweis des unreinen Stärkezuckers durch Polarisation	12,00
13. Nachweis fremder Farbstoffe in Rotweinen......	2,00—15,00
14. Bestimmung der Säure:	
a) Bestimmung der Gesamtweinsteinsäure	4,00
b) Bestimmung der freien Weinsteinsäure .... c) Bestimmung des Weinsteins	6,00
15. Bestimmung der Schwefelsäure in Weißweinen . .	6,00
16. Bestimmung der schwefligen Säure	
α) gewichtsanalytisch...	8,00
β) maßanalytisch	5,00
17. Nachweis des Saccharins	
α) qualitativ	5,00
β) quantitativ	12,00—20,00
18. Prüfung auf Salicylsäure .	3,00
19. Prüfung auf arabisches Gummi und Dextrin.	1,00—10,00
20. a) Schätzung des Gerbstoffgehaltes	2,00
b) Bestimmung des Gerbstoffgehaltes	7,00
21. Bestimmung des Chlors . .	6,00
22. Bestimmung der Phosphorsäure	
a) in trockenem Wein . .	6,00
b) in Süßwein	9,00
23. Prüfung auf Salpetersäure	
a) in Weißweinen	1,00
b) in Rotweinen	2,00
24./25. Prüfung auf Baryum und Strontium	
a) qualitativ je	2,00
b) quantitativ je	6,00
26. Bestimmung des Kupfers .	6,00
Handelsanalyse.	
a) Für Weiß- und Rotweine, umfassend die Bestimmung von: Alkohol, Extrakt, Mineral-	

Art der Bestimmung	Gebührensätze nach den Vorschlägen der Kommission Mk.
stoffen, Gesamtsäure, flüchtigen Säuren, Zucker, Alkalität der Asche, Gesamt-Weinsteinsäure, Polarisation; bei Rotwein ferner Prüfung auf Farbe und Bestimmung der Schwefelsäure	15,00—25,00
b) kleine Analyse (Kelleranalyse), umfassend Bestimmung von: Extrakt, Mineralstoffen, Zucker, Gesamtsäure und flüchtigen Säuren	10,00
c) für Süßweine, umfassend Bestimmung von: wie a, außerdem Phosphorsäure, Polarisation vor und nach der Inversion und Vergärung, ferner spez. Gewicht und Glycerin	12,00—30,00
T. Bier. Heft III, S. 1.	
I. Chemische Untersuchung:	
a) 1. Bestimmung des spezifischen Gewichts	
α) mit dem Pyknometer .	3,00
β) mit der Mohr-Westphalschen Wage . .	2,00
2. Bestimmung des Extraktes, indirekt	
α) mit dem Pyknometer .	4,00
β) mit der Mohr-Westphalschen Wage . .	3,00
3. Prüfung des Extraktes auf Amylo- und Erythrodextrin	1,00
b) Bestimmung des Alkoholgehaltes	5,00
c) Bestimmung der Kohlenhydrate	
1. Bestimmung der Rohmaltose (Zuckerbestimmung) .	5,00
2. Der Gärversuch	15,00
3. Prüfung auf Dextrin	
α) nach Fr. Soxhlet . .	18,00
β) nach F. Allihn . .	12,00
d) Prüfung auf künstliche Süßstoffe	
α) qualitativ	5,00
β) quantitativ	12,00—20,00
e) Bestimmung der stickstoffhaltigen Verbindungen	6,00
f) Bestimmung der Mineralstoffe	4,00
g) Bestimmung des Glycerins:	
1. des Rohglycerins . . .	8,00
2. des Glycerins nach Abzug von Zucker und Asche .	17,00
h) Bestimmung der Säuren:	
1. Gesamtsäure	2,00
2. Flüchtige Säure	3,00
3. Kohlensäure	20,00
4. Schweflige Säure	8,00
5. Schwefelsäure	6,00
6. Phosphorsäure	9,00
i) Bestimmung des Chlors . .	6,00
k) Nachweis der Konservierungsmittel:	
1. Borsäure	
α) qualitativ, einschließlich Veraschung	5,00
β) quantitativ	
1. titrimetrisch . . .	15,00
2. gewichtsanalytisch .	30,00
2. Nachweis von Flußsäureverbindungen	
α) qualitativ	5,00
β) quantitativ	15,00
3. Nachweis von Salicylsäure	
α) qualitativ	3,00
β) quantitativ	5,00 [1])
4. Nachweis von Benzoesäure	10,00
5. Nachweis von Formaldehyd, je 2 M. (s. Heft I, S. 24 und 25)	8,00
l) Nachweis von Hopfensurrogaten und Bitterstoffen . .	30,00—50,00
m) Nachweis von Neutralisationsmitteln	15,00
n) Nachweis von Teerfarbstoffen	2,00—15,00
II. Mikroskopische Untersuchung	3,00—30,00
Handelsanalyse.	
a) Spez. Gewicht, Alkohol, Säure, Extrakt, Stammwürze, Vergärungsgrad .	9,00
b) Spez. Gewicht, Alkohol, Extrakt, Stammwürze, Vergärungsgrad, Mineralstoffe, Zucker, Glycerin, Säure, Stickstoff und künstliche Süßstoffe	25,00—50,00
U. Kaffee. Heft III, S. 24.	
I. Chemische Untersuchung des Kaffees:	
a) Prüfung auf künstliche Färbung:	
α) mikroskopischer Nachweis der künstlichen Färbung	4,00
β) mikrochemische Feststellung jedes Farbstoffes .	5,00
b) Prüfung auf Glasuren von Fetten, Ölen, Paraffinen, Glycerin etc.	

[1]) Kolorimetrisch.

Art der Bestimmung	Gebührensätze nach den Vorschlägen der Kommission Mk.
α) Prüfung auf Fette, Öle und Paraffine	
1. Gewinnung und Reinigung des Fettes . . .	4,00
2. Die einzelnen zur Kennzeichnung des Fettes erforderlichen Bestimmungen werden nach den unter „Schweineschmalz“ S. 153 angegegebenen Gebührensätzen berechnet.	
β) Prüfung auf Glycerin und Bestimmung desselben . .	8,00
c) Prüfung auf Beimengung künstlicher Kaffeebohnen	
α) makroskopische Prüfung .	1,00
β) mikroskopische Untersuchung verdächtiger Beimengungen	3,00—12,00
γ) qualitative chemische Untersuchung derselben . .	3,00—12,00
d) Bestimmung des Wassers	
α) in ungebranntem Kaffee .	4,00
β) in gebranntem Kaffee . .	3,00
e) Bestimmung des Gesamtstickstoffs nach J. Kjeldahl .	6,00
f) Bestimmung des Coffeins	
α) nach A. Hilger und A. Juckenack	20,00
β) nach A. Forster und R. Riechelmann	15,00
g) Bestimmung des Fettes . .	7,00
h) Bestimmung des Zuckers	
α) Herstellung des gereinigten Alkoholauszuges	5,00
β) Bestimmung des Zuckers in demselben	
1. vor der Inversion . .	5,00
2. nach der Inversion . .	6,00
i) Bestimmung der Extraktausbeute	4,00
k) Bestimmung der in Zucker überführbaren Stoffe . . .	8,00
l) Bestimmung der Rohfaser .	9,00
m) Bestimmung der Mineralstoffe	4,00
n) Bestimmung des Chlors und der Kieselsäure	10,00
o) Bestimmung der abwaschbaren Substanzen (einschließl. Veraschung)	8,00
p) Vorprüfung auf Zichorie und Caramel	1,00
II. Mikroskopische Untersuchung des Kaffees . .	3,00—12,00
III. Untersuchung der Kaffeesurrogate: Heft III, S. 34.	

Art der Bestimmung	Gebührensätze nach den Vorschlägen der Kommission Mk.
α) die einzelnen Bestimmungen werden nach den unter „Kaffee“ angegebenen Gebührensätzen berechnet.	
β) Untersuchung auf Schimmelpilze	4,00
V. a) Tee. Heft III, S. 46.	
I. Chemische Untersuchung:	
a) Bestimmung des Wassers .	3,00
b) 1. Bestimmung der Mineralstoffe	4,00
2. Bestimmung des in Salzsäure unlöslichen Teiles derselben	2,00
c) Bestimmung des Coffeins	
1. nach A. Forster und R. Riechelmann	15,00
2. nach A. Hilger und A. Juckenack	20,00
d) Bestimmung des wässerigen Auszuges	6,00
e) Bestimmung des Gerbstoffes	7,00
f) Prüfung auf künstliche Färbung	8,00
II. Mikroskopisch-botanische Untersuchung . .	3,00—12,00
V. b) Mate oder Paraguay-Tee. Heft III, S. 26.	
I. Chemische Untersuchung:	
a) Bestimmung des Wassers .	3,00
b) Bestimmung der Mineralstoffe	4,00
c) Bestimmung des Coffeins	
1. nach A. Forster und R. Riechelmann	15,00
2. nach A. Hilger und A. Juckenack	20,00
d) Bestimmung des wässerigen Extrakts	6,00
e) Bestimmung des Gerbstoffes nach Schröder	10,00
II. Mikroskopisch-botanische Untersuchung . .	3,00—12,00
W. Kakao und Schokolade. Heft III, S. 68.	
I. Chemische Untersuchung:	
a) Bestimmung des Wassers .	3,00
b) Bestimmung der Mineralstoffe	4,00
c) Bestimmung des Fettes . .	5,00

Art der Bestimmung	Gebührensätze nach den Vorschlägen der Kommission Mk.
Untersuchung des Fettes:	
1. Bestimmung des Schmelzpunktes	2,00
2. Bestimmung der Jodzahl nach von Hübl. . . .	8,00
3. Bestimmung der Verseifungszahl	4,00
4. Björklundsche Ätherprobe	1,50
5. F. Filsingersche Alkohol-Ätherprobe	1,50
6. Bestimmung der Säurezahl	3,00
d) Bestimmung des Theobromins	20,00
e) Bestimmung der Stärke . .	12,00
f) Bestimmung der Rohfaser .	9,00
g) Bestimmung des Zuckers	
α) polarimetrisch	4,00
β) nach F. Allihn . . .	6,00
II. Mikroskopisch-botanische Untersuchung. .	3,00—12,00
X. Tabak. Heft III, S. 82.	
I. Chemische Untersuchung:	
a) Bestimmung des Wassers .	3,00
b) Bestimmung des Gesamtstickstoffs	6,00
c) Bestimmung der Salpetersäure	8,00
d) Bestimmung des Nikotins	
α) nach R. Kißling . . .	15,00
β) nach M. Popovici . .	20,00
e) Bestimmung des Ammoniaks	4,00
f) Bestimmung der eiweißartigen Stickstoffverbindungen .	10,00
g) Bestimmung des Stickstoffs in Amidoverbindungen . .	10,00
h) Bestimmung des Harz- und Fettgehaltes	8,00
i) Bestimmung der Rohfaser .	9,00
k) Bestimmung des Zuckers	
1. Herstellung des entfärbten Auszuges	4,00
2. Bestimmung des Zuckers vor der Inversion . . .	5,00
3. Bestimmung des Zuckers nach der Inversion . . .	6,00
l) Bestimmung der Stärke . .	12,00
m) Bestimmung der wasserlöslichen Extraktivstoffe . . .	6,00
n) Bestimmung der Mineralstoffe	4,00
α) Bestimmung des in Salzsäure unlöslichen Teiles derselben	2,00
β) Bestimmung der wasserlöslichen Alkalität der Asche	2,00

Art der Bestimmung	Gebührensätze nach den Vorschlägen der Kommission Mk.
γ) Bestimmung des Chlors	
1. gewichtsanalytisch . .	6,00
2. maßanalytisch . . .	5,00
δ) Bestimmung des Gesamtalkalis	10,00
II. Mikroskopisch-botanische Untersuchung. .	3,00—12,00
III. Bestimmung der Glimmdauer	6,00
Y. Luft. Heft III, S. 100.	
1. a) Bestimmung der Temperatur	1,00 [1]
b) Bestimmung der Feuchtigkeit	4,00
2. a) Bestimmung des Ozongehaltes nach C. F. Schönbein	3,00
b) Bestimmung des Sauerstoffs nach W. Hempel . . .	10,00—25,00
c) Bestimmung des Wasserstoffsuperoxydes qualitativ	4,00
3. Nachweis des Kohlenoxyds	
α) qualitativ mittelst Bluts .	10,00
β) quantitativ mittelst Palladiumchlorürs	20,00
4. Bestimmung der Kohlensäure nach M. v. Pettenkofer	5,00
5. Bestimmung des Salzsäuregases	5,00
6. Bestimmung des Chlors . .	5,00
7. Nachweis des Schwefelwasserstoffes:	
α) qualitativ	1,00
β) quantitativ	8,00
8. Bestimmung der schwefligen Säure	5,00
9. Nachweis der Schwefelsäure	
α) qualitativ	1,00
β) quantitativ	6,00
10. Nachweis des Ammoniaks	
a) qualitativ	1,00
b) quantitativ	
α) chemisch	4,00
β) kolorimetrisch . . .	3,00
11. Nachweis der salpetrigen Säure	
a) qualitativ	1,00—3,00
b) quantitativ	
α) kolorimetrisch . . .	4,00
β) titrimetrisch	8,00
12. Nachweis der Salpetersäure	
a) qualitativ	1,00
b) quantitativ	
α) nach K. Ulsch . .	5,00

[1] Die Zeit der Tätigkeit außerhalb des Laboratoriums wird gesondert berechnet.

Art der Bestimmung	Gebührensätze nach den Vorschlägen der Kommission Mk.
β) nach Schulze-Tiemann	8,00
13. Bestimmung der Staubteilchen	
a) quantitative Bestimmung	4,00
b) qualitative chemische oder mikroskopische Untersuchung des Staubes. . .	2,00—10,00
14. Mikroskopisch-bakteriologische Untersuchung	10,00—30,00
Z. Gebrauchsgegenstände. Heft III, S. 115.	
A. Spielwaren. Heft III, S. 117.	
I. Gefärbte Spielwaren, Blumentopfgitter, künstliche Christbäume	
1. Qualitative Prüfung auf:	
a) Schwefelsaures Baryum	5,00
b) Barytfarblacke	10,00 [1])
c) Chromoxyd	3,00
d) Kupfer, Zinn, Zink und deren Legierungen als Metallfarben	8,00—10,00
e) Zinnober	4,00
f) Zinnoxyd	3,00
g) Musivgold	3,00
h) Bleioxyd in Firnis . .	6,00
i) Chromsaures Blei . . .	9,00
k) Wasserunlösliche Zinkverbindungen	4,00
l) Arsen nach der amtlichen Anleitung vom 10. April 1888	15,00
2. Prüfung auf organische Farbstoffe:	
a) Gummigutti	5,00
b) Corallin	3,00
c) Pikrinsäure	3,00
II. Spielwaren aus Kautschuk:	
Qualitative anorganische Analyse nach Zerstörung der organischen Substanz	15,00
a) Prüfung, ob Zink als unlösliche Verbindung vorhanden ist	4,00
b) Prüfung, ob Zink als Färbemittel der Gummimasse verwendet ist	10,00
c) Prüfung, ob Zink als Öl- oder Lackfarbe vorhanden ist	5,00
d) Prüfung, ob Zink mit Lack oder Firnis überzogen ist	5,00

Art der Bestimmung	Gebührensätze nach den Vorschlägen der Kommission Mk.
III. Spielwaren aus Wachsguß:	
a) Qualitative Prüfung auf Blei	3,00
b) Quantitative Bestimmung von Blei	10,00
IV. Spielwaren aus Metall: s. Eß-, Trink- und Kochgeschirre.	
B. Eß-, Trink- und Kochgeschirre. Heft III, S. 118.	
I. Metallgegenstände:	
1. Bestimmung des spez. Gewichts	3,00
2. Quantitative Untersuchung, für jede Metallbestimmung	10,00
II. Töpfer- und Emailgeschirr:	
1. Qualitative Prüfung auf Blei	3,00
2. Quantitative Bestimmung von Blei, Kupfer, Zinn und Zink je	10,00
3. Quantitative Bestimmung von Arsen	15,00
III. Kautschukgegenstände:	
1. Qualitative Prüfung auf Blei	4,00
2. Quantitative Bestimmung von Blei	10,00
C. Farben. Heft III, S. 121.	
I. Farben für Nahrungs- und Genußmittel wie unter A (Spielwaren), I, 1 und 2.	
II. Farben zur Herstellung von Oblaten: Wie unter A (Spielwaren), I, 1 und 2.	
III. Farben für Gefäße, Umhüllungen oder Schutzbedeckungen wie unter A (Spielwaren), I, 1 und 2.	
IV. Farben für Buch- und Steindruck auf Gefäßen etc.:	
Prüfung auf Arsengehalt und Bestimmung desselben nach der amtlichen Anleitung vom 10. April 1888	15,00
V. Farben zur Herstellung kosmetischer Mittel:	
a) Entfernung der Fette . . .	3,00
b) Prüfung auf Farbstoffe wie unter A (Spielwaren), I, 1 und 2.	

1) Einschließlich Baryum- und Kohlensäurenachweis.

Art der Bestimmung	Gebührensätze nach den Vorschlägen der Kommission Mk.
VI. Farben zur Herstellung von Spielwaren: Wie unter A.	
VII. Tuschfarben:	
1. Wie unter A (Spielwaren), I, 1 und 2.	
2. Nachweis der Verbindungsform des Bleies	9,00
VIII. Farben für Tapeten, Möbelstoffe, Teppiche, Stoffe zu Vorhängen oder Bekleidungsgegenständen, Masken, Kerzen, sowie künstlichen Blättern, Blumen und Früchten, Schreibhilfsmitteln, Lampen- und Lichtschirmen und Lichtmanschetten:	
a) Prüfung auf Arsengehalt und Bestimmung desselben nach der amtlichen Anleitung vom 10. April 1888	
α) Qualitative Prüfung auf wasserl. Arsen	6,00
β) Quantitative Bestimmung	15,00
b) Prüfung auf Zinnober . . .	4,00
c) Prüfung auf Bleisalze . . .	4,00
IX. Wasser- oder Leimfarben zur Herstellung des Anstrichs von Fußböden, Decken, Wänden, Türen, Fenstern der Wohn- oder Geschäftsräume, von Roll-, Zug- und Klappläden oder Vorhängen, von Möbeln und sonstigen häuslichen Gebrauchsgegenständen:	
Prüfung auf Arsengehalt und Bestimmung desselben nach der amtlichen Anleitung vom 10. April 1888	15,00
D. Petroleum. Heft III, S. 130.	
1. Bestimmung des Entflammungspunktes nach der amtlichen Anweisung vom 20. April 1882	4,00
2. Bestimmung des Schwefelgehaltes	10,00
3. Bestimmung des Erstarrungspunktes	5,00
4. Bestimmung der Leuchtkraft (Brennfähigkeit) und des Verbrauchs für die Stunde und N. K.	15,00
5. Bestimmung des spez. Gewichts (m. Aräometer) . .	1,00
6. Bestimmung des Gehalts an Normalpetroleum (durch fraktionierte Destillation) . . .	5,00
7. Bestimmung des Gehaltes an Mineralstoffen	2,00
8. Bestimmung der Farbe . .	1,00

Vorschriften, betreffend die Prüfung der Nahrungsmittel-Chemiker.

Bundesratsbeschluß vom 22. Februar 1894.

---

§ 1. Über die Befähigung zur chemisch-technischen Beurteilung von Nahrungsmitteln, Genußmitteln und Gebrauchsgegenständen (Reichsgesetz vom 14. Mai 1879, Reichs-Gesetzbl. S. 145) wird demjenigen, welcher die in folgendem vorgeschriebenen Prüfungen bestanden hat, ein Ausweis nach dem beiliegenden Muster erteilt.

§ 2. Die Prüfungen bestehen in einer Vorprüfung und einer Hauptprüfung.

Die Hauptprüfung zerfällt in einen technischen und einen wissenschaftlichen Abschnitt.

A. Vorprüfung.

§ 3. Die Kommission für die Vorprüfung besteht unter dem Vorsitz eines Verwaltungsbeamten aus einem oder zwei Lehrern der Chemie und je einem Lehrer der Botanik und der Physik.

Der Vorsitzende leitet die Prüfung und ordnet bei Behinderung eines Mitgliedes dessen Vertretung an.

§ 4. In jedem Studienhalbjahr finden Prüfungen statt.

Gesuche, welche später als vier Wochen vor dem amtlich festgesetzten Schluß der Vorlesungen eingehen, haben keinen Anspruch auf Berücksichtigung im laufenden Halbjahr.

Die Prüfung kann nur bei der Prüfungskommission derjenigen Lehranstalt, bei welcher der Studierende eingeschrieben ist oder zuletzt eingeschrieben war, abgelegt werden.

§ 5. Dem Gesuche sind beizufügen:

1. Das Zeugnis der Reife von einem Gymnasium, einem Realgymnasium, einer Oberrealschule oder einer durch Beschluß des Bundesrats als gleichberechtigt anerkannten anderen Lehranstalt des Reichs.

Das Zeugnis der Reife einer gleichartigen außerdeutschen Lehranstalt kann ausnahmsweise für ausreichend erachtet werden.

2. Der durch Abgangszeugnisse oder, soweit das Studium noch fortgesetzt wird, durch das Anmeldebuch zu führende Nachweis eines naturwissenschaftlichen Studiums von sechs Halbjahren, deren letztes indessen zur Zeit der Einreichung des Gesuches noch nicht abgeschlossen zu sein braucht. Das Studium muß auf Universitäten oder auf technischen Hochschulen des Reichs zurückgelegt sein.

Ausnahmsweise kann das Studium auf einer gleichartigen außerdeutschen Lehranstalt oder die einem anderen Studium gewidmete Zeit in Anrechnung gebracht werden.

3. Der durch Zeugnisse der Laboratoriumsvorsteher zu führende Nachweis, daß der Studierende mindestens fünf Halbjahre in chemischen Laboratorien der unter Nr. 2 bezeichneten Lehranstalten gearbeitet hat.

§ 6. Der Vorsitzende der Prüfungskommission entscheidet über die Zulassung und verfügt die Ladung des Studierenden. Letztere erfolgt mindestens zwei Tage vor der Prüfung, unter Beifügung eines Abdrucks dieser Bestimmungen. Die Prüfung kann nach Beginn der letzten sechs Wochen des sechsten Studienhalbjahres stattfinden.

Zu einem Prüfungstermin werden nicht mehr als vier Prüflinge zugelassen.

Wer in dem Termin ohne ausreichende Entschuldigung nicht rechtzeitig erscheint, wird in dem laufenden Prüfungshalbjahr zur Prüfung nicht mehr zugelassen.

§ 7. Die Prüfung erstreckt sich auf

unorganische, organische und analytische Chemie, Botanik, Physik.

Bei der Prüfung in der unorganischen Chemie ist auch die Mineralogie zu berücksichtigen.

Die Prüfung ist mündlich; der Vorsitzende und zwei Mitglieder müssen bei derselben ständig zugegen sein.

Die Dauer der Prüfung beträgt für jeden Prüfling etwa eine Stunde, wovon die Hälfte auf Chemie, je ein Viertel auf Botanik und Physik entfällt.

Wer die Prüfung für das höhere Lehramt bestanden hat, wird, sofern er in Chemie oder Botanik die Befähigung zum Unterricht in allen Klassen oder in Physik die Befähigung zum Unterricht in den mittleren Klassen erwiesen hat, in dem betreffenden Fach nicht geprüft.

§ 8. Die Gegenstände und das Ergebnis der Prüfung werden von dem Examinator für jeden Geprüften in ein Protokoll eingetragen, welches von dem Vorsitzenden und sämtlichen Mitgliedern der Kommission zu unterzeichnen ist.

Die Zensur wird für das einzelne Fach von dem Examinator erteilt, und zwar unter ausschließlicher Anwendung der Prädikate „sehr gut", „gut", „genügend" oder „ungenügend".

Wenn in der Chemie von zwei Lehrern geprüft wird, haben beide sich über die Zensur für das gesamte Fach zu einigen. Gelingt dies nicht, so entscheidet die Stimme desjenigen Examinators, welcher die geringere Zensur erteilt hat.

§ 9. Ist die Prüfung nicht bestanden, so findet eine Wiederholungsprüfung statt. Dieselbe erstreckt sich, wenn die Zensur in der ersten Prüfung für Chemie und für ein zweites Fach „ungenügend" war, auf sämtliche Gegenstände der Vorprüfung und findet dann nicht vor Ablauf von sechs Monaten statt.

In allen anderen Fällen beschränkt sich die Wiederholungsprüfung auf die nicht bestandenen Fächer. Die Frist, vor deren Ablauf sie nicht stattfinden darf, beträgt mindestens zwei und höchstens sechs Monate und wird von dem Vorsitzenden nach Benehmen mit dem Examinator festgesetzt. Meldet sich der Prüfling ohne eine nach dem Urteil des Vorsitzenden ausreichende Entschuldigung innerhalb des nächstfolgenden Studiensemesters nach Ablauf der Frist nicht rechtzeitig (§ 4) zur Prüfung, so hat er die ganze Prüfung zu wiederholen.

Lautet in jedem Fache die Zensur mindestens „genügend", so ist die Prüfung bestanden. Als Schlußzensur wird erteilt

„sehr gut", wenn die Zensur für Chemie und ein anderes Fach „sehr gut", für das dritte Fach mindestens „gut" lautet;

„gut", wenn die Zensur nur in Chemie „sehr gut" oder in Chemie und noch einem Fach mindestens „gut" lautet;

„genügend" in allen übrigen Fällen.

§ 10. Tritt ein Prüfling ohne eine nach dem Urteil des Vorsitzenden ausreichende Entschuldigung im Laufe der Prüfung zurück, so hat er dieselbe vollständig zu wiederholen. Die Wiederholung ist vor Ablauf von sechs Monaten nicht zulässig.

§ 11. Die Wiederholung der ganzen Prüfung kann auch bei einer anderen Prüfungskommission geschehen. Die Wiederholung der Prüfung in einzelnen Fächern muß bei derselben Kommission stattfinden.

Eine mehr als zweimalige Wiederholung der ganzen Prüfung oder der Prüfung in einem Fache ist nicht zulässig.

Ausnahmen von vorstehenden Bestimmungen können aus besonderen Gründen gestattet werden.

§ 12. Über den Ausfall der Prüfung wird ein Zeugnis erteilt. Ist die Prüfung ganz oder teilweise zu wiederholen, so wird statt einer Gesamtzensur die Wiederholungsfrist in dem Zeugnis vermerkt. Dieser Vermerk ist, falls der Prüfling bei einer akademischen Lehranstalt nicht mehr eingeschrieben ist, auch in das letzte Abgangszeugnis einzutragen. Ist der Prüfling bei einer akademischen Lehranstalt noch eingeschrieben, so hat der Vorsitzende den

Ausfall der Prüfung und die Wiederholungsfristen alsbald der Anstaltsbehörde mitzuteilen. Von dieser ist, falls der Studierende vor vollständig bestandener Vorprüfung die Lehranstalt verläßt, ein entsprechender Vermerk in das Abgangszeugnis einzutragen.

§ 13. An Gebühren sind für die Vorprüfung vor Beginn derselben 30 Mk. zu entrichten.

Für Prüflinge, welche das Befähigungszeugnis für das höhere Lehramt besitzen, betragen in den im § 7 Absatz 5 vorgesehenen Fällen die Gebühren 20 Mk. Dasselbe gilt für die Wiederholung der Prüfung in einzelnen Fächern (§ 9 Absatz 2).

B. Hauptprüfung.

§ 14. Die Kommission für die Hauptprüfung besteht unter dem Vorsitz eines Verwaltungsbeamten aus zwei Chemikern, von denen einer auf dem Gebiete der Untersuchung von Nahrungsmitteln, Genußmitteln und Gebrauchsgegenständen praktisch geschult ist, und aus einem Vertreter der Botanik.

Der Vorsitzende leitet die Prüfung und ordnet bei Behinderung eines Mitgliedes dessen Vertretung an.

§ 15. Die Prüfungen beginnen jährlich im April und enden im Dezember.

Die Prüfung kann vor jeder Prüfungskommission abgelegt werden.

Die Gesuche um Zulassung sind bei dem Vorsitzenden bis zum 1. April einzureichen. Wer die Vorbereitungszeit erst mit dem September beendigt, kann ausnahmsweise noch im laufenden Prüfungsjahre zur Prüfung zugelassen werden, sofern die Meldung vor dem 1. Oktober erfolgt.

§ 16. Der Meldung sind beizufügen:

1. ein kurzer Lebenslauf;
2. die in § 5 Nr. 1 bis 3 aufgeführten Nachweise;
3. das Zeugnis über die Vorprüfung (§ 12);
4. Zeugnisse der Laboratoriums- oder Anstaltsvorsteher darüber, daß der Prüfling vor oder nach der Vorprüfung an einer der im § 5 Nr. 2 bezeichneten Lehranstalten mindestens ein Halbjahr an Mikroskopierübungen teil genommen und nach bestandener Vorprüfung mindestens drei Halbjahre mit Erfolg an einer staatlichen Anstalt zur technischen Untersuchung von Nahrungs- und Genußmitteln tätig gewesen ist.

Wer die Prüfung als Apotheker mit dem Prädikat „sehr gut“ bestanden hat, bedarf, sofern er die im § 5 Nr. 2 bezeichnete Vorbedingung erfüllt hat, der im § 5 Nr. 1 und 3 vorgesehenen Nachweise sowie des Zeugnisses über die Vorprüfung nicht. Wer die Befähigung für das höhere Lehramt in Chemie und Botanik für alle Klassen und in Physik für die mittleren Klassen dargetan hat, bedarf, sofern er den im § 5 unter Nr. 3 vorgesehenen Nachweis erbringt, des Zeugnisses über die Vorprüfung nicht. Wer an einer technischen Hochschule die Diplom- (Absolutorial-) Prüfung für Chemiker bestanden hat, bedarf des Zeugnisses über die Vorprüfung nicht, wenn die bestehenden Prüfungsvorschriften als ausreichend anerkannt sind.

Wer nach der Vorprüfung ein halbes Jahr an einer Universität oder technischen Hochschule dem naturwissenschaftlichen Studium, verbunden mit praktischer Laboratoriumstätigkeit, gewidmet hat, bedarf nur für zwei Halbjahre des Nachweises über eine praktische Tätigkeit an Anstalten zur Untersuchung von Nahrungs- und Genußmitteln.

Den staatlichen Anstalten dieser Art können von der Zentralbehörde sonstige Anstalten zur technischen Untersuchung von Nahrungs- und Genußmitteln, sowie landwirtschaftliche Untersuchungsanstalten gleichgestellt werden.

§ 17. Der Vorsitzende der Kommission entscheidet über die Zulassung des Studierenden. Dieser hat sich bei dem Vorsitzenden persönlich zu melden.

Die Zulassung zur Prüfung ist zu versagen, wenn Tatsachen vorliegen, welche die Unzuverlässigkeit des Nachsuchenden in bezug auf die Ausübung des Berufs als Nahrungsmittel-Chemiker dartun.

§ 18. Die Prüfung ist nicht öffentlich. Sie beginnt mit dem technischen Abschnitt. Nur wer diesen Abschnitt bestanden hat, wird zu dem wissenschaftlichen Abschnitt zugelassen. Zwischen beiden Abschnitten soll ein Zeitraum von höchstens drei Wochen liegen; jedoch kann der Vorsitzende aus besonderen Gründen eine längere Frist, ausnahmsweise auch eine Unterbrechung bis zur nächsten Prüfungsperiode gewähren.

§ 19. Die technische Prüfung wird in einem mit den erforderlichen Mitteln ausgestatteten Staatslaboratorium abgehalten. Es dürfen daran gleichzeitig nicht mehr als acht Kandidaten teilnehmen.

Die Prüfung umfaßt vier Teile. Der Prüfling muß sich befähigt erweisen:

1. eine ihren Bestandteilen nach dem Examinator bekannte chemische Verbindung oder eine künstliche, zu diesem Zweck besonders zusammengesetzte Mischung qualitativ zu analysieren und mindestens vier einzelne Bestandteile der von dem Kandidaten bereits qualitativ untersuchten, oder einer anderen dem Examinator in bezug auf Natur und Mengenverhältnis der Bestandteile bekannten chemischen Verbindung oder Mischung quantitativ zu bestimmen;

2. die Zusammensetzung eines ihm vorgelegten Nahrungs- oder Genußmittels qualitativ und quantitativ zu bestimmen;

3. die Zusammensetzung eines Gebrauchsgegenstandes aus dem Bereich des Gesetzes vom 14. Mai 1879 qualitativ und nach dem Ermessen des Examinators auch quantitativ zu bestimmen;

4. einige Aufgaben auf dem Gebiete der allgemeinen Botanik (der pflanzlichen Systematik, Anatomie und Morphologie) mit Hilfe des Mikroskops zu lösen.

Die Prüfung wird in der hier angegebenen Reihenfolge ohne mehrtägige Unterbrechung erledigt. Zu einem späteren Teil wird nur zugelassen, wer den vorhergehenden Teil bestanden hat.

Die Aufgaben sind so zu wählen, daß die Prüfung in vier Wochen abgeschlossen werden kann.

Sie werden von den einzelnen Examinatoren bestimmt und erst bei Beginn jedes Prüfungsteils bekannt gegeben. Die technische Lösung der Aufgabe des ersten Teils muß, soweit die qualitative Analyse in Betracht kommt, in einem Tage, diejenige der übrigen Aufgaben innerhalb der vom Examinator bei Überweisung der einzelnen Aufgaben festzusetzenden Frist beendet sein.

Die Aufgaben und die gesetzten Fristen sind gleichzeitig dem Vorsitzenden von den Examinatoren schriftlich mitzuteilen.

Die Prüfung erfolgt unter Klausur dergestalt, daß der Kandidat die technischen Untersuchungen unter ständiger Anwesenheit des Examinators oder eines Vertreters desselben zu Ende führt und die Ergebnisse täglich in ein von dem Examinator gegenzuzeichnendes Protokoll einträgt.

§ 20. Nach Abschluß der technischen Untersuchungen (§ 19) hat der Kandidat in einem schriftlichen Bericht den Gang derselben und den Befund zu beschreiben, auch die daraus zu ziehenden Schlüsse darzulegen und zu begründen. Die schriftliche Ausarbeitung kann für die beiden Analysen des ersten Teils zusammengefaßt werden, falls dieselbe Substanz qualitativ und quantitativ bestimmt worden ist; sie hat sich für Teil 4 auf eine von dem Examinator zu bezeichnende Aufgabe zu beschränken. Die Berichte über die Teile 1, 2 und 3 sind je binnen drei Tagen nach Abschluß der Laboratoriumsarbeiten, der Bericht über die mikroskopische Aufgabe (Teil 4) binnen zwei Tagen, mit Namensunterschrift versehen, dem Examinator zu übergeben.

Der Kandidat hat bei jeder Arbeit die benutzte Literatur anzugeben und eigenhändig die Versicherung hinzuzufügen, daß er die Arbeit ohne fremde Hilfe angefertigt hat.

§ 21. Die Arbeiten werden von den Fachexaminatoren zensiert und mit den Untersuchungsprotokollen und Zensuren dem Vorsitzenden der Kommission binnen einer Woche nach Empfang vorgelegt.

§ 22. Die wissenschaftliche Prüfung ist mündlich. Der Vorsitzende und zwei Mitglieder der Kommission müssen bei derselben ständig zugegen sein. Zu einem Termin werden nicht mehr als vier Kandidaten zugelassen.

Die Prüfung erstreckt sich:

1. auf die unorganische, organische und analytische Chemie mit besonderer Berücksichtigung der bei der Zusammensetzung der Nahrungs- und Genußmittel in Betracht kommenden chemischen Verbindungen, der Nährstoffe und ihrer Umsetzungsprodukte, sowie auch der Ermittelung der Aschenbestandteile und der Gifte mineralischer und organischer Natur;

2. auf die Herstellung und die normale und abnorme Beschaffenheit der Nahrungs- und Genußmittel, sowie der unter das Gesetz vom 14. Mai 1879 fallenden Gebrauchsgegenstände. Hierbei ist auch auf die sogenannten landwirtschaftlichen Gewerbe (Bereitung von Molkereiprodukten, Bier, Wein, Branntwein, Stärke, Zucker u. dgl. m.) einzugehen;

3. auf die allgemeine Botanik (pflanzliche Systematik, Anatomie und Morphologie) mit besonderer Berücksichtigung der pflanzlichen Rohstofflehre (Drogenkunde u. dgl.), sowie ferner auf die bakteriologischen Untersuchungsmethoden des Wassers und der übrigen Nahrungs- und Genußmittel, jedoch unter Beschränkung auf die einfachen Kulturverfahren;

4. auf die den Verkehr mit Nahrungsmitteln, Genußmitteln und Gebrauchsgegenständen regelnden Gesetze und Verordnungen, sowie auf die Grenzen der Zuständigkeit des Nahrungsmittel-Chemikers im Verhältnis zum Arzt, Tierarzt und anderen Sachverständigen, endlich auf die Organisation der für die Tätigkeit eines Nahrungsmittel-Chemikers in Betracht kommenden Behörden.

Die Prüfung in den ersten drei Fächern wird von den Fachexaminatoren, im vierten Fache von dem Vorsitzenden, geeignetenfalls unter Beteiligung des einen oder anderen Fachexaminators abgehalten. Die Dauer der Prüfung beträgt für jeden Kandidaten in der Regel nicht über eine Stunde.

§ 23. Für jeden Kandidaten wird über jeden Prüfungsabschnitt ein Protokoll unter Anführung der Prüfungsgegenstände und der Zensuren, bei der Zensur „ungenügend“ unter kurzer Angabe ihrer Gründe aufgenommen.

§ 24. Über den Ausfall der Prüfung in den einzelnen Teilen des technischen Abschnitts und in den einzelnen Fächern des wissenschaftlichen Abschnitts werden von den betreffenden Examinatoren Zensuren unter ausschließlicher Anwendung der Prädikate „sehr gut“, „gut“, „genügend“, „ungenügend“ erteilt.

Für Botanik und Bakteriologie muß die gemeinsame Zensur, wenn bei getrennter Beurteilung in einem dieser Zweige „ungenügend“ gegeben werden würde, „ungenügend“ lauten.

§ 25. Ist die Prüfung in einem Teile des technischen Abschnitts nicht bestanden, so findet eine Wiederholungsprüfung statt. Die Frist, vor deren Ablauf die Wiederholungsprüfung nicht erfolgen darf, beträgt mindestens drei Monate und höchstens ein Jahr; sie wird von dem Vorsitzenden nach Benehmen mit dem Examinator festgesetzt.

Hat der Kandidat die Prüfung in einem Fache des wissenschaftlichen Abschnitts nicht bestanden, so kann er nach Ablauf von sechs Wochen zu einer Nachprüfung zugelassen werden. Die Nachprüfung findet in Gegenwart des Vorsitzenden und der beteiligten Fachexaminatoren statt. Besteht der Kandidat auch in der Nachprüfung nicht, oder versäumt er es ohne ausreichende Entschuldigung sich innerhalb 14 Tagen nach Ablauf der für die Nachprüfung gestellten Frist zu melden, so hat er die Prüfung in dem ganzen Abschnitt zu wiederholen. Dasselbe gilt, wenn der Kandidat die Prüfung in mehr als einem Fache dieses Abschnitts nicht bestanden hat. Die Wiederholung ist vor Ablauf von sechs Monaten nicht zulässig.

§ 26. Erfolgt die Meldung zur Wiederholung eines Prüfungsteils nicht spätestens in dem nächsten Prüfungsjahre, so muß die ganze Prüfung von neuem abgelegt werden.

Wer bei der Wiederholung nicht besteht, wird zu einer weiteren Prüfung nicht zugelassen.

Ausnahmen von vorstehenden Bestimmungen können aus besonderen Gründen gestattet werden.

§ 27. Nachdem die Prüfung in allen Teilen bestanden ist, ermittelt der Vorsitzende aus den Einzelzensuren die Schlußzensur, wobei die Zensuren für jeden einzelnen Teil des ersten Abschnittes doppelt gezählt werden, so daß im ganzen zwölf Einzelzensuren sich ergeben.

Die Schlußzensur „sehr gut“ darf nur dann gegeben werden, wenn die Mehrzahl der Einzelzensuren „sehr gut“, alle übrigen „gut“ lauten; die Schlußzensur „gut“ nur dann, wenn die Mehrzahl mindestens „gut“ oder wenigstens sechs Einzelzensuren „sehr gut“ lauten. In allen übrigen Fällen wird die Schlußzensur „genügend“ gegeben.

Nach Feststellung der Schlußzensur legt der Vorsitzende die Prüfungsverhandlungen derjenigen Behörde vor, welche den Ausweis über die Befähigung als Nahrungsmittel-Chemiker (§ 1) erteilt.

§ 28. Wer einen Prüfungstermin oder die im § 17 vorgesehene Frist ohne ausreichende Entschuldigung versäumt, wird in dem laufenden Prüfungsjahr zur Prüfung nicht mehr zugelassen. Der Vorsitzende hat die Zurückstellung bei der im § 27 bezeichneten Behörde zu beantragen, falls er die Entschuldigung nicht für ausreichend hält.

Tritt ein Prüfling ohne ausreichende Entschuldigung von einem begonnenen Prüfungsabschnitt zurück, oder hält er eine der im § 19 Absatz 4 und § 20 vorgesehenen Fristen nicht ein, so hat dies die Wirkung, als wenn er in allen Teilen des Abschnitts die Zensur „ungenügend“ erhalten hätte.

§ 29. Die Prüfung darf nur bei derjenigen Kommission fortgesetzt und wiederholt werden, bei welcher sie begonnen ist. Ausnahmen können aus besonderen Gründen gestattet werden.

Die mit dem Zulassungsgesuch eingereichten Zeugnisse werden dem Kandidaten nach bestandener Gesamtprüfung zurückgegeben. Verlangt er sie früher zurück, so ist, falls die Zulassung zur Prüfung bereits ausgesprochen war, vor der Rückgabe in die Urschrift des letzten akademischen Abgangszeugnisses ein Vermerk hierüber, sowie über den Ausfall der schon zurückgelegten Prüfungsteile einzutragen.

§ 30. An Gebühren sind für die Hauptprüfung vor Beginn derselben 180 Mk. zu entrichten. Davon entfallen:

I. auf den technischen Abschnitt
für jeden der ersten drei Teile 25 Mk., für den vierten Teil 15 Mk.,
II. auf den wissenschaftlichen Abschnitt 30 Mk.,
III. auf allgemeine Kosten 60 Mk.

Wer von der Prüfung zurücktritt oder zurückgestellt wird, erhält die Gebühren für die noch nicht begonnenen Prüfungsteile ganz, die allgemeinen Kosten zur Hälfte zurück, letztere jedoch nur dann, wenn der dritte Teil des technischen Abschnitts noch nicht begonnen war.

Bei einer Wiederholung sind die Gebührensätze für diejenigen Prüfungsteile, welche wiederholt werden, und außerdem je 15 Mk. für jeden zu wiederholenden Prüfungsteil auf allgemeine Kosten zu entrichten. Für die Nachprüfung in einem Fache des wissenschaftlichen Abschnitts sind 15 Mk. zu zahlen.

§ 31. Über die Zulassung der in vorstehenden Bestimmungen vorgesehenen Ausnahmen entscheidet die Zentralbehörde.

Ausweis für geprüfte Nahrungsmittel-Chemiker.

Dem Herrn aus wird hierdurch bescheinigt, daß er seine Befähigung zur chemisch-technischen Untersuchung und Beurteilung von Nahrungsmitteln, Genußmitteln und Gebrauchsgegenständen durch die vor der Prüfungskommission zu .... mit dem Prädikate .... abgelegte Prüfung nachgewiesen hat.

...................., den ....ten .... 19 ....

....

(Siegel und Unterschrift der bescheinigenden Behörde.)

Verzeichnis der Anstalten zur technischen Untersuchung von Nahrungs- und Genußmitteln, an denen die nach § 16 Absatz 1 Ziffer 4 und Absatz 4 der Prüfungsvorschriften für Nahrungsmittelchemiker vorgeschriebene 1½-jährige praktische Tätigkeit in der technischen Untersuchung von Nahrungs- und Genußmitteln zurückgelegt werden kann.

I. Deutsches Reich.

Berlin: Kaiserliches Gesundheitsamt (s. Nr. 1, S. 1).

II. Preußen.

Aachen: Chemisches Untersuchungsamt der Stadt (s. Nr. 16, S. 31).

Altona: Chemisches Untersuchungsamt der Stadt (s. Nr. 17, S. 32).

Berlin: Staatliche Anstalt zur Untersuchung von Nahrungs- und Genußmitteln sowie Gebrauchsgegenständen für den Landespolizeibezirk Berlin (s. Nr. 3, S. 18).

Nahrungsmittel-Untersuchungsamt der Landwirtschaftskammer für die Provinz Brandenburg (s. Nr. 44, S. 59).

Pharmazeutisches Institut der Kgl. Universität zu Berlin in Steglitz-Dahlem (s. Nr. 15, S. 30).

Hygienisch-chemisches Laboratorium der Kaiser-Wilhelms-Akademie für das militärärztliche Bildungswesen.

Institut für Gärungsgewerbe.

Bonn: Nahrungsmittel-chemische Abteilung des Chemischen Instituts der Kgl. Universität (s. Nr. 5, S. 22).

Öffentliche Anstalt zur Untersuchung von Nahrungs- und Genußmitteln der Versuchsstation des Landwirtschaftlichen Vereins für Rheinpreußen (s. Nr. 45, S. 61).

Breslau: Chemisches Untersuchungsamt der Stadt (s. Nr. 20, S. 35).

Pharmazeutisches Institut der Kgl. Universität.

Agrikultur-chemische Versuchsstation der Landwirtschaftskammer für die Provinz Schlesien.

Greifswald: Chemisches Institut der Kgl. Universität.

Halle a. S.: Chemisches Untersuchungsamt des Hygienischen Instituts der Kgl. Universität (s. Nr. 11, S. 26).

Landwirtschaftliches Institut der Kgl. Universität.

Versuchsstation des landwirtschaftlichen Zentralvereins der Provinz Sachsen.

Hannover: Städtisches Chemisches Untersuchungsamt (s. Nr. 31, S. 48).

Kiel: Nahrungsmittel-Untersuchungsamt für die Provinz Schleswig-Holstein (Abteilung der Landwirtschaftskammer für die Provinz Schleswig-Holstein) (s. Nr. 49, S. 76).

Königsberg i. Pr.: Versuchsstation der Landwirtschaftskammer für die Provinz Ostpreußen (s. Nr. 50, S. 77).
Agrikultur-chemisches Laboratorium der Kgl. Universität.

Marburg a. L.: Pharmazeutisch-chemisches Institut der Kgl. Universität.
Landwirtschaftliche Versuchsstation der Landwirtschaftskammer für den Regierungsbezirk Kassel (s. Nr. 52, S. 85).

Münster i. W.: Landwirtschaftliche Versuchsstation der Landwirtschaftskammer für die Provinz Westfalen (s. Nr. 53, S. 87).

Posen: Kgl. Hygienisches Institut (s. Nr. 12, S. 28).

Wiesbaden: Chemisches Laboratorium Fresenius (s. Nr. 105, S. 156).

III. Bayern.

Erlangen: Kgl. Untersuchungsanstalt für Nahrungs- und Genußmittel (s. Nr. 112, S. 172).
Pharmazeutisches Institut und Laboratorium für angewandte Chemie an der Kgl. Universität.

München: Kgl. Untersuchungsanstalt für Nahrungs- und Genußmittel (s. Nr. 113, S. 173).
Pharmazeutisches Institut und Laboratorium für angewandte Chemie an der Kgl. Universität.
Gärungs-chemisches Laboratorium der Technischen Hochschule.
Laboratorium der mit der Technischen Hochschule verbundenen Landwirtschaftlichen Zentralversuchsstation.

Würzburg: Kgl. Untersuchungsanstalt für Nahrungs- und Genußmittel (s. Nr. 114, S. 175).
Technologisches Institut der Kgl. Universität.

IV. Sachsen.

Dresden: Königliche Zentralstelle für öffentliche Gesundheitspflege (s. Nr. 121, S. 184).

Leipzig: Hygienisches Institut der Kgl. Universität (s. Nr. 122, S. 185).
Laboratorium für angewandte Chemie an der Kgl. Universität.

Möckern: Landwirtschaftliche Versuchsstation.

Pommritz: Agrikultur-technische Versuchsstation.

V. Württemberg.

Heilbronn: Chemisch-technisches Laboratorium und städtisches Untersuchungsamt (s. Nr. 144, S. 220).

Hohenheim: Laboratorium des Technologischen Instituts der landwirtschaftlichen Akademie.
Landwirtschaftlich-chemische Versuchsstation der Akademie.

Stuttgart: Chemisches Laboratorium und Untersuchungsamt der Stadt (s. Nr. 143, S. 211).
Chemische Abteilung des hygienischen Laboratoriums des Kgl. Medizinalkollegiums (s. Nr. 142, S. 211).
Chemisches Laboratorium der Kgl. Zentralstelle für Gewerbe und Handel (s. Nr. 141, S. 210.)
Laboratorium für chemische Technologie an der Kgl. Technischen Hochschule.

Ulm: Städtisches Chemisches Untersuchungsamt (s. Nr. 146, S. 222).

VI. Baden.

Augustenburg b. Grötzingen: Landwirtschaftliche Versuchsanstalt.

Freiburg i. B.: Öffentliches Untersuchungsamt der Stadt (s. Nr. 150, S. 231).
Chemisches Laboratorium der philosophischen Fakultäten der Universität.
Chemisches Laboratorium der medizinischen Fakultät der Universität.
Hygienisches Institut der Universität.

Heidelberg: Städtisches chemisches Laboratorium (s. Nr. 151, S. 232).
Chemisches Laboratorium der Universität.
Hygienisches Institut der Universität.

Karlsruhe: Lebensmittelprüfungsstation der Technischen Hochschule (s. Nr. 149, S. 230).

Mannheim: Städtisches Untersuchungsamt (s. Nr. 153, S. 234).

VII. Hessen.

Darmstadt: Chemisches Untersuchungsamt der Stadt (s. Nr. 157, S. 237).
Großherzogl. Chemische Prüfungsstation für die Gewerbe.

Gießen: Chemisches Untersuchungsamt für die Provinz Oberhessen (s. Nr. 158, S. 238).
Pharmazeutische Abteilung des Chemischen Laboratoriums der Landes-Universität.

Mainz: Chemisches Untersuchungsamt für die Provinz Rheinhessen (s. Nr. 159, S. 240).

Offenbach: Chemisches Untersuchungsamt der Stadt (s. Nr. 160, S. 241).

VIII. Mecklenburg-Schwerin.

Rostock: Pharmazeutische Abteilung des Chemischen Universitäts-Laboratoriums.
Agrikultur-chemische Abteilung der Landwirtschaftlichen Versuchsstation.
Hygienisches Institut der Universität, Abteilung für die technische Untersuchung von Lebensmitteln (s. Nr. 162, S. 243.).

IX. Sachsen-Weimar.

Jena: Anstalt für Pharmazie und Nahrungsmittel-Chemie an der Universität (s. Nr. 163, S. 246).

X. Braunschweig.

Braunschweig: Laboratorium für pharmazeutische Chemie und Nahrungsmittelchemie an der Technischen Hochschule (s. Nr. 165, S. 248).
Laboratorium für Zucker, Stärke und Gärungstechnik an der Technischen Hochschule.
Landwirtschaftliche Versuchsstation des Landwirtschaftlichen Zentralvereins für das Herzogtum Braunschweig.

XI. Anhalt.

Dessau: Chemisches Untersuchungsamt der Stadt Dessau (s. Nr. 173, S. 259).

XII. Schwarzburg-Sondershausen.

Sondershausen: Öffentliche Nahrungsmittel-Untersuchungsanstalt für das Fürstentum Schwarzburg-Sondershausen (s. Nr. 175, S. 264).

XIII. Bremen.

Bremen: Chemisches Staats-Laboratorium (s. Nr. 179, S. 268).

XIV. Hamburg.

Hamburg: Chemisches Staats-Laboratorium.
Hygienisches Institut (s. Nr. 180, S. 270).

XV. Elsaß-Lothringen.

Colmar: Landwirtschaftliche Versuchsstation.

Metz: Chemisches Laboratorium der Kaiserl. Polizei-Direktion (s. Nr. 181, S. 275).

Straßburg: Chemisches Laboratorium der Kaiserl. Polizei-Direktion (s. Nr. 182, S. 276).
Hygienisch-bakteriologisches Institut der Kaiserl. Universität.
Pharmazeutisches Institut der Kaiserl. Universität.
Chemisches Laboratorium von Professor Dr. Erlenmeyer und Privatdozent Dr. Kreutz (steht mit der Universität in Verbindung).

Personen-Verzeichnis.

Verzeichnis der Gemeinden, in denen sich Anstalten befinden.

Die ( ) Zahlen geben die Nummern der Anstalten, die übrigen die Seitenzahlen an.